火箭发射燃气动力学

陈劲松　著

国防工业出版社

·北京·

内 容 简 介

本书阐述了火箭发射过程燃气流推进、分布特性以及燃气流对火箭、发射系统作用气动特性等内容。全书共8章，从理论基础、数值模拟研究方法、试验研究方法着手，依次阐述自由喷流状态燃气流场、发射燃气流导流方式及导流特性、复杂发射技术条件的燃气流场及气动特性。阐述循序渐进，旨在总结、提炼作者在大型火箭复杂发射燃气动力学领域研究思路、方法、成果，包括复杂发射技术条件数值模拟网格分辨率控制方法、复杂结构扰动环境燃气流对流传热预示方法、喷流缩比试验模拟方法等创新研究方法，也涉及火箭发射瞬态燃气流场研究、复杂结构烧蚀传热特性研究、喷水多相流场研究、喷流噪声研究、喷流缩比试验流场与气动特性相似性综合证明等最新研究成果。

本书可供火箭发射技术、气体动力学领域专业研究人员参考，也可供兵器科学与技术、航空宇航科学与技术、动力工程与工程热物理等专业的研究生学习和借鉴。

图书在版编目（CIP）数据

火箭发射燃气动力学/陈劲松著. —北京：国防工业出版社，2022.2
ISBN 978-7-118-12442-2

Ⅰ. ①火⋯ Ⅱ. ①陈⋯ Ⅲ. ①火箭发射—空气动力学
Ⅳ. ①V554

中国版本图书馆 CIP 数据核字（2021）第 238996 号

※

国防工业出版社出版发行
（北京市海淀区紫竹院南路23号 邮政编码100048）
三河市德鑫印刷有限公司
新华书店经售

*

开本 710×1000　1/16　印张 27¾　字数 490 千字
2022年2月第1版第1次印刷　印数 1—2000 册　定价 160.00 元

（本书如有印装错误，我社负责调换）

国防书店：(010)88540777　　书店传真：(010)88540776
发行业务：(010)88540717　　发行传真：(010)88540762

前　言

　　火箭发射燃气动力学是一门支撑火箭发射技术研发和火箭发射工程论证的专业气体动力学学科，主要为火箭发射方式、燃气流导流方案、发射系统气动布局等提供燃气流场分布与扰动特性研究结果，也为火箭发射安全性分析、发射系统结构设计、综合防护设计等提供燃气流影响气动特性依据。

　　火箭发射燃气动力学的发展与火箭发射技术、气体动力学研究条件和研究水平紧密相关。过去受火箭发射技术、气体动力学研究条件和研究水平限制，火箭发射燃气动力学研究主要立足定性分析或试验提炼。21世纪以来，随着火箭发射技术、气体动力学研究条件和研究水平的极大提升，火箭发射燃气动力学基础研究逐渐深入，复杂发射技术条件的火箭发射燃气动力学研究逐渐成为现实。本书总结了作者21世纪以来火箭发射燃气动力学研究成果，涉及复杂发射技术条件的火箭发射燃气动力学研究成果。

　　大型火箭发射燃气动力学研究存在两类客观难题：①大型火箭发射系统结构类型繁杂，不同类型结构尺度差别很大，具体结构外形又十分复杂，大型火箭发射燃气动力学理论研究特别是精细化理论研究存在很大技术难度；②大型火箭发射工程规模庞大，火箭发射燃气动力学试验研究主要依托喷流缩比试验进行研究，喷流缩比试验与发射试验之间相似性关系历来是火箭发射燃气动力学关注的问题。本书介绍了大型火箭发射燃气动力学精细化理论研究方法和研究成果，以及大型火箭发射燃气动力学喷流缩比试验相似性控制方法，包括围绕喷流缩比试验相似性问题开展的论证性研究成果。

　　目前，火箭发射技术快速发展，对火箭发射燃气动力学提出了新问题、新方向、新领域研究具体需求，本书也将总结在这些方面的探索性研究成果，涉及火箭发射燃气流环境复杂结构气动热、喷水多相燃气流场、火箭发射燃气流噪声方面的研究成果。

　　全书共8章。第1章介绍火箭发射燃气动力学学科术语、学科承担的研究任务、学科发展动态及本书主要研究方向和内容。第2章介绍气体动力学输运方程在火箭发射燃气动力学领域的具体数学形式，涉及火箭发射燃气动力学对高温气体物性、边界层、湍流模型方面的特殊考虑。第3章介绍火箭发射燃气动力学数值模拟思路、模型开发基本方法、核心算法,涉及边界条件处理方法,特别是基于火箭发动机喷口尺度发展的网格分辨率控制方法,以及进口边界条件寻求火箭发动机参数封闭性的方法。第 4 章介绍火箭发射燃气动力学试验研究思路,喷流缩比试验相似参数及其控制方法、拓展应用方法,典型试验方案以及试验测试、分析方法。第 5 章通过案例介绍自由喷流状态燃气流推进、分布特性,涉及火箭发动机工作条件、燃气物性条件、环境气压对推进和分布特性影响;研究了自由喷流状态燃气流场相似性,以及数值模拟核心算法、湍流模型、网格模型对燃气流场推进和分布特性的影响。第 6 章通过案例介绍火箭发射燃气流典型导流方式,典型导流方式燃气流导流、推进特性,导流装置气动基本特性,涉及导流型面结构、火箭发动机工作条件、燃气物性对导流特性的影响,缩比试验导流特性相似性;也介绍了数值模拟核心算法、湍流模型、边界层模型在预示导流特性方面的异同,以及围绕数值模拟方法开展的导流特性实验验证研究。第 7 章首先通过案例介绍了冷发射技术单喷管火箭 3 个发射阶段,即弹射阶段、筒口效应阶段以及一级发动机点火阶段瞬态燃气流场及结构气动特性;其次通过案例介绍了传统公路机动双面导流热发射技术、新型公路机动双面导流热发射技术和公路机动单面导流热发射技术燃气流推进、扰动特性及结构气动特性;最后利用案例介绍了运载火箭发射瞬态燃气流场及结构气动特性。第 7 章在介绍瞬态燃气流场时穿插说明了发射试验检验成果,以及复杂发射技术条件的燃气流场相似性研究成果,还通过专题介绍了注水冷却燃气流场、燃气流噪声、喷水降噪机理方面的研究方法以及研究成果。第 8 章结合探索性研究案例,介绍了火箭发射燃气动力学后续理论研究与试验研究主要发展方向、方法及前景。特别说明:本书中为方便说明燃气流场及结构气动特性,相关参数数值一般采用无量纲化表述,第 5 章和第 6 章中说明了主要参数无量纲界定形式,时间、角度采用实际单位更方便、直观,故保留了原量纲(单位)形式。

综上所述,本书主要内容紧密结合火箭发射技术研发实践,侧重以非定常流动机理系统揭示火箭发射过程燃气流导流、推进、分布特性,以及燃气流对火箭、发射系统作用气动特性,充分展示了作者近 20 年来火箭发射燃气动力学基础研究、应用研究、探索研究具体方法和成果。

本书相关研究得到作者所在单位——北京航天发射技术研究所及其上级单位中国运载火箭技术研究院、中国航天科技集团有限公司系列火箭型号支撑,具体研究得到作者同事鼎力协助,一些研究及书稿内容承李椿萱院士、朱广生院士、包元吉研究员、吕永志研究员、叶友达教授、李进贤教授、刘济春高级工程师等指导或审阅,谨此表示感谢。

本书主要研究内容 80%以上为首次公开,这些公开的内容由作者独立完成,受研究能力及研究周期限制,书中内容难免有不当之处,敬请读者批评指正。

陈劲松
2021 年 8 月于北京

目 录

第1章　概论 ··· 1
 1.1　火箭发射燃气动力学学科由来及相关术语 ·· 1
 1.2　火箭发射燃气动力学研究进展 ·· 3
 1.3　火箭典型发射技术及发射燃气动力学承担的任务 ································ 10
 1.4　大型火箭发射燃气动力学研究面临的困难 ······································· 17
 1.5　主要研究方向及研究内容 ·· 20

第2章　火箭发射燃气动力学理论基础 ··· 23
 2.1　燃气流动输运方程及状态方程 ·· 23
 2.2　混合燃气介质热物性方程 ··· 25
 2.3　湍流模型 ·· 30
 2.4　边界层理论 ··· 34

第3章　火箭发射燃气动力学数值模拟方法 ·· 42
 3.1　数值模拟基本思路 ··· 42
 3.2　数值模拟网格模型开发 ··· 47
  3.2.1　网格域形成及分区方法 ·· 47
  3.2.2　子区域网格剖分及质量控制方法 ··· 48
 3.3　数值模拟算法 ··· 57
  3.3.1　数值模拟算法选择基本思路 ··· 57
  3.3.2　基于网格单元的输运方程离散数学形式 ································ 60
  3.3.3　离散输运方程组求解算法原理 ·· 64
 3.4　数值模拟边界条件处理 ··· 73
  3.4.1　边界条件处理基本方法 ·· 73
  3.4.2　火箭发动机参数封闭性确定方法 ··· 80

第4章 火箭发射燃气动力学试验方法 …… 86

4.1 试验研究的基本思路与途径 …… 86
4.2 喷流缩比试验相似理论及相似参数 …… 91
4.2.1 相似理论基础 …… 92
4.2.2 喷流缩比试验基本相似参数 …… 94
4.2.3 基本相似参数拓展应用 …… 102
4.3 试验方案设计 …… 112
4.3.1 方案设计总体原则与基本流程 …… 112
4.3.2 单喷管火箭专项喷流试验方案 …… 115
4.4 试验测试及分析方法 …… 119
4.4.1 测试内容及测试途径 …… 119
4.4.2 接触式测试基本原理及方法 …… 122
4.4.3 试验数据采集与处理基本方法 …… 138

第5章 自由喷流状态燃气流场 …… 146

5.1 火箭发动机工作参数及燃气流场参数无量纲形式 …… 146
5.2 燃气流场分布特性 …… 152
5.2.1 过膨胀燃气流场分布特性 …… 152
5.2.2 燃气流参数空间变化特性 …… 155
5.2.3 欠膨胀燃气流场分布特性 …… 162
5.3 燃气流推进特性 …… 167
5.3.1 燃气流场瞬态分布及变化特性 …… 168
5.3.2 火箭发动机初始工作状态对燃气流推进的影响 …… 172
5.3.3 燃气流冲击波变化特性 …… 174
5.4 环境气压对燃气流场的影响 …… 177
5.5 火箭发动机条件对燃气流场的影响 …… 179
5.5.1 火箭发动机工作压力变化的影响 …… 179
5.5.2 推进剂燃温变化的影响 …… 182
5.5.3 喷口马赫数的影响 …… 184
5.5.4 喷管型面类型的影响 …… 186
5.5.5 喷管出口扩张半角的影响 …… 188
5.6 燃气流场相似性 …… 190

5.7 数值模拟方法影响 ·· 194
　　5.7.1 数值模拟算法影响 ···································· 194
　　5.7.2 湍流模型影响 ·· 198
　　5.7.3 气体介质物性的影响 ································ 200
　　5.7.4 网格模型的影响 ······································ 203

第6章　燃气流导流方式及导流特性 ·············· 209
6.1 火箭发射典型导流方式 ······································ 209
6.2 燃气流瞬态导流及推进特性 ································ 213
　　6.2.1 轴对称导流及推进特性 ···························· 214
　　6.2.2 双面导流及推进特性 ································ 217
　　6.2.3 单面导流及推进特性 ································ 223
　　6.2.4 三面导流及推进特性 ································ 226
　　6.2.5 四面导流及推进特性 ································ 228
6.3 导流装置气动基本特性 ······································ 231
　　6.3.1 气动特性参数无量纲形式 ························· 231
　　6.3.2 轴对称导流装置气动特性 ························· 234
　　6.3.3 双面导流装置气动特性 ···························· 241
6.4 缩比试验导流特性的相似性 ································ 247
6.5 火箭发动机条件对导流特性的影响 ······················· 252
　　6.5.1 火箭发动机工作条件的影响 ····················· 253
　　6.5.2 喷管结构条件的影响 ································ 256
6.6 燃气物性对导流特性的影响 ································ 261
6.7 导流型面结构条件对导流特性的影响 ···················· 266
　　6.7.1 导流型面气动外形设计方法 ····················· 266
　　6.7.2 结构尺寸变化的影响 ································ 267
6.8 导流特性数值模拟校验与实验验证 ······················· 272
　　6.8.1 数值模拟算法校验 ···································· 272
　　6.8.2 湍流模型校验 ·· 275
　　6.8.3 边界层模型校验 ······································ 278
　　6.8.4 双面导流实验验证 ···································· 282
　　6.8.5 单面导流实验验证 ···································· 287

第 7 章　大型火箭发射复杂燃气流场及气动特性 ············ 293

7.1　单喷管火箭冷发射燃气流场及气动特性 ············ 293
7.1.1　弹射燃气流场及气动特性 ············ 294
7.1.2　筒口效应 ············ 300
7.1.3　火箭发动机点火燃气流场及气动特性 ············ 308
7.1.4　注水冷却燃气流场 ············ 320

7.2　单喷管火箭热发射燃气流场及气动特性 ············ 332
7.2.1　传统双面导流发射燃气流场及气动特性 ············ 333
7.2.2　新型双面导流热发射燃气流场及气动特性 ············ 341
7.2.3　单面导流热发射燃气流场及气动特性 ············ 356

7.3　运载火箭发射燃气流场及气动特性 ············ 374
7.3.1　中型运载火箭发射燃气流场及气动特性 ············ 375
7.3.2　大型运载火箭发射燃气流场及气动特性 ············ 383
7.3.3　发射燃气流噪声特性及喷水降噪特性 ············ 398

第 8 章　展望 ············ 412

8.1　理论研究展望 ············ 412
8.2　试验研究展望 ············ 421

参考文献 ············ 429

第1章 概 论

火箭发射燃气动力学作为火箭发射技术领域核心、特色基础学科之一,有其明确的学科研究范围,相关研究任务也与发射技术紧密相关。本章简要说明该学科相关术语、当前典型发射技术形式以及围绕发射技术研发该学科承担的主要研究任务、学科发展基本动态。

1.1 火箭发射燃气动力学学科由来及相关术语

火箭发射燃气动力学是气体动力学的一个专业分支学科,主要研究火箭发射过程燃气流推进、分布特性以及燃气流对火箭、发射系统影响的气动特性。火箭发射燃气动力学主要服务于发射技术研发及火箭发射工程论证,如支撑发射平台气动布局设计、导流装置气动外形设计及热防护设计等。

火箭发射燃气动力学这一学科最先由苏联列宁格勒军事学院(现为波罗的海国立技术大学)命名,列宁格勒军事学院、新西伯利亚机械学院(现为新西伯利亚国立技术大学)、鄂木斯克技术学校(现为鄂木斯克国立技术大学)专门成立了火箭发射燃气动力学教研室,鲍勃谢夫(БОБЫШЕВ)教授等开设了火箭发射燃气动力学专业课程,先后出版了系列火箭发射燃气动力学方面的专著[1-4]。我国及欧美对火箭发射燃气动力学学科并没有统一命名,例如,我国从事该学科研究的学者曾先后出版《气体射流动力学》《火箭燃气射流动力学》《发射气体动力学》等专著[5-7],名称各异,已有专著研究内容不局限于火箭发射燃气流,一些内容甚至涉及了工业射流元件的空气射流内容,这些研究内容是专著作者在各自研究领域、研究方向的工作总结,相关总结侧重21世纪以前以及21世纪前10年的研究成果。作者在2002—2007年期间多次邀请鲍勃谢夫教授研究团队来华讲授火箭发射燃气动力学课程,期间带领团队系统学习了鲍勃谢夫教授的火箭发射燃气动力学课程[2,4]。作者也已在火箭发射燃气动力学领域从事学科研究20年,对鲍勃谢夫教授等苏联科技人员为该学科命名的凝重感深有体会,也对该学科明确界定的研究范围、研究对象——火箭发射燃气流深表赞同,决定继续沿用"火箭发射燃气动力学"这一学科名称。

火箭发射燃气动力学的首要研究对象——火箭发射燃气流,主要指火箭发射过程经发动机喷管流出的高温、高速、多组分甚至多相射流,简称燃气流。研究火箭发射工程及发射技术时,往往也将这种高温、高速、多组分甚至多相射流以及受其影响的环境气流,甚至与其掺混的雾化水汽、水射流等其他流体介质一起统称为燃气流,即广义概念上的燃气流。实际上,燃气流这一专业术语本身在国内外学术界也并不统一[5-7],国内已经出版的专著或发表的论文有的称之为燃气流、燃气射流,有的称之为火箭发动机尾焰、火箭发动机羽流,也有的称之为燃气喷流、火箭发动机喷流、喷射流,查询英文词汇 jet、jet flow、gas flow、gas jet、plume、combustion gas 等也会搜索到与燃气流相关的科技文献。本书主要章节采用广义概念上的"燃气流"这一术语,在相关实物试验及专项特性说明过程中,为方便叙述也采用"喷流"这一术语。

气体动力学或流体动力学领域针对飞行器或航行体附近流体分布、扰动影响的物理空间域通常称为流场。本书对发射系统、箭体附近的燃气流分布、扰动影响的物理空间域统称为火箭发射燃气流场,简称燃气流场。

火箭发射系统主要指用于发射火箭的综合系统,该系统包含了机电液发射设备、发射操作控制平台、检测系统以及发射设施、服务设施等。随着航天发射领域信息化、自动化水平提高,过去分布在发射场周围、分别承担不同发射任务功能的发射系统各种设备逐渐高度集成化、自动化、机动化,发射中心的发射平台逐渐承担了几乎所有的发射功能,发射系统在这种情况下专指发射平台。国内外发射平台类型也多种多样,根据平台移动与否一般分为固定式发射平台与活动式发射平台两类,活动式发射平台还可根据活动特点分为轨道机动发射平台、车载发射平台、机载发射平台、舰载发射平台等。车载发射平台国内通常称为发射车,又可细分为公路发射车、铁路发射车。发射车上随发射车运动,支承火箭、导流燃气流的专用设备仍然沿用传统称呼,称为发射台。需要说明的是,发射技术领域,经常将发射台与发射筒、发射箱、起竖托架等其他操作、固定、储存火箭的专用装置归类在一起,统称为发射装置。发射装置中还会有些特殊专用装置组合在一起的称谓,如发射筒、弹射动力装置、初容室以及附着在发射筒上的温控装置、通风装置、支承适配器经常组合在一起,称为弹射系统。发射装置也经常集成控制、检测、通信仪器和防护材料,这时习惯称之为发射设备。火箭发射系统涉及的专用术语很多,这里不一一介绍,后述内容根据需要再进行说明。

火箭发射技术广义概念泛指用于安全发射火箭,并将有效载荷运载至预定目标区域的综合性工程技术的统称或泛称,如国内载人航天发射技术可指包含载人航天发射完整过程的各项子技术综合性统称。火箭发射技术也有比较狭义的概念范畴,主要指确保火箭安全起飞至离发射中心一定距离的综合性工程技术[8],如通常文献所说的车载机动发射技术一般即指狭义概念范畴的火箭发射技术。火箭发射燃气动力学与广义概念范畴及狭义概念火箭发射技术均关系密切。本书阐述的火箭发射燃气动力学研究成果不可避免涉及火箭发射技术具体实现形式,这种实现形式又必须结合火箭发射系统具体结构,即需要结合火箭发射系统说明火箭发射燃气动力学特征规律,在此情况下涉及的火箭发射技术侧重狭义概念范畴,为此本章将进一步说明狭义概念范畴的典型发射技术形式。

火箭发射工程主要指围绕实现火箭安全发射任务而开展的一系列科学决策与规划、技术有效性理论分析论证、发射系统及配套设施研制、技术状态及特性模拟实验验证、发射飞行项目检验与评估等体系性应用实践,有时还覆盖发射故障诊断与发射环境包络测试等配套应用实践。

1.2　火箭发射燃气动力学研究进展

国外火箭发射燃气动力学系统研究已经70多年,我国火箭发射燃气动力学研究也已经超过60年。国内外几十年的发射燃气动力学研究历程中,承担了众多火箭发射技术研发以及火箭发射工程论证的支撑性研究任务,探索了众多理论与试验方法,包括具体理论与试验方法在内,取得了很多突出的成果。本书限于篇幅不能详细说明,这里仅扼要说明火箭发射燃气动力学相关成果及动态。

早期囿于理论研究条件、研究能力限制,国内外火箭发射燃气动力学主要研究领域——燃气流场,燃气流环境气动力、气动热,燃气流噪声主要依托试验条件开展相关研究,进一步根据需要分析、提炼试验数据,总结、发展了一系列经验式或半经验式工程预示方法,产生了很多经典的燃气流冲击环境发射系统气动特性估算公式[6-7]。目前,火箭发射燃气流噪声研究领域仍然在大力发展工程预示方法,新的燃气流噪声估算公式持续涌现[9-10]。

20世纪七八十年代,苏联列宁格勒军事学院将经验式、半经验式工程预示方法与通用气体动力学理论相结合,发展了一种特殊的数值模拟方法——结构元法[1-4],成功解决了大型火箭铁路机动发射技术领域3个方面关键气动难题:①减轻燃气流对铁路发射车的冲击作用;②维持铁路发射车的气动稳定性;③减少燃气流对铁路发射车的烧蚀强度。为解决这3个方面技术难题,苏联列宁格勒军事学院与铁路机动发射技术研发部门一道,首先开发了系列冷态、热态喷流缩比试验装置,支撑了结构元法数值模拟程序开发,进一步研究确定了火箭喷管不同侧摆角、火箭箭体不同横向飘移量、一级发动机不同点火高度对发射车冲击作用力的影响规律,基于研究规律,火箭发射燃气动力学研究人员明确了铁路机动发射技术研发理论依据:火箭一级发动机点火高度控制在25m以上,利用侧推辅助发动机,在2s时间内将火箭箭体侧倾,最终将一级发动机喷管侧倾5°以上,后续一级发动机正式点火时,铁路发射车车身能够保证稳定,并且烧蚀强度可控[2-3]。20世纪八九十年代后,新西伯利亚国立技术大学、鄂木斯克国立技术大学也开始着力推进结构元法数值模拟应用研究。例如,鄂木斯克国立技术大学依赖此方法分析导流槽导流面附近燃气流场分布特性,成功解决了运载火箭发射初期燃气流反流冲击、烧蚀影响运载火箭问题。

结构元法分析燃气流场分布以及燃气流冲击铁路发射车时发射筒气动特性典型研究案例如图1-1所示[2,4]。

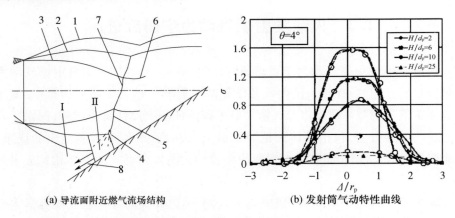

(a) 导流面附近燃气流场结构　　　(b) 发射筒气动特性曲线

1—燃气流与空气混合交界面;2—悬挂激波;3—入射激波;4—膨胀波;5—反向激波;
6—滑移交界面;7—压缩激波;8—反流;Ⅰ—反流区;Ⅱ—混合区;
σ—燃气流冲击力与发动机推力比值;H——级发动机点火高度;d_p—发射筒直径;
Δ—箭体横向偏移量;r_p—发射筒半径;θ—火箭一级发动机喷管的侧倾角。

图1-1 结构元法分析燃气流场分布及设备气动特性案例

20世纪90年代以后,囿于研究资金限制,以及结构元法关键系数过分倚重实物试验数据条件限制,采用结构元法研究火箭发射燃气流场及发射系统结构气动特性趋于衰落。目前,仅俄罗斯波罗的海大学仍然在深入发展结构元法。

这与当前利用有限差分方法、有限体积方法、有限元方法等开展火箭发射燃气动力学数值模拟研究周期较长,复杂发射技术条件下计算精度有限,以及试验能力不足等因素不无关系。

也是在20世纪七八十年代,将经验式、半经验式工程预示方法与通用气体动力学理论、计算流体力学相结合,欧美发展了以特征线法为代表的数值模拟方法。特征线法根据左、右特征线的推进特性剖分燃气流场扰动域,由左、右特征线交点及特征线上行波特点确定燃气流场空间位置燃气流动参数,如燃气流压力、速度、温度等,比较典型的特征线算法程序有PLIMP、MOCV、VOFMOC等,图1-2为应用特征线法数值模拟发射管内燃气流场实例[11]。

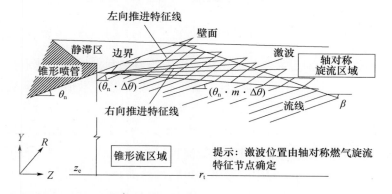

θ_n—喷管半张角;$\Delta\theta$—特征线相对喷管半张角偏移量;β—激波倾角;r—燃气流微团径向坐标;
z—燃气流微团轴向坐标;R—燃气流微团推进位移;Z_e—喷口截面轴向坐标;
r_t—发射管内空间位置相对喷口位置;m—变化等增角数量。

图1-2 喷管以下等熵区燃气流场特征线网图

20世纪80年代末期以后,由于计算流体力学领域解算欧拉方程的有限差分方法能够适应复杂三维流场数值模拟,开始推广应用于火箭发射燃气流场理论研究。美国围绕大型火箭冷发射技术,采用有限差分方法系统研究了火箭发射燃气动力学相关规律:①火箭弹射出筒前筒内弹射动力装置工作压力与发射筒压力匹配特性,确定火箭弹射过载条件;②火箭弹射出筒瞬间发射筒内燃气快速膨胀特性,即通常相关文献中所说的筒口效应特性,确定火箭弹射后筒余压影响范围及影响持续时间。其中,基于有限差分方法数值结果,绘制的火箭出筒瞬间筒口附近燃气流分布基本规律示意图如图1-3所示[12]。

基于求解欧拉方程发展的有限差分方法对于自动捕捉、分辨激波存在一定困难,复杂结构扰动导致激波系趋于更加复杂情况下,燃气流场数值模拟收敛性也变得十分棘手。后续发展的有限体积法立足单元积分守恒特性,较好地解

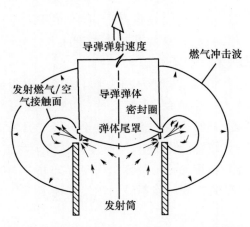

图1-3 火箭出筒瞬间筒口附近燃气流分布基本规律示意图

决了这两个难题,从而也在燃气流场数值模拟领域顺利发展并迅速取得优势地位[13-16]。经过近30多年的发展,目前基于有限体积法的数值模拟研究流程趋于统一,主要遵循了发射系统与箭体组合实体创建与简化→燃气流扰动域网格剖分→专用求解器数值预示→数值模拟模型及数值模拟方法改进与修正→数值模拟结果后处理及燃气流场可视化等流程[13]。

火箭发射燃气动力学数值模拟研究思路虽然渐趋统一,但复杂发射技术条件的火箭发射燃气动力学数值模拟主要是近10年的事[13-19],主要得益于大规模并行计算技术特别是高性能服务器性能的大幅度提升,以及算法稳定性极好、适应性广泛的专用程序或软件的开发。以美国德尔塔Ⅳ(Delta Ⅳ)运载火箭为例,发射燃气流场数值模拟结果如图1-4所示[15]。

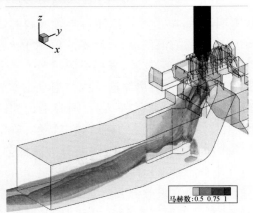

图1-4 德尔塔Ⅳ发射燃气流场数值模拟结果

完成类似图1-4所示德尔塔Ⅳ运载火箭发射整个过程燃气流场数值模拟,并行服务器计算时间折算成单核计算耗时,累计达到2.95×10^5h。因此,着力提高复杂发射技术条件下的火箭发射燃气动力学数值模拟能力,如核心算法成熟度及并行效率,仍是今后一段时间研究的目标。当然,也需要数值模拟硬件条件的持续改善。

也正是火箭发射燃气动力学数值模拟延续了有限体积法精细化研究途径,特别是借助FLUENT、CFD++、STAR-CD、OVERFLOW、FASTRAN等通用计算流体力学软件,使得21世纪以来在多相燃气流场、推进剂续燃流场、燃气流环境气动热以及燃气流噪声等更棘手领域的相关研究也取得了一定进展[16-18]。以阿里安5(Ariane 5)运载火箭发射喷水多相燃气流场研究为例[16],法国航空航天研究院(ONERA)组织完成了阿里安5半模型缩比试验多相燃气流场数值模拟,以及一部分发射试验喷水多相燃气流场数值模拟。

火箭发射燃气动力学数值模拟研究方法仍在持续发展中,涉及不断发展的方程组求解方法、方程离散方法、求解稳定性控制方法、网格模型开发方法、流场可视化方法、大规模并行计算方法等[19],一些全新的数值模拟方法也在持续推进,如采用蒙特卡罗直接数值模拟(DSMC)方法开展跨连续介质条件的燃气流场数值模拟[20]。

火箭发射燃气动力学研究至今,相关试验一直是支撑理论预示方法快速发展以及推陈出新的决定因素[21]。其中,火箭发射燃气动力学试验研究方法本身也是至关重要的一环,直接决定了试验本身的成熟度与可信度。

火箭发射燃气动力学试验研究方法方面,基于燃气流场实际条件开展的接触式直接测试一直是最具说服力的检测手段。目前,火箭发射燃气动力学试验中,设备承受的燃气流冲击力和作用力矩,以及燃气流环境空间位置温度、压力、结构气动热、燃气流噪声等气动参数主要还是依托接触式测试方法。从风洞试验领域发展的应变天平技术特别是喷流天平技术一直支撑着燃气流环境火箭箭体、发射装置扰动气动力和力矩测试。目前,国内外应变天平技术已发展得比较系统[21]。我国从20世纪六七十年代开始就经常采用应变天平技术,专门测试并研究发射系统关键装置承受的燃气流冲击力、力矩特性。我国采用应变天平测试单面栅格式导流装置测试燃气流冲击力、力矩,如图1-5所示。

燃气流场压力测量传感器发展类型比较多,比较典型是皮托管、压阻式压力传感器、应变式压力传感器、压电式压力传感器等[21]。目前,国外压力传感器正在朝高温、高精度动态压力传感器及其标定技术方向快速发展,国内在这方面相对落后。但总体上讲,国内外发展高温、高速燃气流场直接测试方法方面均不理想,压力传感器的防护、防堵能力均较弱。

图1-5 应变天平测试单面栅格式导流装置测试燃气流冲击力、力矩

国内外高温、高速燃气流场温度直接测试一般利用热电偶温度传感器,多用钨铼或铂铑铠装热电偶传感器[22],但这些传感器在凝相成分较高的燃气流场中破损率也极高,滞后响应时间较长,反映实际燃气流温度峰值需要依据多次重复试验,经常出现峰值偏离实际值情况。

高温燃气流环境烧蚀热流密度测量典型原理类似热电偶测温原理,利用温差或电动势差确定热流密度[23],与温度传感器类似,高热流情况下破损率极高,测量精度仍需大力发展。

燃气流噪声测试本质上是微幅波动压力测试,目前主要采用驻极体式声压传感器测试[24],对于高声强噪声,也采用压电式脉动压力传感器测试。目前,近场高声强噪声易出现单偏现象,喷水多相燃气流环境噪声测试易出现尖锐毛刺现象,这些现象均对测试结果分析造成一定影响。

几十年来,火箭发射燃气动力学试验研究也在持续推进光学测试技术[25],以便在不破坏燃气流场结构条件下得到燃气流场信息数据。为直观、精细地显示燃气流场分布特性,很早就采用纹影技术手段显示喷流流场结构[25]。国内外目前已经在开展彩色纹影成像技术研究,但目前纹影技术主要用于室内类似空气介质条件的透明或低凝相燃气流介质测试。图1-6是我国用纹影法研究导流装置附近的喷流扰动波系结构纹影成像照片。

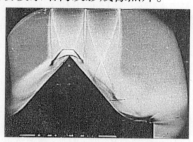

图1-6 导流装置附近的喷流扰动波系结构纹影成像照片

针对高温、高速复杂燃气流场特别是野外发射燃气流场,目前广泛应用的光学测试手段之一是红外热成像测试技术。红外热成像测试技术主要借助长波热成像仪,辅助中波热成像仪及短波热成像仪。红外热成像仪在分辨燃气流场分布特性基础上,可以用于初步评估燃气流场温度范围,但准确测试燃气流场温度需要解决两项关键技术:①标定技术;②燃气流综合辐射系数确定技术。这两项关键技术研究还未深入,导致红外热成像仪目前主要起辅助分析温度及烧蚀作用。

燃气流场宏观分布测试方面,国内外目前发展了利用高速摄像和红外成像综合测试技术,一方面利用高速摄像技术跟踪燃气流前锋推进特性,另一方面发展红外热成像仪快速成像技术,分析燃气流场内部变化特性。对于凝相成分较低的燃气流场,高速摄像技术有时也用于辅助分析燃气流场细节结构。

燃气流速度测试方面发展了激光多普勒测速技术,但目前研究成果偏少,主要原因在于传统的激光器功率不足,激光束难以穿透高温高速燃气流核心区。另外,激光器聚焦技术困难问题突出。近几年,采用较高功率固态激光器的多普勒测速仪开始在燃气流场测试中探索应用,在中低速燃气流场速度测试方面取得了一定成效。

火箭发射试验、搭载试验、专项小尺度试验、喷流缩比试验是火箭发射燃气动力学试验研究依托的4种主要途径。火箭发射试验、搭载试验倚重测试方案、测试方法,以支撑获取试验研究中火箭发射燃气力、热、噪声特性信息;专项小尺度试验和喷流缩比试验既关注试验总体思路、总体方案,也关注相关支撑理论基础以及专项试验技术基础;喷流缩比试验是大型火箭发射试验前全面、准确地研究燃气流场分布特性、燃气流环境气动特性及热防护效果的直接依据。

相似理论是喷流缩比试验的基础,相似理论确定喷流缩比试验依据的基本相似参数,再由这些基本相似参数控制喷流缩比试验系统总体方案,包括试验采用的燃气流介质模拟方案、试验模拟装置外形控制方案、试验时序模拟方案等。

国外研究喷流缩比试验相似理论的代表人物包括 БОБЫШЕВ[1-3]、Pindzola[26]、Kandula[27]等,其中:БОБЫШЕВ 根据多年的发射试验及室内试验总结了模拟发射燃气流动力学特性的 17 个相似参数,模拟试验时按一定数目重点控制相关相似参数,实际试验发现很难控制一些相似参数,如湍流度、固相马赫数等;Pindzola 根据自由燃气喷流的相关特性总结了 10 个相似参数,分别用不同的函数形式说明了燃气流场结构相似及动力相似的问题,主要应用于自由喷流试验;Kandula 在总结喷流缩比试验噪声特性的基础上,提出针对燃气流噪声研究的缩比试验相似准则,主要立足控制流场马赫数、压力分布达到控制噪声场相似的目的。

国内总结燃气喷流缩比试验相似参数的单位包括北京航天空气动力研究院、北京理工大学、中国空气动力研究与发展中心等[20,28],主要提出喷流出口压力与环境压力比、马赫数及几何相似比3个参数控制燃气流动力学相似。由于喷口压力分布不均匀,实际试验难以控制喷流出口压力与环境压力之比。

国内外总结的相似参数还存在一些类似的不足之处:相似参数反映定常流场情况,忽略随时间变化的燃气流推进、变化情况,忽略发射时燃烧室内压力变化及火箭爬升引起的流场结构变化;忽略燃气流介质本身热力特性(如比热比、燃温等)影响;喷口马赫数难以准确测试等,在吸取这些经验教训基础上,作者在21世纪初提出了立足控制火箭发动机工作条件的燃气流场缩比试验基本相似参数[29],经过近20年的发展,目前已经推广至燃气流环境结构气动热与烧蚀模拟试验、多相燃气流场模拟试验和燃气流噪声模拟试验。

综合上述说明,结合研究实践,归纳火箭发射燃气动力学学科总体进展如下:

(1)火箭发射燃气动力学研究指导了系列发射技术研发实践,并且在相应领域继续拓展,包括燃气流环境烧蚀热防护技术机理研究以及燃气流噪声控制技术机理研究。

(2)火箭发射燃气动力学理论研究领域,已从半经验式研究转向借助精细化数值模拟研究,但复杂发射技术条件的火箭发射燃气动力学精细化理论研究仍然存在较大难题。

(3)火箭发射燃气动力学试验研究领域,测试方法目前已经发展为接触式测试与先进光学测试相结合的综合测试方法,但高温高速燃气流环境直接测试方法以及复杂发射技术条件的光学测试方法仍需大力发展,火箭发射燃气动力学相关机理喷流缩比试验研究仍然需要继续研究相似理论及相似参数控制问题。

1.3 火箭典型发射技术及发射燃气动力学承担的任务

火箭发射燃气动力学研究任务受火箭发射技术研发牵引,与火箭发射技术具体形式密切相关。这里归纳火箭主要发射技术类型及其分类思想如表1-1所列。

表1-1 国内外火箭主要发射技术类型及其分类思想

火箭发射技术类型名称	火箭发射技术分类思想
运载火箭发射技术、战略火箭发射技术、战术火箭发射技术等	依据火箭类型
单喷管火箭发射技术、双喷管火箭发射技术、多喷管火箭发射技术	火箭起飞阶段火箭发动机喷管数量
热发射技术、冷发射技术	火箭起飞依托的动力源
垂直发射技术、倾斜发射技术、水平发射技术	火箭起飞时相对发射平台姿态
陆基发射技术、海基发射技术、空基发射技术等	发射系统依托的场地条件
固定阵地发射技术、机动发射技术	发射系统固定与机动与否
台架式发射技术、发射井发射技术、筒式发射技术、箱式发射技术等	依据关键发射装置的结构特点
单联装发射技术、双联装发射技术、多联装发射技术	同类关键发射装置的数量

表1-1仅是比较笼统的分类,对应分类还可以进一步细分。例如,固定阵地发射技术可分为固定台架式发射技术、陆基井下发射技术、海基筒式发射技术等;机动发射技术可分为陆基机动发射技术、空基机动发射技术、海基机动发射技术、两栖机动发射技术,其中陆基机动发射技术又可细分为公路机动发射技术、铁路机动发射技术;公路机动发射技术目前种类繁杂,还可细分为很多子类,如依据燃气流导流特性可分为公路机动单面导流热发射技术、公路机动双面导流热发射技术、公路机动三面导流热发射技术等。

不同发射技术具有可以共享的发射装置及设施,很多发射装置及设施尽管具体结构形式存在变化,但也具有通用或类似的结构方案。例如,陆基机动发射技术应用了发射筒、发射箱,海基机动发射技术也可以应用发射筒、发射箱,并且发射筒、发射箱既可以用在垂直发射技术领域,也可以用在倾斜发射技术领域;导流装置在公路机动发射技术领域、固定台架式发射技术领域结构形式存在一定差异性,但当前导流型面特别是导流型线(或称导流面加工型线)均存在一定程度的相似性或通用性,从而可基于表1-1发射技术类型进一步萃取典型发射技术形式,凝练需要解决的火箭发射燃气动力学具体问题,使得研究的火箭发射燃气动力学具体机理、特性能够比较广泛地指导火箭发射技术研发及工程实施。基于此思想,进一步概括我国火箭典型发射技术类型,如表1-2所列。

表 1-2 我国火箭典型发射技术

典型发射技术	发射系统典型特征说明
公路机动冷发射技术(参考图1-7)	发射筒内置或外置弹射动力装置,弹射动力装置喷出的燃气流在发射筒内减速、蓄压后将火箭弹射出筒;日常发射筒储存、运输、发射火箭,公路机动实现复杂野外条件的随机发射
公路机动热发射技术(参考图1-8)	发射台内置导流装置,发射台支承火箭,内置导流装置导流燃气,减轻或抑制燃气流对火箭、发射系统的影响;公路机动实现野外复杂条件随机发射
运载火箭热发射技术(参考图1-9)	发射台内置导流孔,发射台支承、发射火箭;发射台下方开挖专用导流槽,导流燃气,减轻燃气烧蚀影响;发射台附近侧置塔架,塔架起辅助支承火箭,为火箭加注燃料
筒/箱式倾斜热发射技术(参考图1-10)	采用发射筒(或发射箱、发射管)作为发射单元,发射筒(或发射箱、发射管)储存、运输、发射火箭;火箭利用自身动力源倾斜起飞并远离发射系统

基于表 1-2 绘制了我国火箭典型发射技术总体方案示意图,火箭发射燃气动力学学科承担的主要研究任务可结合这些示意图分别说明。

1. 公路机动冷发射技术

我国公路机动冷发射技术典型方案如图 1-7 所示,大型单喷管火箭经常采用这种发射技术方案。

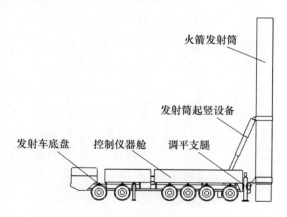

图 1-7 公路机动冷发射技术典型方案

支撑图 1-7 所示公路机动冷发射技术研发,火箭发射燃气动力学担负的主要研究任务包括以下内容:

(1)研究火箭弹射阶段火箭箭体及弹射系统承受的燃气流冲击载荷、燃气流烧蚀环境,为火箭箭体及弹射系统过载设计、结构动力学响应控制以及结构热防护设计提供依据,为发射场坪比压及沉降控制提供依据。

(2)研究火箭弹射出筒后至尾罩分离前后筒内残余燃气流继续作用阈值,包括燃气流对箭体、弹射系统冲击载荷大小、烧蚀强度与燃气流作用时间,为火箭尾罩分离方案设计、弹射系统振动控制提供支撑。

(3)研究火箭一级发动机点火后,燃气流弹射系统、发射车整车的冲击、烧蚀影响程度,为发射车气动稳定性控制、发射装置强度设计以及热防护设计提供依据,为火箭一级发动机工作姿态控制等提供依据,为发射场坪环境控制提供依据。

(4)围绕"燃气+注水冷却"热防护方案,开展"燃气-蒸汽"式多相燃气流场研究,分析注水冷却机理、冷却效果,为注水冷却技术方案设计、优化,如注水速度、流量、孔口阵列结构方案设计、优化提供依据。

(5)围绕弹射阶段发射筒内相对封闭环境富燃推进剂一次燃烧及续燃问题,开展推进剂一次燃烧及续燃机理研究,弹射动力装置内外一体化流场研究,为弹射动力装置方案设计、药柱设计、发射筒内燃气流烧蚀强度评估以及弹射内弹道包络设计提供依据。

图1-7所示的公路机动冷发射技术方案是高度提炼的,虽然火箭型号研制过程中冷发射技术实际方案存在一些差异性,但火箭发射燃气动力学承担的研究任务是相仿的,依据火箭发射燃气动力学研究中揭示的机理、特性是相通的。实际上,铁路机动冷发射技术、潜基冷发射技术与公路机动冷发射技术在弹射系统方案方面存在较大程度相似性,从而依据图1-7所示的公路机动冷发射技术研究揭示的火箭发射燃气动力学特征规律也就具有了较广泛的指导意义。当然,火箭发射燃气动力学具体研究侧重点有所变化也是需要的,例如,潜基火箭发射燃气动力学研究根据任务需要会将重点转向高速燃气流与海水混合效应研究、空泡效应研究。

2. 公路机动热发射技术

我国公路机动热发射技术典型方案如图1-8所示,这也是大型单喷管火箭常采用的发射技术方案,实践中这种发射技术方案还有些变化形式,后面将结合火箭发射燃气动力学研究加以说明。

支撑图1-8所示公路机动热发射技术研发,火箭发射燃气动力学担负的主要研究任务包括以下内容:

(1)研究并设计合理的燃气流导流及发射台结构气动布局方案。这种方案使得燃气流对火箭箭体、发射车的气动、烧蚀影响能够控制在最小范围或可控范围,支撑发射技术总体方案可行性、合理性评估,为此火箭发射燃气动力学需要综合工程预示、试验模拟以及数值模拟手段,分析高温燃气流导流特性及烧蚀影响范围,分析燃气流对火箭箭体、发射车的气动影响。

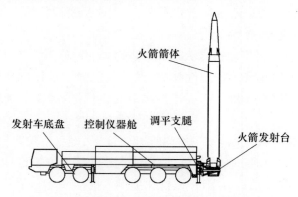

图1-8 公路机动热发射技术典型方案

(2)在火箭箭体、发射车技术方案进一步明确情况下,基于火箭箭体、发射车具体方案特别是结构方案,进一步精细化分析、评估火箭垂直起飞条件下燃气流对火箭箭体、发射车具体气动与烧蚀影响,提供支撑发射平台、箭体强度分析、弹道设计、烧蚀热防护设计所需的力、热环境数据。

(3)基于火箭发射可能的极限技术条件,主要包括火箭发动机高低温工作条件、火箭发动机喷管点火极限姿态、火箭起飞极限弹道、发射装置极限组装条件等,研究相关极限条件对火箭箭体、发射车的气动、烧蚀影响,给出气动、烧蚀影响包络范围。

(4)提出并完成必要的试验检验,验证或检测实物试验状态火箭发射燃气动力学作用机理,以及专项气动、烧蚀影响特性,评估发射燃气流影响实际程度及可能的技术风险。

3. 运载火箭热发射技术

运载火箭热发射技术典型方案如图1-9所示。

支撑图1-9所示运载火箭热发射技术研发,火箭发射燃气动力学担负的主要研究任务包括以下内容:

(1)研究并设计合理的燃气流导流及发射平台结构气动布局方案。这种方案使得燃气流对运载火箭箭体以及发射平台、导流槽、燃料加注系统等发射设备或设施的气动、烧蚀影响控制在最小范围或可控范围,进一步支撑发射技术方案论证并确保总体方案合理、可行,为此火箭发射燃气动力学需要综合工程预示、试验模拟以及数值模拟手段,分析高温、高速燃气流导流能力及导流效果,初步评估燃气流对运载火箭以及相关发射设备或设施的气动、烧蚀影响。

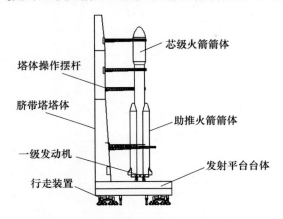

图1-9 运载火箭热发射技术典型方案

（2）在运载火箭、发射设备或设施技术方案进一步明确情况下,结合运载火箭垂直发射条件及可能的极限发射条件,主要包括运载火箭起飞极限弹道条件,以及运载火箭相对发射平台、导流槽、燃料加注系统等极限安装条件等,开展燃气流场综合数值模拟,分析评估燃气流对运载火箭、发射设备或设施的气动与烧蚀影响,提供支撑发射设备或设施强度分析、热防护设计以及运载火箭起飞弹道设计所需的气动、烧蚀影响数据,明确相关数据的包络范围。

（3）在运载火箭、发射设备或设施技术方案进一步明确情况下,开展运载火箭发射燃气流噪声研究,为运载火箭、发射设备或设施噪声控制提供噪声强度、传播及影响范围方面依据;根据运载火箭发射喷水降温降噪技术研究需要,开展喷水降温降噪机理、效果研究,为运载火箭发射喷水降温降噪技术向产品转化、技术匹配与优化提供依据。

（4）提出并完成重要的试验检验,试验研究、分析运载火箭发射过程燃气流实际冲击、烧蚀、噪声等影响程度,以及这些燃气流影响带来的技术风险。

图1-9所示运载火箭热发射技术方案是大型捆绑式运载火箭经常采用一种发射技术方案,非捆绑式运载火箭经常也采用这种方案。由于发射平台结构类型多样,如有的类型发射平台为固定式发射平台,且不包括支持燃料加注设备的脐带塔,运载火箭热发射技术方案由此将发生显著变化。特殊情况下,整个运载火箭及发射平台安放于发射井中,脐带塔的功能由发射井壁辅助支撑代替。尽管运载火箭发射技术具体方案存在一些变化,火箭发射燃气动力学承担的主要研究任务变化不大,从而火箭发射燃气动力学的研究仍具有较广泛的指导意义。

4. 筒/箱式倾斜热发射技术

我国筒/箱式倾斜热发射技术典型方案如图1-10所示,这是小型火箭常采用的热发射技术方案,实践中它的变化形式更是多种多样,限于篇幅不再说明。

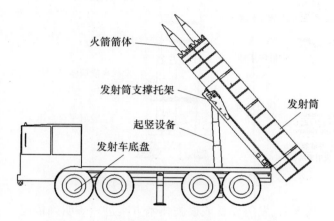

图1-10 筒/箱式倾斜热发射技术典型方案

支撑筒/箱式倾斜热发射技术研发,火箭发射燃气动力学担负的主要研究任务包括以下内容:

(1)火箭点火后至出发射箱(或发射筒)前,研究燃气流导流能力及燃气流对发射箱(或发射筒)、火箭箭体冲击与烧蚀影响,为火箭出发射箱(或发射筒)前后姿态控制以及发射箱(或发射筒)结构、发射箱(或发射筒)与箭体匹配方案提供依据。

(2)火箭完全出发射箱(或发射筒)以后,研究燃气流对依托发射箱(或发射筒)以及相邻发射箱(或发射筒)冲击与烧蚀影响,为发射系统控制冲击与热防护提供依据。

(3)基于可能的极限发射,主要包括火箭发动机高低温工作条件、火箭起飞极限弹道、火箭在发射箱(或发射筒)上极限安装条件等,研究燃气流冲击载荷、烧蚀包络条件。

(4)燃气流冲击、烧蚀影响条件下,研究发射系统结构在力、热耦合条件下的刚度、强度特性,研究发射系统结构动力学响应及其火箭出筒/箱姿态、后续飞行弹道的影响。

(5)提出并完成重要的试验检验,研究、分析火箭发射过程燃气流实际冲击、烧蚀等影响程度,以及这些燃气流影响带来的技术风险。

综合上述说明,总结火箭发射燃气动力学学科承担的主要研究任务如图 1-11 所示。

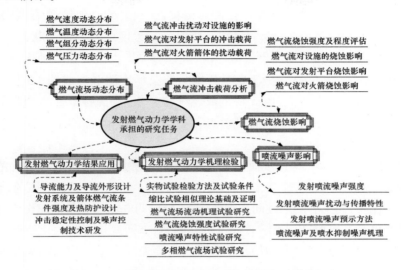

图 1-11 火箭发射燃气动力学承担的主要研究任务

1.4 大型火箭发射燃气动力学研究面临的困难

规模不等的火箭发射技术研发过程中,火箭发射燃气动力学研究经常会遇到一些技术难题。对于火箭发动机喷口直径超过 0.5m 的大型火箭而言,火箭发射燃气动力学研究过程中一些共性困难表现得比较突出。

(1) 大型火箭发射系统结构复杂性带来的研究困难。以我国捆绑式运载火箭发射系统为例,发射系统包含发射设备、设施众多,如包含发射平台、导流槽、脐带塔、勤务塔、加注用尾端服务塔、喷水降温降噪系统等,这些发射设备、设施的结构外形极不规则,结构尺寸千差万别,一些甚至达 3~5 个数量级。燃气流自身波系组成和结构形式就很复杂,受这些异形结构影响后,燃气流扰动波系更加复杂,复杂结构及扰流条件下,即使是运载火箭起飞瞬间,发射平台附近燃气流场理论研究所必需的网格分辨率要求也直接带来了数值模拟建模、数值模拟精度控制方面的技术难题。

(2) 大型火箭发射技术复杂性带来的研究困难。大型火箭即使采用垂直发射技术方案,它在实际发射起飞过程中也不是真正按垂直弹道起飞,发射场坪不平度以及发射系统支撑装置存在加工偏差,不能完全保证火箭保持垂直起飞姿态,大型火箭箭体火箭发动机喷管安装存在形位偏差造成推力偏斜,大型火箭质心存在偏离推力线偏差,发射环境存在一定程度的随机风载等,这些偏差因素将造成大型火箭起飞过程存在横向偏移,经火箭发动机喷管喷出的高温、高速燃气流不再保持原来的垂直状态,变成一定程度的偏斜冲击状态,原来不受燃气流影响的结构将承受燃气流冲击、烧蚀影响。大型火箭发动机推进剂燃烧过程中与环境温度关系很大,高温环境与低温环境燃烧形成的工作压力(即燃压)不同,甚至偏差很大,由此将造成燃气流冲击、烧蚀强度发生变化。这些因素经常是叠加在一起,对火箭发射起飞姿态造成影响,加剧了火箭发射燃气动力学研究的复杂性。

(3)大型火箭发射工程规模带来的研究困难。以我国捆绑式运载火箭发射工程为例,火箭发动机喷口直径在1.0m左右,参照鲍勃谢夫等的研究结果[1-4],高温燃气流沿推进方向影响范围为200~300m,利用量热完全气体数值模拟研究火箭发射燃气动力学特性及机理问题,如研究该影响尺度空间火箭发射燃气流推进与分布特性,即使是抽象成自由喷流冲击平板形式的简化研究条件,需要的网格量将不低于2000万个,以当前并行计算能力估计,研究周期也需要按月计,这对于捆绑式运载火箭发射工程领域众多的火箭发射燃气动力学问题而言,数值模拟网格规模巨大显然带来了难以承受的研究周期问题。

(4)对于大型火箭,由于其起飞推重比往往低于小型火箭,并且火箭发动机自身功率更大,带来了燃气流较长时间烧蚀发射系统的热防护问题,解决热防护问题需要比较系统地回答发射燃气流影响下结构传热问题。在大型火箭规模很大、发射系统结构又十分复杂的条件下,利用边界层模拟控制技术开展传热数值模拟研究难度进一步提升,一些情况下甚至是不可能完成的任务。涉及固体火箭发动机、特殊类型推进剂的液体火箭发动机凝相条件对结构的冲击、剪切侵蚀效应目前仍难以采用多相流理论精细化数值预示,也难以利用试验精细化检验。

(5)大型火箭发射燃气流噪声问题已经充分暴露并提上解决日程,火箭发射燃气流噪声属于Ma在0~5范围内的跨声速气动噪声,目前该领域气动噪声研究进展较小,主要原因在于$Ma \geqslant 2.0$的超声速气动噪声研究还不够系统,具体形成机理研究尚未明确,当前发射燃气流噪声研究很大程度上必须依托试验结果进行提炼、分析。

(6)大型火箭往往采用特殊的降温、隔热以及降噪、隔噪技术,我国新型运载火箭开始应用喷水降温降噪技术,该技术必须解决喷水降温降噪机理问题,其工作第一步是解决喷水条件下多相燃气流场流动机理问题以及喷水抑制燃气流噪声机理问题,这两方面问题是当前大型火箭发射燃气动力学致力研究的问题,也都是前沿性难题。

(7) 大型火箭发射规模很大,火箭发射燃气动力学试验研究主要依托喷流缩比试验进行研究。喷流缩比试验需要解决诸多理论依据问题,如喷流缩比试验相似参数及其控制方法问题、喷流缩比试验与发射试验之间相似性关系问题。喷流缩比试验也需要解决等效模拟方法诸多问题,如燃气流介质等效性问题、准稳态模拟试验等效发射试验问题;喷流缩比试验还需要解决诸多测试问题,例如,小尺度高强度烧蚀环境压力、热流、温度测试问题,多相燃气流场激光测试问题,高声强环境近场噪声测试问题等。

发射燃气动力学上述难题主要由大型火箭发射工程规划庞大、结构复杂引起。发射燃气动力学研究难题同时还体现在理论及试验基础薄弱方面。虽然大型火箭发射燃气动力学已经借助数值模拟技术能够初步精细化研究结构承受燃气流冲击与烧蚀影响,但实际能够利用的健壮性好、精度较高的数值模拟核心算法依然捉襟见肘,有时不得不探索改进方法[18],如核心算法通量分裂格式改进、空间离散格式精度改进、边界单元离散格式改进、离散格式数值耗散限制方法改进等。大型火箭发射燃气动力学数值模拟网格分辨率不足问题也是持续困扰结果可信度的客观问题,开发高质量网格模型,解决网格无关性问题,探索规范的校验方法,这些仍需一定研究历程。

实际上,火箭发射燃气流自身也是很复杂的[30],主要表现在以下方面:

(1) 燃气流成分十分复杂。火箭发射燃气流经常包含有 CO_2、CO、NO、NO_2、H_2O、OH、N_2、O_2 等气体成分,也经常包含 H_2O、Al_2O_3 这样的非气体成分,一些情况下还包含未及燃烧的药柱成分,甚至包含高温环境部分电离解成分,严格来说,燃气流属于多相、多组分流体。

(2) 燃气流在流动过程中,燃气流成分及其热力特性会随压力、温度变化而发生一些变化。燃气流在流动过程中,会带动环境介质并与环境介质发生剧烈渗混,进一步促进其热力特性随压力、温度变化而发生一些变化。一些情况下富燃推进剂与环境空气混合还发生续燃,准确模拟燃气流动过程热力特性化变化需要依托很多基础研究,而这些研究基础比较薄弱,也需要完善的验证条件。

(3) 燃气流在燃烧室里的速度一般在声速以下,经拉伐尔喷管喷出的燃气流一般是超声速流,随着燃气流在前进过程中受黏性作用及发射系统结构阻挡,燃气流动状态会应扰动发生剧烈变化,产生复杂的激波系、膨胀波系结构,激波系、膨胀波系结构及机理分析也是很棘手的问题。

(4) 从众多已经开展的燃气流场试验检测结果分析情况来看,发射燃气流宽频脉动特性是内在的,火箭发动机燃烧室内推进剂燃烧的脉动特性甚至波动特性会进一步加剧发射燃气流的脉动幅度,燃气流高速流动过程中受自身黏性、环境扰动等因素影响,进一步促进其湍流发展,目前应用最广泛的雷诺均湍流模型、大涡模拟理论上难以覆盖宽频燃气流脉动特性,将湍流直接数值模拟方法应用于大型火箭发射燃气动力学研究也需一定的研究历程。

总之,火箭发射燃气流是一种十分复杂的流体,当前将其研究透彻是不可能的。但是火箭发射燃气流并非完全无规律可循,可以根据问题需要抓住主要因素进行简化和近似,并建立合适的数学模型进行理论分析研究。当前研究阶段,考虑到高温、高速、多相、多组分燃气流介质热力特性研究基础薄弱,作者更多的是将这些高温、高速、多组分、多相气流等效简化成高温、高速、多组分量热气体,即只考虑燃气流推进过程高速多组分掺混特性以及温度变化引起的混合燃气流介质物性变化。即使是简化成高速多组分、变物性介质条件的燃气流,依然缺少综合性研究支撑,针对发射燃气流还需要持续研究。

燃气流介质热力特性难以检测,涉及高温、高速燃气流动宏观特性参数,即使是气体动力学领域常测的压力、温度、热流、噪声参数,也存在难以检测以及检测结果一致性问题。例如,接触式温度传感器不能支撑2600K以上的高温燃气流温度检测,不能检测意味着难以直接评估理论研究结果,需要努力探索新型非接触式测试方法;再例如,高温、高速燃气流环境热流测试精度目前严重不足,超过$10MW/m^2$的高量程热流传感器标定技术尚不成熟,新型同轴热电偶测试热流的计算处理方法本身会带来很大的数值误差等。

尽管大型火箭发射燃气动力学研究存在上述诸多困难与挑战,但也是学科前进的动力,围绕相关问题开展具体研究,可以解决大型火箭发射技术研发依据的气动问题,反过来可以提升火箭发射燃气动力学解决大型火箭发射复杂气动问题的能力,促进火箭发射燃气动力学学科持续发展。

1.5 主要研究方向及研究内容

作者的研究实践涵盖了图1-7~图1-10所示案例发射技术研发涉及的众多火箭发射燃气动力学问题,特别是图1-7~图1-9所示案例大型火箭发射燃气动力学涉及的复杂问题,围绕这些问题开展的典型研究自然成为本书总结的内容,主要包括以下几点:

(1)复杂发射技术条件下,燃气推进特性以及燃气流场分布、扰动特性。

（2）复杂发射技术条件下，燃气流冲击影响发射系统、火箭箭体时，火箭箭体及发射系统承受的气动力特性。

（3）复杂发射技术条件下，燃气流冲击、烧蚀发射系统、火箭箭体时，火箭箭体及发射系统结构表面燃气流引起的气动热分布特性及变化特性。

（4）火箭采取喷水冷却防护技术时，喷水与燃气流混合形成的多相燃气流场流动与分布特性以及喷水降温效果。

（5）火箭采取喷水降噪技术时，喷水与燃气流混合形成的多相燃气流场流动与分布特性，喷水降噪机理及降噪效果。

（6）围绕复杂发射技术条件燃气流推进、燃气流场分布特性，以及燃气流环境火箭箭体及发射系统承受的气动力特性、气动热特性开展的专项试验。

（7）围绕火箭发射喷水冷却防护技术以及喷水降噪技术，开展喷水多相燃气流场、喷水降噪机理方面专项试验。

开展火箭发射燃气动力学具体研究，将不可避免涉及一些基础问题，以自由喷流状态燃气流场、简易发射技术条件的燃气流导流特性为例，总结了相关基础研究：

（1）自由喷流状态以及简易发射技术条件的燃气流分布与推进基本特性。

（2）典型导流方式及其导流特性，典型流方式导流型面结构对导流特性的影响。

（3）火箭发动机喷管结构、火箭发动机工作压力、马赫数、推进剂燃温、比热比等因素变化对自由喷流、简易发射技术条件的燃气流场、燃气流导流特性影响。

（4）结构网格模型、非结构网格模型对数值模拟结果影响，网格分辨率对燃气流场、典型流方式导流特性数值模拟结果影响。

（5）数值模拟核心算法、湍流模型对燃气流场、燃气流导流特性数值模拟结果影响。

（6）自由喷流状态以及简易发射技术条件的燃气流场、燃气流导流特性专项试验检验。

总结上述大型火箭发射燃气动力学研究内容以及自由喷流状态燃气流场、简易发射技术条件燃气流导流特性研究内容时，综合了非定常燃气流场数值模拟与试验模拟结果，尝试以非定常流动角度诠释火箭发射过程燃气流场分布及结构相关气动特性形成机理。考虑自由喷流条件燃气流场、简易发射技术条件燃气流导流特性基础研究是大型火箭发射燃气动力学研究的基础，实际阐述时将按此顺序细节展开。

大型火箭发射燃气动力学试验相似性依据是很重要的研究方向,本书将介绍作者提出的相似性依据。为此将阐述基本相似参数、拓展相似参数及其适用范围,从不同角度证明基本相似参数、拓展相似参数满足燃气流场、气动载荷特性、气动热特性以及燃气流噪声特性相似性,复杂发射技术条件的试验相似性说明将结合实际任务需求展开。

涉及燃气流场数值模拟核心算法、燃气流环境结构气动热数值模拟方法、喷水多相燃气流场数值模拟方法及试验方法、燃气流噪声数值模拟方法及试验方法等问题也会有所体现,一方面旨在结合实例总结供读者参考的经验、教训,另一方面旨在提炼研究过程具体流程、方法,促进火箭发射燃气动力学研究规范发展。当然,涉及具体方法的深层次机理、依据问题以及综合性难题、跨学科问题限于当前水平难以深入、系统说明,留待今后补充完善。

第 2 章　火箭发射燃气动力学理论基础

火箭发射燃气动力学作为气体动力学的分支学科,主要研究对象是燃气流,其流动特性遵循气体动力学、流体力学基本输运理论,同时充分考虑燃气流高温气体介质的特殊物性条件,结构气动热特性研究还将利用边界层理论,这些理论在气体动力学、流体力学专著[31-32]中已做系统介绍,本章提纲挈领说明火箭发射燃气动力学研究的理论基础,涉及作者的研究经验。

2.1　燃气流动输运方程及状态方程

依据火箭发射燃气动力学数值模拟和试验模拟综合研究实践,将当前绝大多数类型火箭推进剂归纳为富氧型推进剂,即氧化剂富足型推进剂,该类型推进剂条件下,燃气流经火箭发动机喷管喷出后燃烧已经比较充分,这种情况下一般依据多组分、连续介质流体输运方程、状态方程组描述火箭发射燃气动力学数学模型,研究具体问题及其内在机理。表述燃气流动输运方程及状态方程有多种数学形式,本节以张量[31-33]形式表述。

1. **质量守恒方程**

燃气流动过程中空间微单元燃气流质量守恒方程(也称连续性方程)为

$$\frac{\partial \rho}{\partial t} + \frac{\partial}{\partial x_i}(\rho u_i) = s_m \tag{2-1}$$

考虑燃气流动过程多组分气体之间传质及反应时,基于质量守恒方程发展的燃气质量组分(也称质量浓度)守恒方程为

$$\frac{\partial}{\partial t}(\rho \xi_m) + \frac{\partial}{\partial x_i}(\rho u_j \xi_m + F_{m,i}) = s_{\xi m} \tag{2-2}$$

火箭发射燃气流经常是高雷诺数湍流。湍流条件下,系综平均(相对稳定流动条件下等同于时间平均)形式[34]的扩散通量方程为

$$F_{m,i} = \rho \xi_m v_{m,i} + \rho \overline{\xi'_m u'_i}, \quad \sum_m \xi_m = 1 \tag{2-3}$$

其中混合燃气成分 m 的扩散速度 v_m 沿 i 向扩散分速度 $v_{m,i}$ 为

$$v_{m,i} = \left[-\frac{D_m}{\zeta_m} \nabla \zeta_m - \frac{D_T}{\rho \xi_m} \nabla \ln T \right]_i \quad (2-4)$$

扩散分速度 $v_{m,i}$ 也可写为

$$v_{m,i} = \left[-\frac{D_m}{\xi_m} (\nabla \xi_m + K_{Tm} \nabla \ln T) \right]_i, K_{Tm} = \frac{\zeta_m}{\rho \xi_m} \frac{D_m}{D_T} \quad (2-5)$$

(2-1)式~(2-5)式中:ρ 为燃气流密度;t 为燃气流动时间;u_i 为沿 x_i 向的燃气流速度的分速度,$i=1,2,3$ 或 $i=x,y,z$;x_i、x_j 为坐标 $i、j$ 向分量;s_m 为物质源流量;ξ_m 为混合燃气成分 m 的质量比例;ξ'_m 为混合燃气成分 m 的质量比例湍流脉动量;$s_{\xi m}$ 为混合燃气成分 m 的质量流量;F_{mi} 为混合燃气成分 m 的 x_i 向质量扩散通量;u'_i、u'_j 为混合燃气速度分量 u_i、u_j 的湍流脉动量;$v_{m,i}$ 为混合燃气成分 m 的扩散速度沿 i 向扩散分速度;D_m 为混合燃气成分 m 的分子扩散系数;ζ_m 为混合燃气成分 m 的摩尔分数;D_T 为混合燃气成分 m 的热扩散系数;T 为燃气流静温;K_{Tm} 为混合燃气成分 m 物质输运过程的热扩散贡献比例。本书除特殊说明外,变量的单位均为国际法定单位。

2. 动量守恒方程

很多文献称计及黏性因素的动量方程为纳维-斯托克斯动量方程,即 Navier-Stokes 方程,简称 N-S 方程。一些文献甚至将计及黏性因素的全部输运方程统称纳维-斯托克斯组,也称 N-S 方程组。考虑动量源条件下的纳维-斯托克斯动量守恒方程为

$$\frac{\partial}{\partial t}(\rho u_i) + \frac{\partial}{\partial x_i}(\rho u_i u_j - \tau_{ij}) = -\frac{\partial p}{\partial x_i} + s_{id} \quad (2-6)$$

如上所述,燃气流动为一种湍流流动,基于湍流分析给出应力张量系综平均形式为

$$\tau_{ij} = 2\mu S_{ij} - \frac{2}{3}\mu \frac{\partial u_k}{\partial x_k}\delta_{ij} - \rho \overline{u'_i u'_j} \quad (2-7)$$

$$S_{ij} = \frac{1}{2}\left(\frac{\partial u_i}{\partial x_j} + \frac{\partial u_j}{\partial x_i}\right) \quad (2-8)$$

(2-6)式~(2-8)式中:u_j 为沿 x_j 向的燃气流速度的分速度;τ_{ij} 为燃气流应力张量成分,湍流条件下基于系综均值;s_{id} 为燃气流动量源成分,特殊地,如浮力因素和由旋转引起科里奥利力因素等;p 为燃气流静压;S_{ij} 为燃气流应变张量;μ 为燃气流黏性系数;δ_{ij} 为克罗内克(Kronecker)符号。

3. 能量守恒方程

流体力学中能量守恒方程有多种表述形式,火箭发射燃气动力学研究时一般用总焓形式的能量守恒方程,即

$$\frac{\partial}{\partial t}(\rho H) + \frac{\partial}{\partial x_i}(\rho u_i H + F_{h,i} - u_i \tau_{ij}) = \frac{\partial p}{\partial t} + s_{id} u_i + s_{ie} \qquad (2-9)$$

(2-9)式中总焓 H 表述形式为

$$H = h + \frac{1}{2} u_i^2, \quad h = c_p T - c_{p0} T_0 \qquad (2-10)$$

湍流条件下表述(2-7)式中热扩散通量方程系综平均形式为

$$F_{h,i} = -\lambda \frac{\partial T}{\partial x_i} + \rho \overline{u_i' h'} + \sum \xi_m \rho h_m v_{m,i} \qquad (2-11)$$

(2-9)式~(2-11)式中:H 为燃气流总焓;$F_{h,j}$ 为燃气流沿 x_j 向热扩散通量;s_{ie} 为燃气流热源;h 为燃气流静焓;h' 为燃气流静焓 h 的湍流脉动量;c_p 为燃气流定压比热容;T_0 为参考温度;c_{p0} 为参考温度 T_0 时定压比热容;h_m 为混合燃气成分 m 的静焓。

4. 状态方程

一般情况下,火箭发射燃气流可以采用完全气体假定,燃气流状态方程[31-32]为

$$\rho = \frac{p}{R_0 T \left(\sum_m \frac{\xi_m}{M_m} \right)} \qquad (2-12)$$

式中:R_0 为通用气体常数,$R_0 = 8314.4 \text{J/(kg·K)}$;$M_m$ 为混合燃气成分 m 的摩尔质量。

需要指出的是,目前燃温低于 2500K 的推进剂也会采用富燃推进剂,即含氧量不足的推进剂,推进剂燃烧过程不充分,燃气流经火箭发动机喷管喷出与环境大气混合后存在续燃(也称二次燃烧)现象,这种情况下必须考虑推进剂续燃引起的燃气流场、结构气动特性变化,需要引入燃烧反应模式。火箭发射采用喷水降温降噪技术时,需要研究喷水多相燃气流场,这时输运方程及状态方程必须计及相间传热、传质因素。另外,稀薄大气及真空环境,燃气流远离喷管后,燃气流组分平均自由程增加很大,已经不能满足连续介质假设条件,还需要基于分子运动论观点开展研究。

2.2 混合燃气介质热物性方程

(2-1)式~(2-12)式以数学形式说明了火箭发射燃气流遵循的主要输运机制。将这些方程进一步以流速、压力、温度、组分浓度等具体参数形式反映燃气流动机理以及空间流动分布主要动态特性,就是通常数学上所说的方程组

求解与进一步归纳分析工作。解算上述方程组,需要在一定的物理空间、物理时间范围内约束方程组限定条件,也需要特别考虑高温、高速、多组分燃气流介质的热力特性与物理特性,简称热物性,主要包括黏性系数、热导率、比热容、比热比、扩散系数(也称为质量扩散系数、组分扩散系数)及普朗特数等物理特性参数。

火箭发射过程中,燃气流自身为多组分气体情况下,随着燃气流向发射场周围环境推进,燃气流与环境介质,如空气、水蒸气、来自其他喷管的燃气流等,进一步发生混合输运,空间微单元内气体介质热物性会随组分变化而变化。实际上,高温燃气流在流动过程中压力、温度会发生变化,压力、温度同样导致混合燃气热物性变化。

当前,大多数文献资料显示,一般条件下压力因素对介质热物性影响较弱,气动热力学领域研究表明,扩散系数、黏性系数、热导率与温度大致存在以下方面关系[31-33],即

$$D_m \propto \sqrt{T^3}, \quad \mu_m \propto \sqrt{T}, \quad \lambda_m \propto \sqrt{T} \tag{2-13}$$

根据分子运动论,扩散系数、黏性系数、热导率计算式分别为

$$D_m = \frac{1}{3} \varpi_m l_{m0} \tag{2-14}$$

$$\mu_m = \frac{1}{3} n_{m0} m_{m0} \varpi_m l_{m0} = \frac{2}{3\pi d_m^2} \sqrt{\frac{m_{m0} k_0 T}{\pi}} \tag{2-15}$$

$$\lambda_m = \frac{1}{3} \varpi_m l_{m0} c_{mv} \rho_m = \frac{c_{vm} \mu_m}{M_m} \tag{2-16}$$

(2-13)式~(2-16)式中:μ_m 为混合燃气成分 m 的黏性系数;λ_m 为混合燃气成分 m 的热导率;ϖ_m 为混合燃气成分 m 的分子速度;l_{m0} 为混合燃气成分 m 的分子自由程;n_{m0} 为混合燃气成分 m 的空间数密度;m_{m0} 为混合燃气成分 m 的分子质量;M_m 为混合燃气成分 m 的摩尔质量;c_{vm} 为混合燃气成分 m 的定容比热容。

气动热力学相关理论进一步给出高温气体扩散系数、黏性系数、热导率多种计算式。在火箭发动机推进剂燃烧产物——燃气成分大致明确的情况下,采用(2-17)式~(2-20)式计算高温混合燃气流的扩散系数、黏性系数、热导率,作为燃气热物性参数的初始输入与数值模拟进程中的实时修正条件。

$$D_m = \left[\frac{(\sum_i \zeta_i M_i)_{i \neq j}}{M} \left(\sum_i \frac{\zeta_i}{D_{im}} \right)_{i \neq j}^{-1} \right], \quad M = \sum_i \frac{\xi_i}{M_i} \tag{2-17}$$

$$\mu = \sum_m \frac{\zeta_m \mu_m}{\sum_n \zeta_n \Phi_{mn}} \tag{2-18}$$

$$\Phi_{mn} = \frac{1}{\sqrt{8}} \left(1 + \frac{M_m}{M_n}\right)^{-\frac{1}{2}} \left[1 + \left(\frac{\mu_m}{\mu_n}\right)^{\frac{1}{2}} \left(\frac{M_n}{M_m}\right)^{\frac{1}{4}}\right]^2 \qquad (2-19)$$

$$\lambda = \frac{1}{2}\left[\sum_m \zeta_m \lambda_m + \left(\sum_m \frac{\zeta_m}{\lambda_m}\right)^{-1}\right] \qquad (2-20)$$

(2-17)式~(2-20)式中:ζ_i、ζ_m 分别为混合燃气成分 i、m 的摩尔分数;M_m、M_n、M_i 分别为混合燃气成分 m、n、i 的摩尔质量;M 为混合燃气摩尔质量;D_{im} 为混合燃气成分 i、m 之间的双向扩散系数;ξ_i 为混合燃气成分 i 的质量分数;μ_n 为混合燃气成分 n 的黏性系数;Φ_{mn} 为考虑多组分之间影响的黏性系数修正因子。

(2-18)式和(2-19)式中燃气各单组元黏性系数、热导率、各单组元间扩散系数具体计算方法分别为[30,32]

$$\mu_m = 2.6693 \times 10^{-6} \frac{\sqrt{M_m T}}{d_m^2 \Omega_{\mu m}} \qquad (2-21)$$

$$\lambda_m = \frac{\mu_m}{M_m}(a_1 e_1 + a_2 e_2 + a_3 e_3) \qquad (2-22)$$

$$D_{im} = 2.660 \times 10^{-7} \frac{\sqrt{T^3}}{p M_{im}^{0.5} d_{im}^2 \Omega_{D,im}} \qquad (2-23)$$

$$\Omega_{\mu m} = 1.16145\left(\frac{KT}{E_m}\right)^{0.14874} + 0.52487 e^{-0.77320 \frac{KT}{E_m}} + 2.16178 e^{-2.43787 \frac{KT}{E_m}}$$
$$(2-24)$$

$$d_{im} = \frac{d_i + d_m}{2}, \quad M_{im} = \frac{2 M_i M_m}{M_i + M_m}, \quad E_{im} = \sqrt{E_i E_m} \qquad (2-25)$$

$$\Omega_{D,im} = 1.06036\left(\frac{KT}{E_{im}}\right)^{0.15610} + 0.19300 e^{-0.47635 \frac{KT}{E_{im}}} + 1.03587 e^{-1.52996 \frac{KT}{E_{im}}} +$$
$$1.76474 e^{-3.89411 \frac{KT}{E_{im}}} \qquad (2-26)$$

(2-21)式~(2-26)式中:$\Omega_{\mu m}$ 为混合燃气成分 m 的黏性输运特性碰撞积分;$\Omega_{D,im}$ 为燃气成分 m 相对燃气成分 i 以及扩散输运特性碰撞积分;d_m、d_i 为混合燃气成分 m、i 分子直径;K 为玻耳兹曼(Boltzman)常数;E 为燃气分子间引力势能;E_i、E_m 为混合燃气成分 i、m 分子引力势能;e_1、e_2、e_3 分别为燃气分子平动能、转动能、振动能;a_1、a_2、a_3 为燃气分子内能修正系数,基于分子模型非线性复杂度等因素修正。

很多情况下,特别是发射工程及发射技术论证与方案设计阶段,燃气成分一般并不明确,(2-17)式~(2-26)式不能充分发挥其应有的作用,为此将燃气按等效单组分热完全气体处理,这是复杂发射技术条件下火箭发射燃气动力学研究的一种简化且可行的处理方法。

发射工程及发射技术方案论证及初步设计阶段,火箭发动机设计单位大致能够提供参考的燃气平均分子量、比热容、比热比方面数据,依据这些参数及火箭发动机喷管结构参数、排量与推力参数,参照后面第3章阐述的火箭发动机参数封闭性确定方法,修正确定等效单组分热完全气体比热比、比热容参数,再根据(2-27)式~(2-29)式简化式计算,即

$$\mu_{jet} = 2.6693 \times 10^{-6} \frac{\sqrt{M_{jet}T}}{d_{jet}^2 \Omega_{\mu\_jet}} \qquad (2-27)$$

$$\lambda_{jet} = \frac{R_0 \mu_{jet}}{M_{jet}} \left(5.9203 - \frac{7.2813 c_{p\_jet}}{R_0}\right) \qquad (2-28)$$

$$D_{jet} = 1.8583 \times 10^{-12} \frac{\sqrt{\frac{M_{jet}T^3}{2}}}{p d_{jet}^2 \Omega_{D\_jet}} \qquad (2-29)$$

(2-27)式~(2-29)式中:μ_{jet}为等效单组分燃气的黏性系数;M_{jet}为等效单组分燃气的摩尔质量;d_{jet}为等效单组分燃气分子直径;Ω_{μ_jet}为等效单组分燃气黏性输运特性碰撞积分;λ_{jet}为等效单组分燃气热导率;c_{p_jet}为等效单组分燃气定压比热容;D_{jet}为等效单组分燃气分子扩散系数;Ω_{D_jet}为等效单组分燃气扩散输运特性碰撞积分;M_{jet}为混合燃气摩尔质量;R_0为通用气体常数,$R_0 = 8314.4 \text{J}/(\text{kg}\cdot\text{K})$。

在燃气热物性参数(比热容、黏性系数、扩散系数、热导率等,以χ符号表示)试验研究资料齐全条件下,(2-27)式~(2-29)式可以采用分段多项式形式拟合,简化计算程序。如燃气成分m的热物性参数χ_m可以简述为

$$\chi_m = \sum_i a_{m,i} T^{i-1} \qquad (2-30)$$

等效单组分燃气分子量一般不会与常用气体分子量相同,此时可直接从相关流体或气动热力学手册查接近的分子量的常用气体分子碰撞积分及碰撞直径,利用插值法计算确定。计算结果需要参照气动热力学经验量级复核相关结果,控制等效燃气的扩散系数D_{jet}、黏性系数μ_{jet}、热传导系数λ_{jet}、导温系数a_{jet}满足以下关系式,即

$$\nu_{jet} \sim a_{jet} \sim D_{jet}, \quad \nu_{jet} = \frac{\mu_{jet}}{\rho_{jet}}, \quad a_{jet} = \frac{\lambda_{jet}}{\rho_{jet} c_{p\_jet}} \qquad (2-31)$$

作者基于研究实践,结合气动热力文献资料,进一步提出要适当控制燃气流黏性系数μ_{jet}、热导率λ_{jet}、比热容c_{p_jet}与普朗特数Pr_{jet}的关系,即

$$Pr_{jet} = \frac{\mu_{jet} c_{p\_jet}}{\lambda_{jet}}, \quad Pr_{jet} < 1 \qquad (2-32)$$

等效燃气情况下,燃气组分可视为不变化,此时仍需考虑热物性参数随燃气流推进过程温度、组分浓度变化。变化的定压比热容 c_{p_jet} 与定容比热容 c_{v_jet} 满足下列关系,即

$$c_{p\_jet} = c_{v\_jet} + \frac{R_0}{M_{jet}} = \frac{\gamma_{jet}}{\gamma_{jet} - 1} \frac{R_0}{M_{jet}} \qquad (2-33)$$

燃温低于 2000K 的燃气及一些常见气体(如空气、氮气),黏性系数 μ、热导率 λ 还可以采用一些文献资料中使用的计算方法[31-33],如 Sutherland 方法,即

$$\frac{\mu}{\mu_0} = \left(\frac{T}{273.15}\right)^{\frac{3}{2}} \frac{273.15 + C_{01}}{T + C_{01}}, \quad \frac{\lambda}{\lambda_0} = \left(\frac{T}{273.15}\right)^{\frac{3}{2}} \frac{273.15 + C_{02}}{T + C_{02}}$$
$$(2-34)$$

或者

$$\frac{\mu}{\mu_0} = \left(\frac{T}{273.15}\right)^{\alpha_a}, \quad \frac{\lambda}{\lambda_0} = \left(\frac{T}{273.15}\right)^{\alpha_b} \qquad (2-35)$$

火箭发射燃气动力学领域一些机理性问题研究往往借助部分冷态喷流试验快捷开展,如模拟喷流流场推进、冲击及燃气流噪声机理经常利用常温空气、加热空气、加热氮气等介质开展冷态喷流试验,为方便查阅,列出(2-34)式和(2-35)式中空气、氮气相关常数,如表 2-1 所列。

表 2-1 空气、氮气黏性系数及热导率

常数	空气	氮气
$\mu_0/(kg/(m \cdot s))$	1.716×10^{-5}	1.663×10^{-5}
$\lambda_0/(W/(m \cdot K))$	0.024	0.024
C_{01}/K	110.6	106.7
C_{02}/K	194.4	166.7
α_a	0.666	0.670
α_b	0.810	0.760

在等效燃气热物性参数确定条件下,基于质量加权平均形式计算等效燃气与环境介质相互掺混后的混合燃气热物性参数 χ,有

$$\chi = \sum_m \xi_m \chi_m \qquad (2-36)$$

例如,等效燃气与空气进一步混合后的混合燃气定压比热容 c_{p_mix} 计算形式为

$$c_{p\_mix} = m_{jet} c_{p\_jet} + m_{air} c_{p\_air} \qquad (2-37)$$

(2-36)式和(2-37)式中:χ_m 为混合燃气成分 m 热物性;m_{air} 为环境空气的质

量比例；c_{p_air} 为环境空气定压比热容。

实际上，采用质量加权平均形式计及组分变化（含化学应流、多相流）带来微单元内气体介质热物性变化是气体动力学、火箭发动机、火箭内弹道学等领域通行的方法。

2.3 湍流模型

发射燃气动力学领域绝大多数气动力、气动热问题均涉及湍流理论特别是湍流模型。研究湍流的目的是预测和控制湍流。国内外针对湍流模型的介绍以及数值模拟实例文献已十分丰富，但对于大型火箭发射燃气动力学复杂问题，采用湍流大涡数值模拟（LES）、直接数值模拟（DNS）仍然近乎无能为力，理由如下：

(1) 湍流本身由于湍流脉动具有宽带的波数谱和频谱，并且湍流的统计样本数要求均显示湍流理论研究不同于层流研究，难度上通常远大于层流研究[34-35]。

(2) 目前，即使对于均匀各向同性湍流直接数值模拟，直接数值模拟、大涡数值模拟的空间分辨率和流动雷诺数有关，假定各向同性湍流的含能尺度或积分尺度已知，湍流的耗散尺度或者科尔莫戈罗夫（Kolmogorov）耗散尺度已知，计算域网格尺度必须大于含能尺度，同时为保证准确模拟湍流小尺度运动，计算域网格尺度必须小于科尔莫戈罗夫耗散尺度。均匀剖分的计算域网格数与流动雷诺数满足 (2-38) 式关系[34-35]。

(3) 湍流脉动在时间上也是多尺度的，最小的时间步长应当小于最小湍涡的时间尺度，时间推进的积分长度应大于大涡的特征时间。湍流的直接数值模拟时间分辨率要求时间总步长满足 (2-39) 式关系[34-35]。

(4) 第 1 章已经说明大型火箭发射技术领域火箭发射燃气动力学研究的复杂性，规模巨大的发射工程领域火箭发射燃气动力学问题，燃气流来流积分尺度雷诺数一般不小于 5×10^6，按照直接数值模拟网格分辨率，网格总数应不小于 10^{12} 个，目前采用直接湍流数值模拟方法研究火箭发射燃气动力学复杂问题仍有待时日[19]。

(2-38)式、(2-39)式具体数学表述形式为

$$N_{\text{mesh}} \sim \left(\frac{L_{\text{tur}}}{\Delta_{\text{mesh}}}\right)^3 > \left(\frac{l}{\eta}\right)^3 \sim \left[(Re_l)^{\frac{3}{4}}\right]^3 = (Re_l)^{\frac{9}{4}} \quad (2-38)$$

$$N_{\text{time}} > \frac{L_{\text{tur}}}{\eta} \sim (Re_l)^{\frac{3}{4}} \qquad (2-39)$$

$$Re_l = \frac{\rho u'_i l}{\mu}, \quad l \sim \frac{k^{\frac{3}{2}}}{\varepsilon}, \quad \eta \sim \left[\frac{(\mu/\rho)^3}{\varepsilon}\right]^{\frac{1}{4}}, \quad k = \overline{\frac{u'_i u'_i}{2}}, \quad \varepsilon = \frac{\mu}{\rho} \overline{\frac{\partial u'_i}{\partial x_j} \frac{\partial u'_i}{\partial x_j}}$$
$$(2-40)$$

(2-38)式~(2-40)式中:N_{mesh}为网格单元或网格节点数;N_{time}为湍流直接数值模拟所需时间步数;L_{tur}为湍流直接数值模拟特征长度;Δ_{mesh}为湍流直接数值模拟网格单元特征长度;η为科尔莫戈罗夫耗散尺度;Re_l为积分尺度雷诺数;l为燃气流输运过程形成的湍流脉动含能尺度;k为燃气流输运过程形成的湍流脉动动能;ε为燃气流输运过程形成的湍流脉动能量耗散率。

对于复杂的发射工程问题,往往关注的是一定时间范围内影响发射技术性能的燃气流的宏观数理期望值,也称为统计均值或系综均值。另外,对于火箭发射燃气动力学复杂问题的机理研究,必须权衡精细化数值模拟研究的时间效率,脱离数值模拟硬件能力、软件能力、试验测试水平以及工程研制流程和目标,单纯追求燃气流场的湍流形成机理、湍流分析颗粒度将得不偿失,这也是至目前为止火箭发射燃气动力学绝大多数问题采用雷诺统计平均模型的主要原因。

雷诺统计平均模型也称为雷诺平均湍流模型(RANS)。雷诺平均湍流模型基于布西内斯克(Boussinesq)类比假设,采用一些半经验式方程组寻求输运方程组中湍流脉动项的封闭性。其中,建立动量方程中速度脉动量与系综平均速度梯度之间的关系为[34-35]

$$\rho \overline{u'_i u'_j} = 2\mu_t S_{ij} - \frac{2}{3}\left(\mu_t \frac{\partial u_i}{\partial x_i} + \rho k\right)\delta_{ij} \qquad (2-41)$$

$$\mu_t = f_\mu \frac{C_\mu \rho k^2}{\varepsilon}, \quad \text{或者} \ \mu_t = f_\mu C_\mu^{\frac{1}{4}} \rho k^{\frac{1}{2}} l, \quad l = C_\mu^{\frac{3}{4}} \frac{k^{\frac{3}{2}}}{\varepsilon} \qquad (2-42)$$

类似地,建立能量守恒方程、质量守恒方程中湍流脉动项与相关参数系综平均量之间的关系为[34-35]

$$\rho \overline{u'_i h'_j} = -\frac{\mu_t}{\sigma_h} \frac{\partial h}{\partial x_j}, \quad \rho \overline{u'_i \xi'_m} = -\frac{\mu_t}{\sigma_m} \frac{\partial h}{\partial x_j} \qquad (2-43)$$

(2-41)式~(2-43)式中:μ_t为湍流黏性系数;f_μ为阻尼函数;C_μ为湍流输运方程相关经验系数;σ_h为与燃气流输运过程中传热有关的湍流普朗特数;σ_m为与燃气流输运过程中传质有关的湍流斯密特(Schmidt)数。

目前,已经发展了很多经典的雷诺平均湍流模型,限于篇幅不再一一详细介绍,仅简要说明作者在火箭发射燃气动力研究时经常应用并经检验有效的两种雷诺平均湍流模型——$k-\varepsilon$ 湍流模型和 SST 湍流模型,后面章节将结合案例说明 $k-\varepsilon$ 湍流模型、SST 湍流模型对火箭发射燃气动力学数值模拟的影响。

1. $k-\varepsilon$ 湍流模型

$k-\varepsilon$ 湍流模型由 Launder 和 Spalding 提出[34,36],通过半经验式方程确定(2-41)式、(2-42)式中涉及的湍流动能 k 及湍流耗散率 ε,主要用于精细化数值模拟高雷诺数湍流流场。

$k-\varepsilon$ 湍流模型确定湍流动能 k 的湍流能量方程为

$$\frac{\partial}{\partial t}(\rho k) + \frac{\partial}{\partial x_j}\left[\rho u_j k - \left(\mu + \frac{\mu_t}{\sigma_k}\right)\frac{\partial k}{\partial x_j}\right] = E_{\text{tur},k} + E_{\text{tur},b} - \rho\varepsilon - E_{\text{tur},d}$$

(2-44)

$$E_{\text{tur},k} = 2\mu_t S_{ij} S_{ij}, \quad E_{\text{tur},b} = \beta g_i \frac{\mu_t}{\sigma_h}\frac{\partial T}{\partial x_i}, \quad \beta = -\frac{1}{\rho}\left(\frac{\partial \rho}{\partial T}\right)_p, \quad E_{\text{tur},d} = 2\rho\varepsilon\frac{k}{\gamma RT}$$

(2-45)

$k-\varepsilon$ 湍流模型确定湍流耗散率 ε 方程为

$$\frac{\partial}{\partial t}(\rho\varepsilon) + \frac{\partial}{\partial x_j}\left[\rho\varepsilon u_j - \left(\mu + \frac{\mu_t}{\sigma_\varepsilon}\right)\frac{\partial \varepsilon}{\partial x_j}\right] = C_{\varepsilon1}\frac{\varepsilon}{k}(E_{\text{tur},k} + C_{\varepsilon3}E_{\text{tur},b}) - C_{\varepsilon2}\rho\frac{\varepsilon^2}{k}$$

(2-46)

(2-44)式~(2-46)式相关经验常数为

$$C_\mu = 0.09, \quad f_\mu = 1.00, \quad \sigma_k = 1.00, \quad \sigma_\varepsilon = 1.30 \quad (2-47)$$

$$C_{\varepsilon1} = 1.44, \quad C_{\varepsilon2} = 1.92, \quad C_{\varepsilon3} = 0 \text{ 或 } 1.44 \quad (2-48)$$

(2-44)式~(2-48)式中:$E_{\text{tur},k}$ 为系综速度梯度产生的湍流动能贡献量;$E_{\text{tur},b}$ 为浮力因素产生的湍流动能贡献量;$E_{\text{tur},d}$ 为可压缩湍流中流体压缩性引起的流体微单元应变滞胀效应造成湍动能耗散量;β 为定压条件下的热胀系数;g_i 为沿 x_i 向重力加速度分量;σ_k、σ_e 分别为与 k、ε 有关的湍流普朗特数。

基于(2-44)式~(2-48)式确定 k、ε 后,(2-3)式、(2-11)式中考虑湍流因素的等效热导率 λ_{eff}、等效扩散系数 D_{eff} 也就确定:

$$\lambda_{\text{eff}} = \lambda + \frac{c_p \mu_t}{\sigma_h}, \quad \sigma_h \approx 0.85 \quad (2-49)$$

$$D_{\text{eff}} = D + \frac{\mu_t}{\rho\sigma_m}, \quad \sigma_m \approx 0.70 \quad (2-50)$$

2. SST 湍流模型

SST 湍流模型也称 SST $k-\omega$ 湍流模型,由 Menter 综合 $k-\omega$、$k-\varepsilon$ 湍流模

第 2 章 火箭发射燃气动力学理论基础

型发展而来[37],与 $k-\omega$ 一样,将 $k-\varepsilon$ 湍流模型中的湍流耗散率 ε 变成湍流比例耗散率 ω,通过求解湍流动能 k 及湍流比例耗散率 ω,解决(2-1)式~(2-11)式(输运方程)中湍流脉动项的数学解算封闭性问题。

SST 湍流模型中比例耗散率 ω 定义为

$$\omega = \frac{\varepsilon}{C_\mu k} \quad (2-51)$$

忽略浮力因素情况下,SST 湍流模型中湍流动能方程为

$$\frac{\partial}{\partial t}(\rho k) + \frac{\partial}{\partial x_j}\left[\rho u_j k - \left(\mu + \frac{\mu'_t}{\sigma'_k}\right)\frac{\partial k}{\partial x_j}\right] = E'_{\text{tur},k} - E'_{\text{tur},d} \quad (2-52)$$

$$\sigma'_k = \frac{1.176}{1.176 - 0.176 F_1}, \quad \mu'_t = \frac{\rho k}{\omega}\frac{1}{\max\left[\frac{1}{v},\frac{F_2}{0.31}\frac{S}{\omega}\right]} \quad (2-53)$$

$$E'_{\text{tur},k} = \min(E_{\text{tur},k}, 10\rho\zeta k\omega), \quad E_{\text{tur},k} = 2\mu_t S_{ij}S_{ij}, \quad E'_{\text{tur},d} = \rho\zeta k\omega \quad (2-54)$$

(2-52)式~(2-54)式中:μ'_t 为湍流黏性系数;σ'_k 为与 k 有关的湍流普朗特数;$E'_{\text{tur},k}$ 为系综速度梯度产生的湍流动能生成项;$E'_{\text{tur},d}$ 为湍流动能耗散项。

(2-52)式~(2-54)式中相关符号具体理论计算形式表述为

$$S = \sqrt{2S_{ij}S_{ij}}, \quad F_1 = \tanh(\vartheta_1^4),$$

$$\vartheta_1 = \min\left[\max\left(\frac{\sqrt{k}}{0.09\omega\Delta},\frac{500\mu}{\rho\Delta^2\omega}\right),\frac{4\rho k}{1.168 D_{k\omega}\Delta^2}\right] \quad (2-55)$$

$$v = \frac{0.024 + \dfrac{Re_t}{6}}{1 + \dfrac{Re_t}{6}}, \quad Re_t = \frac{\rho k}{\mu\omega} \quad (2-56)$$

$$F_2 = \tanh(\vartheta_2^2), \quad \vartheta_2 = \max\left(\frac{2\sqrt{k}}{0.09\omega\Delta},\frac{500\mu}{\rho\Delta^2\omega}\right) \quad (2-57)$$

$$D_{k\omega} = \max\left[1.7123\frac{\rho}{\omega}\frac{\partial k}{\partial x_j}\frac{\partial \omega}{\partial x_j},10^{-10}\right] \quad (2-58)$$

$$\varsigma = \varsigma'[1 + 1.5F(Ma_t)] \quad (2-59)$$

$$\varsigma' = 0.09\left[\frac{\dfrac{4}{15} + \left(\dfrac{Re_t}{8}\right)^4}{1 + \left(\dfrac{Re_t}{8}\right)^4}\right] \quad (2-60)$$

$$F(Ma_t) = \begin{cases} 0, & Ma_t \leq Ma_{t0}, Ma_{t0} = 0.25 \\ Ma_t^2 - Ma_{t0}^2, & Ma_t > Ma_{t0} \end{cases} \quad (2-61)$$

$$Ma_t = \sqrt{\frac{2k}{a^2}}, \quad a = \sqrt{\gamma RT} \quad (2-62)$$

SST 湍流模型湍流比例耗散率方程为

$$\frac{\partial}{\partial t}(\rho\omega) + \frac{\partial}{\partial x_j}\left[\rho\omega u_j - \left(\mu + \frac{\mu'_t}{\sigma'_\omega}\right)\frac{\partial \omega}{\partial x_j}\right] = W_{\text{tur},\omega} - W_{\text{tur},d} + W_{\text{tur},D}$$
$$(2-63)$$

$$\sigma'_\omega = \frac{2.336}{2 - 0.832 F_1} \quad (2-64)$$

$$W_{\text{tur},\omega} = \frac{2\upsilon'\rho}{\mu_t}S_{ij}S_{ij}, \quad W_{\text{tur},d} = \rho\zeta''\omega^2, \quad W_{\text{tur},D} = 2.336(1 - F_2)\frac{\rho}{\omega}\frac{\partial k}{\partial x_j}\frac{\partial \omega}{\partial x_j}$$
$$(2-65)$$

（2-64）式～（2-65）式中相关符号具体理论计算形式表述如下：

$$\upsilon' = \frac{\upsilon''}{\upsilon}\left(\frac{1/9 + Re_t/2.95}{1 + Re_t/2.95}\right), \quad \upsilon'' = 0.4414 - 0.2079 F_1 \quad (2-66)$$

$$\zeta'' = \zeta'''\left[1 - 1.50\frac{\zeta'}{\zeta'''}F(Ma_t)\right], \quad \zeta''' = 0.0828 - 0.0078 F_1 \quad (2-67)$$

（2-55）式～（2-67）式中：$W_{\text{tur},\omega}$、$W_{\text{tur},d}$、$W_{\text{tur},D}$ 为湍流比例耗散率生成项；F_1、F_2 为湍流黏性修正合成函数；ϑ_1、ϑ_2 为湍流黏性修正合成函数的子函数；ζ、ζ'、ζ''、ζ''' 为湍流动能生成方程修正系数；υ、υ'、υ'' 为湍流比例耗散率生成项方程修正系数；Ma_t、Ma_{t0} 为燃气流湍流马赫数；$D_{k\omega}$ 为燃气流湍流横向扩散造成的湍流比例耗散率；$F(Ma_t)$ 为燃气流湍流压缩性修正函数。

2.4 边界层理论

火箭发射燃气动力学提供烧蚀试验与热防护设计依据时，需要研究并提供结构表面的气动热特别是对流传热问题，甚至包括燃气流气动摩擦产生的剪切力问题，这些将涉及并应用相关边界层理论。边界层指壁面附近或高速燃气流与环境介质混合区域内燃气流参数法向梯度很大的特殊薄层结构，其中高速燃气流与环境介质混合区域内的边界层也称为燃气流剪切边界层。边界层理论研究核心是寻求适当的理论方法，相对精细地模拟边界层流动、分布特性。当前阶段，火箭发射燃气动力学边界层研究主要是为了准确预示壁面结构气动热特性、摩阻特性。

壁面边界层进一步分为 3 层，如图 2-1 所示，最靠近壁面一层为黏性底层,该层流态差不多是层流,微单元内流体动力黏性在动量输运、热量输运(即传热)、物质输运(即传质)方面起主要控制作用;在接近核心区的最外层,为完全湍流层,湍流脉动起控制输运特性的主要作用;在黏性底层与完全湍流层之间为过渡层,其中湍流脉动与动力黏性在控制输运特性方面起到同等作用。

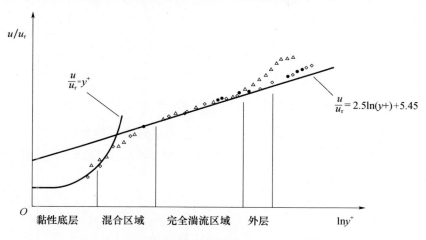

图 2-1　边界层试验确定的无量纲速度 u/u_τ 与 $\ln y^+$ 关系曲线

在图 2-1 中,相关符号定义数学表述形式为

$$u_\tau = \sqrt{\frac{\tau_w}{\rho}}, \quad y^+ = \frac{\rho u_\tau y}{\mu} \tag{2-68}$$

式中:u_τ 为基于壁面燃气流剪切应力折算的壁面燃气流名义流速;τ_w 为壁面燃气流剪切应力;y^+ 为基于燃气流名义流速折算的无量纲壁面距离;y 为壁面附近微单元燃气流离壁面法向距离。

围绕准确表述壁面附近流动分层现象,理论上发展了两类近壁处理模型[34,37]:一类是双层近壁面模型;另一类是壁面函数模型。两类模型可结合图 2-2 进行说明。

参考图 2-2(a),双层近壁面模型处理方法一般设定壁面无滑移条件,在紧邻壁面附近为低雷诺数效应层,即燃气介质动力黏性控制效应层。低雷诺数效应层外即为完全湍流层。完全湍流层流动输运方程与来流核心区流动输运方程在具体求解方法上完全一致,而低雷诺数效应层考虑设定切换方法,如采用特殊的湍流模型,或者在湍流模型中自然匹配燃气动力黏性系数与湍流黏性系数关系,目前火箭发射燃气动力学数值模拟时用的 SST 模型、$k-\varepsilon$ 模型即是两类典型的切换方法。

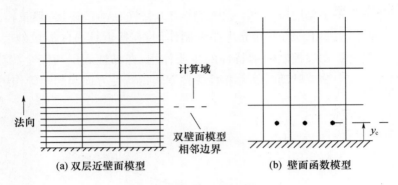

图 2-2 两类近壁处理模型

双层近壁面模型处理方法中对壁面附近雷诺数高低的判断主要基于局部湍流雷诺数,SST 模型中局部湍流雷诺数参考(2-56)式定义,$k-\varepsilon$ 模型局部湍流雷诺数 $Re_{t,\text{local}}$ 定义为

$$Re_{t,\text{local}} = \frac{\rho\sqrt{k}}{\mu}y \qquad (2-69)$$

采用局部湍流雷诺数 $Re_{t,\text{local}}$ 判断时,认为满足(2-70)式时燃气流流态为高雷诺数状态,即

$$Re_{t,\text{local}} \gg 1 \qquad (2-70)$$

双层近壁面模型处理方法中,流动输运方程中求解底层及外层的湍流动能 k 的输运方程是一样的,从而局部湍流雷诺数计算相对统一。

$k-\varepsilon$ 模型可以对湍流耗散率 ε 及湍流黏性 μ_t 进行特殊处理,一般将湍流耗散率 ε 采用代数函数求解,而湍流黏性 μ_t 主要对黏性系数进行处理,这方面参考文献资料很多,这里仅列出诺里什-雷诺(Norris-Reynolds)低雷诺数 $k-\varepsilon$ 模型[38],湍流耗散率 ε 及湍流黏性 μ_t 分别表述为

$$\varepsilon = \frac{k^{3/2}}{l}\left(1 + \frac{5.3}{Re_{t,\text{local}}}\right), \quad l = \kappa C_\mu^{-0.75}y = 2.550y \qquad (2-71)$$

式中:κ 为冯·卡门(Von Karman)常数,$\kappa = 0.419$。

$$\mu_t = f_\mu \frac{C_\mu \rho k^2}{\varepsilon}, \quad f_\mu = 1 - e^{-\frac{Re_{t,\text{local}}}{50.5}} \qquad (2-72)$$

双层近壁面模型处理方法充分考虑了黏性底层内流动参数沿壁面法向梯度变化很大,为满足低雷诺数条件并准确模拟梯度变化,需要在具体数值模拟过程中在壁面附近法向高度方向设计高质量网格。高质量网格对网格层数及壁面附近层网格单元形心法向高度均有很高的要求。

作者在开展火箭发射燃气动力学领域气动力及壁面流动参数具体理论预

示过程中,控制壁面附近网格质量参照目标为

$$N_n \geqslant 10, \quad y^+ \leqslant 5 \quad (2-73)$$

式中:N_n 为边界层法向网格节点数。

燃气流环境下,发射系统中发射装置大部分结构与燃气流接触部分可视作板型结构,假设低雷诺数效应控制条件下壁面附近黏性底层流态为层流,则 y^+ 经验值大致确定情况下,参考(2-68)式,由 y^+ 定义出发,估算燃气流环境数值预示所需的壁面附近高质量网格单元形心法向高度,即

$$y^+ = \frac{\rho_w u_\tau y_c}{\mu_w} \Rightarrow y_c = \frac{y^+ \mu_w}{\rho_w u_\tau} \quad (2-74)$$

$$\rho_w u_\tau^2 = \tau_w = C_f \left(\frac{1}{2} \rho_\infty u_\infty^2\right) \Rightarrow u_\tau = \sqrt{\frac{C_f \rho_\infty u_\infty^2}{2 \rho_w}} \quad (2-75)$$

$$y_c = \frac{y^+ \mu_w}{\sqrt{\dfrac{C_f \rho_w \rho_\infty u_\infty^2}{2}}}, \quad \rho_w = \frac{p_w}{RT_w} \quad (2-76)$$

式中:μ_w 为壁面燃气流黏性能系数;ρ_w 为壁面燃气流密度;y_c 为壁面附近网格单元形心法向距离;C_f 为壁面阻力系数;ρ_∞ 为燃气流来流密度;u_∞ 为壁面附近燃气流来流速度。

由于壁面燃气流静压 p_w 一般不超过来流总压:

$$p_w \leqslant p_\infty + \frac{1}{2} \rho_\infty u_\infty^2 \quad (2-77)$$

从而壁面附近高质量网格单元形心法向高度可基于下式估算:

$$y_c = \frac{y^+ \mu_w}{\sqrt{\dfrac{C_f \left(p_\infty + \dfrac{1}{2} \rho_\infty u_\infty^2\right) \rho_\infty u_\infty^2}{2RT_w}}} \quad (2-78)$$

研究高温、高速燃气流气动热问题,必须依托相对准确的速度剖面和温度剖面。温度剖面也经常依托雷诺比拟方法基于速度剖面推演,认为温度剖面(或壁面附近温度法向变化梯度)与速度剖面相似。参考(2-78)式,基于雷诺比拟,有

$$St = \frac{C_f}{2N_r}, \quad St = \frac{\theta}{c_{p\infty} \rho_\infty u_\infty}, \quad \theta = \frac{q}{T_r - T_w} \quad (2-79)$$

$$y_c = \frac{y^+ \mu_w}{\sqrt{\dfrac{N_r St \left(p_\infty + \dfrac{1}{2} \rho_\infty u_\infty^2\right) \rho_\infty u_\infty^2}{RT_w}}} \quad (2-80)$$

式中:St 为斯坦顿(Stanton)数;N_r 为雷诺比拟因子;$c_{p\infty}$ 为燃气流来流定压比热容;T_r 为燃气流恢复温度;T_w 为壁面燃气流静温;q 为燃气传进壁面的热流密度。

需要指出的是,当前一些研究人员指出,针对气动热、气流剪切力数值模拟需要进一步减少 $y^+ \leqslant 1$ 甚至 $y^+ \ll 1$。作者针对大型火箭复杂燃气流环境气动热、气流剪切力开展的理论预示实践表明,在控制气动热、气流剪切力数值模拟模型网格雷诺数与 y^+ 数量级尽量接近情况下,过分追求 $y^+ \leqslant 1$ 甚至 $y^+ \ll 1$ 的要求并不合理,主要原因在于过小的 y^+ 将导致边界层网格模型的底层网格法向厚度小于壁面粗糙度这一实际物理现象,也会造成数值模拟模型网格总量远超当前高性能并行计算承受能力。另外,数值模拟方法、结果应由实践检验确认,当前气动热测试虽然有些办法,但高温、高速燃气流环境测试相对精度难以控制在 $-30\% \sim 30\%$ 范围内,从而过分追求网格雷诺数与 y^+ 意义不大。关于 y^+ 控制,后面还将以案例形式进一步说明。

壁面函数模型主要用于解决高雷诺数条件下双层近壁面模型对于高质量网格需求带来难以承受的硬件计算资源问题。壁面函数模型处理方法基本思路:采用类似双层近壁面模型中湍流耗散率 ε 的代数函数形式——半经验壁面函数,利用半经验壁面函数建立图 2-1 中所说的近壁黏性效应与完全湍流区湍流效应之间的连接桥梁。

如图 2-2(b)所示,采用壁面函数模型时,完全湍流层采用与高雷诺数相配套的湍流模型与相关输运方程配套,确定相关流动参数(流动速度、压力、温度等),在黏性底层内不再配套高质量网格计算单元或节点,设定紧邻壁面层的计算单元或节点高度位于完全湍流层,理论分析或精细化数值计算时,基于该单元或节点高度处燃气流参数与壁面处燃气流参数差值确定壁面燃气流剪切应力或热流密度。

壁面函数模型处理方法的假设条件:流动参数沿壁面法向变化占据主导控制条件,壁面附近湍流能量生成与耗散存在平衡,剪切应力与速度矢量在边界层相对贴壁单向,边界层内湍流长度方向尺度线性变化。基于这些假设条件,由壁面函数理论给出壁面附近燃气流名义速度剖面函数 u^+ 一般形式为[34,36]

$$u^+ = \frac{C_\mu^{\frac{1}{4}} k^{\frac{1}{2}}}{\frac{\tau_w}{\rho}} u_{\text{near}}, \quad u^+ = \begin{cases} y_u^+, & y_u^+ \leqslant y_{u0}^+ \\ \dfrac{1}{\kappa} \ln(E y_u^+), & y_u^+ > y_{u0}^+ \end{cases} \quad (2-81)$$

$$y_u^+ = \frac{\rho C_\mu^{\frac{1}{4}} k^{\frac{1}{2}} y}{\mu}, \quad y_{u0}^+ = \frac{1}{\kappa} \ln(E y_{u0}^+) \quad (2-82)$$

式中:E 为经典系数,光滑壁面条件下 $E = 9.00$;u_{near} 为邻近壁面层燃气流速度;

y_u^+ 为基于燃气流名义流速折算的无量纲壁面距离;y_{u0}^+ 为基于燃气流名义流速折算的无量纲壁面距离临界值。

利用(2-81)式、(2-82)式时,壁面函数模型中的速度剖面对数率是基于完全湍流层假设条件,无量纲速度与无量纲壁面距离满足对数率关系,需要考虑 y_{u0}^+ 的合理取值,有

$$30 \leqslant y_{u0}^+ \leqslant 200 \quad (2-83)$$

另外,如假设燃气流满足平衡流条件,即

$$y_u^+ \approx y^+ = \frac{\rho u_\tau y}{\mu} \quad (2-84)$$

(2-81)式~(2-84)式主要应用于光滑壁面条件。粗糙壁面条件下,壁面速度剖面函数形式为

$$u^+ = \begin{cases} y_u^+, & y_u^+ \leqslant y_{u0}^+ \\ \left[\frac{1}{\kappa}\ln(Ey_u^+) - \frac{1}{\kappa}\ln R'''\right], & y_u^+ > y_{u0}^+ \end{cases} \quad (2-85)$$

$$R''' = \begin{cases} 1, & R_h' \leqslant 2.25 \\ (R_h'' + R_{h0}R_h')^{\sin[0.4258(\ln R_h' - 0.811)]}, & 2.25 < R_h' \leqslant 90 \\ 1 + R_{h0}R_h', & R_h' > 90 \end{cases} \quad (2-86)$$

$$R_h' = C_\mu^{1/4} k^{1/2} \frac{\rho}{\mu} R_h, \quad R_h'' = \frac{R_h' - 2.25}{87.75} \quad (2-87)$$

式中:R_h 为壁面粗糙度;R''' 为无量纲壁面粗糙度函数;R_{h0} 为壁面粗糙度函数系数;R_h' 为无量纲壁面粗糙度;R_h'' 为无量纲壁面粗糙度偏差修正值。

基于雷诺类比思路,近壁面附近燃气流能量、质量输运与燃气流动量输运服从类似特性,近壁面附近法向燃气流温度剖面或燃气浓度(以质量组分或摩尔组分形式)剖面与燃气流速度剖面相似,从而类似于上述黏性底层,邻近壁面附近存在单纯的热导层或物质黏附层,远离壁面附近为湍流因素占主要作用的能量、物质输送层。

参照上述名义速度 u^+,定义壁面附近燃气流名义温度 T^+ 与燃气成分 m 的名义质量浓度 ξ_m^+,即

$$T^+ = C_\mu^{\frac{1}{4}} k^{\frac{1}{2}} \frac{\rho c_p}{q_w}(T_w - T), \quad \xi_m^+ = C_\mu^{\frac{1}{4}} k^{\frac{1}{2}} \frac{\rho}{D_{mw}}(\xi_{mw} - \xi_m) \quad (2-88)$$

式中:q_w 为燃气流传进壁面的热流密度;ξ_{mw} 为壁面燃气流浓度;D_{mw} 为壁面燃气流浓度扩散速度。

燃气流名义温度 T^+ 与燃气组分名义质量浓度 ξ_m^+ 的壁面函数形式为

$$T^+ = \begin{cases} Pr\, y_u^+, & y_u^+ \leq y_T^+ \\ Pr_t\left[\dfrac{1}{\kappa}\ln(Ey_u^+) + C_T\right], & y_u^+ > y_T^+ \end{cases},$$

$$\xi_m^+ = \begin{cases} Sc\, y_u^+, & y_u^+ \leq y_\xi^+ \\ Sc_t\left[\dfrac{1}{\kappa}\ln(Ey_u^+) + C_\xi\right], & y_u^+ > y_\xi^+ \end{cases} \quad (2-89)$$

式中:Pr_t 为燃气流湍流普朗特数;Sc_t 为燃气流湍流斯密特数。

(2-89)式中 Pr_t 和 Sc_t 定义形式可参阅文献[34,39-40]。(2-89)式中的 y_T^+ 与 ξ_m^+ 满足

$$Pr\, y_T^+ = Pr_t\left[\dfrac{1}{\kappa}\ln(Ey_T^+) + C_T\right],\quad Sc\, y_\xi^+ = Sc_t\left[\dfrac{1}{\kappa}\ln(Ey_\xi^+) + C_\xi\right]$$

$$(2-90)$$

式中:C_T 与 C_ξ 均为邻近壁面附近底层燃气流动阻尼因子,光滑壁面计算形式为

$$C_T = 9.24\left[\left(\dfrac{Pr}{Pr_t}\right)^{\frac{3}{4}} - 1\right]\left[1 + 0.28\mathrm{e}^{\left(-0.007\frac{Pr}{Pr_t}\right)}\right] \quad (2-91)$$

$$C_\xi = 9.24\left[\left(\dfrac{Sc}{Sc_t}\right)^{\frac{3}{4}} - 1\right]\left[1 + 0.28\mathrm{e}^{\left(-0.007\frac{Sc}{Sc_t}\right)}\right] \quad (2-92)$$

粗糙壁面条件下,壁面附近底层燃气流动阻尼因子 C_T 与 C_ξ 用修正因子 C_T' 与 C_ξ' 替代,即

$$C_T' = 3.15\left[(Pr)^{0.695}\left(\dfrac{R''' - 1}{E}\right)^{0.359}\right] + \dfrac{C_T}{R'''},$$

$$C_\xi' = 3.15\left[(Sc)^{0.695}\left(\dfrac{R''' - 1}{E}\right)^{0.359}\right] + \dfrac{C_\xi}{R'''} \quad (2-93)$$

发射燃气流为可压缩流,可压缩流场中结构壁面附近应计及黏性耗散引起的附加气动热问题。这里参照 Viegas 等提出的方法计及这部分附加气动热[41],(2-89)式变为

$$T^+ = \begin{cases} Pr\, y_T^+ + Pr\dfrac{C_\mu^{0.25}k^{0.5}}{q_w}\dfrac{\rho u_{\text{near}}^2}{2}, & y_T^+ \leq y_{T0}^+ \\ Pr_t\left[\dfrac{1}{\kappa}\ln(Ey_T^+) + C_T\right] + \dfrac{C_\mu^{0.25}k^{0.5}}{q_w}\left[Pr_t\dfrac{\rho u_{\text{near}}^2}{2} + (Pr - Pr_t)\dfrac{\rho u_b^2}{2}\right], & y_T^+ > y_{T0}^+ \end{cases}$$

$$(2-94)$$

实践中究竟是利用双层近壁面模型还是壁面函数模型,从作者开展的燃气流环境气动热数值模拟实践经验来看,倾向于高热流($q_c > 5\mathrm{MW/m^2}$)条件下利

用双层近壁面模型建立边界层网格模型,在此基础上结合壁面函数模型预估气动热;低热流($q_c \leqslant 5\mathrm{MW/m^2}$)条件直接采用壁面函数模型预估气动热。

  燃气流环境结构气动热数值模拟建模前,采用作者提出的预估方法(详见第 6 章)对气动热进行预估,可快速评估是否需要开发边界层网格模型。

第 3 章　火箭发射燃气动力学数值模拟方法

基于第 2 章理论基础,进一步开展火箭发射燃气动力学精细化理论研究需要借助数值模拟方法。21 世纪以来,随着大规模并行数值模拟技术迅速发展,火箭发射燃气动力学领域主要基于有限体积数值模拟方法,着手开展更为精细的发射燃气流场分布特性、结构气动特性数值模拟研究,并已推广应用在很多复杂的火箭发射工程技术领域,如开展复杂燃气流环境气动热特性研究,取得了与试验结果较为吻合的预示结果。综合数值模拟具体实践来看,火箭发射燃气动力学数值模拟方法仍然与研究人员理论基础、研究经验存在密切关系,总结、提炼当前火箭发射燃气动力学数值模拟基本思路、方法,有助于后续改进或发展数值模拟新型方法,减少人为因素对数值模拟的影响。

3.1　数值模拟基本思路

基于实践经验,总结火箭发射燃气动力学数值模拟基本思路如图 3-1 所示。

火箭发射燃气动力学数值模拟依托火箭发射工程实践、发射技术研发实际需求展开。需求牵引下,准确、深入地了解火箭发射燃气动力学数值模拟主要目的以及必要的依据、约束条件,能够很好地避免火箭发射燃气动力学数值模拟过程低层次失误发生。

火箭发射燃气动力学数值模拟分析需求依据、约束条件一般涉及以下方面,包括发射技术方案、火箭箭体与发射系统结构特征、火箭与发射系统组装匹配特征、火箭发动机参数、弹道参数、发射环境条件。

发射技术方案决定火箭发射燃气流的内在流动机理及相关特性。明确发射技术方案基本特征、总体方案中存在的包络变动情况以及关键装置可能的扰流形式,能够在数值模拟过程中围绕发射技术方案关注的问题、新方案和特殊装置的特点采取合适的数值模拟控制策略,有针对性地分析燃气流动机理。

第3章 火箭发射燃气动力学数值模拟方法

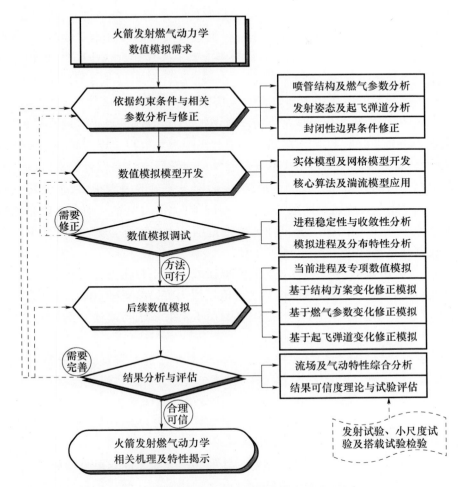

图3-1 火箭发射燃气动力学数值模拟基本思路框图

发射系统与箭体关键结构特征、尺度控制着燃气流场数值模拟域(主要对应离散网格域)的大小、网格分辨率、网格质量;发射系统与箭体组装匹配特征关系着数值模拟模型与实体模型一致性。一些情况下,匹配特征是发射技术研究特别关注的目标,如公路机动发射技术火箭与发射车安全间隙往往由火箭发射燃气动力学研究确定。

火箭发射燃气动力学数值模拟涉及的火箭发动机参数应涉及火箭发动机喷管内型面结构、火箭发动机工作条件、燃气物性参数3个方面。准确的喷管内型面结构影响、控制了燃气流在发射系统附近推进和动态分布特性。火箭发动机工作条件主要包括排量、推力、工作压力、燃温等,这些也是火箭发射技术研发依据的条件。燃气物性参数主要包括燃气组分、组分分子量、比热容、比热比、黏性系数、热导率等,有时并不能及时提供这些参数或其中某些参数,须在寻求火箭发射燃气动力学数值模拟封闭性边界条件基础上,参照第2章相关说明确定这些参数。

过去火箭发射燃气动力学研究对火箭起飞弹道关注不足。作者多年的研究实践表明,该特征数据包也是火箭发射燃气动力学数值模拟与试验模拟研究必须依据的关键数据包,相对准确的火箭起飞弹道数据包决定着相关研究结果的准确性,将火箭起飞弹道与火箭发射燃气动力学研究结果综合起来可以合理地解释燃气流动机理、流动现象。影响火箭起飞弹道的因素很多,多因素一起造成准确预示起飞弹道难度很大。在此情况下,火箭发射燃气动力学研究可参照垂直弹道、理论极限弹道界定弹道包络范围。火箭实际发射试验后,应结合试验数据补充、修正起飞弹道包络范围。

当前,火箭发射燃气动力学数值模拟在减少人工付出方面取得长足进步,但模型开发方面人工实际付出占整个数值模拟比重仍然超过50%,一些情况下甚至达到80%,造成这种现象的主要原因在于发射系统与箭体结构的复杂性,以及由此开发的网格模型的复杂性。

发射系统与箭体结构复杂性要求实体模型开发过程需要认真分析影响燃气流推进、燃气流扰动的结构特征,在保留影响燃气流推进、燃气流扰动复杂结构基本特征条件下,提炼结构气动外形简化条件的实体模型。这种简化实体模型应是一种能够较好地应用于后续网格模型开发的实体模型,它不应存在结构件干涉、畸形间隙或几何结构严重拓扑缺失。

火箭发射燃气动力学数值模拟模型开发的第二步是网格模型开发,作者发展了适合火箭复杂发射技术条件特别是复杂结构扰动的网格模型开发方法,该方法的核心是:以火箭发动机喷口为中心,以火箭发动机喷口尺度为网格单元参考尺度,同时也作为数值模拟域空间范围以及分区域大小的参考尺度,开展空间具体离散,建立对应各分区域以及边界域的离散网格单元组集合模型。网格模型开发具体方法将在3.2节进一步介绍,并在后续章节补充说明。

需要指出的是,完整的数值模拟模型还应包含后续数值模拟依据的封闭性边界条件、核心算法及湍流模型,在3.3节、3.4节将展开说明。

火箭发射燃气动力学数值模拟进程调控涵盖了图3-1中两个方面的工作:①基于上述数值模拟模型以及当前软件、硬件条件进行初步调试分析;②基于初步调试分析工作完成数值模拟后续进程,包括针对特殊问题开展的数值模拟,如导流方式论证数值模拟,也包括结构方案变化、火箭发动机燃气参数变化、火箭起飞弹道变化带来的包络性数值模拟工作。

对于一般的火箭发射燃气动力学数值模拟工作，初步调试分析很大程度上在于探索合适的模拟进程控制方法，特别是网格模型的网格分辨率、质量是否合理，核心算法及湍流模型的健壮性是否足够，甚至封闭性边界条件恰当与否，在初步调试分析阶段可以得到较好的检验。

火箭发射燃气动力学数值模拟后续进程调控顺利与否，仍然依赖边界条件、核心算法及湍流模型的合理匹配，也依赖数值模拟研究的具体问题的内在机理。边界条件、核心算法及湍流模型匹配不合理条件下，火箭发射燃气动力学数值模拟进程也将容易发散或监控参数严重偏离预期趋势。对于多相燃气流场数值模拟、二次燃烧条件的燃气流场数值模拟，多相流流动机理以及燃烧机理与时间历程关系紧密，使得核心算法、湍流模型、边界条件合理匹配需要更长调试周期，一些情况下甚至在整个数值模拟进程都需要不断调控才能取得相对理想的数值模拟结果，这些不断调控的措施涉及柯朗(Courant)数以及流动压力、动量、密度等灵敏参数的收缩因子调整，甚至涉及湍流表征参数，如湍流能量、湍流黏性及湍流耗散率等临界值限制。

火箭发射燃气动力学数值模拟进程调控周期较长，不仅是因为发射系统与箭体结构复杂、核心算法与湍流模型健壮性不足、算法与网格质量匹配不尽合理，数值模拟依托的硬件性能也制约了数值模拟进程，不合理的并行通信、数据交换、数据调度、并行区块节点匹配也大大影响了火箭发射燃气动力学数值模拟进程调控，这些现象有时比较隐蔽，需要基于监测及时解决。

火箭发射燃气动力学数值模拟进程中，相关依据参数特别是火箭发动机参数、起飞弹道、发射系统方案等存在动态变化，也需要适度调整进程，保证数值模拟及时响应需求。

火箭发射燃气动力学数值模拟完整进程的收敛性、稳定性评估主要采用三类方法：一类依据燃气流场参数残差随迭代进程变化情况评估进程收敛性、稳定性；另一类依据燃气流场参数本身随迭代进程变化情况评估进程收敛性、稳定性；还有一类依据燃气流环境发射装置结构气动参数随迭代进程变化情况评估进程收敛性、稳定性。目前，这3类定量评价方法在火箭发射燃气动力学数值模拟进程中均得到采用，可以比较全面地反映数值模拟进程收敛的综合特性。

火箭发射燃气动力学数值模拟结果分析往往从燃气流场分布和流动特性分析开始。火箭发射燃气动力学数值模拟结果中包含燃气流动速度、压力、温度等参数基本信息，火箭发射燃气动力学数值模拟结果分析的一项基本工作是分析、提炼这些基本信息内在特性与内在机理,其中,燃气流动速度、压力、温度等参数空间分布特性,发射系统关键设备结构表面燃气流参数分布特性,发射系统与箭体关键设备结构附近燃气流的扰动与分离特性,发射系统与箭体关键设备结构表面燃气流压力、温度峰值与范围参数一般应在总结分析报告中充分体现并给予说明。多相燃气流场数值模拟结果分析还包含燃气组分浓度、凝相粒子直径、相间速度分析等具体工作。燃气流噪声数值模拟结果应说明燃气流动、分布特性与噪声传播、辐射特性的关系,即噪声传播、辐射的流动机理。

发射系统及箭体的气动特性也是火箭发射燃气动力学数值模拟结果分析必须关注的环节,一般应总结说明关键结构气动力、气动力矩、压心分布;考虑箭体动态起飞过程,火箭发射燃气动力学数值模拟结果分析应说明气动力、气动力矩、压心动态变化特性;指导发射技术方案论证时,应说明气动特性包络特征、动态特征,往往应提供时序特征开展及包络性数据包;燃气流环境结构烧蚀机理研究时,结果分析应包括结构传热特性分布、燃气流烧蚀强度特性评估等具体工作。

火箭发射燃气动力学数值模拟结果可信度评估既是火箭发射燃气动力学数值模拟总结分析工作的一部分,实际也是火箭发射燃气动力学数值模拟进程调控的一部分。评估火箭发射燃气动力学数值模拟结果的可信度可从4个方面着手:①立足燃气流场基本信息,结合燃气流内在流动机理分析燃气流场分布特性正常与否,以及燃气流场特性之间匹配合理性与否;燃气流场基本信息在调控阶段也可以及时监测,通过稳定性及突变性趋势定性判读特性正常与否。②立足复核思路,改变网格分辨率、算法、湍流模型甚至不同数值模拟程序软件进行相对独立的专项数值模拟,分析不同网格分辨率、算法、湍流模型、不同数值模拟程序软件条件下燃气流场分布、气动特性在模拟进程中的一致性情况,以及特征参数(如压力峰值、温度范围)接近程度。基于复核思路需要明确相对统一的依据与约束条件,也要明确相对统一的数值稳定性、收敛性判定准则。③立足旁证思路,针对数值模拟任务特点及数值模拟目的,寻求接近的经典理论公式、标准模型以及数值模拟案例,分析数值模拟相关结果的可信性。④立足实物试验结果直接评估,为此需要借助或开发必要的实物试验条件。开展专项燃气流场、传热特性、多相燃气流参数测试,利用相关实测数据包评估数值模拟结果的可信度。实物试验实测评估需要尽量保证数值模拟模型与试验模型的一致性,同时需要评估确认实测结果的可信度。

3.2 数值模拟网格模型开发

火箭发射燃气动力学数值模拟网格模型开发经多年实践,主要历程已经相对稳定,相关历程网格模型开发主要工作事项也相对明确,配套成熟方法及经验可以实现复杂网格模型开发。

3.2.1 网格域形成及分区方法

火箭发射燃气动力学数值模拟域难以等同于火箭发射试验无限物理域,必须基于发射试验真实物理域适当模拟。实践中可综合实际高速燃气流影响区域以及发射系统、箭体结构的复杂性而有所取舍。对于复杂发射系统、箭体结构而言,模拟复杂结构对燃气流的扰流特性需要相应分辨率、相应质量的网格,过大的网格域会造成网格单元数超过数值模拟支撑能力,或者导致一些区域网格过于稀疏,从而无形中降低数值模拟精度。一些火箭发射燃气动力学瞬态数值模拟工况耗用周期很长,往往也会根据需要强制性假设无回流区,从而进一步缩减高速燃气流影响区域,甚至在超声速区人为设定网格域边界,以缩减网格域。基于实践经验,火箭发射燃气动力学网格域尺寸依据火箭一级发动机喷管喷口内径 d_e 规划,定义为网格域包络球(二维问题为包络圆)直径 L_w,有时也按燃气导流方向控制模拟尺寸界定,即

$$L_w = (20 \sim 100) d_e \tag{3-1}$$

对于多喷管火箭,如捆绑式运载火箭,依据芯级一级发动机及助推级火箭发动机喷口总面积拓展定义火箭发动机等效单喷管内径,据此,火箭发射燃气动力学数值模拟网格域尺寸 L_w 仍参照等效单喷管内径设计,即

$$L_w = (20 \sim 100) d_{\text{eff}}, \quad d_{\text{eff}} = \sqrt{\sum_i^n d_i^2} \tag{3-2}$$

火箭发射燃气动力学数值模拟网格域尺寸也可直接依据火箭待发射状态包络直径 D_r,例如尾翼或空气舵展开时的包络圆直径,即

$$L_w = (15 \sim 80) D_r \tag{3-3}$$

当前,涉及复杂发射系统、箭体的火箭发射燃气动力学数值模拟周期仍然很长,一般情况下,火箭发射燃气动力学数值模拟开发较少,涉及流固紧耦合网格模型开发,有限条件下流固松耦合模型可以通过流固共用边界条件设置简化开发,因此,火箭发射燃气动力学网格域形成的另一项重要工作是,生成剔除发射系统、箭体实体结构的包络空间域,即生成发射系统、箭体气动外形或扰流外

形包络空间域。这些包络空间域生成过程与实体模型开发过程一样,依然需要谨慎检查几何气动外形或扰流外形一致性、完整性,也要检查气动外形或扰流外形乃至全部包络空间域的几何拓扑关系。

火箭发射燃气动力学网格域形成以后,数值模拟网格模型开发即转入网格域分区阶段。网格域分区是较好控制网格质量与网格数量的有效方法。网格域分区条件下,可以在后续模拟进程中根据需要适时局部调整网格分辨率,有效提高网格修正效率。对于模拟箭体、发射装置相对运动的动态变化网格(简称动网格),以及涉及对流传热、剪切层效应的边界层网格,网格域分区更是有效控制高质量网格生成以及数值模拟精度的必要技术手段。

网格域分区的主要目的是确保流场关注区域具有较高的数值分辨率,即该区域具有一定密度、质量网格单元,以便分辨流场的细节流动,而其他地方适当稀疏划分网格单元,从而相对合理地利用数值模拟软件、硬件条件控制数值模拟周期,同时相对协调地支撑数值模拟进程的稳定性、收敛性。对于燃气流场而言,从火箭发动机喷口流出的高温、高速燃气流是扰动发射系统、箭体的主要源头,将高温、高速燃气流后续自由推进空间,以及高速燃气流扰动的发射系统、箭体附近空间界定为燃气流核心区域,在此区域规划较高密度、较高质量网格单元,自燃气流核心区域向远场适当按比例放大网格尺寸,形成逐渐稀疏化的外围网格区域,应该说这是相对可行、合理的分区思路。

火箭发射燃气动力学数值模拟网格域分区实践中主要形成两类方法:一类是"井字格"型网格域分区方法;另一类是"圆筒"型网格域分区方法,其他类型的网格域分区方法可以看作这两类的网格域分区方法变化型。两类方法实际并没有严格意义上的适用范围界定,以研究双面导流装置燃气导流特性为例,可以用两类分区方法进行划分,如图3-2所示。

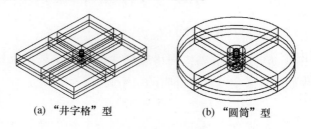

(a) "井字格"型　　　(b) "圆筒"型

图 3-2　网格域分区基本类型

3.2.2　子区域网格剖分及质量控制方法

网格域分区工作完成后,对应分区好的子区域自然转入相应的网格剖分工作。网格域分区自身其实也可算是一种网格剖分,网格单元其实就是空间进一步分区至足够小的微网格区块。

目前,火箭发射燃气动力学数值模拟涉及的发射系统、箭体结构极其复杂,网格剖分时往往在上述对接分区基础上,综合采用结构网格剖分方法、非结构网格剖分方法,即混合网格剖分方法。

1. 结构网格剖分及质量控制方法

结构网格主要指剖分的网格单元特别是相邻单元间排列有序,单元自身相对规整。子区域采用结构网格剖分方法后,网格单元依序存储,程序可以依据存储单元地址(或数组)方便查找或调用指定单元信息。由于单元相对规整,使得数值模拟存储过程包含单元几何信息特别是截断误差较低,早些年高度简化的火箭发射燃气动力学数值模拟一直倚重该方法,目前,基于分区对接混合网格剖分方法思想,在远场区、边界层效应突出区域、喷口附近复杂激波系区域、模拟箭体运动的动态铺层区域或弹簧型网格区域经常倚重结构网格剖分方法。

结构网格生成方法目前有代数方法、保角变换方法、微分方程方法、变分方法,这些方法对应的数学变换及程序实现比较复杂。火箭发射燃气动力学数值模拟结构网格剖分吸收了国内计算流体数值模拟经验总结提出的网格尽量正交的思想[42-43],充分立足构造六面体单元,从而在空间采用近似线性插值方法实现结构网格剖分。火箭发射燃气动力学数值模拟三维网格域在一定条件下可以大幅度简化为二维网格域,在此情况下六面体单元蜕化为四边形。

为实现包含复杂发射系统、箭体结构在内的网格域内各子区域或核心子区域完全实现结构网格剖分,可以将各子区域或核心子区域不断进行细化分区,直至能够便捷地实现单元尺度合理的结构网格剖分。为降低网格细化分区对数值模拟的影响,除动网格技术外,区域界面网格还采用共面、共节点的充分对接方法。

以发射筒内燃气流场数值模拟为例,网格域分区及子区域结构网格剖分示意如图3-3所示。

基于六面体(或四边形单元)线性插值思想开发的网格,相邻单元之间节点坐标关系相对简单,有

$$\frac{r_{i+1,j,k} - r_{i,j,k}}{r_{i,j,k} - r_{i-1,j,k}} = f_r \tag{3-4}$$

式中:r 为网格单元节点空间矢径;i、j、k 为网格单元节点标序;f_r 为网格单元节点间距缩放比例。

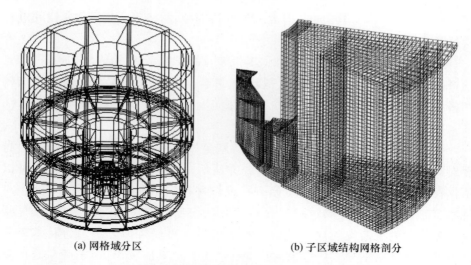

(a) 网格域分区　　　　　　　(b) 子区域结构网格剖分

图 3-3　发射筒内燃气流场数值模拟网格域分区及子区域结构剖分示意图

完全结构网格条件下,子区域网格单元数基于空间域 3 个维度方向(对于直解坐标系即沿坐标轴方向)网格单元数乘积,网格域总数基于子区域网格单元数估算式为

$$N_{\text{total}} = \sum_{m}^{n} N_m, \quad N_m = N_i N_j N_k \tag{3-5}$$

式中:m 为网格子区域(或子块)标序;n 为网格子区域(或子块)总数量;N_{total} 为网格单元总数量;N_m 为标序为 m 的网格子区域网格单元数量;N_i、N_j、N_k 分别为沿 i、j、k 向坐标或维度网格单元数量。

某维度 i 方向网格单元数 N_i 基于单方向线性缩放比例估算时,该维度 i 方向网格单元数 N_i 基于线性缩放比例 f_{ri} 估算式为

$$N_i \approx \frac{\lg\left[\dfrac{L_i}{\Delta_{mi0}}(f_{ri} - 1) + 1\right]}{\lg f_{ri}} \tag{3-6}$$

式中:L_i 为子区域沿 i 向坐标或维度尺度;Δ_{mi0} 为沿 i 向坐标或维度网格单元初始尺度。

某维度 i 方向网格单元数 N_i 基于双向线性缩放比例估算时,该维度 i 方向网格单元数 N_i 方向基于双向缩放比例 f'_{ri}、f''_{ri} 的估算式为

$$N_i \approx \frac{\lg\left[\dfrac{L_i}{2\Delta'_{mi0}}(f'_{ri} - 1) + 1\right]}{\lg f'_{ri}} + \frac{\lg\left[\dfrac{L_i}{2\Delta''_{mi0}}(f''_{ri} - 1) + 1\right]}{\lg f''_{ri}} \tag{3-7}$$

式中：Δ'_{mi0}、Δ''_{mi0} 为沿 i 向坐标或维度双向剖分网格单元不同方向初始尺度。

上述节点数估算主要用于控制网格域网格单元总数，以在当前高性能服务器硬件支撑能力范围内高效开展火箭发射燃气动力学数值模拟工作。

控制网格域网格单元总数后，具体细节剖分各子区域结构网格单元时，网格尺度大小并不一致（即稀疏有致），节点数量、节点之间的间距根据子区域内燃气流推进数值模拟分辨率需要界定。依据火箭发射燃气动力学数值模拟经验，上述燃气流核心区包络范围内的超声速或跨声速燃气流自由流动区域，燃气流剧烈扰动区域或复杂波系区域，重点关注结构附近区域网格单元尺度应适度控制，即

$$\Delta_i \approx (0.005 \sim 0.025) d_e \tag{3-8}$$

式中：Δ_i 为沿 i 向坐标或维度网格单元尺度。

涉及燃气流环境结构对流传热数值模拟问题，结构边界层法向网格尺度特别是底层网格厚度基于 2.4 节相关边界层理论估算。

分区对接结构网格剖分针对复杂曲面或外形，目前还有非线性样条拟合、超限制插值映射、四叉树或八叉树（非结构网格生成也常用此方法）、超六面体（或超四边形）等具体方法。本节子区域网格细化分区后采用六面体线性插值（或铺砌单元）方法相对原理简单，实践容易实现及控制，网格单元质量较高，网格畸变度（见后面说明）容易控制在 0.75 以下。缺点是人工工作量很大，复杂发射系统人工网格剖分周期按月度计。

2. 非结构网格剖分及质量控制方法

相对结构网格而言，非结构网格主要指剖分的网格单元在网格域内沿坐标方向相对无序排列，单元形状相对不规整，每个网格单元相邻网格单元数目可动态调整。

由于非结构网格单元节点相对不受限制，单元大小、形状可以相对便捷控制，包含复杂发射系统、箭体结构的子区域网格剖分变得相对灵活，人工干预或操作时间缩短，自适应网格以及根据需要调整燃气流核心区网格单元疏密度的效率得到有效提升。火箭发射燃气动力学数值模拟进程中，根据模拟结果特别是燃气流动参数变化情况及结构运动情况，往往也利用非结构网格技术来调整指定网格域网格单元质量及疏密度。

非结构网格剖分可以利用的网格单元类型相对较多，四面体网格单元、六面体网格单元是常用的两种网格单元类型。当火箭发射燃气动力学网格域简化变为二维网格域时，四面体网格单元蜕化为三角形网格，六面体网格单元蜕化为四边形网格。基于四面体网格单元或六面体网格单元剖分的子区域与上

述结构网格子域混合对接时,邻近结构网格子区域的四面体网格单元或六面体网格单元不易协调生成时,往往采用棱柱、棱锥、棱台等异形网格单元。用异形网格单元进行协调剖分是为了降低生成难度,提高剖分效率,该方法也常用于非结构网格域复杂区域(如缝隙型区域)网格单元协调剖分过程。

四面体网格单元、六面体网格单元剖分方法也很多,主要有德洛奈(Delaunay)剖分方法、沃罗努瓦(Voronoi)法、四叉树法与八叉树法、阵面推进法(也有称前沿推进法)等,主要方法在相关网格剖分文献或计算流体力学专著中有比较详细的介绍[42-43],这里仅以案例择要介绍火箭发射燃气动力学数值模拟非结构网格生成过程中经常采用的阵面推进法。

采用阵面推进法剖分网格时,通常先针对子区域边界面的边界线生成一定的网格节点数,边界线为复杂曲线的,节点数生成方法通常可采用样条插值方法。边界线上的具体节点数量、节点之间的间距根据子区域内燃气流推进数值模拟分辨率需要界定,优先控制超声速及跨声速子区域、燃气流剧烈扰动区域或复杂波系区域、重点关注结构间区域、窄缝隙与微凸起型结构等四类边界线,前三类边界线节点间距控制参考(3-8)式,窄缝隙与微凸起型结构边界线网格节点布点数 N_l 根据情况设定,一般要求

$$N_l \geqslant 4 \qquad (3-9)$$

基于边界线剖分的网格节点或人工干预规定的网格节点以及边界线网格节点界定后,网格剖分转入子区域边界面上网格剖分工作。一些情况下,相邻子区域网格剖分已经预先剖分完成,则第二步工作已经完成。边界面上网格剖分工作依据边界线网格节点间尺度、边界面上面网格单元控制尺度在边界线附近插入生成新的一层离散节点。

新层离散节点生成方法为:在已经生成的前沿线段(前沿上相邻节点连接线段,含边界线)向尚未剖分的边界面域内画中垂线,依据子区域边界面网格生成单元包络圆(外接圆)尺寸沿中垂线画包络圆,包络圆经过前沿线段。对于三角形网格单元,取中垂线与包络圆交点为新生成的三角形网格单元节点。对于四边形网格单元,取相邻3个前沿线段的包络圆交点为新生成的四边形网格单元节点。

上述新系列离散节点生成后,连接新的离散节点与前沿线段上相邻节点,形成新的紧邻原前沿线段的系列面网格单元,主要是四边形或三角形单元,同时新的离散点连线形成了更新为前沿线段,以此类推,依次形成"第二层前沿线""第三层前沿线"……"最后一层前沿线",直至网格单元形成封闭的模拟边界面。需要说明的是,动态前沿线生成过程中,受发射系统复杂结构外形面影

响,按预设尺寸包络圆有可能已经包括了已有生成节点,可以直接取连接已有生成节点形成新的单元格,也可以基于德洛奈剖分方法,综合前沿线两节点和已经生成节点进一步形成质量较高的新增点及新增网格单元。

所有边界面网格单元生成完毕后,转向生成空间子区域网格单元,采用类似边界面网格单元前沿推进生成方法,在紧邻边界面附近空间插入生成新的系列离散节点:对于四面体网格单元,规划经过前沿面三角形网格单元节点的包络球,该包络球与三角形网格单元形心法向垂线的交点为四面体网格单元对应新生成的节点。对于六面体网格单元,规划经过相邻前沿面四边形网格单元节点的包络球,取相邻包络球交点即为六面体网格单元对应新生成的节点。

子区域空间新的系列离散节点生成后,连接新的离散节点与边界面上相邻节点形成空间网格单元,主要是四面体单元或六面体单元,同时基于新的离散点可以构建系列面网格单元,形成紧邻层"零层前沿面"的"第一层前沿面",以此类推,直至空间立体网格单元完全封闭待剖分的数值模拟子区域空间。

3. 网格质量评估方法

如上所述,火箭发射燃气动力学数值模拟子区域部分网格剖分的理想目标是:网格单元相对规整、均匀。相对规整要求网格单元外形接近正多边形(如等边三角形、正方形)或正多面体(如正四边体、正方体),网格单元相对均匀要求相邻网格单元尺度接近或变化较小为宜。在发射系统或箭体结构相对简单、网格域分区规划已经很细致的情况下,可以采用这些定性评估方法。在发射系统或箭体结构相对复杂、网格单元数庞大、网格单元形状变化较多等繁杂的情况下,需要借助网格剖分技术领域网格质量指标来综合评估。

网格质量定量评估指标很多,包括网格单元面积比、网格边长比、等边偏离率等,针对四边形或六面体网格单元还存在翘曲度、收缩度、拉伸度、中角偏离率等指标,针对三角形或四面体网格单元还有等角偏离率指标等。火箭发射燃气动力学数值模拟过程中最常用3类指标进行定量评估,即网格单元纵横比π_1、平均角度偏离率π_2、平均尺度偏离率π_3。

网格单元纵横比主要指网格单元空间方向最大尺度与最小尺度比例。对于三角形网格单元或四面体网格单元,规定网格单元纵横比π_1按下式计算:

$$\pi_1 = \alpha_1 \frac{R''}{R'} \tag{3-10}$$

式中:α_1为网格单元纵横比系数,对于三角形网格单元取1/2,对四面体网格单元取1/3;R''为网格单元的外接圆半径;R'为网格单元的内切圆半径。

对于四边形网格单元或六面体网格单元,规定网格单元纵横比π_1按下式

计算:

$$\pi_1 = \frac{\bar{l}_{\max}}{\bar{l}_{\min}} \quad (3-11)$$

$$\bar{l}_{\max} = \{\bar{l}_i, \bar{l}_j, \bar{l}_k\}_{\max}, \quad \bar{l}_{\min} = \{\bar{l}_i, \bar{l}_j, \bar{l}_k\}_{\min}, \quad \bar{l}_i = \frac{1}{i''}\sum_{l'=1}^{i''} l',$$

$$\bar{l}_j = \frac{1}{j''}\sum_{j'=1}^{j''} l_{j'}, \quad \bar{l}_k = \frac{1}{k''}\sum_{k'=1}^{k''} l_{k'} \quad (3-12)$$

式中:$\bar{l}_{\max}$为空间不同坐标或维度方向网格单元边长平均值中的最大值;$\bar{l}_{\min}$为空间不同坐标或维度方向网格单元边长平均值中的最小值;$\bar{l}_i$、$\bar{l}_j$、$\bar{l}_k$分别为沿i、j、k向坐标或维度方向网格单元边长平均值;$l_{i'}$、$l_{j'}$、$l_{k'}$为网格单元分别沿i、j、k向坐标或维度方向第i'边、j'边、k'边的边长;i'、j'、k'分别为沿i、j、k向坐标或维度方向网格单元边标序;i''、j''、k''分别为沿i、j、k向坐标或维度方向网格单元边数量。

按照(3-10)式~(3-12)式,网格单元纵横比π_1越接近于1,网格单元质量越好。

平均角度偏离率π_2是衡量网格单元扭曲、歪斜程度的指标,一般通过变形的或不规整的网格单元棱边夹角相对偏离规整的网格单元网格棱边夹角的大小估算。对于二维网格,规整的网格单元为等边三角形或正方形网格单元;对于三维网格,规整的网格单元为正方体或正四面体网格单元。平均角度偏离率π_2实际估算参考下式:

$$\pi_2 = \pi_{\max}, \quad \pi_{\max} = \{\Delta\theta', \Delta\theta''\}_{\max}, \quad \Delta\theta' = \frac{\theta_{\max} - \theta_0}{180 - \theta_0}, \quad \Delta\theta'' = \frac{\theta_0 - \theta_{\min}}{\theta_0}$$

$$(3-13)$$

式中:$\pi_{\max}$为角度相对最大偏离率;$\theta_{\max}$为网格单元棱边最大夹角;$\theta_{\min}$为网格单元棱边最小夹角;θ_0为规整网格单元棱边夹角,等边三角形或正四面体网格单元$\theta_0 = 60°$,正方形或正方体网格单元$\theta_0 = 90°$;$\Delta\theta'$为以网格单元棱边最大夹角度量的相对偏离率;$\Delta\theta''$为以网格单元棱边最小夹角度量的相对偏离率。

平均角度偏离率π_2按照(3-13)式计算,平均角度偏离率π_2越接近于0,网格单元质量越好。火箭发射燃气动力学实际数值模拟过程中,箭体结构或发射系统往往很复杂,这一指标几乎难以实现,一般按三级目标控制网格质量,当平均角度偏离率$\pi_2 \leq 0.50$时,网格单元质量优良;当平均角度偏离率π_2处于0.50~0.75范围内时,网格单元质量为良好;当平均角度偏离率π_2处于0.75~0.95范围内时,网格单元质量合格。当平均角度偏离率π_2超过0.95时,网格模型必须进行改进或重新剖分。

平均尺度偏离率 π_3 也是衡量网格单元扭曲、歪斜程度的指标。对于二维网格域中的网格单元,平均尺度偏离率 π_3 基于变形的或不规整的网格单元面积相对偏离等边三角形或正方形网格单元面积大小估算,该等边三角形或正方形网格单元与原变形的或不规整的网格单元共享同一外接圆;对于三维网格域中的网格单元,平均尺度偏离率 π_3 基于变形的或不规整的网格单元体积相对偏离正四面体或正方体网格单元体积大小估算,该正四面体或正方体网格单元与原变形的或不规整的网格单元共享同一外接球。平均尺度偏离率 π_3 计算式为

$$\pi_3 = \frac{\Lambda_0 - \Lambda}{\Lambda_0} \qquad (3-14)$$

式中:Λ 为变形或不规整网格单元面积或体积;Λ_0 为规整网格单元面积或体积。

按照(3-14)式,平均尺度偏离率 π_3 越接近于 0,网格单元质量越好。如上所述,火箭发射燃气动力学实际数值模拟过程中,箭体结构或发射系统往往很复杂,一般按三级目标控制网格质量,当平均尺度偏离率 $\pi_3 \leqslant 0.50$ 时,网格单元质量优良;当平均尺度偏离率 π_3 处于 0.50~0.75 范围内时,网格单元质量为良好;当平均尺度偏离率 π_3 处于 0.75~0.95 范围内时,网格单元质量合格。当平均尺度偏离率 π_3 超过 0.95 时,网格模型必须进行改进或重新剖分。

4. 网格质量改善方法

图 3-3 所示的分区对接、混合剖分网格方法效率较高,复杂发射系统、箭体结构附近的网格子域采用非结构网格剖分时,网格生成相对自由,但也经常出现子区域网格单元形状难以一次性达到相对规则的目标要求,网格单元尺寸、密度难以达到理想的平顺目标要求,甚至易出现网格形状、密度、尺寸变化过于剧烈等网格质量较差现象,这种情况下需要结合网格质量评估方法,以及燃气流动机理、数值模拟周期等具体要求控制优化目标、优化方法,进行必要的局部重新剖分及平顺处理,而且这种局部重新剖分及平顺处理往往存在迭代过程。

计算流体力学领域子区域网格局部重新剖分方法很多[42-43],如 Bower-Watson 方法、Chew 方法、Ruppert 方法。以常用的 Ruppert 网格重新剖分方法为例,其基本思路如图 3-4 所示。对于三维燃气流场,图 3-4 中包络圆相应变为包络球。

火箭发射燃气动力学数值模拟过程中对网格进行平顺处理的主要目的也是进一步提高网格质量。实践中主要采用加权拉普拉斯(Laplacian)平顺方法。拉普拉斯方法立足网格联动,以相对较差质量网格单元标记节点为中心,对包

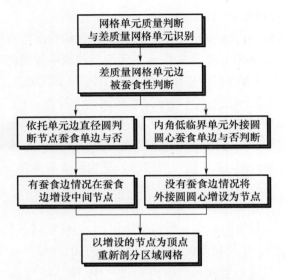

图 3-4 Ruppert 提出的网格重新剖分基本思路

括较差质量网格单元在内区域周围网格单元按占据空间大小加权平均,得到变动后的新节点,再重心关联该节点与原节点,形成平顺后的网格单元组。具体开展过程中找出需要变动的网格节点 n' 以及其周围节点 $n_i(i=1,2,3,\cdots,m)$,通过相关平均计算,确定原节点 n' 变动至新节点 n'' 的位置,即

$$n'' = \frac{\sum_{i=1}^{m'}(\zeta_i n_i)}{\sum_{i=1}^{m'}\zeta_i} \quad (3-15)$$

对于边界面网格单元节点变动,具体平顺计算基于面单元重心加权计算,即

$$n'' = \frac{\sum_{i=1}^{m'}(S_i \Theta_i)}{\sum_{i=1}^{m'}S_i} \quad (3-16)$$

对于子区域空间内网格单元节点变动,具体平顺计算基于体单元重心加权计算,即

$$n'' = \frac{\sum_{i=1}^{m'}(V_i \Theta_i)}{\sum_{i=1}^{m'}V_i} \quad (3-17)$$

(3-10)式~(3-14)式中：n_i 为需要变动网格节点的周围节点；ζ_i 为周围节点 n_i 对应的权重因子；Θ_i 为网格单元 i 的重心；S_i 为网格单元 i 的周围网格单元面积；V_i 为网格单元 i 的周围网格单元体积；m' 为需要变动网格节点的周围节点总数量。

3.3 数值模拟算法

火箭发射燃气动力学数值模拟算法涉及的内容很多，主要包括：针对具体的发射技术问题开展燃气流输运方程数学形式进一步分析简化，基于网格单元的燃气流输运方程离散，基于离散的燃气流输运方程组解算相关流动参数，燃气流输运方程组解算过程稳定性分析及控制等，相关内容很大程度上属于流体力学领域通用数值模拟算法范畴，这里仅择要说明火箭发射燃气动力学数值模拟采用的主要算法及其基本原理，深入了解可以参考计算流体力学专著[39-40,44-45]。

3.3.1 数值模拟算法选择基本思路

火箭发射燃气动力学数值模拟算法选择基本思路归纳如图3-5所示。

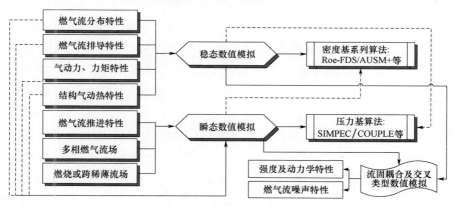

图 3-5 火箭发射燃气动力学数值模拟算法选择基本思路

当前大多数火箭发射燃气动力学数值模拟研究仍然偏重燃气流场方面的数值模拟工作，燃气流冲击条件下的结构变形、动力学响应，以及目前起步的火箭发射燃气流噪声数值模拟属于流固耦合数值模拟范畴，需要综合运用流体力学数值模拟算法和固体力学数值模拟算法，但其第一环节仍然倚重燃气流场方面的数值模拟，基于此，本节介绍的火箭发射燃气动力学数值模拟算法侧重燃气流场方面算法。

火箭发射过程是动态过程，箭体相对发射系统位置不断变化，即使火箭箭体相对发射系统位置变化不大，燃气流的流动受火箭发动机控制并呈现瞬时脉动特性，因此，发射燃气流场采用与时间紧密关联的瞬态数值模拟算法似乎是理所当然的选择，然而在现实情况下特别是大型火箭发射燃气动力学数值模拟全部采用瞬态算法却不合理。以数值模拟依托硬件环境为例，对于离散网格单元数达 2500 万个左右的燃气流场数值模拟工况，采用主频 2.4GHz、250 核模型的刀片服务器，瞬态数值模拟 1.5s 左右燃气流推进及分布特性，数值模拟任务周期将以月周期计，因此，早期燃气流场众多问题快速预示采用了稳态数值模拟算法。实际上，火箭发射燃气动力学理论预示采用稳态数值模拟算法也包含作者提倡的包络性研究思想：极限、稳定条件的燃气流场数值模拟结果往往能够包络发射系统设计、火箭起飞安全性分析依据的燃气流动基本特性、分布基本特性以及燃气流动影响范围，基于多个工况燃气流场稳态数值模拟拟合结果能够比较便捷地反映燃气流场动态分布、变化特性，也能比较便捷地预示发射系统以及箭体气动力、气动热动态特性。

采用瞬态数值模拟算法可以数值模拟包含复杂发射系统及箭体条件的燃气流场动态特性。实际上，一些火箭发射燃气动力学问题数值模拟必须依托瞬态燃气流场数值模拟及其算法。这些火箭发射燃气动力学问题涉及相对封闭空间燃气流场，如发射筒内燃气流场、多相燃气流场、考虑续燃效应的燃气流场、考虑火箭发动机推进剂燃烧效应燃气流场、燃气流推进特性以及火箭箭体结构与发射系统非定常气动力，非定常气动热、燃气流噪声等，以及一些发射试验特殊瞬态现象或特征的数值模拟解释。这些问题本质上是与时间效应相关的火箭发射燃气动力学问题。

受数值模拟软件、硬件条件限制，火箭发射燃气动力学实际数值模拟必须进行充分、必要的简化，主要从 3 个方面着手，即数学模型简化、数值模拟算法简化、数值模拟进程简化。数学模型简化主要立足实体简化，如围绕火箭冷发射技术发射筒、箭体承受的气动力及瞬态燃气流场问题，虽然弹射系统、箭体结构为复杂三维结构，瞬态数值模拟过程对箭体、弹射系统结构进行充分简化，甚至变成二维简化实体，数值模拟结果与试验结果依然可以做到较好的吻合度。数值模拟算法简化方面，很多情况下将燃气多相介质特性简化为热完全气体甚至量热完全气体，以多组分甚至单组分实现燃气流场瞬态数值模拟，这种算法简化思路在火箭发射燃气动力学稳态数值模拟过程与瞬态数值模拟过程均普遍采用，可以做到数值模拟结果与试验结果相对吻合。第 2 章已经介绍这种简化的直接原因：当前，火箭绝大多数采用富氧推进剂，它们在离开火箭发动机喷管前已经充分燃烧。数值模拟算法本身简化还包括湍流模型简化以及算法精度降阶处理,当前大多数燃气流场数值模拟采用二方程系列的湍流模型,对于复杂发射系统、箭体结构条件的燃气流场动态分布、瞬态气动特性预示,以及多相燃气流场预示,有时也采用一阶精度湍流模型。数值模拟进程简化方面,考虑火箭发射过程箭体相对发射系统的运动并不是理想的直线运动,箭体相对发射系统的姿态、位置存在非线性变化,针对这种情况的燃气流场瞬态数值模拟简化采用两种思路:①采用准稳态数值模拟思路,模拟过程中火箭相对发射系统姿态、位置不变,瞬态模拟燃气流推进特性以确定非定常气动及流动效应,多个姿态、位置的准稳态数值模拟结果拟合构成完整模拟过程;②针对箭体起飞姿态变化幅度不大情况,直接采用简化弹道方案瞬态模拟非定常燃气流场。

如1.4节所述,燃气流本身是一种流动机理复杂、成分复杂的特殊高温、跨声速流动介质,发射系统、火箭箭体规模庞大,结构特别复杂,目前软件、硬件能够支持的网格规模条件下,火箭发射燃气动力学数值模拟网格模型的质量评估指标经常落在0.75~0.95范围内,使得很多高精度数值模拟算法甚至目前常见的一些数值模拟算法发挥作用并不理想,如容易发散、数值模拟精度体现不突出,因此,需要采用一种比较稳妥、成熟的数值模拟算法,该算法能够有效减少人工调控,数值模拟进程相对稳定,同时数值模拟精度可以满足指导工程设计及分析要求。

目前,火箭发射试验、搭载试验以及小尺度喷流试验环境燃气流测试一直相当困难,测试结果本身的精度一般仅达到15%~30%,显然,偏离测试精度要求去追求火箭发射燃气动力学数值模拟精度意义不大。很多情况下,工程设计及分析要求数值模拟能够包络设计极限即可,这些情况进一步要求根据复杂发射技术条件选择当前相对成熟的数值模拟算法,在满足这一基本要求的情况下,综合研究能力、研究周期寻求提高算法精度的途径。

21世纪初,计算流体力学领域针对可压缩流体、不可压缩流体数值模拟算法方面存在着热烈的讨论与争议,针对超声速流体、跨声速流体甚至亚声速流体数值模拟算法也存在热烈的讨论与争议,典型案例即是基于不可压缩流体数值模拟领域SIMPLE(即半隐式压力耦合算法)系列算法,该系列算法充分利用压力修正思想,很多文献、商业软件将它归为压力基算法,目前已经发展成为包括SIMPLE、SIMPLEC、COUPLE等成熟算法,这些算法在瞬态燃气流场、多相燃气流场、续燃流场数值模拟中分别得到了检验,充分表现了突出、高效特点,但在稳态燃气流场数值模拟,以及包含高燃压初场条件的瞬态燃气流场数值模拟进程中暴露了容易发散的问题,需要通过渐进修正压缩因子方法调整进程,实现复杂燃气流场数值模拟。

针对稳态燃气流场、高燃压初场条件的瞬态燃气流场、空间拓扑关系存在接触间断等问题,为减少进程调控复杂性,燃气流场数值模拟往往转向传统的可压缩流体数值模拟领域发展的密度基于算法,主要依托 Roe – FDS 算法[46]、AUSM 算法[47]和 NND 算法[18]也有应用案例。密度基于算法开发目前依然是可压缩流体特别是超声速、跨声速气体动力学领域持续发展的主流方向,新的密度基算法甚至全新数值模拟算法需要在燃气流场数值模拟领域得到很好的检验和推广。

3.3.2 基于网格单元的输运方程离散数学形式

2.1 节已经说明了燃气流输运方程的主要具体数学表述形式,这些表述复杂的燃气流输运方程具有相对简化、统一的数学形式,即

$$\frac{\partial}{\partial t}(\rho\phi) + \mathrm{div}(\rho\boldsymbol{u}\phi - \varGamma_\phi \mathrm{grad}\phi) = s_\phi \qquad (3-18)$$

式中:$\boldsymbol{u}$ 为燃气流速度矢量;ϕ 为燃气流参数,如代表速度分量 u_i;$\varGamma_\phi$ 为与燃气流参数 ϕ 有关的扩散系数;s_ϕ 为网格单元内与燃气流参数 ϕ 有关的生成系数。

对于燃气流场网格域内离散的网格单元而言,进出网格单元内的燃气流参数仍然满足输运方程积分守恒条件。下面以图 3 – 6 为例,说明基于网格单元的燃气流输运方程以及这种输运方程进一步离散用于数值模拟计算的数学形式。在图 3 – 6 中,"→"示意燃气流动方向,"•"示意网格单元中心,"■"示意网格单元面中心。

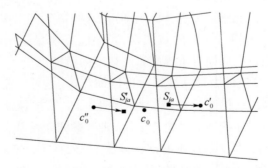

图 3 – 6 燃气流场网格单元及相关标识

图 3 – 6 中参考网格单元几何中心标识为 c_0,燃气流来流方向相邻网格单元几何中心标识为 c_0'',燃气流流出方向相邻网格单元几何中心标识为 c_0',参考网格单元与燃气流来流方向相邻网格单元共享的单元面标识为 S_{j_a}',参考网格单

元与燃气流出流方向相邻网格单元共享的单元面标识为 S_{j_a},参考网格单元任意单元面标识为 S,参考网格单元体标识为 V。

基于图 3-6 所示参考网格单元的燃气流输运方程积分形式为

$$\int_V \frac{\partial}{\partial t}(\rho\phi)\mathrm{d}V + \oint_S (\rho\boldsymbol{u}\phi - \Gamma_\phi \mathrm{grad}\phi) \cdot \mathrm{d}\boldsymbol{S} = \int_V s_\phi \mathrm{d}V \qquad (3-19)$$

(3-19)式也可写成矢量组合形式,即

$$\frac{\partial}{\partial t}\int_V \boldsymbol{W}\mathrm{d}V + \oint_S (\boldsymbol{F} - \boldsymbol{G}) \cdot \mathrm{d}\boldsymbol{S} = \int_V \boldsymbol{P}\mathrm{d}V \qquad (3-20)$$

式中:$\boldsymbol{P}$ 为燃气流源项通量矢量;$\boldsymbol{W}$ 为燃气流动参数(待求变量)矢量;$\boldsymbol{F}$ 为燃气流对流通量矢量;$\boldsymbol{G}$ 为燃气流扩散通量矢量。

(3-20)式中相关矢量简化表述形式为

$$\boldsymbol{W} = \begin{Bmatrix} \rho \\ \rho u_k \\ \rho u_l \\ \rho u_m \\ \rho e \end{Bmatrix}, \boldsymbol{F} = \begin{Bmatrix} \rho\boldsymbol{u} \\ \rho\boldsymbol{u}u_k + p\boldsymbol{i}_k \\ \rho\boldsymbol{u}u_l + p\boldsymbol{i}_l \\ \rho\boldsymbol{u}u_m + p\boldsymbol{i}_m \\ \rho\boldsymbol{u}e + p\boldsymbol{u} \end{Bmatrix}, \boldsymbol{G} = \begin{Bmatrix} 0 \\ \tau_{k,i_a} \\ \tau_{l,i_a} \\ \tau_{m,i_a} \\ \tau_{i_c j_c} u_{i_c} + \boldsymbol{q}' \end{Bmatrix}, \boldsymbol{P} = \begin{Bmatrix} \dot{m} \\ \rho f_k \\ \rho f_l \\ \rho f_m \\ \rho(\boldsymbol{q}'' + u_{i_d} f_{i_a}) \end{Bmatrix}$$

$$(3-21)$$

$$e = h + \frac{(u_k^2 + u_l^2 + u_m^2)}{2} - \frac{p}{\rho} \qquad (3-22)$$

式中:u_k、u_l、u_m 为燃气流速度分别沿 k、l、m 维度方向(或坐标方向)分量;$\boldsymbol{i}_k$、$\boldsymbol{i}_l$、$\boldsymbol{i}_m$ 分别为 k、l、m 维度方向(或坐标方向)基矢;e 为单位质量燃气流内能;i_a、j_c 分别为燃气流参数某维度,$i_a = k,l,m$,$j_c = k,l,m$;f_k、f_l、f_m 分别为沿 k、l、m 维度方向(或坐标方向)体积力分量;$\boldsymbol{q}'$ 为燃气流热传导梯度;$\boldsymbol{q}''$ 为单位体积内燃气流场热源项热量生成量。

对于指定网格单元,(3-19)式中对流项、扩散项可以近似离散,即

$$\oint_S (\rho\boldsymbol{u}\phi) \cdot \mathrm{d}\boldsymbol{S} \approx \sum_{j_a} [(\rho\boldsymbol{u}\phi) \cdot \boldsymbol{S}]_{j_a}, \oint_S (\Gamma_\phi \mathrm{grad}\phi) \cdot \mathrm{d}\boldsymbol{S} \approx \sum_{j_a} [(\Gamma_\phi \mathrm{grad}\phi) \cdot \boldsymbol{S}]_{j_a}$$

$$(3-23)$$

式中:j_a 为构成网格单元的面单元标序。

则(3-19)式燃气流输运方程统一积分形式在某一网格单元内变为离散形式,即

$$\frac{\partial}{\partial t}(\rho\phi)V + \sum_{j_a} [(\rho\boldsymbol{u}\phi) \cdot \boldsymbol{S}]_{j_a} - \sum_{j_a} [(\Gamma_\phi \mathrm{grad}\phi) \cdot \boldsymbol{S}]_{j_a} = s_\phi V$$

$$(3-24)$$

(3-24)式左边第一项为涉及燃气流输运过程中时间相关项,对流项 $f_c(\phi)$、扩散项 $f_d(\phi)$ 及源项 $f_g(\phi)$ 为空间相关项,将空间相关项与时间相关项分列两侧,将(3-24)式变为

$$\frac{\partial}{\partial t}(\rho\phi)V = f_c(\phi) + f_d(\phi) + f_g(\phi) \qquad (3-25)$$

$$f_c(\phi) = \sum_{j_a}[(\rho\boldsymbol{u}\phi)\cdot\boldsymbol{S}]_{j_a} = \sum_{j_a}[(\rho\boldsymbol{u}\cdot\boldsymbol{S})_{j_a}\phi_{j_a}] = \sum_{j_a}f_{j_a}\phi_{j_a},\ f_{j_a} = (\rho\boldsymbol{u}\cdot\boldsymbol{S})_{j_a}$$

$$(3-26)$$

$$f_d(\phi) = \sum_{j_a}[(\Gamma_\phi\mathrm{grad}\phi)\cdot\boldsymbol{S}]_{j_a} = \sum_{j_a}\Gamma_{\phi_{j_a}}S_{j_a}\nabla\phi'_{j_a},\ f_g(\phi) = s_\phi V$$

$$(3-27)$$

式中:f_{j_a} 为网格单元面 S_{j_a} 上与流场参数相关的质量流量;ϕ_{j_a} 为流经网格单元面 S_{j_a} 上的燃气流参数;$\Gamma_{\phi_{j_a}}$ 为标序 j_a 的网格单元面 S_{j_a} 与参考燃气流参数 ϕ_{j_a} 有关的扩散系数。

(3-24)式或(3-25)式左边第一项为时间相关项,数值模拟时主要采用一阶差分或二阶差分离散,其中一阶差分离散格式为

$$\frac{\partial}{\partial t}(\rho\phi)V = \frac{(\rho\phi V)^{<n+1>} - (\rho\phi V)^{<n>}}{\Delta t} \qquad (3-28)$$

二阶差分离散格式为

$$\frac{\partial}{\partial t}(\rho\phi)V = \frac{3(\rho\phi V)^{<n+1>} - 4(\rho\phi V)^{<n>} + (\rho\phi V)^{<n-1>}}{2\Delta t} \qquad (3-29)$$

式中:$<n+1>$、$<n>$、$<n-1>$ 为偏微分方程离散迭代求解过程迭代时间步或时间层,$<n>$ 为当前时间步或时间层,$<n+1>$ 为下一时间步或时间层,$<n-1>$ 为刚完成迭代的时间步或时间层,其他以此类推;Δt 为火箭发射燃气动力学数值模拟时间步长。

与时间相关项离散方式对应的空间相关项,存在隐式离散格式与显式离散格式。数值模拟迭代进程中空间项利用显式离散格式,数值模拟整体算法称为显式算法;数值模拟迭代进程中空间项利用隐式离散格式,数值模拟整体算法称为隐式算法,隐式算法可构建无条件稳定算法。

显式算法时,(3-28)式简单离散形式为

$$(\rho\phi V)^{<n+1>} = (\rho\phi V)^{<n>} + [f_c(\phi) + f_d(\phi) + f_s(\phi)]^{<n>}\Delta t$$

$$(3-30)$$

隐式算法时,(3-28)式简单离散形式为

$$(\rho\phi V)^{<n+1>} = (\rho\phi V)^{<n>} + [f_c(\phi) + f_d(\phi) + f_s(\phi)]^{<n+1>}\Delta t$$

$$(3-31)$$

(3-30)式和(3-31)式中空间相关项在实践中需要进一步离散。空间项离散可以依据网格单元空间坐标及网格尺度分别取1阶、2阶精度,特殊情况下可以进一步构建3阶精度差分离散格式。

空间相关项中对流项方面,目前依据经火箭发动机喷管喷出的燃气流来流控制燃气流场流动参数特点,主要针对燃气流场参数 ϕ(燃气流各向速度分量、温度、压力等)构建1阶迎风格式、2阶迎风格式离散,网格单元质量达到优良级时,有时也采用3阶格式离散。

燃气流输运方程中对流项1阶迎风格式离散数学形式为

$$f_c(\phi) = f_c(\phi)|_1 = \sum_{j_a} f_{j_a} \phi_{j_a} = \begin{cases} \sum_{j_a} f_{j_a} \phi_{c0}, & f_{j_a} \geq 0 \\ \sum_{j_a} f_{j_a} \phi_{c0}, & f_{j_a} < 0 \end{cases} \quad (3-32)$$

式中:$f_c(\phi)|_1$ 为燃气流参数 ϕ 的空间对流项对应的1阶离散格式。

燃气流输运方程中对流项2阶格式离散数学形式为

$$f_c(\phi) = f_c(\phi)|_2 = \sum_{j_a} f_{j_a} \phi_{j_a} = \sum_{j_a} f_{j_a}(\phi_{c0} + \nabla\phi_{j_a} \cdot \boldsymbol{r}_1) \quad (3-33)$$

式中:$f_c(\phi)|_2$ 为燃气流参数 ϕ 的空间对流项对应的2阶离散格式。

(3-33)式中燃气流场参数 ϕ 的梯度基于迎风格式思想进一步构建:

$$\nabla\phi_{j_a} = \frac{1}{V}\sum_{j_a}\overline{\phi}_{j_a}S_{j_a}, \quad \overline{\phi}_{j_a} = \begin{cases} \dfrac{(\phi_{c0} + \phi_{c'0})}{2}, & f_{j_a} \geq 0 \\ \dfrac{(\phi_{c0} + \phi_{c'0})}{2}, & f_{j_a} < 0 \end{cases} \quad (3-34)$$

对流项采用 MUSCL 格式(即单调来流中心差分格式)时,其离散格式主要基于上述1阶迎风格式与2阶迎风格式加权组建,其离散格式形式为

$$f_c(\phi) = f_c(\phi)|_3 = \chi_1[f_c(\phi)|_1] + (1-\chi_1)[f_c(\phi)|_2] \quad (3-35)$$

类似对流项离散格式构建,空间相关项中扩散项、源项也可构建相应的1阶、2阶、3阶迎风格式,这里不再说明。空间相关项中扩散项也经常采用加权中心差分格式,即

$$f_d(\phi) = \sum_{j_a} \Gamma_{\phi_{j_a}} S_{j_a} \nabla\phi'_{j_a}, \quad \nabla\phi'_{j_a} = \begin{cases} \dfrac{1}{V}\sum_{j_a}[\chi_2\phi_{c0} + (1-\chi_2)\phi_{c'0}]S_{j_a}, & f_{j_a} \geq 0 \\ \dfrac{1}{V}\sum_{j_a}[\chi_2\phi_{c0} + (1-\chi_2)\phi_{c'0}]S_{j_a}, & f_{j_a} < 0 \end{cases}$$

$$(3-36)$$

加权思想也经常用于构建网格单元面上的具体流动参数,这些网格单元面

上的具体流动参数可基于相邻网格单元中心流动参数构建,即

$$\phi_j = \chi_3 \phi_{c0} + (1 - \chi_3) \phi_{c'0} \qquad (3-37)$$

以压力参数为例,基于相邻网格单元中心燃气流压力构建网格单元面上的压力形式为

$$p_{j_a} = \chi'_3 p_{c0} + (1 - \chi'_3) p_{c'0} \qquad (3-38)$$

完成上述(3-23)式~(3-38)式离散后,(3-19)式~(3-22)式燃气流输运方程组变成了基于网格单元的时空离散的线性方程,即

$$a_{cc}\phi = \sum_{nb} a_{nb}\phi_{nb} + b_c \qquad (3-39)$$

(3-35)式~(3-39)式中:$f_c(\phi)\big|_3$ 为燃气流参数 ϕ 的空间对流项对应的 3 阶离散格式;ϕ_{c0} 为参考网格单元中心(以 c0 标记)处的燃气流参数;$\phi_{c'0}$ 为相邻网格单元中心(以 c'0 标记)处的燃气流参数;$\phi_{c''0}$ 为相邻网格单元中心(以 c''0 标记)处的燃气流参数;$\nabla\phi_{j_a}$、$\nabla\phi'_{j_a}$ 为自燃气流来流方向网格单元中心之间的燃气流动参数梯度;χ_1、χ_2、χ_3、χ'_3 为离散格式调和系数,也称加权系数;p_{j_a} 为标序 j_a 的网格单元面 S_{j_a} 上的燃气流静压;p_{c0} 为参考网格单元中心(以 c0 标记)处的燃气流静压;$p_{c''0}$ 为相邻网格单元中心(以 c''0 标记)处的燃气流静压;nb 为与参考网格单元相邻的网格单元;ϕ_{nb} 为相邻的网格单元的燃气流参数;a_{cc} 为(3-39)式中燃气流输运方程组中与待求参考网格单元燃气流参数 ϕ 有关的系数;a_{nb} 为燃气输运方程组中相邻网格单元燃气流参数 ϕ_{nb} 相关的系数;b_c 为燃气输运方程组中与燃气流参数 ϕ 或 ϕ_{nb} 无关的综合项;nb 为相邻网络单元标序。

3.3.3 离散输运方程组求解算法原理

解算(3-39)式超大规模线性方程组发展了系列离散算法,3.3.1 节已经说明这些系列离散算法主要归纳为两类算法,即压力基算法和密度基算法。下面介绍这两类算法基本原理。

1. 压力基算法基本原理

压力基算法提出的时代计算机硬件性能普遍很低,为解算(3-39)式超大规模线性方程组发展了系列交替、分步算法,但也出现了一些算法结果体现不出动量源项特别是压力项的作用,压力基算法基于此问题为出发点,围绕速度与压力的高度耦合性这一流场内在特性展开,构建基于压力修正的压力-速度耦合方程(简称压力修正方程),通过求解压力修正方程实现速度场满足连续性要求,同时实现分步、高效数值模拟。压力基算法的核心在于构建合理可行的压力修正方程。Patankar 和 Spalding 构建的 SIMPLE 算法[39-40]思路如图 3-7 所示。

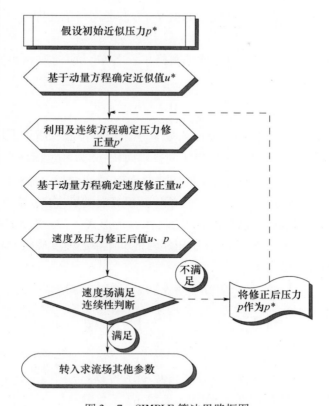

图 3-7 SIMPLE 算法思路框图

图 3-7 中确定网格单元燃气流速度近似值 u^* 的动量方程由(3-39)式进一步变化,该变化主要是为了给出 u^* 与网格单元燃气流静压假设(或近似)值 p^* 的关系。基于(3-39)式,网格单元中心的速度与网格周围的压差存在以下关系:

$$a_{p,c0}u_{c0} = \sum_{nb} a_{nb}u_{c0,nb} + (p_{c0} - p_{c'0})S_{j_a} + b' \qquad (3-40)$$

则近似 u^* 与近似 p^* 的关系为

$$a_{p,c0}u_{c0}^* = \sum_{nb} a_{nb}u_{c0,nb}^* + (p_{c0}^* - p_{c'0}^*)S_{j_a} + b' \qquad (3-41)$$

(3-40)式和(3-41)式中:$a_{p,c0}$ 为燃气流输运方程组中与参考网格单元中心燃气流参数 p_{c0} 有关的系数;b' 为燃气流输运方程组中的常量项或已知源项;u_{c0} 为参考网格单元中心燃气流速度值;$u_{c0,nb}$ 为参考网格单元相邻网格单元中心燃气流速度值;a_{nb} 为燃气流输运方程组中与参考网格单元相邻网格单元燃气流参数 ϕ_{nb} 有关的系数;u_{c0}^* 为参考网格单元中心燃气流速度近似值;$u_{c0,nb}^*$ 为参考网格单元相邻网格单元中心燃气流速度近似值;p_{c0}^*为参考网格单元中心燃气流静压近似值。

在网格单元内无源条件下,通过网格单元各单元面的质量流量满足守恒条件:

$$\sum_{j_a} J_{j_a} S_{j_a,i'''} = 0, \quad J_{j_a} = \rho_{j_a} u_{j_a n} \qquad (3-42)$$

式中:J_{j_a}为经过标序j_a的网格单元面S_{j_a}法向燃气流单位面积质量流量;$S_{j_a,i'''}$为标序j_a的网格单元面S_{j_a}沿i'''坐标方向法向投影面积;ρ_{j_a}为经过标序j_a的网格单元面S_{j_a}燃气流密度;$u_{j_a n}$为经过标序j_a的网格单元面S_{j_a}法向燃气流速度值;$\hat{J}_{j_a}$为经过标序j_a的网格单元面S_{j_a}法向燃气流单位面积等效质量流量。

(3-42)式其实就是连续性方程的具体体现形式。(3-42)式中标序为j_a的网格单元面上的法向速度$u_{j_a n}$利用相邻网格单元中心速度确定,参考(3-37)式相关迎风加权思想构建

$$J_{j_a} = \rho_{j_a} u_{j_a n}, \quad u_{j_a n} = \chi_3'' u_{c0} + (1 - \chi_3'') u_{c''0} \qquad (3-43)$$

$$u_{c0} = \left(\sum_{nb} \frac{a_{nb}}{a_{p,c0}} u_{c0,nb} + \frac{b'}{a_{p,c0}} \right) + \frac{S_{j_a}}{a_{p,c0}} (p_{c0} - p_{c''0}) \qquad (3-44)$$

$$u_{c''0} = \left(\sum_{nb'} \frac{a_{nb'}}{a_{p,c''0}} u_{c''0,nb'} + \frac{b'}{a_{p,c''0}} \right) + \frac{S_{j_a}}{a_{p,c''0}} (p_{c''0} - p_{c'''0}) \qquad (3-45)$$

(3-43)式简化为

$$J_{j_a} = \hat{J}_{j_a} + d_{j_a}(p_{c0} - p_{c''0}) \qquad (3-46)$$

(3-43)式~(3-46)式中:$a_{p,c''0}$为燃气流输运方程组中与参考网格单元中心燃气流参数$p_{c'''0}$有关的系数;a_{nb}为燃气流输运方程组中与参考网格单元相邻网格单元燃气流参数$u_{c''0}$有关的系数;nb、nb′为与参考网格单元相邻的网格单元;$p_{c'''0}$为参考网格单元的上游网格单元中心燃气流静压近似值;u_{c0}为参考网格单元的上游网格单元中心燃气流速度值;$u_{c''0,nb'}$为与$c''0$网格单元相邻网格单元中心燃气流速度值;d_{j_a}为相邻网格单元对单位面积等效质量流量$\hat{J}_{j_a}$的影响修正系数。

围绕J_{j_a}计算发展了很多离散形式,如 Rhie 和 Chow 构建了一种称为动量加权的J_{j_a}离散形式[48],即

$$J_{j_a} = \rho_{j_a} \frac{a_{p,c0} u_{n,c0} + a_{p,c''0} u_{n,c''0}}{a_{p,c0} + a_{p,c''0}} + d_{j_a} \{ [p_{c0} + (\nabla p_{c0}) \cdot \boldsymbol{r}_1] - [p_{c''0} + (\nabla p_{c''0}) \cdot \boldsymbol{r}_2] \}$$

$$(3-47)$$

式中:$\boldsymbol{r}_1$为燃气流来流网格单元中心(如以 c0 标记)至标序j_a的网格单元面S_{j_a}

第3章 火箭发射燃气动力学数值模拟方法

的中心位移;r_2 为燃气流上游来流网格单元中心(如以 $c''0$ 标记)至网格单元面 S'_{j_a} 的中心位移。

由(3-41)式确定的近似 u^* 与近似 p^* 的关系,则(3-46)式变为

$$J_{j_a}^* = \hat{J}_{j_a}^* + d_{j_a}(p_{c0}^* - p_{c''0}^*) \qquad (3-48)$$

(3-46)式一般并不满足(3-42)式,即不满足连续性方程的守恒条件,需要对近似质量流量 $J_{j_a}^*$ 进行修正以满足连续性方程守恒条件。近似质量流量的修正值为

$$J_{jc}^* = J_{j_a}^* + J'_{j_a}, \quad J'_{j_a} = d_{j_a}(p'_{c0} - p'_{c''0}) \qquad (3-49)$$

再将(3-49)式代入(3-42)式,则得到网格单元中心压力的修正方程为

$$a_{p,c0} p'_{c0} = \sum_{nb} a_{nb} p'_{nb} + b'', \quad b'' = \sum_{j_a} J'_{j_a} S_{j_a, i'''} \qquad (3-50)$$

由(3-50)式构成的相关方程组解出压力修正值后,参考网格单元的压力、质量流量更新如下式:

$$p_{c0} = p_{c0}^* + p'_{c0}, \quad J_{j_a} = J_{j_a}^* + d_{j_a}(p'_{c0} - p'_{c''0}) \qquad (3-51)$$

得到(3-51)式更新值后,继续重复进行上述修正、更新工作,周而复始直至得到相应收敛的压力、速度值,最后再转入温度、湍流强度、湍流黏性系数等流场参数的求解过程。

实际求解更新过程中,随流场参数(如压力、速度、温度等)迭代求解进程往往引入欠松弛因子提高计算进程稳定性,即

$$\frac{a_{c0} \phi_{c0}}{\alpha_\phi} = \sum_{nb} a_{nb} \phi_{nb} + b + \frac{1}{CFL} \cdot a_{c0} \phi_{c0}^*,$$

$$CFL = \frac{\alpha_\phi}{1 - \alpha_\phi} \Leftarrow \phi_{c0} = \phi_{c0}^* + \alpha_\phi \phi'_{c0}, \quad \alpha_\phi \leq 1 \qquad (3-52)$$

式中:ϕ_{c0}^* 为参考网格单元中心(以 c0 标记)处的燃气流参数近似值;ϕ'_{c0} 为参考网格单元中心(以 c0 标记)处的燃气流参数 ϕ_{c0}^* 的修正值。

(3-52)式中的 CFL 数为综合欠松弛因子,由 Courant、Friedrichs 和 Lewy 提出。

SIMPLE 算法解算速度场时速度分量修正值全部由修正的压力差确定,忽略了周围网格单元速度影响,基于此缺点提出了考虑周围网格单元速度影响效应的改进算法,即协调的半隐式压力耦合(SIPMEC)算法[39-40],该算法中(3-51)式质量流量修正方程变为

$$J_{j_a} = J_{j_a}^* + d_{j_a}(p'_{c0} - p'_{c''0}), \quad d_{j_a} = f(\bar{a}_{p,c0} - \sum_{nb} \bar{a}_{nb}) \qquad (3-53)$$

(3-48)式~(3-53)式中:d_{j_a} 为等效系数,计及了参考网格单元的周围相邻网

格单元动量方程系数的贡献和网格单元面面矢的贡献; $\bar{a}_{p,c0}$ 为基于 $a_{p,c0}$ 进一步考虑周围网格单元速度影响的改进协调系数; $\bar{a}_{nb}$ 为基于 a_{nb} 进一步考虑周围网格单元速度影响的改进协调系数; b 为燃气流输运方程组中的常量项或已知源项; b'' 为燃气流输运方程组中的常量项或已知源项; p_{c0}^* 为参考网格单元的上游网格单元中心燃气流静压近似值; p_{c0}' 为燃气流静压 p_{c0}^* 的修正值; p_{nb}' 为参考网格单元的相邻网格单元中心压力 p_{nb} 的修正值; $J_{j_a}^*$ 为经过标序 j_a 的网格单元面 S_{j_a} 法向燃气流单位面积近似质量流量; $\hat{J}_{j_a}^*$ 为经过标序 j_a 的网格单元面 S_{j_a} 法向燃气流单位面积近似等效质量流量; J_{j_a}' 为近似质量流量 $J_{j_a}^*$ 的修正质量流量; i''' 为对应坐标轴方向; α_ϕ 为流场参数 ϕ 迭代求解进程引入的欠松弛因子。

与 SIMPLE 算法、SIPMEC 算法不同,后续发展的 COUPLE 算法[48]则将上述动量方程以及基于连续性方程开发的压力修正方程耦合起来,建立速度修正项、压力修正项的联立方程组,该方程组形式为

$$\sum_{j_b} A_{i_b j_b} X_{j_b} = B_{i_b} \tag{3-54}$$

$$A_{i_b j_b} = \begin{bmatrix} (a_{i_b j_b})_{pp} & (a_{i_b j_b})_{pu} & (a_{i_b j_b})_{pv} & (a_{i_b j_b})_{pw} \\ (a_{i_b j_b})_{up} & (a_{i_b j_b})_{uu} & (a_{i_b j_b})_{uv} & (a_{i_b j_b})_{uw} \\ (a_{i_b j_b})_{vp} & (a_{i_b j_b})_{vu} & (a_{i_b j_b})_{vv} & (a_{i_b j_b})_{vw} \\ (a_{i_b j_b})_{wp} & (a_{i_b j_b})_{wu} & (a_{i_b j_b})_{wv} & (a_{i_b j_b})_{ww} \end{bmatrix}, \quad X_{j_b} = \begin{bmatrix} p'_{i_b} \\ u'_{i_b} \\ v'_{i_b} \\ w'_{i_b} \end{bmatrix}, \quad B_{j_b} = \begin{bmatrix} R^p_{i_b} \\ R^u_{i_b} \\ R^v_{i_b} \\ R^w_{i_b} \end{bmatrix}$$

$$\tag{3-55}$$

(3-54)式和(3-55)式中:$A_{i_b j_b}$ 为修正方程组中速度、压力相关修正系数构成的矩阵; $a_{i_b j_b}$ 为矩阵中相关修正系数; X_{j_b} 为待求修正燃气流参数矢量; B_{i_b} 为修正方程组残差矢量; $i_b 、j_b$ 为相关标序, $i_b = 1,2,\cdots, j_b = 1,2,3,\cdots$,总数与矩阵相关变量及系数项相对应。

(3-55)式中的相关系数包含离散动量方程相关系数以及连续性方程相关系数。

动量方程的一般离散格式为

$$a_{p,c0} u_{c0} = \sum_{nb} a_{nb} u_{c0,nb} + \sum_{j_a} p_{j_a} S_{j_a,k} + b' \tag{3-56}$$

将(3-38)式代入(3-56)式,得到如(3-57)式速度-压力相关的离散方程及(3-54)式部分系数。

$$\sum_{j_b} (a_{i_b j_b})_{u_{k_b} u_{k_b}} u_{k_b j_b} + \sum_{j_b} (a_{i_b j_b})_{u_{k_b} p} p_{j_b} = (b_{i_b})_{u_{k_b}} \tag{3-57}$$

类似地,整理(3-44)式或(3-47)式,得到形式如(3-58)式速度-压力

相关的离散方程及(3-54)式部分系数。

$$\sum_{k_b}\sum_{j_b}(a_{i_bj_b})_{pu_{k_b}}u_{k_bj_b} + \sum_{j_b}(a_{i_bj_b})_{pp}p_{j_b} = (b_{i_b})_p \qquad (3-58)$$

COUPLE算法及下面将要说明的密度基隐式算法在具体求解(3-54)式~(3-58)式线性方程组时,可以采用很多线性方程组迭代解算技术手段,如采用高斯(Gauss)-塞德尔(Seidel)迭代方法。

2. 密度基算法基本原理

可压缩流体不仅压力场-速度场高度耦合,温度场甚至组分之间也存在较强的耦合性,密度基算法充分考虑了这种耦合效应,在求解过程中将这些耦合效应通过方程组联立求解,其算法原理如图3-8所示。

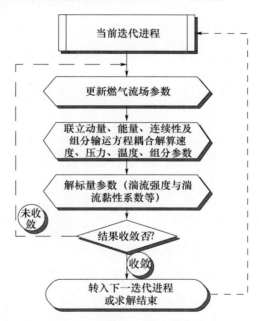

图3-8 密度基算法原理框图

连续性方程、动量方程、能量方程及组分输运方程均具有高度非线性特点,密度基算法在联立求输运方程组过程中也需要一定技术手段将这些方程组线性化离散,这当中发展的一种常用技术是借鉴线性方程分裂算法的思想,构造离散方程组差分分裂格式,将原非线性方程组转化为线性方程组,并在线性方程组中保留或采用特殊精度离散格式,以满足可压缩流场分辨率、波系间断分辨率、物理解真实性以及数值模拟进程稳定性控制要求。

很多离散方程组差分分裂构造方法在将原非线性方程组转化为线性方程

组前,为提高数值模拟进程稳定性,还针对(3-20)式和(3-21)式输运方程进行重整化工作,将原非线性方程组相关项(时间项、空间对流项)进行重新调整、构建,以缩放敏感参数对相关项影响,相应柔化数值模拟进程关键矩阵系数的刚度效应。其中一种重整化方法是针对(3-20)式时间项矢量进行重整,该方法数学形式为

$$\boldsymbol{W} \rightarrow \boldsymbol{Q}, \quad \boldsymbol{W} = \begin{Bmatrix} \rho \\ \rho u_k \\ \rho u_l \\ \rho u_m \\ \rho e \end{Bmatrix}, \quad \boldsymbol{Q} = \begin{Bmatrix} 1 \\ u_k \\ u_l \\ u_m \\ T \end{Bmatrix} \quad (3-59)$$

基于链路法则,(3-20)式相应变成:

$$\boldsymbol{\Pi} \frac{\partial}{\partial t} \int_V \boldsymbol{Q} \mathrm{d}V + \oint_S (\boldsymbol{F} - \boldsymbol{G}) \cdot \mathrm{d}\boldsymbol{S} = \int_V \boldsymbol{P} \mathrm{d}V, \quad \boldsymbol{\Pi} = \frac{\partial \boldsymbol{W}}{\partial \boldsymbol{Q}} \quad (3-60)$$

(3-60)式新增时间项 $\boldsymbol{\Pi}$ 的雅可比(Jacobian)矩阵形式为

$$\boldsymbol{\Pi} = \begin{bmatrix} \rho_p & 0 & 0 & 0 & \rho_T \\ \rho_p u_k & \rho & 0 & 0 & \rho_T u_k \\ \rho_p u_l & 0 & \rho & 0 & \rho_T u_l \\ \rho_p u_m & 0 & 0 & \rho & \rho_T u_m \\ \rho_p H - 1 & \rho u_k & \rho u_l & \rho u_m & \rho_T H + \rho C_p \end{bmatrix}, \quad \rho_p = \left.\frac{\partial \rho}{\partial p}\right|_T, \quad \rho_T = \left.\frac{\partial \rho}{\partial T}\right|_p$$

$$(3-61)$$

(3-60)式还可以进一步变化为下面形式,即

$$\boldsymbol{\Pi} = \begin{bmatrix} \rho'_p & 0 & 0 & 0 & \rho_T \\ \rho'_p u_k & \rho & 0 & 0 & \rho_T u_k \\ \rho'_p u_l & 0 & \rho & 0 & \rho_T u_l \\ \rho'_p u_m & 0 & 0 & \rho & \rho_T u_m \\ \rho'_p H - 1 & \rho u_k & \rho u_l & \rho u_m & \rho_T H + \rho C_p \end{bmatrix}, \quad \rho'_p = \frac{1}{a_c^2} - \frac{\rho_T}{\rho c_p}$$

$$(3-62)$$

(3-59)式~(3-62)式中:ρ_p、ρ_T、ρ'_p 为雅可比矩阵变换过程相关名义密度;a_c 为当地声速;$\boldsymbol{Q}$ 为转换后的待求燃气流参数矢量矩;$\boldsymbol{\Pi}$ 为 $\boldsymbol{W}$ 向 $\boldsymbol{Q}$ 转换的雅可比矩阵。

目前离散方程组差分分裂格式构造方法很多,如 Chekravarthy 等提出的系数矩阵分裂格式、Steger - Warming 提出的通量向量分裂方法、Van Leer 提出的

通量向量分裂方法、Roe 提出的通量差分分裂方法、Liou 和 Steffen 提出的对流迎风分裂方法等,这些算法在很多计算流体力学专著中有详细介绍[44-45],本书仅针对燃气流场数值模拟中常采用 Roe – FDS 方法做简要说明。

Roe – FDS 方法认为(3 – 60)式中矢量通量 F 包含了气流推进的信息传播特性,根据信息自身的特征值及其传播方向可将矢量通量 F 在网格单元面上进行分解,有

$$F = \frac{1}{2}(F_R + F_L) - \frac{1}{2}\boldsymbol{\Pi}\tilde{A}(Q_R - Q_L) \quad (3-63)$$

(3 – 63)式中相关符号意义定义为

$$F_R = F(Q_R), \quad F_L = F(Q_L), \quad \tilde{A} = M\Lambda M^{-1}, \quad M = \boldsymbol{\Pi}^{-1}A,$$

$$A = \frac{\partial F}{\partial Q}, \quad \Lambda = \lambda I \quad (3-64)$$

(3 – 64)式中 λ 为(3 – 61)式所示矩阵特征值,分别为

$$\lambda_1 = u_k, \quad \lambda_2 = u_k, \quad \lambda_3 = u_k, \quad \lambda_4 = u_k + a_c, \quad \lambda_5 = u_k - a_c, \quad a_c = \sqrt{\gamma RT} \quad (3-65)$$

(3 – 63)式 ~ (3 – 65)式中:F_R、F_L 分别为右向、左向特征矢通量;Q_R、Q_L 分别为经过单元面右向、左向辐射待求矢量;A 为无黏通量矩阵;$\tilde{A}$ 为基于无黏通量 A 的转换矩阵;M 为模态矩阵,由无黏通量 A 对解角化确定;Λ 为由特征值组成的对角矩阵;λ_1、λ_2、λ_3、λ_4、λ_5 为矩阵 $\boldsymbol{\Pi}$ 对应的相关特征值。

稳态燃气流场数值模拟过程中,Roe – FDS 方法具体解算可按显式或隐式两种类型求解。其中,显式算法常采用龙格 – 库塔方法求解,龙格 – 库塔方法原理数学形式表述为[49]

$$Q^0 = Q^{<n>} \quad (3-66)$$

$$Q^{<i_d>} = Q^{<n>} + (\Delta Q)^{<i_d>}, \quad \Delta Q^{<i_d>} = -\kappa_{i_d}(\boldsymbol{\Pi}^{-1}R^{<i_d-1>})\Delta\tau, \quad i_d = 1,2,\cdots,m_a \quad (3-67)$$

$$Q^{<n+1>} = Q^{<m_a>} \quad (3-68)$$

$$R^{<i_d-1>} = \sum_{j_a}[F(Q^{<i_d-1>}) - G(Q^{<i_d-1>})]S - VH, \Delta\tau = \left(\frac{2CFL \cdot V}{\sum_{j_a}\lambda_{j_a,\max}S_{j_a}}\right) \quad (3-69)$$

Roe – FDS 方法生成的线性化方程组隐式求解常用高斯 – 塞德尔迭代算法。隐式求解时,Roe – FDS 方法生成的线性化方程组形式也如(3 – 53)式和(3 – 54)式,高斯 – 塞德尔迭代算法原理数学形式为

$$x_{j_e}^{<i_e+1>} = x_{k_e}^{<i_e>} + (\Delta x_{k_e})^{<i_e+1>} \qquad (3-70)$$

$$(\Delta x_{k_e})^{<i_e+1>} = \frac{1}{a_{k_e j_e}} \left(b_{k_e} - \sum_{j_e=1}^{k_e} a_{k_e j_e} x_{j_e}^{<i_e+1>} - \sum_{j_e=k_e}^{l_e} a_{k_e j_e} x_{j_e}^{<i_e>} \right) \qquad (3-71)$$

(3-67)式~(3-71)式中:i_d、i_d-1、m_a、i_e、i_e+1 为对应迭代计算步数;κ_{i_d} 为第 i_d 步迭代系数;$\lambda_{j_a,\max}$ 为经过网格单元面 S_{j_a} 的最大特征值;j_e、k_e、l_e、i_e、k_e 为与待求燃气流变量相关的标序或计数。

采用 Roe-FDS 方法开展燃气流场瞬态数值模拟时,常采用当前计算流体力域通行的双时间步法开展具体数值模拟工作,即采用物理时间步与虚拟时间步匹配解算燃气流场参数,物理时间步为模拟燃气流实际推进进程的时间间隔,虚拟时间步为完成物理时间步内燃气流场参数解算迭代进程时间间隔,虚拟时间步达到燃气流场参数解收敛要求时结束当前进程转入下一物理时间步解算。双时间步数值模拟瞬态燃气流场时,(3-20)式与(3-60)式形式变为拟时间导数形式,即

$$\frac{\partial}{\partial \tau} \int_V \boldsymbol{W} \mathrm{d}V + \boldsymbol{\Pi} \frac{\partial}{\partial \tau} \int_V \boldsymbol{Q} \mathrm{d}V + \oint_S (\boldsymbol{F}-\boldsymbol{G}) \cdot \mathrm{d}\boldsymbol{S} = \int_V \boldsymbol{P} \mathrm{d}V \qquad (3-72)$$

数值模拟进程中,(3-72)式中虚拟时间 $\tau \to \infty$ 时,(3-72)式中左边第二项 $\to 0$。

采用 Roe-FDS 方法双时间步求解瞬态燃气流场参数时,也有显式或隐式两种类型具体求解方法,其中显式双时间步求解时,也采用龙格-库塔方法解算虚拟时间步迭代进程中相关燃气流场参数。显式双时间步求解进程中,一般物理时间步步长与虚拟时间步采用相同时间步长,时间步长按(3-69)式要求设定。燃气流场数值模拟采用隐式双时间步具体求解时,常采用 Pandya[50]、Weiss 等发展的解算方法,即

$$\left[\frac{\boldsymbol{\Pi}}{\Delta \tau} + \frac{1}{2\Delta t} \frac{\partial \boldsymbol{W}}{\partial \boldsymbol{Q}} \right] \Delta \boldsymbol{Q}^{<i_e+1>} + \frac{1}{V} \oint_S (\boldsymbol{F}-\boldsymbol{G}) \cdot \mathrm{d}\boldsymbol{S} = \boldsymbol{P} - \frac{1}{2\Delta t}(\boldsymbol{W}^{<i_e>} - \boldsymbol{W}^{<n>})$$

$$(3-73)$$

$$\left[\boldsymbol{D}_c + \sum_{j_a} \boldsymbol{D}_{j_a,k_g} \right] \Delta \boldsymbol{Q}^{<i_e+1>} = -\boldsymbol{R}^{<i_e>} \qquad (3-74)$$

$$\boldsymbol{D}_c = \frac{V}{\Delta \tau} \boldsymbol{\Pi} + \sum_{j_a} \boldsymbol{D}_{j_a,i_g}, \quad \boldsymbol{D}_{j_a,k_g} = \left(\frac{\partial \boldsymbol{F}_{j_a}}{\partial \boldsymbol{Q}_{k_g}} - \frac{\partial \boldsymbol{G}_{j_a}}{\partial \boldsymbol{Q}_{k_g}} \right) S_{j_a} \qquad (3-75)$$

式中:$\boldsymbol{Q}_{k_g}$ 为第 k_g 组待求燃气流参数矢量;$\boldsymbol{D}_c$、$\boldsymbol{D}_{j_a,k_g}$ 分别为对应的对角矩阵和非对角矩阵。

采用隐式双时间步求解(3-73)式离散方程组时,虚拟时间与物理时间确定需要结合 CFL 条件,也需要结合进程的收敛特性适时调整。

3.4 数值模拟边界条件处理

边界条件处理主要目的是寻求数值模拟方程组封闭性数学边界条件,同时辅助数值模拟进程收敛性控制。火箭发射燃气动力学数值模拟边界条件处理既涉及一般计算流体力学数值模拟边界条件处理内容、方法,也涉及特殊处理内容、方法。

3.4.1 边界条件处理基本方法

3.2 节已经说明火箭发射燃气动力学数值模拟必须依托一定的网格域,该网格域包络了发射系统、发射设施及火箭结构,也包括了燃气流扰动的空间域。网格域包络边界一般指这些结构表面以及燃气流扰动空间边界,网格域包络边界范围择取或界定过程是边界条件处理内容之一。目前,网格域包络边界范围择取或界定并没有严格意义上的理论界定,主要依托实践经验,作者提出参照(3-1)式~(3-3)式规划网格域包络边界尺寸。

3.2 节同时说明网格域在实现网格单元离散过程中,往往依托网格域包络边界面分区与面单元生成条件,采用阵面推进方法实现空间网格单元离散,网格域包络边界面单元以及边界面附近网格单元生成质量影响甚至决定空间网格单元离散整体质量,同时面单元生成后的网格域包络边界与原先未离散数值模拟域包络边界几何一致性或近似度也决定了数值模拟结果的可信度。包络边界面单元及边界面附近网格单元生成质量控制主要依托 3.2 节介绍的网格质量控制、调整及光顺处理方法。

3.3 节介绍的数值模拟算法主要基于网格域内单元开发,实际解算首先需要给定网格域所有离散单元初始数值条件,也称初场条件、网格域包络边界数值条件,由于网格域所有离散单元初始数值条件往往受实际物理条件限制,数值模拟算法解算过程给定的网格域包络边界数值条件与实际物理条件吻合情况很大程度上将决定结果的正确性。

火箭发射燃气动力学数值模拟方程组解算过程中,借鉴欧拉(Euler)方程组发展的特征分析方法可以指导设置网格域包络边界数值条件[45,51]。例如,针对进、出口边界条件,基于傅里叶(Fourier)分解线化欧拉方程组思想,可以确定亚声速流场进口边界存在 4 个向内辐射输入的特征值、一个向外辐射输出的特征值,出口边界存在一个向内辐射输入的特征值、4 个向外辐射输出的特征值。

根据进口、出口边界 5 个特征值可以设置进、出口边界的燃气流速度 3 个方向分量、燃气流密度(或焓、熵)、燃气流压力数值。在确定进口边界与出口边界条件 5 个基本特征值基础上,后续补充设置湍流参数。需要指出的是,该方法能否保证整个燃气流场超大规模、线化纳维－斯托克斯方程组(简称 N－S 方程组)解算适定尚无定论。

火箭发射燃气动力学数值模拟进口边界条件实际还须依据火箭发动机工作条件设定,可在火箭发动机燃烧室内垂直轴线或流动主流方向取截面,将该截面设为网格域进口边界。对于燃烧室结构未知情况,可在火箭发动机喷管喉道处垂直轴线或流动主流方向取截面,将该截面设为网格域进口边界。与网格域进口边界相对应,可将包络发射系统、火箭箭体的空间网格域外围包络边界笼统地规划为网格域出口边界。火箭发射燃气动力学数值模拟网格域内的发射系统、火箭箭体结构则根据实际物理特征界定相应的壁面边界条件。

一般情况下,火箭发动机燃烧室至喷喉截面范围内的燃气流动以及上述网格域外围包络边界的燃气流动均属亚声速流动。根据特征分析思想,网格域包络进口边界首先设置的参数主要包括来流压力、3 个方向速度、密度(或焓、熵)以及匹配湍流参数确定,其数学形式为

$$p_s = p_\infty, \quad u = u_\infty, \quad v = v_\infty, \quad w = w_\infty, \quad \rho = \rho_\infty \quad (3-76)$$

式中:p_s 为燃气流静压;p_∞ 为燃气流来流静压;ρ_∞ 为燃气流来流密度;u、v、w 为燃气流速度 3 个方向分速度值;u_∞、v_∞、w_∞ 为燃气流来流速度 3 个方向分速度值。

火箭发动机点火工作前,燃气流场初场即环境介质条件,如环境大气条件,通常呈亚声速流动状态,数值模拟时也参照(3-76)式设定初场压力、3 个方向速度、密度(或焓、熵),保持后续解算较好衔接。

按照第 2 章叙述,对于量热完全气体类型的燃气流状态方程包含了压力、密度与气流温度关系,同时气流速度也包含了压力、气流温度关系。例如,将燃气流介质等效视作单组分量热完全气体条件下,这些包含关系通过燃气流马赫数、比热比等参数联系起来,表述形式为

$$\frac{p_s}{p_0} = \left[1 + \frac{\gamma-1}{2}(Ma)^2\right]^{-\frac{\gamma}{\gamma-1}}, \quad \frac{T_s}{T_0} = \left[1 + \frac{\gamma-1}{2}(Ma)^2\right]^{-1},$$

$$u = \sqrt{\frac{2\gamma}{\gamma-1}RT_0\left[1-\left(\frac{p_s}{p_0}\right)^{\frac{\gamma-1}{\gamma}}\right]} \quad (3-77)$$

式中:T_s 为燃气流静温;p_0 为燃气流来流总压;T_0 为燃气流来流总温。

火箭发射燃气动力学数值模拟过程中,网格域包络进口边界一般设置在火箭发动机里面,来流总压 p_0 及总温 T_0 即推进剂燃烧总压 p_c、燃温 T_f,有

$$p_0 = p_c, \quad T_0 = T_f \tag{3-78}$$

则网格域包络进口边界面上述来流参数设置转换为火箭发动机内某截面（即进口边界面）燃气流静压、总压、总温、燃气流流向设置，考虑燃气组分时需要补充设置燃气组分条件，可以看出这种边界类型就是常用的压力进口边界。

火箭发射燃气动力学瞬态数值模拟不同于稳态数值模拟，燃气流静压、总压、总温、燃气组分甚至燃气流流向随时间变化，压力进口边界主要条件的数学形式为

$$p_c = p_c(t), \quad p_s = p_s(t), \quad T_f = T_f(t), \quad \xi_m = \xi_m(t) \tag{3-79}$$

式中：ξ_m 为燃气质量组分比。

类似地，根据特征分析方法，依据火箭发射燃气动力学网格域出口边界亚声速特征，燃气流速主要由内部流动参数确定，压力出口边界参照(3-79)式确定。当出口边界存在环境气体回流形式时，压力出口边界实际变为压力进口边界，需要补充回流流向、焓（或温度）、回流组分条件，包含回流的压力出口边界主要条件数学形式为

$$p_s = p_h(t), \quad T_e = T_b(t), \quad \xi_e = \xi_b(t) \tag{3-80}$$

火箭发射燃气动力学网格域进、出口边界根据需要也可设置在超声速燃气流区域。此时，依据特征分析方法，(3-77)式~(3-80)式依然适用进口边界。除考虑背压条件外，压力出口边界一般利用内部条件外推。对于超声速燃气流区域的进口边界条件，也经常采用无反射边界条件，此时燃气流来流参数需要将(3-78)式总压条件换成来流速度条件，如采用无量纲形式的马赫数条件。无反射边界条件在亚声速燃气流噪声数值模拟进、出口边界设置中更是普遍采用[51]，用于减少边界干扰特别是环境气流干扰，加速数值模拟收敛进程。

火箭发射燃气动力学数值模拟过程中，网格域内发射系统、箭体、火箭发动机结构壁面条件，一般设置为无滑移绝热壁面条件，即

$$u_i = 0, \quad q = \lambda_w \frac{\partial T}{\partial n} = 0 \tag{3-81}$$

式中：λ_w 为壁面热导率。

考虑结构传热时，(3-81)式可改为设定的传热热流条件。结构传热也经常采用无滑移等温壁面条件，此时边界条件设置将(3-81)式改为

$$T_w = T_{w0} \tag{3-82}$$

式中：T_w 为发射系统或箭体结构壁温；T_{w0} 为发射系统或箭体结构壁温设定值。

对于气体稀薄（即低密度环境）环境或真空环境火箭，(3-81)式无滑移壁面条件不再适用，此时需采用滑移壁面条件，必要时需要采用完全不同的数值

模拟方法,如采用玻耳兹曼数值模拟方法;对于结构壁温变化迅速的,采用不同壁温条件的火箭发射燃气动力学分步数值模拟结果拟合逼近结构传热特性,在试验及文献资料充分情况下还可以设定壁温随时间变化参数;真实火箭箭体及发射系统结构壁面为非理想光滑壁面,数值模拟结构传热、气动载荷特别是黏性阻力时需要考虑结构表面粗糙度,结构表面粗糙度参照 2.4 节内容确定。

火箭发射燃气动力学数值模拟过程中,燃气流场初场以及进、出口边界湍流参数影响目前研究较少,主要基于经典公式设定,可按湍流强度、湍流耗散率(或湍流尺度比例、湍流黏性比)设置,即

$$I = \frac{\overline{u'}}{u} = \alpha_{11} (Re_{D_c})^{\alpha_{12}}, \quad \varepsilon = C_\mu^{\frac{3}{4}} \frac{k^{3/2}}{l}, \quad l = \alpha_{13} D_c \quad (3-83)$$

$$\vartheta_\varepsilon = \frac{\mu_t}{\mu} = \alpha_{14} Re_{te}, \quad Re_{te} = \frac{k^2}{\varepsilon \nu}, \quad \varepsilon = C_\mu^{\frac{3}{4}} \frac{k^{3/2}}{l} \quad (3-84)$$

式中: α_{11}、α_{12}、α_{13}、α_{14} 为相关系数或常数; Re_{D_c} 为以燃烧室内径为特征参数表征的雷诺数; Re_{te} 为以火箭发射燃气动力学数值模拟网格域出口边界处湍流雷诺数。

(3-83)式和(3-84)式具体应用时视复杂度便捷处理,如燃气流场进口边界经常设在火箭发动机燃烧室截面、喷管截面(含喷喉),(3-83)式湍流尺度比例主要依托燃烧室截面或喷管截面直径;而燃气流场出口边界经常设在包含箭体、发射系统的网格域外围,湍流强度及湍流黏性比例还可根据经验直接设置。

火箭发射过程中,箭体在燃气流的反推作用下不断远离发射系统、发射设施,燃气流对发射系统及发射设施的影响也会随箭体运动而动态变化。一些情况下,箭体上附属物以及发射系统上的专用设备、结构件在燃气流的作用下主动或被动分离运动,这些运动的特殊设备、结构件受燃气流的气动特性以及燃气流场均存在明显的瞬态特性。火箭发射燃气动力学数值模拟网格模型开发时通常采用动网格技术适应结构相对运动,数值模拟进程则会进一步设置动边界条件,动边界与其他边界匹配构成了数值模拟依据的完整边界条件。

火箭发射燃气动力学数值模拟过程中,考虑发射系统、发射设施包含发射装置、设备结构多样,尺度大小悬殊,习惯将火箭设为运动物体,网格剖分中将箭体壁面设为运动边界。火箭发动机喷管内外燃气流动属于跨声速流动,跨声速流动对网格质量控制比较敏感;箭体多自由度运动情况下,基于箭体壁面运动边界剖分网格有时将难以控制前后时间步均保持较好的网格质量,局部可能生成高度扭曲的低质量网格,存在燃气流动模拟结果失真的风险。为此,在箭体壁面设为运动边界的基础上,在箭体壁面附近包覆特别区域,该区域内初始

剖分的网格单元在模拟运动过程始终保持原先的体积、外形,即形成刚性网格区域,整个刚性网格区域跟随箭体起飞弹道变化,而在刚性网格区域外围网格域则依据该区域边界变化情况重构网格单元。这种运动边界的进一步处理技术即区域运动网格技术。基于刚性网格区域已经隐含箭体自身刚性假设条件,刚性网格区域外围网格重构将依据运动区域边界每个时间步所在空间的实际位置,该位置可依据箭体弹道确定,参考图 3-9。

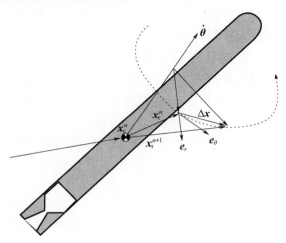

图 3-9 箭体运动理论分析示意图

依据图 3-9,时间步长 Δt 后箭体质心轨迹根据质心移动速度及角速度确定,即

$$x_c^{n+1} = x_c^n + \dot{x}_c \Delta t, \quad \boldsymbol{\theta}_c^{n+1} = \boldsymbol{\theta}_c^n + \dot{\boldsymbol{\theta}}_c^n \Delta t \qquad (3-85)$$

式中:x_c^{n+1}、x_c^n 分别为第 $n+1$、第 n 时间步箭体质心位移;$\dot{x}_c$ 为箭体质心位移速度;$\boldsymbol{\theta}_c^{n+1}$、$\boldsymbol{\theta}_c^n$ 分别为第 $n+1$、第 n 时间步箭体围绕质心偏转角度;$\dot{\boldsymbol{\theta}}_c^n$ 为第 n 时间步箭体围绕质心偏转角速度。

包覆箭体的刚性网格区域外边界上某参考点空间位置依据刚体动力学确定,可基于图 3-9 所示相对位移矢量及相对质心位置关系确定。经时间步长 Δt 后该参考点实际位置由刚体动力学理论计算,即

$$x^{n+1} = x_c^{n+1} + x_r^{n+1}, \quad x_r^{n+1} = x_r^n + \Delta x \qquad (3-86)$$

$$\Delta x = |x_r^n - x_c^n| \{ [\sin(\dot{\boldsymbol{\theta}}_c^n \Delta t)] e_\theta + [\cos(\dot{\boldsymbol{\theta}}_c^n \Delta t) - 1] e_r \},$$

$$e_\theta = \frac{\dot{\boldsymbol{\theta}}_c \times x_r}{|\dot{\boldsymbol{\theta}}_c \times x_r|}, \quad e_r = \frac{e_\theta \times \dot{\boldsymbol{\theta}}_c}{|e_\theta \times \dot{\boldsymbol{\theta}}_c|} \qquad (3-87)$$

式中：x^{n+1} 为第 $n+1$ 时间步箭体包络域边界上设定位置位移；x_r^{n+1}、x_r^n 分别为第 $n+1$、第 n 时间步箭体包络域边界上设定位置相对箭体质心位移；Δx 为箭体包络域边界上设定位置第 $n+1$ 时间步相对第 n 时间步位移；e_θ、e_r 分别为右手相对参考坐标系径向及环向基矢，该右手相对参考坐标系坐标轴关系如图 3-9 所示。

大型火箭常采用垂直起飞方式，在起飞高度不高情况下，起飞弹道偏离初始弹道并不严重，仍可按理想的垂直弹道简化处理，则刚性网格区域视作直线运动，此时可采用一种交错滑移边界处理方法。采用这种方法时，尽量将复杂的发射系统结构件或箭体结构、燃气流动或扰动敏感区域专门包络，在这些特殊包络域内预先剖分包覆结构壁面或扰流区的刚性网格。各包络域网格节点仅在边界面处交错接触，并且边界面上的网格预先剖分时也分别以自己的包络域边界与内部网格互应关系为依托，从而将原先共享的空间包络域边界强制性分离成各自独立的边界，仅在数值模拟进程中根据包络域及其边界的滑移位置及时耦合相关网格单元。交错滑移边界附近网格单元间燃气流参数传递参考图 3-10 说明。图 3-10 中箭头表示燃气流推进方向。

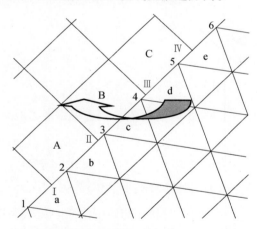

图 3-10 交错滑移边界面附近网格单元间燃气流参数传递说明

在图 3-10 中，燃气流动方向由交错滑移边界面右侧向左侧逐渐影响。交错滑移边界面右侧紧邻网格单元标序为 a、b、c、d、e，滑移边界面左侧紧邻网格单元标序为 A、B、C。图 3-10 以二维网格情况示意，边界面简化为边界线，构成箭体结构包络区域边界线的网格顶点标序为 1、2、3、4、5、6，构成箭体结构外侧包络区域边界线的网格顶点标序为 Ⅰ、Ⅱ、Ⅲ、Ⅳ。以 A 单元中心燃气流参数 ϕ_A 确定为例，A 单元中心燃气流参数 ϕ_A 受边界线上燃气流参数影响。该影响可利用两侧流动的通量确定，也经常简单地利用线性插值或加权思想确定，设边界线段Ⅰ-2之间燃气流参数为 ϕ_{I-2}，设边界线段 2-Ⅱ之间燃气流参数为 ϕ_{2-II}，而燃气流参数 ϕ_{I-2} 及燃气流参数 ϕ_{2-II} 分别与 a、b 单元中心燃气流参数 ϕ_a、ϕ_b 存在对应关系，则利用线性插值思想确定 A 网格单元中心燃气流参数 ϕ_A 的数学形式如(3-88)式，利用加权思想确定 A 单元中心燃气流参数 ϕ_A 的数学形式如(3-89)式，即

$$\phi_A = \kappa_{I-2} f_{I-2}(\phi_{I-2}) + \kappa_{2-II} f_{2-II}(\phi_{2-II}), \quad \phi_{I-2} = f_a(\phi_a), \quad \phi_{2-II} = f_b(\phi_b) \tag{3-88}$$

$$\phi_A = \chi_{ab} f_{I-2}(\phi_{I-2}) + (1 - \chi_{ab}) f_{2-II}(\phi_{2-II}) \tag{3-89}$$

式中：ϕ_A 为 A 网格单元中心燃气流参数；ϕ_{I-2}、ϕ_{2-II} 分别为对应图 3-10 所示滑移边界线段Ⅰ-2 及滑移边界线段 2-Ⅱ燃气流参数；κ_{I-2}、κ_{2-II} 为 A 网格单元中心燃气流参数计算采用的线性插值系数；$f_{I-2}(\phi_{I-2})$、$f_{2-II}(\phi_{2-II})$ 分别为基于 ϕ_{I-2}、ϕ_{2-II} 构建的拟合函数；χ_{ab} 为确定 A 网格单元中心燃气流参数的调和系数；$f_a(\phi_a)$、$f_b(\phi_b)$ 分别为基于 a、b 网格单元中心计算 ϕ_{I-2}、ϕ_{2-II} 的函数。

图 3-10 以二维图形式说明，交错滑移边界面变成交错滑移边界线，并且交错滑移边界线为直线，实际火箭发射燃气动力学二维数值模拟交错滑移边界线可以以一定的曲线形式出现，如同心圆，而火箭发射燃气动力学三维数值模拟交错滑移边界面则可以曲面形式出现，如同心圆柱面。当交错滑移边界线以曲线形式出现或交错滑移边界面以曲面形式出现，由于滑移边界线（或滑移边界面）两侧包络域内网格各自独立生成，紧邻滑移边界线的网格单元则局部空间交错，此时必须控制局部空间交错参数。参考图 3-11，一般情况下是控制交错尺寸相对滑移边界线（或滑移边界面）两侧网格单元尺寸关系。

如图 3-11 所示，设交错滑移边界线（或滑移边界面）两侧网格单元最大交错尺寸为 Δs_{Aa}，滑移交界线（或滑移边界面）一侧包络域紧邻网格单元 A 包络圆（三维为包络球）直径为 D_A，另一侧包络域紧邻网格单元 a 包络圆（三维为包络球）直径为 D_a，则交错尺寸控制关系为

$$\frac{\Delta s_{Aa}}{D_A} \leq \vartheta_0, \quad \frac{\Delta s_{Aa}}{D_a} \leq \vartheta_0 \tag{3-90}$$

式中：ϑ_0 为滑移交界线（或滑移边界面）两侧网格单元相对交错允许的临界值。

图 3-11 所示交错滑移网格方法解决了火箭或发射系统结构按预设途径、相对箭体周围其他结构运动的数值模拟问题。火箭还存在一种相对喷管下方发射系统按预设直线运动的特殊情形，这时可将复杂箭体、发射系统沿用刚性网格域包络方法，再采用网格重构方法适应刚性网格域与包络域之间的网格域

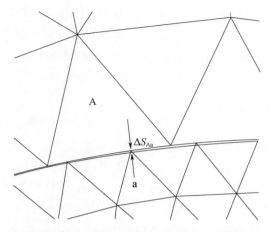

图 3-11 交错滑移边界面附近网格单元交错情况示意说明

增加或减少;也可以利用建筑领域砌墙思想,采用动态铺层增加或删除网格方法适应刚性网格域与包络域之间的网格域增加或减少。动态铺层增加网格方法基于临界层高条件增加网格层。假设网格层初始层高为 h_0,临界层高为 h_c,箭体运动速度为 U,数值模拟物理设计时间步长为 Δt,则模拟经过 n_t 个时间步后,箭体包络区域网格层高 h_{00} 变为

$$h_{00} = h_0 + \Delta h, \quad \Delta h = n_t U \Delta t \qquad (3-91)$$

箭体包络区域层高 h_{00} 满足设计的临界值后,箭体包络域下方结构网格层增加或减少一层;否则待增加层仅随层高相对变化。

3.4.2 火箭发动机参数封闭性确定方法

火箭发射燃气动力学数值模拟网格域进口边界参数与燃气物性参数主要依据火箭发动机参数,由火箭发动机研制单位依据推进剂燃烧热力特性计算内弹道确定,充分考虑了实际发射试验过程火箭发动机存在推力损失、质量损失的工作特点,按火箭发动机基本原理复核这些火箭发动机参数,往往发现这些火箭发动机参数之间缺乏彼此呼应。而火箭发射燃气动力学数值模拟过程中需要设置准确的进口边界参数及燃气物性参数,并且相关进口边界参数及燃气物性参数之间必须具备严格意义上的数学封闭性条件;否则,火箭发射燃气动力学数值模拟结果将难以准确预测或解释发射试验燃气流场分布及相关气动特性。因此,必须寻求火箭发动机参数封闭性确定方法,以合理指导火箭发射燃气动力学数值模拟过程中封闭性进口边界参数及燃气物性参数设置。

火箭发动机研制单位提供的火箭发动机参数一般如表3-1～表3-3所列。

表3-1 火箭发动机喷管内型面尺寸

名称	符号	单位	尺寸
喷管喉径	d_t	mm	$\phi \times \times \times$
喷管出口内径	d_e	mm	$\phi \times \times \times$
喷管扩张比	χ_r	—	$\times \times \times$
喷管总长	L	mm	$\times \times \times$

表3-2 火箭发动机燃气参数

名称	燃烧室截面参数（以符号表示）	喷喉截面参数（以符号表示）	喷口截面参数（以符号表示）	单位
压力	p_c	p_t	p_e	MPa
温度	T_f	T_t	T_e	K
定压比热容	c_{pc}	c_{pt}	c_{pe}	J/(kg·K)
比热比	γ_c	γ_t	γ_e	—
燃气密度	ρ_c	ρ_t	ρ_e	kg/m³
燃气速度	u_c	u_t	u_e	m/s
燃气平均分子量	M_{ac}	M_{at}	M_{ae}	kg/kmol

表3-3 火箭发动机工作参数

时刻（以符号表示）	燃烧室工作压力（以符号表示）	火箭发动机推力（以符号表示）	火箭发动机流量（以符号表示）
t_1	p_{c1}	F_1	Q_1
t_2	p_{c2}	F_2	Q_2
t_3	p_{c3}	F_3	Q_3
⋮	⋮	⋮	⋮
t_i	p_{ci}	F_i	Q_i
⋮	⋮	⋮	⋮
t_n	p_{cn}	F_n	Q_n

目前,限于火箭发射燃气动力学数值模拟水平,火箭发射燃气动力学数值模拟主要集中于发射燃气流场分布特性以及相关气动特性研究;同样,限于火箭发射燃气动力学试验测试技术水平,火箭发射燃气动力学试验可以较为准确

地测定的数据主要是气动载荷,包括箭体、发射系统结构承受的气动作用力、相关结构表面气流压力两个方面的数据。因此,首先应确保火箭发射燃气动力学数值模拟得到的气动载荷数据的可信度。

如上所述,火箭发动机研制单位提供的火箭发动机参数充分考虑了火箭发动机推力损失、质量损失的实际情况,从而设计任务书中的火箭发动机推力F、流量Q参数接近真实情况,火箭发射燃气动力学数值模拟进口边界条件设置时应充分依据设计任务书中的火箭发动机中推力F、流量Q参数。在此基础上,进一步依据燃烧室工作压力p_c参数,能够初步确保火箭发射燃气动力学数值模拟得到的气动载荷的可信度。当然,火箭发射燃气动力学数值模拟过程控制、算法选择、网格剖分也是很重要的环节。

据此分析,作者提出寻求火箭发动机参数封闭性的基本思路如图3–12所示。

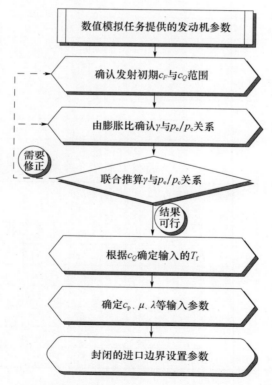

c_F—火箭发动机推力系数;c_Q—箭发动机流量系数;γ—比热比;
p_e/p_c—压力比;T_f—燃气总温;μ—燃气黏性系数;λ—燃气热导率。

图3–12 寻求火箭发动机参数封闭性的基本思路

由图 3-12 可以看出，寻求火箭发动机参数封闭性关键在于确定合适的比热比 γ 与压力比 p_e/p_c，然后再根据火箭发动机基本原理依次确定燃烧温度、黏性系数等其他进口参数。图 3-12 所示寻求过程借鉴了火箭发动机基本原理中说明的可将喷管扩张段燃气流视作冻结流或等熵流的基本思想。

图 3-12 也可以马赫数 Ma 代替压力比 p_e/p_c，从而变换成膨胀比 χ_r、火箭发动机动机推力系数 c_F、火箭发动机流量系数 c_Q 与比热比 γ 和马赫数 Ma 的关系，以 χ_r 为例，第 4 章还给出 χ_r 与 γ 和 Ma 的关系，从而也能联立逐渐确定火箭发动机参数封闭性，该思路实质与图 3-12 框图思路一致。

实践中，按以下 7 个步骤确定构成封闭性条件的火箭发动机参数。

第一步：利用(3-92)式确定表 3-3 中 c_F、c_Q 范围，一般基于火箭发动机压力工作相对稳定段确定 c_F、c_Q 范围。

$$c_{F_i} = \frac{F_i}{p_{c_i} A_t}, \quad c_{Q_i} = \frac{Q_i}{p_{c_i} A_t} \qquad (3-92)$$

第二步：由火箭发动机基本原理，χ_r 与 p_e/p_c、γ 存在内在的限制关系为

$$\chi_r = \frac{A_e}{A_t} = \frac{d_e^2}{d_t^2} = \Gamma \cdot \left\{ \left(\frac{p_e}{p_c}\right)^{\frac{1}{\gamma}} \sqrt{\frac{2\gamma}{\gamma-1}\left[1-\left(\frac{p_e}{p_c}\right)^{\frac{\gamma-1}{\gamma}}\right]} \right\}^{-1}, \quad \Gamma = \sqrt{\gamma}\left(\frac{2}{\gamma+1}\right)^{\frac{\gamma+1}{2(\gamma-1)}}$$

$$(3-93)$$

膨胀比作为火箭发动机设计方案明确的已知参数条件下，则由(3-93)式确定了 p_e/p_c 与 γ 之间相对简单的内在约束关系。

第三步：同样由火箭发动机基本原理，火箭发动机推力系数 c_F 与压力比 p_e/p_c、比热比 γ 存在内在的限制关系为

$$c_F = \Gamma \sqrt{\frac{2\gamma}{\gamma-1}\left[1-\left(\frac{p_e}{p_c}\right)^{\frac{\gamma-1}{\gamma}}\right]} + \frac{A_e}{A_t}\left(\frac{p_e}{p_c} - \frac{p_h}{p_c}\right) \qquad (3-94)$$

开展火箭发射燃气动力学数值模拟时，火箭发动机设计方案一般已经初步确定，则火箭发动机推力范围已经确定，起飞阶段相对稳定的推力系数也已经明确，则由起飞阶段 c_F 进一步明确了 p_e/p_c 与 γ 之间相对简单的内在约束关系。

第四步：(3-93)式与(3-94)式均已约束了 p_e/p_c 与 γ 的关系，将 p_e/p_c 与 γ 视作变量后，联立(3-93)式与(3-94)式，即可确定符合(3-93)式与(3-94)式的 p_e/p_c、γ。由于稳定推力系数存在一定幅度的变化范围，符合的 p_e/p_c、γ 解不唯一，可先根据推进剂特性选用合适的 γ，然后确定 p_e/p_c。

第五步：仍依据火箭发动机基本原理，流量系数 c_Q 与自喷喉处开始的气体常数 R、燃气总温 T_f、燃气比热比 γ 密切相关：

$$c_Q = \frac{\Gamma}{\sqrt{RT_f}}, \quad R = \frac{R_0}{m_{\text{jet}}} \qquad (3-95)$$

在燃气比热比 γ 已经初步计算出的情况下，依据(3-92)式确定的 c_Q 范围，特别是起飞段相对稳定的 c_Q，根据(3-95)式确定进口边界条件中设置的 T_f。由于计算隐含喷管扩张段符合冻结流或等熵流条件，可假定自喷喉处开始 R 不变，R 可利用表 3-2 中喷口处燃气分子量。

第六步：根据确定的 p_e/p_c、γ、T_f，结合表 3-3 指定的燃烧室工作压力 p_c，利用(3-92)式~(3-94)式重新计算火箭发动机推力 F' 与流量 Q'；同时通过表 3-3 数据，线性插值确定表 3-3 指定的 p_c 对应的火箭发动机推力 F'' 与流量 Q''。检查 F' 与 F''、Q' 与 Q'' 之间相对误差能否控制在(3-96)式要求的范围内，如果不能，则重复上述步骤，重新确定 p_e/p_c、γ、T_f 等参数。

$$\left| \frac{F' - F''}{F''} \right| \times 100\% \leq \alpha_{16}, \quad \alpha_{16} \approx (3 \sim 8)\%;$$
$$\left| \frac{Q' - Q''}{Q''} \right| \times 100\% \leq \alpha_{17}, \quad \alpha_{17} \approx (5 \sim 10)\% \qquad (3-96)$$

第七步，参照 2.2 节，利用气动热力学基本理论，确定火箭发射燃气动力学数值模拟依据的燃气物性参数与混合气体物性参数。混合气体物性参数直接利用理想气体混合输运公式设置，燃气物性参数利用(2-27)式~(2-33)式确定燃气定压比热容 c_p、黏性系数 μ、热导率 λ。

火箭发动机参数封闭性确定实例：提供的火箭发动机燃烧室工作压力 p_c = 6.1MPa，喷喉直径 d_t = 25.2mm，喷管膨胀比 χ = 16。根据燃烧室工作压力插值弹道数据，确定火箭发动机推力 F'' = 4.867kN，流量 Q'' = 1.977kg/s。按上述步骤确定比热比 γ = 1.1925，燃气总温 T_f = 3594.194K，火箭发动机推力 F' = 4.943kN，流量 Q' = 1.961kg/s。F' 与 F'' 相比，相对误差为 -0.81%，Q' 与 Q'' 相比，相对误差为 1.57%，依据火箭发动机参数封闭性确定方法给出的定比热比、燃气总温可用于后续数值模拟进口边界条件设置。

以上综合火箭发动机基本原理与气动热力学基本理论，提出了火箭发动机参数封闭性的方法，该方法的关键在于确定合适的比热比与压力比，实质是以小幅修正比热比参数为代价，以确保火箭发射燃气动力学数值模拟预测的气动载荷数据与试验测定的气动载荷数据相对误差在工程应用许可范围内；前提是火箭发动机研制单位提供的火箭发动机推力、流量、燃烧室工作压力等参数具有一定的可信度。

比热比与压力比是确定燃气流场分布特性的重要参数，修正比热比与压力比对燃气流场分布特性预测的影响程度,后面章节将进一步进行案例分析。

需要指出的是,当前发射系统与火箭设计任务书、火箭发射燃气动力学数值模拟任务书给出的发动机参数目前没有规范依据,这些文件编写者往往没有充分意识到表3-1~表3-3所列相关参数封闭性对火箭发射燃气动力学数值模拟结果的重要影响,很多情况下并没有列出表3-1~表3-2所列完整参数,针对这种情况,应明确喷口燃气参数绝大部分是热力计算结果,自身存在误差及彼此难以呼应问题,可将这些参数作为初步参考数据,仍依据火箭发动机原理中喷管内流动可视为等熵流或冻结流原理,将火箭发动机排量、火箭发动机推力与膨胀比相关方程直接联立确定比热比、压力比(或马赫数)及燃烧室工作压力,然后推算其他参数并与给定的喷口参数作对比分析,最后取折中结果。总之,特殊处理总体上仍遵循了上述火箭发动机参数封闭性确定总体思路,以及基于等熵流或冻结流方程组联立小幅修正比热比、压力比(或马赫数)的总体方法,一些情况下封闭性参数需要多轮修正。

第4章　火箭发射燃气动力学试验方法

当前,包含发射系统、箭体复杂结构条件的火箭发射燃气动力学数值模拟耗用周期很长,数值模拟不足以全面覆盖燃气流分布特性、结构气动特性。实际发射试验过程中,火箭发射技术状态变化将导致燃气流动复杂化,也很难完全依托数值模拟进行系统预示、分析。在数值模拟研究基础上,开展试验研究则能够进一步深入、系统地研究燃气流分布特性、燃气流环境结构气动特性。一些时候限于数值模拟水平,试验研究复杂条件的燃气流动机理及气动特性的作用无可替代。另外,火箭发射燃气动力学数值模拟虽然能够比较精细地研究燃气流场分布特性、燃气流环境结构气动特性,但复杂结构条件下数值模拟本身是一庞大而复杂的工程,数值模拟网格模型、算法、模拟进程调控等必须依托一定条件简化处理,这种简化处理的合理性以及结果可信度很大程度依赖火箭发射燃气动力学试验检验。火箭发射燃气动力学试验研究的另一个重要目的是研究专项新技术机理及特性,如研究新型导流技术的导流机理及导流特性、研究新型复合材料发射装置的烧蚀机理与气动特性、研究喷水降噪技术机理及降噪效果等。火箭发射燃气动力学试验在开展这些方面具体研究过程中,总结了很多经验,也发展了很多特殊的方法。本章主要总结火箭发射燃气动力学试验研究经验、方法,火箭发射燃气动力学试验研究实践案例后续章节将进一步介绍。

4.1　试验研究的基本思路与途径

火箭发射燃气动力学试验研究基本思路、途径如图4-1所示。

如上所述,火箭发射燃气动力学试验主要承担了3个方面研究任务,包括燃气流场及结构气动特性研究、理论与试验方法检验研究、专项技术机理与性能研究。这3个方面研究任务目的性很强,也很有特色,试验研究应在研究任务目的、特点分析基础上,分析具体研究需求的侧重点。例如,燃气流场及结构气动特性这类试验研究具体开展过程中会有所倾向,有时侧重燃气流分布特性,有时侧重结构气动特性;燃气流场分布特性有时侧重动态特性,有时侧重稳态特性;结构气动特性则有时侧重燃气流作用力特性,有时侧重气动热特性,有时侧重噪声特性等。明确这些侧重点,有助于后续试验方法、方案的提炼、简化,有助于依据侧重点提升相关研究的成效、效率。

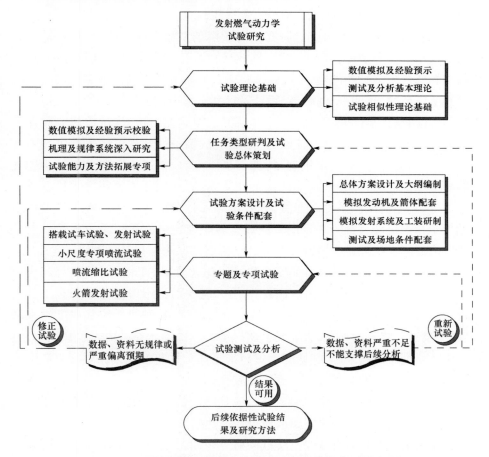

图 4-1　火箭发射燃气动力学试验研究基本思路、途径框图

在试验研究侧重点分析基础上,对试验研究的依据条件应开展细致分析,分析试验依据的火箭发动机参数条件、试验模型条件、试验测试条件、试验系统齐套及保障条件,应分析相关条件的适用性、匹配性,也应分析这些条件相关要素的充分性、制约性。

依据具体需求及条件分析,结合当前试验水平、试验经费、试验周期等实际情况,可合理规划试验研究具体途径。例如,围绕火箭发射燃气动力学数值模拟检验性试验研究,可以依据发射试验或搭载其他火箭发射试验开展,特别是发射系统允许的测试条件搭载开展,试验无须相似性理论指导,测试可取得来自发射试验的第一手校验数据资料,相关数据资料说服力很强。

  大型火箭发射系统、箭体结构复杂,火箭发射燃气动力学试验研究依托1∶1比例试验难度极大,试验系统研制、试验进程风险巨大,成本高昂,周期过长。为此,火箭发射燃气动力学试验研究发展了搭载型号发射试验、火箭发动机试车试验及小尺度专项试验研究方法,搭载试验适合研究发射系统特殊部件、局部结构燃气流环境影响问题,小尺度试验适合开展上述火箭发射燃气动力学专项试验系统研究,这两种试验可以暂且隔置真实发射试验燃气流影响效应模拟等相似性问题,目前已经得到很多具体研究成果。类似地,当试验研究服务于新型发射技术、专项子技术论证时,立足发射试验条件开展试验研究可能不现实,经费也不允许,但新技术机理、特性初步研究时,在适度隔置发射试验燃气影响效应相似性时,可寻求其他试验条件支撑试验研究,如火箭发动机试车试验条件、风洞喷流试验条件。当然,进一步深入且系统地试验研究火箭发射燃气动力学相关机理、特性,并且期望通过试验研究比较准确地预示火箭发射试验燃气流的流动机理、气动特性时,开展喷流缩比试验是相对严谨的研究途径。

  火箭发射燃气动力学试验研究一般需依托火箭发动机生成高温、高速燃气流介质条件,火箭发动机属于火工品,利用火箭发动机不可避免带来火工品安全性风险大、成本高的试验特点。火箭发射技术领域,发射系统集成度越来越高,新型发射装置不断涌现,火箭发射燃气动力学试验研究的内容越来越繁杂,具体问题研究难度越来越大,研究耗资越来越高。这些客观条件要求火箭发射燃气动力学试验研究必须充分考虑试验安全性及成本控制问题,由此要求我们在开展火箭发射燃气动力学试验研究时应坚持严慎细实的思想,采取必要的措施控制并确保有限次的小子样试验研究快速达到试验目的。

  大型火箭复杂发射燃气动力学试验研究初期,开展配套数值模拟分析或工程预示有助于指导试验方案改进、优化,有效避免不合理方案设计导致的试验系统内在缺陷,或者试验支撑能力不足导致试验研究达不到预期目的问题。必要的理论分析也为测试方案特别是接触式测试传感器布位提供依据,还为试验测试条件配套提供依据,有助于规避测试仪器量程或使用环境要求不明确造成性能发挥不佳或失效问题。

  火箭发射燃气动力学试验研究前期根据测试技术领域相关基础理论,可以有效指导测试采样频率规划、测试仪器标定以及后续测试数据资料分析方法,有助于规划配备采集条件、传感器性能设置及分析软件、硬件配套等规划工作。

如上所述,大型火箭及其发射系统结构复杂,火箭发射燃气动力学试验研究难以依托1∶1比例试验开展系统研究,可以依托搭载型号发射试验、火箭发动机试车试验及小尺度试验条件,在隔置发射燃气流影响效应模拟相似性问题后,基于平均等效模拟或者单纯的机理、特性研究思路开展试验研究。这种试验研究辅助必要的理论分析特别是数值模拟研究是也必要的。相关理论分析能够评估这些试验研究与实际发射试验具体差异性,明确相关试验环境燃气流的流动与气动特性,及时协助试验条件选择及试验方案设计。

依托喷流缩比试验研究燃气流的流动机理、燃气流环境结构气动特性,需要开展必要的相似理论研究,明确关键相似参数及控制方法,在此基础上,采用必要的数值模拟方法,研究喷流缩比试验与原型试验燃气流的流动特性、燃气流环境结构气动特性一致性与差异性,这当中差异性往往需要格外关注,其中的机理及客观特性有助于控制喷流缩比试验方案以及喷流缩比试验结果等效性。基于已有的喷流缩比试验方法,特别是已有相似理论基础及其关键相似参数控制方法,拓展相似理论研究及关键相似参数分析,也是适应新的火箭发射燃气动力学试验研究任务的客观需要。

火箭发射燃气动力学试验上述3个方面任务需求目的性很强,根据这3类研究任务特点开展试验方案设计应有的放矢地控制试验具体项目及试验进度,区别配套相关保障条件。例如,围绕火箭发射燃气动力学数值模拟检验性试验研究,可以依据发射试验或搭载其他火箭发射试验开展,搭载测试方案应尽量维持产品状态,保持其功能、性能,在此基础上细化测试方案及实施方法,同时安排相关规避措施,避免破坏产品及火箭发射技术状态。另外,发射试验条件下,高温高速燃气流的冲击、烧蚀、噪声振动等破坏效应突出,应明确发射试验搭载测试有效布位方案及防护预案,确保取得有效测试数据、资料。

发射工程是一项复杂的系统工程,每次发射试验火箭起飞弹道、发射环境风载、温湿度会有差异,发射系统局部状态特别是扰动燃气流结构位置、形状变化情况经常发生,搭载发射试验方案必须充分预料这些发射条件变化带来的测试结果差异性及烧蚀风险变化,如烧蚀重点区域变化带来的传感器电缆烧蚀风险变化。同时,搭载发射试验条件研究方案应规划搭载试验测试子样数,以取得足够样本的测试数据,支持燃气流分布特性及气动特性统计分析及统计包络。

火箭发射燃气动力学试验研究服务于新型发射技术、专项子技术论证时,立足发射试验条件开展试验研究可能不现实,也不允许,可寻求其他试验条件支撑火箭发射燃气动力学试验研究,如火箭发动机试车试验条件、风洞喷流试验条件，专门研制配套试验条件应纳入方案设计考虑范围。

依据火箭发射燃气动力学数值模拟及相似理论开发喷流缩比试验条件是相对经济、合理、可行的试验途径。喷流缩比试验要求（参考4.2节）采用与原型火箭发动机相对一致的工作条件，特别是保持工作压力、喷管膨胀比及火箭推进剂一致条件。喷流缩比试验系统研制、齐套往往受客观条件限制，特别是受火箭发动机配套能力限制，对于原型高燃压的液体火箭发动机而言，按照相似理论保持高燃压条件研制配套缩比模拟火箭发动机，其尺度目前不可能做得很小，由此小尺度带来的专设喷流缩比试验规模及预期成本需要综合考虑，在成本超出预期条件下借助固体推进剂条件的等效缩比试验、简易喷流试验甚至搭载试验也是一种选择。

搭载试验经常由于火箭发动机工作条件不同，如工作压力、燃温、燃气流介质类型不同，造成燃气流场相似性破坏或不存在近似关系，搭载试验需要抓住火箭发射燃气动力学试验研究的主要目的及研究重点，依据理论确定的燃气参数条件确定搭载试验需要保证的近似燃气参数条件。例如，试验研究燃气流烧蚀作用时，针对凝相成分的粒子侵蚀作用效果，可选择近似燃气流冲刷速度及燃气流压力条件，对于低凝相成分燃气流对结构的烧蚀作用，可依据近似热流条件。

火箭发射燃气动力学试验经常围绕特殊问题开展研究，如燃气流环境导流装置气动特性、燃气流环境结构传热特性、燃气流噪声，这些研究必须持续，也必须系统，试验方案设计必须综合考虑试验占用的时间条件、占用的场地条件、试验配套条件及人力资源保障条件，在试验研究不允许过长、过度投入条件下，充分简化试验系统方案，分阶段设施试验研究项目将是合适的选择。对于试验系统方案不能大幅度简化的，必须考虑试验系统重复利用效率，必须考虑试验系统工装的快速简易操作能力，必须考虑试验系统的便捷模块化拓展能力。

火箭发射燃气动力学试验研究进程主要依据试验方案、大纲规划开展，一般包括组装调试、设定工况正式试验及试验总结分析3个环节。

试验组装调试工作经常会比后续正式试验工作复杂，甚至要付出数倍的工作精力，主要原因在于火箭发射燃气动力学试验往往依托火箭发动机火工品条件，试验环节安全及技术风险均很高，通过调试工作，可以发现试验流程存在的问题，改进、匹配优化试验流程，适时规避试验风险。试验组装调试还有另外两项特别重要的工作，即试验系统安装匹配、试验测控系统联合调试。试验系统安装匹配涉及试验火箭发动机及模拟箭体、供输系统、模拟发射系统、综合测试系统等参试设备、仪器、工装结构组装，采用液体火箭发动机条件下，供输系统工作动特性控制将增加试验的复杂度,耗用时间也有所增加。试验测控系统联合调试一般涉及标序传感器信号检测、光学仪器调试、整个测试系统信号联合调试等方面工作,试验控制时序复杂条件下,控制系统与测试系统的联合调试也很重要。例如,喷水降温降噪机理模拟试验研究时,涉及各级喷水时序、模拟火箭点火与起飞时序、测试系统自动记录时序等诸多时序综合调试事宜,多轮联合调试往往是必需的。

正式试验依据试验大纲规划的具体工况,如规划单面导流特性试验工况。各工况要结合试验组装调试环节修正的流程有序开展,在确保试验安全条件下,完整记录试验事项。当然,测试并获取完整、有效的燃气流动特性、燃气流环境结构气动特性数据、资料应是检验试验成功与否的最直接判据。

目前,不论是火箭发射试验还是专项喷流试验,燃气流对发射系统或模拟发射装置的影响时间持续均很短,很多专项喷流试验时间仅持续 1~5s 时间,试验过程确保火箭发动机点火启动、试验工装机构作动、测试采集、影像记录等统一时间零点十分重要。火箭发射燃气动力学试验研究后续测试分析必须依照统一时间零点、具体试验时序分析燃气流动特性、燃气流环境结构气动特性信息,也应结合相应时间段的记录事项、影像资料分析燃气流动特性、燃气流环境结构气动特性形成机理。

4.2 喷流缩比试验相似理论及相似参数

如前所述,大型火箭发射技术条件复杂,特别是发射系统结构十分复杂,火箭发射燃气动力学试验立足发射试验条件开展系统研究不太现实,搭载试验及无依托的小尺度试验难以等效发射试验燃气流分布特性、燃气流环境结构气动特性,形成的燃气流分布特性、燃气流环境结构气动特性的具体机理难以揭示,这些情况下充分依托必要的喷流缩比试验条件开展火箭发射燃气动力学试验研究是理想的选择。

喷流缩比试验开展的基本原则和前提是喷流缩比试验燃气流分布特性、燃气流环境结构气动特性与原型试验(含发射试验、1∶1 专项喷流试验)燃气流分布特性、燃气流环境结构气动特性相似,即喷流缩比试验燃气流分布特性、燃气流环境结构气动特性能够反映并代表原型喷流试验燃气流分布特性、燃气流环境结构气动特性。为此,喷流缩比试验需要依照一定的相似理论,特别是依照基本相似参数,以确保燃气流分布特性相似,同时能够最大限度地反映原型试验气动力、气动热、气动噪声特性,从而能够充分发挥喷流缩比试验指导结构气动外形设计、强度设计、热防护设计、减振与隔噪设计。

4.2.1 相似理论基础

气体动力学领域,缩比试验与原型试验流动特性及现象相似时,描述缩比试验与原型试验流场分布特性及现象的具体流动参数、气动参数满足一定的比例关系,即

$$\frac{\phi_{1s}}{\phi_{1y}} = f(\phi_1), \frac{\phi_{2s}}{\phi_{2y}} = f(\phi_2), \cdots, \frac{\phi_{ns}}{\phi_{ny}} = f(\phi_2) \qquad (4-1)$$

理想的相似性是相关参数存在相对简单的线性关系,即

$$\frac{\phi'_{1s}}{\phi'_{1y}} = \beta_1, \frac{\phi'_{2s}}{\phi'_{2y}} = \beta_2, \cdots, \frac{\phi'_{ns}}{\phi'_{ny}} = \beta_n \qquad (4-2)$$

大部分气体动力学试验仅能保证基本参数维持线性关系,即通常所说的基本相似,即

$$\frac{\phi''_{1s}}{\phi''_{1y}} = \beta'_1, \frac{\phi''_{2s}}{\phi''_{2y}} = \beta'_2, \cdots, \frac{\phi''_{ms}}{\phi''_{my}} = \beta''_m \qquad (4-3)$$

(4-1)式~(4-3)式中:$\phi_{1s}, \phi'_{1s}, \phi''_{1s}, \phi_{2s}, \phi'_{2s}, \phi''_{2s}, \cdots, \phi''_{ms}, \cdots, \phi_{ns}, \phi'_{ns}$ 为喷流缩比试验燃气流场中燃气流参数,可表示燃气流速率、密度、静压、静温、质量组分等,后续统一以下标 s 表示喷流缩比试验,以下标 y 表示喷流原型试验;$\phi_{1y}, \phi'_{1y}, \phi''_{1y}, \phi_{2y}, \phi'_{2y}, \phi''_{2y}, \cdots, \phi''_{my}, \cdots, \phi_{ny}, \phi'_{ny}$ 为喷流原型试验燃气流场中燃气流参数,可表示燃气流速率、密度、静压、静温、质量组分等。

气体动力学试验经常面临的问题:试验前已经明确试验任务的主要目标,而试验过程复杂的气流流动参数之间高度关联,并且很多情况下并没有弄清楚参数之间的定量关联特性,选择哪些关键参数可以控制流动相似,这些参数之间存在什么样的关系,为此,常采取定性分析方法,一般选取并设定待定重要参数,认为这些参数对流动起主要贡献,这些参数之间的关系可以利用量纲分析方法简单确定,从而可以精简、优化出关键参数。

量纲分析首先假定试验前待定、带量纲的重要气流流动参数为 ϕ,该参数与其他带量纲流动参数之间的关联特性数学关系表述形式为

$$\phi = f(\phi_1, \phi_2, \phi_3, \cdots, \phi_k, \phi_{k+1}, \phi_{k+2}, \cdots, \phi_n) \qquad (4-4)$$

量纲分析时认为(4-4)式中右边前 k 个气流流动参数相互独立,其他独立参数可以根据 π 定理用前 k 个相互独立气流流动参数表述出来,即

$$\pi = \frac{\phi}{\phi_1^{q_{1,1}} \phi_2^{q_{2,1}} \phi_3^{q_{3,1}} \cdots \phi_k^{q_{q,1}}} \qquad (4-5)$$

$$\pi_1 = \frac{\phi_{k+1}}{\phi_1^{q_{1,2}}\phi_2^{q_{2,2}}\phi_3^{q_{3,2}}\cdots\phi_k^{q_{k,2}}} \quad (4-6)$$

$$\pi_2 = \frac{\phi_{k+2}}{\phi_1^{q_{1,3}}\phi_2^{q_{2,3}}\phi_3^{q_{3,3}}\cdots\phi_k^{q_{k,3}}} \quad (4-7)$$

$$\vdots$$

$$\pi_{n-k} = \frac{\phi_n}{\phi_1^{q_{1,n-k+1}}\phi_2^{q_{2,n-k+1}}\phi_3^{q_{3,n-k+1}}\cdots\phi_k^{q_{q,n-k+1}}} \quad (4-8)$$

最后,(4-4)式变为无量纲函数形式,即

$$\pi = f(1,1,1,\cdots,1,\pi_1,\pi_2,\cdots,\pi_{n-k}) \quad (4-9)$$

(4-1)式~(4-9)式中:$\pi,\pi_1,\pi_2,\pi_4,\cdots,\pi_{n-k}$为基于 π 定理表示的相关联燃气流参数无量纲函数或无量纲参数;$q_{1,1},q_{2,1},q_{3,1},\cdots,q_{q,1},q_{q,2},\cdots,q_{1,n-k+1}$,$q_{q,n-k+1}$为基于 π 定理表示的无量纲函数形式中的相关联燃气流参数的量纲阶数。

π 定理的意义是难以明确待定参数对气流流动影响分量,也不清楚待定参数之间的函数关系时,可以用该定理精简并明确对气流流动影响很大的主要参数,同时简化函数关系。

例如,经常提及气流流动参数压力 p、密度 ρ、定压比热容 c_p、定容比热容 c_v、单位质量焓 h、单位质量内能 e,通过量纲分析知道包含长度、时间、温度、质量4个基本量纲,从而只能取3个量纲独立量,其他量可利用3个量纲独立量进行无量纲化。选择压力 p、密度 ρ 及定压比热容 c_p 作为独立量后,由 π 定理可以确定,即

$$\pi_1 = \frac{c_v}{c_p} = f_1(\gamma), \quad \pi_2 = \frac{T}{p\rho^{-1}c_p^{-1}} = f_2(\gamma),$$

$$\pi_3 = \frac{e}{p\rho^{-1}} = f_3(\gamma), \quad \pi_4 = \frac{h}{p\rho^{-1}} = f_4(\gamma) \quad (4-10)$$

由(4-10)式可以看出,量纲分析及 π 定理可以帮助我们初步明确待定参数之间的函数关系,当然也可以提出很多类似上述无量纲形式的关系式。目前,气体动力学领域基于量纲分析、π 定理并结合试验经验,总结了很多指导试验的经典无量纲参数,如雷诺(Reynolds)数、欧拉(Euler)数 Re、马赫(Mach)数 Ma、普朗特(Prandtl)数 Pr、努塞尔特(Nusselt)数 Nu、斯特努哈尔(Strouhal)数 S_{tr} 等,这些经典无量纲参数相似性关系表述形式分别为

$$Re_s = Re_y \Leftrightarrow \left(\frac{\rho u L}{\mu}\right)_s = \left(\frac{\rho u L}{\mu}\right)_y, \quad Eu_s = Eu_y \Leftrightarrow \left(\frac{\Delta p}{\rho u^2}\right)_s = \left(\frac{\Delta p}{\rho u^2}\right)_y$$

$$(4-11)$$

$$Ma_s = Ma_y \Leftrightarrow \left(\frac{u}{a}\right)_s = \left(\frac{u}{a}\right)_y, \quad Pr_s = Pr_y \Leftrightarrow \left(\frac{c_p\mu}{\lambda}\right)_s = \left(\frac{c_p\mu}{\lambda}\right)_y \quad (4-12)$$

$$Nu_s = Nu_y \Leftrightarrow \left(\frac{\alpha L}{\lambda}\right)_s = \left(\frac{\alpha L}{\lambda}\right)_y, \quad S_{trs} = S_{try} \Leftrightarrow \left(\frac{fL}{u}\right)_s = \left(\frac{fL}{u}\right)_y \quad (4-13)$$

根据上述量纲分析及 π 定理,缩比试验与原型试验流动特性及现象相似时,描述缩比试验与原型试验流动特性、现象的流动参数相似性关系转换为

$$\pi_s = \pi_y, \pi_{1s} = \pi_{1y}, \cdots, \pi_{ks} = \pi_{ky}, \cdots, \pi_{ns} = \pi_{ny} \quad (4-14)$$

4.2.2 喷流缩比试验基本相似参数

围绕火箭发射燃气动力学试验中的喷流缩比试验,国内外均开展了进一步的相似理论研究工作[1-3,20,26-29],以期明确喷流缩比试验相似参数,有效指导喷流缩比试验实践。本节介绍作者提出的基本相似参数及其控制方法,围绕基本相似参数开展的初步证明、分析。后续章节将结合研究实践说明作者开展的数值模拟、试验模拟证明工作。

1. 喷流缩比试验基本相似参数及其控制方法

如概论部分说明,考虑发射设备干扰及燃烧室压力变化因素,作者提出模拟火箭发射燃气流动特性及现象的喷流缩比试验基本相似参数及其控制方法,如表 4-1 所列。

表 4-1 喷流缩比试验基本相似参数及其控制方法

基本相似参数	参数符号	相似参数控制方法	控制数学形式
喷流试验线性几何尺寸	L	缩比模型与原型结构保持线性缩放关系	$\delta_l = \dfrac{L_s}{L_y}$
火箭发动机燃烧室压力	$p_c(t)$	模拟火箭发动机与原型火箭发动机工作压力保持一致	$\delta_{p_c} = \dfrac{p_{cs}(t)}{p_{cy}(t)} = 1$
喷流试验环境压力	$p_h(t)$	保持环境压力条件(封闭环境则指背压条件)	$\delta_{p_h} = \dfrac{p_{hs}(t)}{p_{hy}(t)} = 1$
推进剂火药力	RT_f	模拟火箭发动机与原型火箭发动机推进剂火药力保持一致	$\delta_{RT_f} = \dfrac{(RT_f)_s}{(RT_f)_y} = 1$
喷流试验燃气流比热比	γ	模拟火箭发动机与原型火箭发动机推进剂比热比保持一致	$\delta_\gamma = \dfrac{\gamma_s}{\gamma_y} = 1$

表 4-1 中火药力是燃气气体常数与定压燃烧温度的积,它是一个弹道学术语,在此沿用,严格意义上讲,它不能称为火药力,因为它的量纲是 J/kg。

2. 基本相似参数能够满足相似性的理论依据

1) 几何一致性以及火箭发动机工作条件一致性说明

如前面章节说明,因火箭发射技术需要,发射系统采用的发射设备不尽相同。这里仅结合典型发射技术缩比试验发射系统、箭体进行示意说明,如图4-2所示。

图4-2 喷流缩比试验系统

图4-2中,缩比火箭发动机喷喉直径 d_{ts}、喷口直径 d_{es}、导流装置导流面的导流半径 R_{ds}、导流装置的导流锥顶半径 r_{ds}、喷喉截面积 A_{ts}、喷口截面积 A_{es} 与原型几何尺寸之间存在以下关系,即

$$\frac{d_{ts}}{d_{ty}} = \frac{d_{os}}{d_{ey}} = \frac{R_{ds}}{R_{dy}} = \frac{r_{ds}}{r_{dy}} \cdots \frac{L_s}{L_y} = \delta_l, \quad \frac{A_{ts}}{A_{es}} = \frac{A_{ty}}{A_{ey}} = \delta_l^2 \quad (4-15)$$

缩比试验环境压力、燃气比热比、火药力与原型条件一致,有

$$p_{hs} = p_{hy}, \quad \gamma_s = \gamma_y, \quad (RT_f)_s = (RT_f)_y \quad (4-16)$$

缩比模型与原型燃烧室压力变化特性一致,有

$$\delta_t = \frac{\tau_{bs}}{\tau_{by}} = 1, \quad \delta_{p_c} = \frac{p_{cs}(t)\big|_{t=\tau}}{p_{cy}(t)\big|_{t=\tau}} = 1 \quad (4-17)$$

火箭发动机工作时燃烧室典型工作压力随时间变化曲线如图4-3所示。

燃烧室压力满足(4-17)式关系条件下,缩比模型与原型燃气流场在随时间变化特性一致,并且总体上呈现相对缓变特性,可用定常流场理论说明流场相似性[1-4,29-31]。

2) 缩比模型与原型火箭发动机内流场相似的理论依据

火箭发动机稳定工作状态下,燃烧室压力 p_c 与环境压力 p_h 满足临界关系式,即

$$\frac{p_c}{p_h} > \left(\frac{1+\gamma}{2}\right)^{\frac{\gamma}{\gamma-1}} \quad (4-18)$$

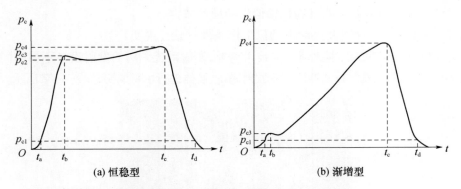

t_a—点火启动时刻,发动机内弹道中也称之为工作起点时间;t_b—初始压力峰值时刻;
t_c—工作压力最大值时刻;t_d—推进剂燃烧时间;p_{c1}—初始压力或发动机工作结束压力(两者数值可以不等);
p_{c2}—恒稳型压力曲线相对平稳段波谷压力;p_{c3}—初始峰值压力;p_{c4}—模拟发动机最大工作压力。

图 4-3 燃烧室典型工作压力随时间变化曲线

满足临界条件下,火箭发动机喷喉处燃气以声速流动,火箭发动机喷管面积扩张比 A_e/A_t 与喷口马赫数 Ma_e、喷口压力 p_e、燃烧室压力 p_c 关系为

$$\frac{A_e}{A_t} = \frac{1}{Ma_e} \left\{ \frac{2}{\gamma+1} \left[1 + \frac{\gamma-1}{2}(Ma_e)^2 \right] \right\}^{\frac{\gamma+1}{2(\gamma-1)}}, \quad \frac{p_e}{p_c} = \left[1 + \frac{\gamma-1}{2}(Ma_e)^2 \right]^{-\frac{\gamma}{\gamma-1}}$$

(4-19)

(4-19)式说明,火箭发动机按线性特征尺寸缩比时,出口马赫数保持不变,出口压力与燃烧室压力比保持一定比例关系,类似地,可以说明自燃烧室起至喷口发动机内任意对应截面压力与燃烧室压力比保持一定比例关系。

火箭发动机排量 Q、推力 F 理论计算形式分别为

$$Q = C_Q p_c A_t, \quad F = C_F p_c A_t, \quad C_Q = C_Q(\gamma, RT_f), \quad C_F = C_F\left(\gamma, \frac{A_e}{A_t}, \frac{p_h}{p_c}\right)$$

(4-20)

这样,按表 4-1 相似参数,缩比模型与原型火箭发动机喷口处流动参数、火箭发动机推力等参数保持如(4-21)式的动力学相似关系,即

$$\frac{p_{es}}{p_{ey}} = \frac{u_{es}}{u_{ey}} = \frac{\rho_{es}}{\rho_{ey}} = \frac{T_{es}}{T_{ey}} = 1, \quad \frac{F_s}{F_y} = \frac{Q_s}{Q_y} = \delta_l^2 \quad (4-21)$$

3) 无发射设备扰动情况下缩比试验与原型试验相似的理论依据

无发射设备扰动的燃气喷流典型结构如图 4-4 所示。

图 4-4 中出口附近 Ⅰ 区及 Ⅱ 区中的流场结构放大如图 4-5 所示。

图 4-5 中出口附近 Ⅰ 区及 Ⅱ 区中的流场结构及流场参数计算参照鲍勃谢

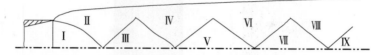

图4-4　无发射设备扰动的燃气喷流典型结构示意图

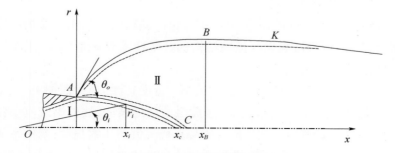

图4-5　确定燃气流场结构图示

夫等的结构元法思想,由喷口处燃气流参数(压力p_e、马赫数Ma_e、温度T_e等)及喷管扩张角α_e、环境压力p_h等确定燃气流经喷口流出时的扩张角θ_e、喷口附近极大膨胀半径r_B、Ⅰ区外边界形状$\Theta^{[1-4]}$。

在图4-4、图4-5中,Ⅰ区可视为等熵区,等熵区内,有

$$\frac{T}{T_f} = \left[1 + \frac{\gamma-1}{2}(Ma)^2\right]^{-1}, \quad \frac{p}{p_c} = \left[1 + \frac{\gamma-1}{2}(Ma)^2\right]^{-\frac{\gamma}{\gamma-\gamma}} \quad (4-22)$$

燃气流静温、静压与马赫数紧密关联,由(4-22)式知,在燃气流比热比、火药力相似参数一致的条件下,则燃气流马赫数或静温、静压变化一致。

等熵区内燃气流流线走向符合普朗特-迈耶流关系,任意流线上,有

$$\nu(\gamma, Ma) + 2\theta = \nu(\gamma, Ma_e) + 2\alpha_e \quad (4-23)$$

$$\nu(\gamma, Ma) = \sqrt{\frac{\gamma+1}{\gamma-1}} \arctan\sqrt{\frac{\gamma-1}{\gamma+1}[(Ma)^2-1]} - \arctan\sqrt{(Ma)^2-1}$$
$$(4-24)$$

在喷口扩张角、马赫数、比热比一致的情况下,缩比模型与原型对应喷流流线走向一致。进一步,由(4-23)式可确定等熵区最前端(尖点或马赫盘与对称轴交点)的马赫数Ma_c、距喷口距离x_c及等熵区外边界形状函数$\Theta(x, Ma)$,有

$$\nu(\gamma, Ma_c) = \nu(k, Ma_e) + 2\alpha_e, (\theta=0) \Rightarrow x_c = \frac{r_e}{\sin\alpha_e}\left[\sqrt{\frac{F(\gamma, Ma_c)}{F(\gamma, Ma_e)}} - \cos\alpha_e\right]$$
$$(4-25)$$

$$\Theta(x, Ma) = \frac{F(\gamma, Ma)}{F(\gamma, Ma_e)} - \left(\frac{\dfrac{x + r_e}{\tan\alpha_e}}{\dfrac{r_e}{\sin\alpha_e}}\right)^2 = 0 \quad (4-26)$$

(4-23)式~(4-26)式中：$\upsilon(\cdot)$为普朗特-迈耶函数；θ为燃气流流线膨胀角；r_e为火箭发动机喷口半径。

(4-25)式、(4-26)式表明，喷口扩张角、马赫数、比热比等参数一致的情况下，缩比试验与原型试验燃气流场结构保持线性缩放关系，从而流场动力学参数相似比为1。

燃气流到达等熵区 I 外边界后，形成第一道悬挂激波（参照图4-5中喷口附近 AC 线实线，也称为入射激波）。经此激波面的波后、波前燃气流参数按气体动力学斜激波理论确定。此后燃气流受环境气流的压缩扰动，产生系列弱压缩波，直至达到与环境压力相等，此即燃气流的外边界（如图4-5中 ABK 线）。鲍勃谢夫等的结构元法说明了确定外边界的理论方法[1-4]，这里仅给出θ_e、r_B及其距喷口距离x_B的确定公式，即

$$\theta_e = \alpha_e + \nu(\gamma, M_{rp}) - \nu(\gamma, Ma_e), \quad Ma_{rp} = \sqrt{\frac{2}{\gamma-1}\left[\left(\frac{p'_c}{p_h}\right)^{\frac{\gamma-1}{\gamma}} - 1\right]} \quad (4-27)$$

$$r_B = r_e\left[1 + 2\sqrt{(Ma_{rp})^2 - 1}\,\frac{1 - \cos\theta_e}{\sin\theta_e + 2\sin\alpha_e}\right] \quad (4-28)$$

$$x_B = \sqrt{(Ma_{rp})^2 - 1}\left[f_\alpha(\theta_e) + \theta_e \Delta f_B \frac{1}{n+1}\right] \quad (4-29)$$

$$\frac{p'_c}{p_c} = \frac{\left(\dfrac{\gamma+1}{2}\right)^{\frac{\gamma+1}{\gamma-1}} \left[\dfrac{(\gamma+1)(Ma_1)^2 \sin^2\beta_b}{2+(\gamma-1)(Ma_1)^2 \sin^2\beta_b}\right]^{\frac{\gamma}{\gamma-1}}}{\left[\dfrac{2\gamma}{\gamma+1}(Ma_1)^2 \sin^2\beta_b - \dfrac{\gamma-1}{\gamma+1}\right]^{\frac{1}{\gamma-1}}} \quad (4-30)$$

$$f_\alpha(\theta_e) = \frac{\cos\theta_e}{\Omega_a}, \quad \Omega_a = \frac{\sin\theta_e + \sin\alpha_e}{r_e}, \quad \Delta f_B = -\frac{\cos\theta_e}{\Omega_a} + \frac{r_e}{\sin\alpha_e} \quad (4-31)$$

(4-27)式~(4-31)式中：Ma_{rp}为等熵区燃气流扩张极大半径位置处燃气流马赫数；p'_c为激波后燃气流滞止压力；β_b为激波与燃气来流的夹角；$f_\alpha(\theta_e)$为结构元法表述燃气流流线走向的函数；Ω_a为结构元法表述燃气流偏折的调和函数；Δf_B为结构元法中修正燃气流流线走向的函数。

由(4-27)式~(4-31)式可以确定,喷口半径r_e、喷管出口扩张角α_e、燃气流参数、环境背压p_h等参数一致情况下,燃气喷流结构尺寸与r_e呈线性关系。在保持表4-1中相似参数的情况下,喷流缩比试验燃气流场结构与原型燃气流场结构保持线性缩比关系,对应空间位置燃气流参数保持相似比为1:1。

(4-27)式~(4-31)式也隐含了另一个信息:由于模拟发射时间一致,火箭起飞高度与原型也保持线性关系,任意时刻喷流缩比试验燃气流场结构与原型燃气流场结构保持线性相似关系。

4)结构扰动情况下喷流缩比试验燃气流场与原型试验燃气流场相似的理论依据

由于超声速燃气流的典型特征是空间位置处燃气流动参数主要受来流及环境压力的影响,因此,在发射设备、发射设施结构扰动情况下,除结构扰动附近的燃气流需要特殊考虑外,其他地方的燃气流场结构相似性条件如上所述。以导流装置为例,说明发射设备、发射设施等凸起障碍物附近燃气流场相似性。导流装置附近流线变化及导流装置顶端附近典型脱体弓形激波结构如图4-6所示。

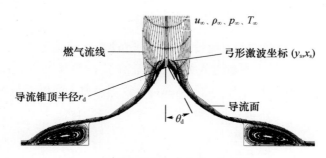

图4-6 导流装置顶端附近脱体弓形激波

一种弓形激波形状方程为[52]

$$y_s = 1.424 \left[\frac{\dfrac{x_s}{r_d} + 0.128 + \dfrac{0.77}{(Ma_\infty)^2}}{\sqrt{2-\cos^2\theta_d}} \right]^{0.46} r_d \cos\theta_d \quad (4-32)$$

式中:y_s为导流器顶端脱体激波曲线位置离喷管轴线距离;x_s为导流器顶端脱体激波曲线位置离导流器顶端距离;θ_d为导流器导流锥半角;Ma_∞为燃气流来流马赫数。

按表4-1中相似参数设计导流装置等设备尺寸,(4-32)式中导流装置顶端距离x与导流装置顶端半径r_d比x/r_d不变,激波尺寸、形状与导流装置顶端半径也呈线性关系;在燃气流物性一致情况下,喷流缩比试验与原型试验燃气流场激波形状保持一致。在来流参数、导流装置顶端附近脱体激波形状确定情况下,进一步利用气体动力学斜激波理论及绕流理论,可以求出经过脱体激波后的燃气流动参数,确定物面附近的压力分布值。不难说明存在发射设备结构扰动情况下,喷流缩比试验燃气流场与原型试验燃气流场结构仍然相似,流场中对应位置处相关燃气流参数保持一致。

综上所述,控制表4-1所列火箭发射燃气喷流缩比试验5个基本相似参数,在缩比模型与原型结构保持几何线性相似关系条件下,喷流缩比试验燃气流场与原型试验燃气流场空间对应位置处燃气流参数基本一致。

5)关于基本相似参数的一些推论

(1)喷流缩比试验与原型试验之间气动力关系。如上所述,满足表4-1所列相似参数,喷流缩比试验与原型试验对应空间位置处燃气流温度、压力、流速等一致,由动力学相似理论可以推演喷流缩比试验与原型试验设备承受的气动力关系,即

$$\frac{F_{ws}}{F_{wy}} = \frac{\left(\oint_S p\mathrm{d}S\right)_s}{\left(\oint_S p\mathrm{d}S\right)_y} \approx \frac{\left(\oint_S \mathrm{d}S\right)_s}{\left(\oint_S \mathrm{d}S\right)_y} = \delta_l^2 \qquad (4-33)$$

即喷流缩比试验与原型试验发射设备承受的气动力之间满足平方缩比关系。

(2)一些经典无量纲参数之间关系。喷流缩比试验与原型试验之间如雷诺数、欧拉数、马赫数、普朗特性、牛顿(Newton)数等经典无量纲参数关系为

$$\frac{Re_s}{Re_y} = \left(\frac{\frac{\rho_s u_s L_s}{\mu_s}}{\frac{\rho_y u_y L_y}{\mu_y}}\right) = \delta_l^2, \quad \frac{Eu_s}{Eu_y} = \left(\frac{\frac{\Delta p_s}{\rho_s u_s^2}}{\frac{\Delta p_y}{\rho_y u_y^2}}\right) = 1 \qquad (4-34)$$

$$\frac{Ma_s}{Ma_y} = \left(\frac{\sqrt{\frac{\rho_s u_s^2}{p_s}}}{\sqrt{\frac{\rho_y u_y^2}{p_y}}}\right) = 1, \quad \frac{Pr_s}{Pr_y} = \left(\frac{\frac{c_{ps}\mu_s}{\lambda_s}}{\frac{c_{py}\mu_y}{\lambda_y}}\right) = 1 \qquad (4-35)$$

$$\frac{Ne_s}{Ne_y} = \left(\frac{F_{ws}}{F_{wy}}\right)\left(\frac{\rho_y l_y^2 u_y^2}{\rho_s l_s^2 u_s^2}\right) = \left(\frac{F_{ws}}{F_{wy}}\right)\left[\frac{\rho_y (Ma_s)^2 \gamma_y (RT_f)_y l_y^2}{\rho_s (Ma_s)^2 \gamma_s (RT_f)_s l_s^2}\right] = 1 \qquad (4-36)$$

(3)燃气物性不一致以及结构改变不能维持流场相似及结构气动特性关系。根据上面的阐述,马赫数受燃气比热比、火药力直接控制,因此,在发射设备尺寸线性缩比的情况下,要求流场动力学相似,必须要求这两个燃气物性参数一致;否则,缩比模型不能保持与原型流场结构或分布相似。例如,设火箭发

动机喷管结构线性缩比,但火箭发动机推进剂没有遵循一致性要求,由此燃气比热比不一致,依据(4-19)式,燃气比热比 γ 与喷口马赫数 Ma_e 或喷口压力与燃烧室压力 p_e/p_c 比值并不存在简单的线性关系,从而也就明确简单地利用空气介质替代燃气介质开展喷流试验,或利用不同物性的燃气介质开展喷流缩比试验,该喷流缩比试验不具备与原型喷流试验完全意义上的相似条件。

由(4-22)式~(4-31)式也得到另一推论:燃气物性不同情况下,调整燃气流环境局部结构几何形状以及局部结构尺寸仅能保持燃气流场局部相似条件,整个燃气流场并不具备相似条件。燃气物性不一致导致燃气流场结构或分布不一致也必将导致设备气动力不一致。

由于喷流试验系统结构气动外形往往十分复杂,燃气物性一致造成结构气动力不一致问题难以用简单的理论形式表述,为此通过数值模拟开展了这方面研究。研究以图4-6所示燃气流导流特性数值模拟模型为参考对象,设计喷口马赫数为3.0,出口燃气流压力与环境大气压力比值为0.7,数值模拟分析过程中定义导流装置阻力系数 c_d 数学形式为

$$c_d = \frac{F_d}{0.5\rho_e u_e^2 A_d} \qquad (4-37)$$

式中:c_d 为导流装置阻力系数;A_d 为导流装置迎风方向投影截面积;F_d 为燃气流对导流装置冲击作用力。

数值模拟分析结果给出导流装置阻力系数 c_d 与燃气比热比 γ、燃气火药力 RT_f 的关系,如图4-7所示。

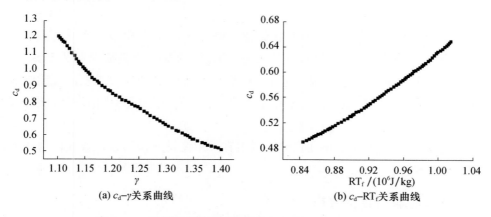

(a) c_d-γ 关系曲线 (b) c_d-RT_f 关系曲线

图4-7 导流装置阻力系数与燃气比热比、火药力的关系

由图4-7可以看出,c_d 与 γ、RT_f 呈非线性关系,利用 γ、RT_f 不同的介质做缩比试验将难以简单预测原型结构承载情况。

(4) 关于流量条件或雷诺数条件的一些说明。模拟火箭发动机流量与原型火箭发动机流量比例的具体函数形式为

$$\frac{Q_s}{Q_y} = \frac{\Gamma_s}{\Gamma_y} \frac{p_{cs}}{p_{cy}} \frac{\sqrt{(RT_f)_y}}{\sqrt{(RT_f)_s}} \frac{A_{ts}}{A_{ty}} \quad (4-38)$$

常用液体或固体火箭推进剂燃温 T_f 一般在 3400～3800K 范围内，火药力 RT_f 的方根值范围一般在 1000～1050$J^{0.5}$/$kg^{0.5}$ 范围内；燃气比热比 γ 一般在 1.14～1.30 范围内，燃气比热比函数 Γ 范围一般在 0.637～0.667 范围内，不难看出保持流量 Q 一致，则试验模拟火箭发动机研制须满足

$$\frac{Q_s}{Q_y} = \frac{\Gamma_s}{\Gamma_y} \frac{p_{cs}}{p_{cy}} \frac{\sqrt{(RT_f)_y}}{\sqrt{(RT_f)_s}} \frac{A_{ts}}{A_{ty}} \approx \frac{p_{cs}}{p_{cy}} \frac{A_{ts}}{A_{ty}} \approx 1 \Leftrightarrow \frac{p_{cs}}{p_{cy}} \approx \frac{A_{ty}}{A_{ts}} = \frac{1}{\delta_l^2} \quad (4-39)$$

从(4-39)式可以看出，保持流量一致情况下，试验模拟火箭发动机工作压力（即燃压）应保持与喷流缩比比例平方成反比关系，即按喷流缩比比例平方成反比关系放大，对于一个工作压力接近 10MPa 的火箭发动机而言，要求喷流缩比试验模拟火箭发动机工作压力按几十兆帕甚至几百兆帕压力数值设计，显然试验安全风险不可控。

类似地，根据雷诺数一致性控制要求，也可以分析试验模拟发动机满足什么样的条件，即

$$\frac{Re_s}{Re_y} = \frac{\rho_s u_s L_s \mu_y}{\rho_y u_y L_y \mu_s} = 1 \Leftrightarrow \frac{Q_s}{Q_y} = \frac{L_s}{L_y} \Leftrightarrow \frac{p_{cs}}{p_{cy}} \frac{A_{ts}}{A_{ty}} \approx \frac{L_s}{L_y} \Leftrightarrow \frac{p_{cs}}{p_{cy}} \approx \frac{L_y}{L_s} = \frac{1}{\delta_l}$$

$$(4-40)$$

从(4-40)式可以看出，保持雷诺数一致情况下，试验模拟火箭发动机工作压力应保持与喷流缩比比例成反比关系，即按喷流缩比比例成反比关系放大，对于一个工作压力接近 10MPa 的常用火箭发动机而言，也会要求喷流缩比试验模拟火箭发动机工作压力按几十兆帕压力甚至几百兆帕压力数值设计，试验安全风险同样不可控。

综合上述说明，喷流缩比试验一般不宜采用流量或雷诺数一致性作为相似性设计准则。

4.2.3 基本相似参数拓展应用

4.2.2 节提出的喷流缩比试验相似性参数及其控制方法，更多地针对相对开放的发射燃气流场环境，对于火箭冷发射技术、箱式热发射技术、井下热发射技术等相对封闭的环境，燃气流场非定常效应充分显现，需要进一步拓展相似

性控制条件及相似性控制参数。

如概论部分所述,火箭发射燃气动力学研究领域比较广泛,火箭发射燃气动力学试验研究内容也由过去主要集中于燃气流场研究拓展到燃气流噪声、喷水多相燃气流场研究领域,新的领域需要进一步说明基于上述5个基本相似参数如何拓展问题。

本节就上述新的问题及领域的基本相似参数拓展应用进行说明。

1. 相对封闭空间喷流缩比试验模拟相似性控制方法

以火箭冷发射技术为例,火箭弹射出筒前,弹射系统与火箭系统装配关系如图4-8所示。

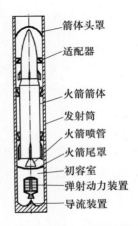

图4-8 弹射系统与火箭装配关系简图

参考图4-8,火箭发射试验过程中,安装在发射筒筒底的火箭发动机-弹射动力装置点火工作,在火箭底部的初容室内形成较高压力的燃气流场,较高压力的燃气流场将压力传递给火箭底部尾罩,将带动火箭加速运动并弹射出筒。综合气体动力学基本理论以及火箭发动机基本原理,可以简单分析发射筒内封闭燃气流场喷流缩比试验相似性拓展条件。分析过程中假设:燃气为量热完全气体;弹射动力装置喷出的燃气流瞬间充满初容室以及后续发射筒内扩大空间;火箭弹射过程中,燃气流对尾罩作用力相对稳定,火箭匀加速运动;火箭弹射阶段,忽略箭体、弹射系统结构变形量;基于筒内燃气流速较低、结构传热耗散能量很小的特点,发射筒内封闭空间中燃气流温度接近弹射动力装置推进剂燃烧温度。

基于上述假设,火箭弹射阶段,喷流缩比试验与原型试验发射筒内燃气流充满的封闭空间体积简化计算形式为

$$V_{rs} = V_{r0s} + \Delta V_{rs}, \quad V_{ry} = V_{r0y} + \Delta V_{ry}, \quad \Delta V_{rs} = \frac{1}{2}a_{rs}^2 t_s S_{rs}, \quad \Delta V_{ry} = \frac{1}{2}a_{ry}^2 t_y S_{ry}$$
(4-41)

式中:下标 s、下标 y 分别表示喷流缩比试验和原型试验,后续公式同此意;a_r 为火箭弹射加速度;V_r 为火箭弹射过程中发射筒内封闭空间体积;ΔV_r 为火箭弹射过程中发射筒内封闭空间瞬时变化体积;V_{r0} 为火箭弹射过程中发射筒内封闭空间初始体积;S_r 为火箭弹射过程中箭底尾罩沿轴向投影面积。

火箭的加速度由发射筒内封闭空间燃气流场压力、箭体尾罩沿发射筒轴向投影面积及箭体重力关系确定,简化计算形式为

$$a_{rs} = \frac{p_{hs} S_{rs} - \beta_{fs} m_s g}{m_s}, \quad a_{ry} = \frac{p_{hy} S_{ry} - \beta_{fy} m_y g}{m_y} \quad (4-42)$$

式中:β_f 为火箭弹射过程阻力系数;m 为火箭质量。

依据燃气流场基本相似关系,可以推演加速度控制关系为

$$\frac{p_{hs}}{p_{hy}} = \frac{a_{rs} - \beta_{fs} g}{a_{ry} - \beta_{fy} g} \frac{S_{ry}}{S_{rs}} \frac{m_s}{m_y} = 1 \Rightarrow a_{rs} = \frac{a_{ry} m_y S_{rs} - \beta_{fy} m_y g S_{rs} + \beta_{fs} m_s g S_{ry}}{m_s S_{ry}}$$
(4-43)

(4-43)式即是冷发射技术喷流缩比试验(也称为缩比弹射试验)中模拟箭体弹射加速度与原型箭体弹射加速度的关系。由(4-43)式确定模拟箭体质量与原型箭体质量关系为

$$m_s = \frac{a_{ry} - \beta_{fy} g}{a_{rs} - \beta_{fs} g} \frac{S_{rs}}{S_{ry}} m_y \quad (4-44)$$

一般情况下,火箭在发射筒弹射速度较低,箭体气动阻力较小,弹射阻力系数主要由摩擦阻力控制,可以控制喷流缩比试验中箭体弹射阻力系数与原型箭体弹射阻力系数接近。如果进一步在喷流缩比试验方案设计阶段设定

$$\frac{S_{rs}}{S_{ry}} = \delta_l^2, \quad \frac{m_s}{m_y} = \delta_m = \delta_l^2 \quad (4-45)$$

则由流场相似性推演得到满足内弹道加速度参数一致的相似性参数及相关方程,即

$$\frac{\beta_{fy}}{\beta_{fs}} = 1, \quad \frac{S_{rs}}{S_{ry}} = \delta_l^2, \quad \frac{m_s}{m_y} = \delta_l^2 \Leftrightarrow \frac{a_{ry}}{a_{rs}} = 1 \quad (4-46)$$

喷流缩比试验过程中,一般习惯于维持喷流作用时间一致,则由(4-46)式可以确定喷流缩比试验发射筒长与原型试验筒长关系,即

$$\frac{L_{rs}}{L_{ry}} = \delta_l' = 1 \quad (4-47)$$

依据(4-43)式,还可以得到冷发射技术喷流缩比试验中另一控制准则,即喷流缩比试验中弹射动力装置燃气排量与发射筒内封闭空间初始容积关系准则。

首先依据上述假设,依据弹射动力装置燃气质量流量、发射筒内封闭燃气空间体积、燃气物性参数,可以确定发射筒内封闭燃气流场瞬时压力为

$$p_{rs} = \frac{(C_{Qs}p_{cs}A_{ts})t_s + \rho_{0s}V_{r0y}}{V_{r0s} + \Delta V_{rs}} R_{rs} T_{rfs} \quad (4-48)$$

$$p_{ry} = \frac{(C_{Qy}p_{cy}A_{ty})t_y + \rho_{0y}V_{r0y}}{V_{r0y} + \Delta V_{ry}} R_{ry} T_{rfy} \quad (4-49)$$

式中:ρ_0 为火箭弹射过程中发射筒内封闭空间气流初始密度;p_r 为火箭弹射过程中发射筒内封闭空间燃气流压力;T_{rf} 为火箭弹射过程中发射筒内封闭空间燃气流温度。

依据表4-1的基本相似参数,存在以下关系,即

$$R_{ry}T_{by} = R_{rs}T_{bs} = RT_f, \quad C_{Qs} = C_{Qy} = C_Q, \quad p_{cs} = p_{cy} = p_c, \quad \rho_{0s} = \rho_{0y} = \rho \quad (4-50)$$

则燃气流场基本相似条件下,喷流缩比试验与原型试验之间初容室容积、弹射动力装置喷喉尺寸相互关系为

$$V_{r0s} = \frac{[(C_Q p_c t)A_{ty} + \rho V_{r0y}]\Delta V_{ry}\delta_l^2}{[\rho\Delta V_{ry} - (C_Q p_c t)A_{ty}]} - \frac{(C_Q p_c t)(V_{r0y} + \Delta V_{ry})A_{ts}}{[\rho\Delta V_{ry} - (C_Q p_c t)A_{ty}]} \quad (4-51)$$

$$A_{ts} = \frac{[(C_Q p_c t)A_{ty} - \rho\Delta V_{ry}]}{(C_Q p_c t)(V_{ry0} + \Delta V_{ry})}V_{r0s} + \frac{[(C_Q p_c t)A_{ty} + \rho V_{r0s}]\Delta V_{ry}\delta_l^2}{(C_Q p_c t)(V_{r0y} + \Delta V_{ry})} \quad (4-52)$$

(4-51)式和(4-52)式关系比较复杂,实践过程中需要合理简化控制并明确相关相似参数调控方法。实际上,如果喷流缩比试验弹射动力装置喷喉尺寸按线性缩比准则设计,则可以得到初容室容积简化关系,反过来亦成立,即

$$\frac{D_{ts}}{D_{ty}} = \delta_l, \quad \frac{A_{ts}}{A_{ty}} = \delta_l^2 \Leftrightarrow V_{r0s} = V_{r0y}\delta_l^2 \quad (4-53)$$

式中:D_t 为弹射动力装置喷喉直径。

针对初容室容积,如果设计方案进一步参照下述关系设计,则(4-53)式自动满足

$$\frac{L_{r0s}}{L_{r0y}} = \delta_l' = 1, \quad \frac{D_{r0s}}{D_{r0y}} = \delta_l, \quad \frac{S_{r0s}}{S_{r0y}} = \left(\frac{D_{r0s}}{D_{r0y}}\right)^2 = \delta_l^2 \Leftrightarrow \frac{V_{r0s}}{V_{r0y}} = \frac{L_{r0s}S_{r0s}}{L_{r0y}S_{r0y}} = \delta_l^2$$

$$(4-54)$$

式中:S_{r0}为初容室径向截面积;L_{r0}为初容室轴向初始长度(即初始高度)。

上面以冷发射技术为例,研究并提出了发射筒内相对封闭空间喷流缩比试验相似参数及其控制方法。需要指出,基于上述案例得到的相似参数及其控制方法具有较好的适应性,也适用于箱式(或筒式)热发射技术、井下热发射技术等类似存在封闭空间的燃气流场及气动特性研究,感兴趣的读者可自行研究。由此,相对封闭空间类型的喷流缩比试验依据的将是表4-2所列拓展条件的相似参数及其控制方法。

表4-2 相对封闭空间内喷流缩比试验主要相似参数及其控制方法

基本相似参数	参数符号	相似参数控制方法	参数控制数学形式
火箭运动方向几何尺寸	L'	缩比模型与原型尺寸接近	$\delta'_l = \dfrac{L'_s}{L'_y} = 1$
垂直火箭运动方向几何尺寸	L''	缩比模型与原型尺寸保持线性缩放关系	$\delta''_l = \dfrac{L''_s}{L''_y} = 1$
喷流试验模拟火箭发动机燃烧室压力	$p_c(t)$	模拟火箭发动机与原型火箭发动机工作压力保持一致	$\delta_{p_c} = \dfrac{p_{cs}(t)}{p_{cy}(t)} = 1$
喷流试验环境压力	$p_h(t)$	保持环境压力条件(即背压条件)	$\delta_{p_h} = \dfrac{p_{hs}(t)}{p_{hy}(t)} = 1$
喷流试验模拟推进剂火药力	RT_f	模拟火箭发动机与原型火箭发动机推进剂火药力保持一致	$\delta_{RT_f} = \dfrac{(RT_f)_s}{(RT_f)_y} = 1$
喷流试验燃气流比热比	γ	模拟火箭发动机与原型火箭发动机推进剂比热比保持一致	$\delta_\gamma = \dfrac{\gamma_s}{\gamma_y} = 1$

2. 喷水多相燃气流场缩比试验相似性控制方法

概论部分已经指出,火箭发射燃气流介质本身成分复杂,严格意义上讲,应属于复杂的高温、高速多相流。喷水条件下,水流在燃气流带动下,迅速雾化后随燃气流输运,进一步加剧了燃气流物性以及输运特性分析的难度。目前高温、高速燃气流物性、输运特性分析理论仍在发展,喷水条件下多相燃气流场相关研究更是缺乏。因此,关于喷水条件下多相燃气流场的相似性参数及其控制方法,很大程度上是发射技术研发强烈需求下的定性研究总结。作者提出的喷水多相燃气流场缩比试验主要相似性参数及其控制方法如表4-3所列。

第4章 火箭发射燃气动力学试验方法

表4-3 喷水多相燃气流场缩比试验主要相似参数及其控制方法

基本相似参数	参数符号	相似参数控制方法	参数控制数学形式
喷流试验线性几何尺寸	L	缩比模型与原型结构保持线性缩放关系	$\delta_l = \dfrac{L_s}{L_y}$
喷流试验模拟火箭发动机燃烧室压力	$p_c(t)$	模拟火箭发动机与原型火箭发动机工作压力保持一致	$\delta_{p_c} = \dfrac{p_{cs}(t)}{p_{cy}(t)} = 1$
喷流试验环境压力	$p_h(t)$	保持环境压力条件(封闭环境则指背压条件)	$\delta_{p_h} = \dfrac{p_{hs}(t)}{p_{hy}(t)} = 1$
喷流试验模拟推进剂火药力	RT_f	模拟火箭发动机与原型火箭发动机推进剂火药力保持一致	$\delta_{RT_f} = \dfrac{(RT_f)_s}{(RT_f)_y} = 1$
喷流试验燃气流比热比	γ	模拟火箭发动机与原型火箭发动机推进剂比热比保持一致	$\delta_\gamma = \dfrac{\gamma_s}{\gamma_y} = 1$
喷流试验喷水速度	u_w	喷流缩比试验与原型试验喷水速度保持一致	$\delta_{u_w} = \dfrac{u_{ws}}{u_{wy}} = 1$
喷流试验喷水流量	Q_w	喷流缩比试验与原型试验喷水流量比例为结构尺寸线性比例平方	$\delta_{Q_w} = \dfrac{Q_{ws}}{Q_{wy}} = \delta_l^2$

表4-3所列主要相似参数及其控制方法可结合喷水多相燃气流场案例证明。肯尼迪航天中心的Kandula建立了喷口附近轴对称喷水多相燃气流场等效分析模型,如图4-9所示[53]。

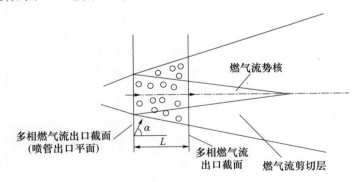

图4-9 Kandula建立的流场等效分析模型

Kandula喷水多相燃气流场等效分析模型假设:图4-9所示各截面内气体压力为定压;燃气及水汽遵循量热完全气体;混合气体中水滴均匀分布;水流温度均匀并达到饱和状态;燃气及水介质物性与温度相关;液滴是刚质球形的……基于图4-9所示模型及假设,Kandula提出喷水多相燃气流场中水流与

燃气流混合的一维简化输运方程组，即

$$\rho_{j1} u_{j1} A_{j1} = \rho_{j2} u_{j2} A_{j2} - \eta_p Q_{w-axis}, Q_{w-axis} = Q_{w-total} \cos\alpha \quad (4-55)$$

$$\rho_{j2} u_{j2}^2 A_{j2} - \rho_{j1} u_{j1}^2 A_{j1} = -F_{dp} + \eta_p Q_{w-axis} u_p \quad (4-56)$$

$$Q_{j2}\left(c_{pj} T_{j2} + \frac{u_{j2}^2}{2}\right) = Q_{j1}\left(c_{pj} T_{j1} + \frac{u_{j1}^2}{2}\right) - F_{dp} u_p + \eta_p Q_{w-axis} T_p c_{pw} \quad (4-57)$$

式中：u_{j1}、u_{j2} 分别为截面 1、截面 2 上燃气流轴向速度；ρ_{j1}、ρ_{j2} 分别为截面 1、截面 2 上燃气流密度；ρ_p 为水滴密度；Q_{j1}、Q_{j2} 分别为截面 1、截面 2 上燃气流流量；T_{j1}、T_{j2} 分别为截面 1、截面 2 上燃气流温度；A_{j1}、A_{j2} 分别为截面 1、截面 2 上燃气流面积；Q_{w-axis} 为水流量轴向分量；$Q_{w-total}$ 为喷水总流量；η_p 为混合燃气流中有效蒸发水量占总喷水量的比例。

由(4-55)式和(4-56)式，可以确定图 4-9 中截面 2 位置多相燃气流速度、温度、密度等参数，即

$$u_{j2} = u_{j1}\left[\frac{1}{1+\eta_p\left(\frac{Q_{w-axis}}{Q_{j1}}\right)}\left(1 - \frac{F_{dp}}{\rho_{j1} u_{j1}^2 A_{j1}} + \frac{\eta_p u_p Q_{w-axis}}{\rho_{j1} u_{j1}^2 A_{j1}}\right)\right] \quad (4-58)$$

$$T_{j2} = T_{j1}\left[\frac{1}{1+\eta_p\left(\frac{Q_{w-axis}}{Q_{j1}}\right)}\left(1 + \frac{u_{j1}^2}{2c_{pj} T_{j1}} - \frac{F_{dp} u_p}{c_{pj} T_{j1}}\right) - \frac{u_{j2}^2}{2c_{pj} T_{j1}}\right] \quad (4-59)$$

$$\rho_{j2} = \rho_{j1} \frac{T_{j1}}{T_{j2}}, Ma_{j2} = Ma_{j1} \frac{u_{j2}}{u_{j1}} \left(\frac{\rho_{j2}}{\rho_{j1}}\right)^{1/2}, A_{j2} = A_{j1} \frac{u_{j1}}{u_{j2}} \frac{\rho_{j2}}{\rho_{j1}}\left(1 + \frac{\eta_p Q_{w-axis}}{Q_{j1}}\right)$$

$$(4-60)$$

式中：Ma_{j1}、Ma_{j2} 分别为截面 1、截面 2 上燃气流马赫数。

(4-58)式右边最后两项涉及的雾化水滴阻力与喷水介入对动量影响因子参考 Spalding 和 White[54] 相关思想计算，即

$$F_{dp} = \frac{1}{2} N_p c_{dp} \rho_p A_p (u_{j1} - u_p)^2, \quad N_p = \frac{3}{2} \frac{Q_{w-axis}}{Q_{j1}} \frac{\rho_{j1}}{\rho_p}\left(\frac{d_{j1}}{d_p}\right)^3 n(1 - \eta_p)$$

$$(4-61)$$

$$\frac{F_{dp}}{\rho_{j1} u_{j1}^2 A_{j1}} = \frac{1}{2} N_p c_{dp} \frac{A_p}{A_{j1}} \left(1 - \frac{u_p}{u_{j1}}\right)^2 = \frac{3}{4} n(1-\eta_p) c_{dp} \frac{Q_{w-axis}}{Q_{j1}} \frac{\rho_{j1}}{\rho_p}\left(\frac{d_{j1}}{d_p}\right)^3 \left(\frac{Re_p}{Re_{j1}}\right)^2$$

$$(4-62)$$

$$\frac{\eta_p u_p Q_{w-axis}}{\rho_{j1} u_{j1}^2 A_{j1}} = \frac{\eta_p Q_{w-axis}}{Q_{j1}}\left(1 - \frac{Re_p}{Re_{j1}} \frac{d_{j1}}{d_p}\right), \quad Re_p = \frac{\rho_{j1}(u_{j1} - u_p) d_p}{\mu_{j1}}, \quad Re_{j1} = \frac{\rho_{j1} u_{j1} d_{j1}}{\mu_{j1}}$$

$$(4-63)$$

$$\frac{u_{j1}^2}{2c_{pj}T_{j1}} = \frac{kRT_{j1}(Ma_{j1})^2}{2\left(\frac{k}{k-1}R\right)T_{j1}} = \frac{k-1}{2}(Ma_{j1})^2, \quad \frac{u_{j2}^2}{2c_{pj}T_{j1}} = \frac{k-1}{2}\left(\frac{u_{j2}}{u_{j1}}\right)^2(Ma_{j1})^2$$

$$(4-64)$$

$$c_{dp} = \frac{c_{dp0}}{1+\dfrac{c_{pj}(T_{j1}-T_p)}{h_{fj}(T_p)}}, \quad c_{dp0} = \frac{24}{Re_p} + \frac{6}{1+(Re_p)^{0.5}} + 0.4 \quad (4-65)$$

式中：A_p 为水滴等效面积；c_{pj} 为燃气流定压比热容；F_{dp} 为水滴阻力；n 为水滴占混合射流体积比例；Re_p 为水滴相对射流运动的雷诺数；Re_{j1} 为燃气流雷诺数 B - Spalding 输运指数；c_{dp0} 为怀特（White）水滴阻力系数；c_{dp} 为水滴运动阻力系数。

喷水雾化效率基于喷水与燃气之间的热交换，采用 Kays、Crawford 及 Mastanaiah 等思想计算喷水雾化效率 η，有

$$q_p = N_p Nu_p \pi \lambda d_p (T_{je} - T_p), \quad Nu_p = Nu_{p0}\frac{\ln(1+B)}{B},$$

$$Nu_{p0} = 2 + 0.6(Re_p)^{0.5}(Pr)^{0.33} \quad (4-66)$$

$$q_p = \eta Q_{w-axis} h_{fg}, \quad \eta = \left\{1 + \frac{2}{3}\frac{Pr}{Nu_p}\frac{Re_{j1}}{\left(\dfrac{d_{j1}}{d_p}\right)^2}\frac{1}{n\left(\dfrac{\rho_{j1}}{\rho_p}\right)}\left[\frac{h_{fj}}{c_{pj}(T_{j1}-T_{sat})}\right]\right\}^{-1}$$

$$(4-67)$$

式中：h_{fg} 为汽化潜热；N_p 为单位体积水滴数；T_{je} 为当量气体温度；T_{sat} 为饱和蒸汽温度；Nu 为水滴传热努塞尔特数；Nu_{p0} 为 Ranz - Marshall 确定的努塞尔特数。

上述(4-55)式~(4-67)式隐含了 3 个常数条件，即

$$c_1 = \frac{Re_{j1}}{\left(\dfrac{d_{j1}}{d_p}\right)^2}\frac{1}{\dfrac{\rho_{j1}}{\rho_p}}, \quad c_2 = \frac{Re_p}{Re_{j1}}\frac{d_{j1}}{d_p}, \quad c_3 = \frac{\rho_{j1}}{\rho_p}\left(\frac{d_{j1}}{d_p}\right)^3\frac{Re_p}{Re_{j1}^2}, \quad c_2 = c_1 c_3$$

$$(4-68)$$

由表 4-3 说明的拓展相似参数及其控制方法可以确定

$$\frac{(d_{j1})_s}{(d_{j1})_y} = \delta_l, \quad \frac{(A_{j1})_s}{(A_{j1})_y} = \frac{(Q_{j1})_s}{(Q_{j1})_y} = \frac{(Q_{w-total})_s}{(Q_{w-total})_y} = \frac{(Q_{j1l})_s}{(Q_{j1l})_y} = \delta_l^2$$

$$(4-69)$$

$$\frac{p_{cs}(t)}{p_{cy}(t)} = \frac{(RT_f)_s}{(RT_f)_y} = \frac{\gamma_s}{\gamma_y}\frac{(T_{j1})_s}{(T_{j1})_y} = \frac{(Ma_{j1})_s}{(Ma_{j1})_y} = \frac{(u_{j1})_s}{(u_{j1})_y} = \frac{(\rho_{j1})_s}{(\rho_{j1})_y} = 1$$

$$(4-70)$$

基于上述诸式可逐步推断

$$\frac{\rho_{j1}(u_{j1}-u_p)d_p}{\mu_{j1}} = c_2 \frac{\rho_{j1}u_{j1}d_{j1}}{\mu_{j1}} \frac{d_p}{d_{j1}} \Rightarrow \frac{u_p}{u_{j1}} = (1-c_2) \Rightarrow \frac{(u_p)_s}{(u_p)_y} = \frac{(u_{j1}-u_p)_s}{(u_{j1}-u_p)_y} = 1 \quad (4-71)$$

式中：u_p 为混合燃气流中水滴速度。

由液滴雾化过程水团破碎成液滴满足临界韦伯数条件，可以确定

$$We = \frac{\rho_{j1}(u_p-u_{j1})^2 d_p}{2\sigma} \Rightarrow \frac{(Re_p)_s}{(Re_p)_y} = 1, \frac{(c_d)_s}{(c_d)_y} = 1, \frac{(Nu_p)_s}{(Nu_p)_y} = 1, \frac{\eta_s}{\eta_y} = 1 \quad (4-72)$$

由（4-72）式进一步结合（4-55）式～（4-65）式，不难分析出

$$\frac{(u_{j2})_s}{(u_{j2})_y} = 1, \frac{(T_{j2})_s}{(T_{j2})_y} = 1, \frac{(\rho_{j2})_s}{(\rho_{j2})_y} = 1, \frac{(Ma_{j2})_s}{(Ma_{j2})_y} = 1, \frac{(A_{j2})_s}{(A_{j2})_y} = \delta_l^2 \quad (4-73)$$

由（4-72）式、（4-73）式可分析：满足表4-3拓展相似参数条件下，喷流缩比试验与原型试验喷水多相燃气流场流动参数总体一致，结构呈线性缩放关系，表明表4-3相似性条件规定合理。

3. 燃气流噪声喷流缩比试验模拟相似性控制方法

火箭发动机喷口燃气流马赫数一般在2.5~5.5之间，后续推进过程中燃气流受环境介质黏性、结构扰动因素干扰，流速逐渐衰减到接近停滞状态，因此，燃气流噪声是一种跨声速气动噪声。目前，火箭发射燃气流噪声直接数值模拟仍然难以开展，很多情况下是基于纳维斯托克斯方程简化、提炼定性分析，这当中发展了一些经典气动噪声方程，如Lighthill声学方程、Phillips声学方程、Lilley声学方程，著名的Lighthill声学方程形式为[55]

$$\frac{\partial^2 \rho}{\partial t^2} - c_\infty^2 \frac{\partial^2 \rho}{\partial x_i^2} = \frac{\partial^2 T_{ij}}{\partial x_i \partial x_j}, \quad \boldsymbol{T}_{ij} = \rho v_i v_j + \boldsymbol{p}_{ij} - c_0^2 \rho \boldsymbol{\delta}_{ij} \quad (4-74)$$

式中：$\boldsymbol{T}_{ij}$ 为燃气流湍流噪声源项张量；v_i、v_j 为燃气流速度分量，$i=1,2,3$，$j=1,2,3$；$\boldsymbol{p}_{ij}$ 为燃气流压力张量；$\boldsymbol{\delta}_{ij}$ 为克罗内克符号张量；c_∞ 为环境声速；c_0 为燃气流声速。

4.2.2节已经说明，在满足表4-1相似参数控制条件下，缩比试验喷流流场与发射试验流场基本相似，从而结合（4-74）式可以定性分析：由上述声学方程提取的声学参数特性一致，说明燃气流噪声场也具有相似性关系。

国外根据喷流试验提炼自由喷流燃气流噪声工程预测模型及无量纲噪声特性曲线如图4-10所示[56]。

图4-10中各符号计算式为

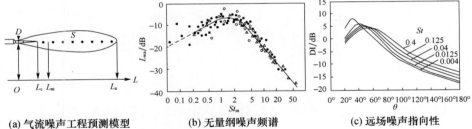

(a) 气流噪声工程预测模型　　(b) 无量纲噪声频谱　　(c) 远场噪声指向性

S—离散声源；D—喷管尺度；L_c—燃气流势流核长度；L_m—峰值声功率轴向位置；
L_a—燃气流噪声区域有效长度；L_{wa}—燃气流噪声声功率；St_m—假设离散声源位于射流轴线
时等效轴向斯特努哈尔数；St—定义名义指向因数情况下斯特努哈尔数；
L—燃气流推进距离；DI—噪声传播指向性函数。

图 4 – 10　自由喷流气流噪声工程预测模型及无量纲噪声特性曲线

$$L_c = 3.45 d_j (1 + 0.38 Ma_j)^2, \quad L_m = 1.5 L_c, L_a = 5 L_c \quad (4-75)$$

$$St_m = \frac{fLc_j}{c_\infty u_j}, \quad St = \frac{fd_j}{u_j} \quad (4-76)$$

$$\mathrm{DI}(\beta) = 21.4 + 10 \lg \left\{ \frac{1 + \cos^4 \beta}{\{[1 - (Ma_c) \cos(\beta)]^2 + [\alpha(Ma_c)^2]\}^{5/2}} \right\}$$
$$(4-77)$$

式中：d_j 为火箭发动机喷口直径；f 为燃气流噪声频率；u_j 为火箭发动机喷口燃气流速度；Ma_j 为火箭发动机喷口燃气流马赫数；Ma_c 为燃气流马赫数；β 为噪声传播方向与喷管轴线夹角。

火箭发动机声功率 W_a 与火箭发动机机械功率 W_m 关系为

$$W_a = \chi W_m, \quad W_m = \frac{1}{2} Q_j u_j^2, \quad \chi = K \left(\frac{c_t}{c_\infty} \right)^3 \left(\frac{c_t}{u_j} \right)^2 \quad (4-78)$$

式中：χ 为声效率；K 为声效常数，一般取 0.0012；Q_j 为火箭发动机排量；c_t 为喷喉流速。

在满足流场压力、密度、速度、马赫数、声速、比热比等参数总体一致情况下，(4-75)式~(4-78)式进一步表明喷流缩比试验噪声场与发射试验噪声场结构相似，即表 4-1 所列基本相似参数及其控制方法可以直接用于喷流缩比试验燃气流噪声研究，并且喷流缩比试验燃气流噪声参数与发射试验燃气流噪声参数满足以下关系：

$$\frac{(L_c)_s}{(L_c)_y} = \frac{(L_m)_s}{(L_m)_y} = \frac{(L_a)_s}{(L_a)_y} = \delta_l, \quad \frac{(W_m)_s}{(W_m)_y} = \frac{(W_a)_s}{(W_a)_y} = \delta_l^2,$$

$$\frac{(St_m)_s}{(St_m)_y} = \frac{(St)_s}{(St)_y} = 1 \Rightarrow \frac{f_s}{f_y} = \frac{1}{\delta_l} \qquad (4-79)$$

依据(4-79)式,可知喷流缩比试验与原型试验燃气流频谱存在反比平移关系。

4.3 试验方案设计

火箭发射燃气动力学试验研究在承担并完成数值模拟校验、燃气流特性基础研究、试验方法研究等任务过程中,需要依托具体试验方案开展后续工作。试验方案设计得合理与否很大程度上决定了火箭发射燃气动力学试验研究的效果与效率。本节说明火箭发射燃气动力学试验方案设计的总体原则、基本流程及试验典型方案。

4.3.1 方案设计总体原则与基本流程

火箭发射燃气动力学试验是一涉及火工品的高风险型、高成本型特殊气动试验,方案设计一般应坚持下述总体原则。

(1) 目的明确、指标合理。火箭发射燃气动力学单次试验不可能完成所有任务或要求,也不允许长周期遍历所有试验,试验方案设计必须充分分析具体要求,明确试验立足的重点方向及主要目的。在此基础上,梳理试验主要环节及主要控制因素,提炼能够切实控制试验风险、技术性能的试验指标,这些指标必须可衡量、可落实,并且指标尽量做到相互呼应,避免单因素指标过分超前造成其他指标无法实现,整个试验难度、风险难以控制。

(2) 系统简洁、规模可控。试验火箭发动机本身已经十分复杂,整个试验系统包含火箭发动机、箭体、发射系统、测试系统、试验工装等众多设备,一方面要求相关结构外形简洁,控制试验燃气流动尽量模拟原型燃气流动状态、流动机理,减少新增的工装设备结构对燃气流场扰动;一方面要求试验模型彼此之间匹配简约,避免试验模型之间匹配过于复杂影响试验组装、检修与测试作业,同时控制模型在燃气流冲击、烧蚀破坏作用条件下剥蚀物件在规定影响范围内。模型简洁的另一目的是有效控制试验系统规模,从而控制试验成本、周期。试验系统规模可控不单纯是要求模型简约,其中涉及试验系统结构件加工工艺控制、控制设备元器件可靠性控制、测试技术成熟度控制、模拟火箭发动机技术复杂性控制等,试验技术成熟度某种程度上更加重要,决定着试验成本甚至试验的成败。

（3）测试可靠、结果有效。火箭发动机喷出的燃气流冲击、烧蚀破坏作用极强，发射系统、测试系统难以经受长时间冲击、烧蚀破坏作用，因此，火箭发射燃气动力学试验一般持续时间很短，往往几秒即宣告试验结束。试验火箭发动机、测试传感器、部分试验件甚至整个模拟发射系统往往成为消耗件，成本很高条件下造成火箭发射燃气动力学试验子样数极少，这就要求试验方案设计充分考虑测试技术条件，测试旨在取得宝贵的测试影像资料、数据。为此，需要优选考虑成熟、可靠的测试方法，确保恶劣的燃气流作用条件下取得测试数据。在此基础上，应进一步考虑如何保证测试结果有效，试验仅立足取得资料数据还远不够，必须取得能够说明试验过程燃气流动机理、分布及变化特性的数据，为此方案设计需要从测试数据类型、测试传感器性能选用、传感器布位与防护方案等方面细致规划。

（4）工况安全、预案充分。试验方案设计应充分考虑火箭发动机火工品属性，采用成熟、可靠的设计方案，还应兼顾后续制造、试验流程安全性。例如，火箭发动机研制的点火系统、时序测发控系统方案及后续流程控制方案应做到稳妥可靠，避免误触发。火箭发射燃气动力学试验风险较高，燃气流高强度冲击、烧蚀条件下还难以保证试验一次性达到目的。例如，试验经常会出现结构件烧蚀破坏严重，传感器快速烧损取不到完整的数据。因此，方案设计时充分吸收已有试验故障、试验问题处理经验教训，针对相应环节设计相应预案，规避相应风险。火箭发射燃气动力学经常需要重复性开展试验，以期取得一致性试验资料、数据，以提高试验结果的可信度，为此应在方案设计时还应考虑如何确保便捷地开展重复试验，如减少模拟火箭发动机或配套试验设备相对位置调整或更换，并行开展测试标定、联调，优化试验工况开展次序。

火箭发射燃气动力学试验方案设计基本流程及主要工作内容如图4－11所示。

图4－11所示试验方案设计基本流程及工作内容主要针对专项喷流试验研究。对于搭载试验，如搭载型号火箭发动机试车试验、模拟火箭发动机点火试验、型号发射试验之类的试验，仅需研制搭载的模拟发射系统，或者参试装置、试验件及测试条件，方案设计直接转入模拟发射系统方案设计与测试方案设计流程；对于型号发射试验或单纯燃气流场资料数据获取之类的试验，则试验方案设计流程进一步简化，直接转入针对性的测试方案设计流程。

方案阶段开展的试验目的及条件分析，主要是为了明确试验是围绕燃气流场研究、气动热研究、气动噪声研究等专项试验，还是紧密结合发射技术论证、新型热防护技术论证的综合型试验,同时明确模拟火箭发动机设计条件、试验工装研制条件、模拟发射系统测试条件、试验场地条件等能够支撑的试验条件或潜在约束限制条件。

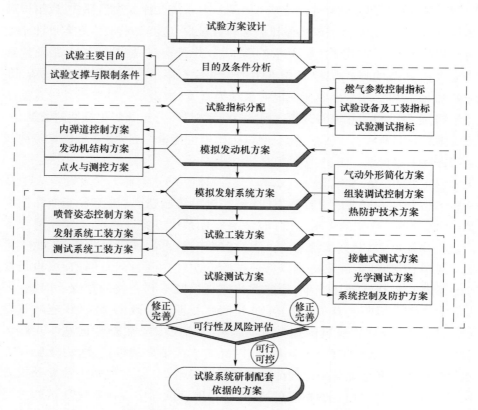

图 4-11　火箭发射燃气动力学试验方案设计基本流程及主要工作内容

火箭发射燃气动力学试验指标主要控制 3 类指标:①燃气参数指标;②试验工装指标;③试验测试指标。

模拟火箭发动机方案设计主要涉及火箭发动机内弹道控制方案、火箭发动机结构方案、点火与测控方案,该项工作是后续试验赖以推进的基础,主要原因在于试验燃气来流条件主要受火箭发动机工作条件控制,合理控制火箭发动机工作内弹道、燃气热力特性、喷管型面结构方案及点火时序,能够基本满足试验燃气来流与试验需求的燃气来流条件一致或接近。

模拟发射系统方案设计主要涉及模拟发射系统结构气动外形方案、模拟发射系统组装调控方案以及热防护技术方案。由于模拟发射系统尺度具有一定限制,绝对按比例缩放发射系统结构将导致部分结构无法加工或成本无法控制,合理设计模拟发射系统结构气动外形可以控制燃气流扰动、分布特性符合预期。模拟发射系统方案设计也应考虑当前加工能够达到的粗糙度、形位偏差控制能力。复杂发射系统过分追求单个设备、结构件高加工精度往往意义不大,原因是整个试验系统组装后喷管出口燃气流扰动姿态、燃气流自身脉动幅度往往造成燃气扰动存在更大偏差。图4-11涉及的热防护技术方案服务于模拟发射系统及其他参试设备、仪器防护,确保整个试验系统可以安全使用并能支撑完整试验。

试验工装方案设计重点围绕模拟喷管姿态控制方案设计及模拟发射系统工装方案设计展开。喷管姿态控制决定燃气来流冲击影响发射系统、模拟箭体的介入角度与动态扰动特性;模拟发射系统工装,一方面决定系统内部结构工装方式与装配精度,另一方面决定模拟发射系统相对模拟箭体、喷管姿态控制方案、调整方案。试验工装方案有时还需要考虑环境条件影响及测试工装影响。

试验测试方案将在4.4节进一步说明,归纳起来主要考虑接触式测试方案、光学测试方案以及测试时系统控制与热防护方案。

试验方案可行性与风险评估主要围绕方案可实施性以及试验技术风险、安全性风险展开,以确保安全试验前提下取得宝贵的试验资料与数据,与此对应的是,相关故障发生后预留的紧急情况处理方案、试验备选方案,以进一步从设计源头出发充分推进火箭发射燃气动力学专项试验高效开展。

4.3.2 单喷管火箭专项喷流试验方案

火箭发射燃气动力学试验项目众多,目前发展了很多类型试验方案,这里以案例形式介绍单喷管火箭专项喷流试验方案,后续章节根据需要说明其他类型试验方案。

单喷管火箭专项喷流试验早先集中于简易发射技术条件的燃气流场、气动载荷特性研究,后来进一步变化、拓展用于传热特性与烧蚀特性研究、火箭发射喷水多相燃气流场研究、燃气流噪声试验研究。单喷管火箭专项喷流试验方案及配套研制实物照片如图4-12所示。

图4-12所示单喷管火箭专项喷流试验方案具有两方面特点:①采用立式试验工装。采用立式试验工装能够比较方便地模拟燃气流推进特性,方便减少地面或试验系统附属物等障碍物对燃气流推进效应模拟影响,同时有助于防止反流烧蚀模拟火箭发动机。基于立式工装方案的专项喷流试验称为立式喷流

试验,包含测试系统在内的整个试验系统称为立式喷流试验系统。②试验系统结构及其位置调整方式简洁。单喷管火箭专项喷流试验目的十分明确,图4-12中用于研究燃气流场的导流装置、模拟箭体、模拟喷水装置、噪声测试阵列架位置均可调节,调节时仅利用机械式调节方案,如燃气流场的测试板单侧增设楔形块可以实现相对模拟箭体角度调整。

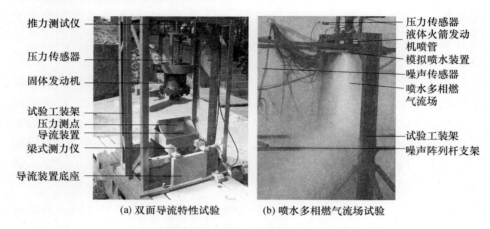

图4-12 单喷管火箭专项喷流试验方案及配套研制实物照片

单喷管火箭专项喷流试验主要难点在模拟火箭发动机研制和试验测试、分析。模拟火箭发动机研制和试验测试分析均是两门独立的学科,本节仅择要介绍火箭发射燃气动力学试验涉及的模拟火箭发动机研制方法,其中火箭发射燃气动力学试验测试、分析方法在4.4节另行介绍。

火箭发射燃气动力学试验用模拟火箭发动机分为固体火箭发动机与液体火箭发动机两类。液体火箭发动机可以重复使用;固体火箭发动机组装方便,另外固体火箭发动机原理及结构简单,模拟火箭发动机尺寸方便控制,模拟箭体对燃气流场扰动较小,在试验子样数较少情况下容易控制试验成本及规模。

固体火箭发动机与液体火箭发动机均需要特别关注火箭发动机工作特性,特别是燃压及喷管内型面设计,原因在于推进剂一致条件下火箭发动机压力很大程度上决定了火箭发动机喷口燃气参数,喷管内型面则决定了喷管内燃气流动状态、能量损失效率以及向下游冲击影响模拟发射系统的膨胀、引射区域范围。

火箭发动机喷管内型面主要分为锥形喷管内型面和钟形喷管内型面两种类型,这两种型面典型设计方案如图4-13所示。专项试验火箭发动机采用钟形喷管内型面时,喷管扩张段内型面型线自喷喉处附近扩张弧段开始,可采用特征线法简化设计,也可简化为近似抛物线。

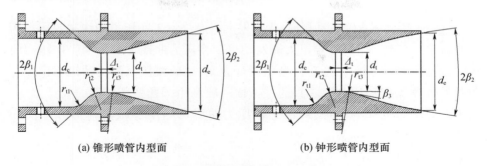

(a) 锥形喷管内型面　　　　　(b) 钟形喷管内型面

图 4-13　喷管内型面结构方案示意图

图 4-13 所示火箭发动机喷管内型面特征尺寸控制方法如表 4-4 所列。

表 4-4　喷管内型面特征尺寸控制方法一览表

特征尺寸名称	特征尺寸符号	特征尺寸控制量	备注
喷口内径	d_e	$d_e = \sqrt{\chi} d_t$	
喷喉内径	d_t	$d_t \geqslant 10.00 \text{mm}$	
燃烧室内径	d_c	$d_c \geqslant 3.00 d_t$	
喷喉段长度	Δ_t	$\Delta_t \leqslant 0.25 d_t$	缩比试验需按表 4-1 方法尺寸线性比例缩比,相关角度保持不变
预收敛段弧半径	r_{t1}	$r_{t1} \approx 2.50 d_t$	
收敛段弧半径	r_{t2}	$r_{t2} \approx (0.75 \sim 1.00) d_t$	
扩张段弧半径	r_{t3}	$r_{t3} \approx (0.22 \sim 0.50) d_t$	
收敛半角	β_1	$\beta_1 \approx 30.00° \sim 60.00°$	
扩张半角	β_2	$\beta_2 \approx 5.00° \sim 20.00°$	
初始膨胀角	β_3	$\beta_2 \approx 20.00° \sim 26.00°$	

图 4-3 已经示意说明火箭发动机工作压力曲线分为恒压型工作压力曲线和渐增型工作压力曲线,相应地,火箭发动机类型分别称为恒压型火箭发动机和增压型火箭发动机。围绕火箭热发射技术论证的专项喷流试验常采用恒压型火箭发动机,围绕火箭冷发射技术论证的专项喷流试验常采用增压型火箭发动机。

试验采用液体火箭发动机时,控制火箭发动机按图 4-3 所示工作压力曲线要求,可通过开环或闭环控制推力室推进剂喷注器排量实现,实际主要通过调整燃料与氧化剂喷注压力实现。为确保推进剂燃烧稳定,需要控制推进剂燃料与氧化剂混合比相对稳定。试验过程中保持富氧推进剂条件,一般按下式进行控制：

$$Q_\mathrm{f} = \frac{1}{\zeta_1} Q_\mathrm{o}, \quad \zeta_1 \approx 2.0 \sim 5.0 \qquad (4-80)$$

试验采用固体火箭发动机时，火箭发动机燃烧室工作压力曲线主要通过药柱型面设计实现。当试验模拟火箭发动机工作压力曲线为恒压型工作压力曲线时，药柱型面常利用星型药柱型面设计方案；试验模拟火箭发动机工作压力曲线为渐增型工作压力曲线时，药柱型面一般利用圆孔型药柱型面设计方案。按照火箭发动机基本原理，固体工作压力曲线可利用零维内弹道方程简化设计：

$$\frac{\mathrm{d}p_\mathrm{c}}{\mathrm{d}t} = \frac{RT_\mathrm{f}}{m_\mathrm{cl} V_\mathrm{cl}}\left(A_\mathrm{b}\rho_\mathrm{cs}w_\mathrm{c} - \frac{p_\mathrm{c}A_\mathrm{t}}{c^*}\right), \quad w_\mathrm{c} = a_\mathrm{cl} p_\mathrm{c}^{n_\mathrm{cl}}, \quad c^* = \frac{1}{c_Q} = \frac{I_\mathrm{s}}{c_F} = \frac{1}{\varGamma}\sqrt{RT_\mathrm{f}}$$

$$(4-81)$$

由(4-81)式可以看出，推进剂配方确定后，推进剂燃烧产物——燃气的摩尔质量 m_cl、比热比、定压比热等热力特性参数基本确定，通过优化设计药柱燃烧型面面积 A_b、推进剂燃速 w_c、燃烧室自由容积 V_cl（即燃气能够占据的空间），合理控制这些参数与喷喉面积 A_t、特征速度 c^*、瞬时燃压 p_c、推进剂药柱密度 ρ_cs 之间的匹配关系，能够控制试验火箭发动机工作压力曲线与依据的原型火箭发动机工作压力曲线基本一致。

火箭发射燃气动力学试验过程中，由于试验规模及模拟时间有限，燃气流场非定常效应比较突出，试验固体火箭发动机、液体火箭发动机都需要适当控制起动过程。控制起动过程依据火箭发动机工作压力曲线，主要对应图4-3所示点火初始时刻 t_a 至初始压力峰值时刻 t_b 之间时间段内的压力曲线。控制火箭发动机起动过程的方法主要借鉴一般火箭发动机设计及试车试验控制起动过程的方法。火箭发动机起动过程控制主要指标包括加速性、初始自由容积、温度敏感系数、点火时间等。试验火箭发动机起动过程合理控制情况下，试验实测起动阶段压力曲线与依据的压力曲线将吻合得很好，曲线变化相对平稳，起动阶段持续时间相对接近，试验火箭发动机工作压力曲线不会出现凸出的凸包、凹槽或过程压力剧烈波动、跳变现象。

基于火箭发动机设计方案、试验工装方案及试验测试方案设计，结合已经开展的试验经验，典型单喷管火箭专项喷流试验方案设计主要控制参数归纳如表4-5。

表4-5 典型单喷管火箭专项喷流试验主要控制参数一览表

参数名称	设计范围	控制偏差	备注
模拟火箭发动机喷口内径	≥40mm	±0.5mm	参数依据具体要求设计,如喷管扩张半角12°±0.2°
模拟火箭发动机扩张半角	5.00°~20.00°	±0.2°	
模拟火箭发动机喷管膨胀比	5~50	±3%	
模拟火箭发动机工作平均压力	1.5~20.0MPa	±5%	
推进剂燃温	1200~3800K	±5%	
模拟火箭发动机相对试验装置或试验件冲击高度	0~3.0m	±1.0mm	
燃气流对试验装置或试验件冲击角度	15°~90°	±0.5°	
结构加工精度	不低于6级	—	局部要求7级以上
测试数据完整率	不低于70%	—	

4.4 试验测试及分析方法

测试与分析是火箭发射燃气动力学试验关键环节之一,决定了火箭发射燃气动力学试验的具体成效。本节简要说明目前火箭发射燃气动力学试验测试与分析方法。

4.4.1 测试内容及测试途径

火箭发射燃气动力学试验过程中,测试内容、测试途径主要受3个方面因素制约:

(1)燃气介质条件。火箭发射燃气动力学试验一般涉及高温、高速燃气介质,高温燃气的烧蚀作用、高速燃气的冲击破坏作用对测试内容、测试途径的制约因素是火箭发射燃气动力学试验测试与分析首先应该考虑的问题。很多情况下,常规气动或流场试验测试、分析方法在火箭发射燃气动力学专项试验中难以发挥作用。例如,流场专题试验中采用的热线风速仪极易损坏,难以获取数据,在当前火箭发射燃气动力学专项试验中已经很少采用。火箭发射燃气动力学试验燃气介质是由火箭发动机生成的特殊多相、多组分介质,相对清洁的常温空气风洞试验,燃气介质对光学仪器极具烧蚀破坏性,也使得光学仪器受到很大程度限制,如激光测试仪、纹影成像仪在高温、高速燃气流场测试中发挥效果很不理想。

(2) 试验系统结构。火箭发射燃气动力学试验系统结构一般比较复杂,模拟发射系统结构件外形不规整,结构尺寸差异很大,结构件连接关系复杂,结构件之间空隙很小,这些均不同于一般实验室内研究的单一钝头体烧蚀试验或平板扰流气动试验,市场上常见的传感器尺寸、安装方式往往不适应复杂试验条件的布位、安装要求,同时传感器的线缆走向、布位也已经不可忽略并影响了燃气流动状态,一些条件下传感器及其线缆已经影响试验方案。模拟发射系统不仅影响测试传感器安装、布位,也影响了非接触式光学仪器的安装方式,原先风洞试验使用很广泛的纹影成像仪、激光测速仪由于光路受复杂模拟发射系统影响而无法安放,目前除红外热像仪、高速摄影仪外,其他类型光学仪器在火箭发射燃气动力学试验中经常受限。

(3) 测试作业条件。除上述结构尺寸及试验空间限定的测试作业条件外,测试作业条件还包括试验测试传感器安装、试验传感器布线及防护等测试仪器组装作业条件、测试调试作业条件、场坪安全及环境防护作业条件。以图4-12所示的喷流缩比试验系统为例,传感器及其线缆已经难以完全隐藏在结构内部,针对外露部分的传感器及其线缆在狭小空间内固定、防护措施已经成为测试作业重点关注的内容。对于复杂的喷流缩比试验系统,测试的燃气流参数多种多样,测试调试与工装调试需要相互影响,光学测试调试往往计及工装系统干扰;对于野外喷流试验,测试系统防雨、防潮、防腐蚀、防静电、防干扰、防暴晒、抗噪抗震等条件均需要加以考虑。

基于上述3个方面制约因素考虑,结合已经开展的火箭发射燃气动力学试验测试情况,总结当前火箭发射燃气动力学试验主要测试内容、测试途径如表4-6所列。表4-6中符号"■"标识火箭发射燃气动力学试验一般必测内容,符号"□"标识火箭发射燃气动力学试验不常测内容。以采用的测试仪器表征测试途径,符号"★"标识火箭发射燃气动力学试验经常采用的测试传感器或光学测试仪,符号"☆"标识火箭发射燃气动力学试验偶尔或几乎不用的测试传感器或光学测试仪。后续类似符号同义。

从表4-6中可以看出,目前火箭发射燃气动力学试验常测试参数包括4类,即燃气流场参数、气动热参数、气动噪声参数、气动载荷参数。这4类参数中,燃气流场参数与气动载荷参数是传统测试参数。气动热参数过去受限于测试技术水平与测试成本,没有系统开展的记录,近几年发展较快并在工程实践中广泛开展。燃气流噪声参数过去除井下发射开展了相关测试外,一般的发射试验及火箭发射燃气动力学专项试验测试较少涉及,近10年发射燃气流噪声对火箭的影响问题再次凸显,已开展了系列试验专题测试燃气流噪声特性。

表4-6 火箭发射燃气动力学试验主要测试内容及途径一览表

测试类型	测试参数名称	主要测试途径
燃气流场	■燃气流压力	★压力传感器
	■燃气流温度	★温度传感器 ★红外热像仪
	□燃气流速度	☆激光测速仪 ☆高速摄像仪
	□燃气流密度	☆纹影仪
	□燃气流成分	☆光谱分析仪
气动热	■对流传热热流	★热流传感器
	□辐射传热热流	☆热流传感器
	□结构背温	☆温度传感器 ☆红外热像仪
燃气流噪声	□燃气流噪声声压	★声压传感器
	□燃气流噪声声强	☆声强传感器
	□燃气流噪声源像	☆噪声声压阵列仪
气动载荷	■燃气流作用力	★测力仪 ★应变传感器
	□燃气流作用力矩	☆风洞天平
	■燃气流作用结构应力与应变	★应变传感器
	□燃气流作用结构振动加速度	☆加速度传感器

　　火箭发射燃气动力学试验实际测试的内容比较多,燃气流场测试包括燃气流压力、温度、速度、浓度、密度、组分等,气动热测试包括对流传热热流密度、辐射传热热流密度、对流传热与热流辐射传热耦合条件的复合传热热流密度,气动噪声测试包括噪声声压、噪声声强、声源识别与定位,气动载荷测试包括气动力、气动力矩、结构动应变、静应变、燃气流冲击加速度等。实际上,受试验成本以及试验系统复杂度限制,测试内容经常有所选择,一般均依托比较成熟可靠的测试内容与测试途径。燃气流压力、温度、热流、噪声声压、结构应变与气动力是目前火箭发射燃气动力学试验中经常测试的6类气动参数,前4类参数主要利用安置于燃气流场影响空间内的传感器进行测试,相关传感器通过接触燃气流感受燃气流动信息。结构应变与气动力测试主要将应变片、测力仪置于燃气流场中背风环境感受结构应变与燃气流冲击力变化信息。背风环境应变与冲击力测试为常规力学测试。

火箭发射燃气动力学专项试验有时会采用激光测速仪、高速摄像仪、红外热像仪等光学测试仪器进行测试,这些仪器测试原理可参阅相关文献。激光测速仪、高速摄像仪、红外热像仪等光学仪器一般放置于燃气流冲击扰动空间外,对燃气流的流动状态、流动过程影响较少,日益得到重视,其中红外热像仪具有较强的透视效果及夜间适应能力,目前有发展成为小型火箭发射燃气动力学试验或专题小尺度喷流试验测试必备条件的趋势。需要指出的是,激光测速仪、高速摄像仪、红外热像仪等光学仪器发展成为大型火箭发射燃气动力学试验必备条件,目前仍然不具备现实条件。例如,激光测速仪焦距十分有限,发射功率严重不足,难以穿透外围燃气流达到发射试验燃气流中心区域。高速摄像仪仅局限拍摄燃气流边缘推进效果,不能获取燃气流内部信息,燃气流带动浓厚的灰尘或烟雾笼罩条件下,即使是燃气流边缘也难以分辨扰动、推进信息。红外热像仪分辨率及拍摄帧频均很低,抗噪抗振能力普遍较差,大型火箭发射试验难以穿透燃气流或近距离分辨复杂发射平台中心区域结构附近燃气流温度范围以及流场分布信息。

4.4.2 接触式测试基本原理及方法

4.4.1 节已经说明,燃气流压力、温度、热流、噪声 4 类燃气流参数主要采用前置传感器直接感受燃气流作用的接触方式进行测量,本节扼要说明这 4 类燃气流参数接触式测试的基本原理和方法。

1. 燃气流压力测试方法基本原理

燃气流压力测试方法基本原理如表 4-7 所列。

表 4-7 燃气流压力测试方法基本原理

类型	测试基本原理	输出信号	常用传感器
电阻型	燃气流压力造成硅晶体电阻变化,电阻大小反映燃气流压力大小	经常应用输出电压反映燃气流压力	★压阻型压力传感器
应变型	燃气流压力造成感应应变片电阻变化,电阻大小反映燃气流压力大小	经常应用输出电压反映燃气流压力	★应变型压力传感器
电荷型	燃气流压力造成压电晶体压力效应,由电荷量反映燃气流压力大小	输出电流或电压反映燃气流快速变化瞬态压力	☆压电型压力传感器
电容	燃气流压力造成感应极板电容变化,电容量反映燃气流压力大小	输出电流反映燃气流压力	☆电容型压力传感器
电感	燃气流压力造成感应线圈阻抗变化,阻抗反映燃气流压力大小	输出电流或电压反映燃气流压力	☆电感型压力传感器

第4章 火箭发射燃气动力学试验方法

表4-7显示燃气流压力测试主要利用压阻型、应变型传感器,偶尔会利用压电型传感器,其他类型的传感器应用较少,主要原因在于其他类型的传感器难以可靠、准确地获取复杂环境燃气流压力数据。

火箭发射燃气动力学试验中应用的压阻型压力传感器、应变型压力传感器具有类似的内部结构及外部接口形式,压电型压力传感器与压阻型压力传感器或应变型压力传感器结构稍有差别,压阻型或应变型压力传感器与压电型压力传感器结构示意如图4-14所示。图4-14中压电型传感器采用双线连接感应端与壳体方案,实际生产经常采用单线连接感应端与壳体方案。

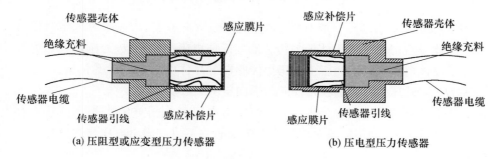

(a) 压阻型或应变型压力传感器　　(b) 压电型压力传感器

图4-14 压力传感器结构示意图

应变式压力传感器的应变片感应电阻相对变化量与应变片变形相对变化量之间存在相对线性简单关系,这种关系将计及应变片其内埋丝栅沿电阻丝长度方向相对变化量受压力变化及环境温度综合影响,有

$$\frac{\Delta R_\varepsilon}{R_\varepsilon} = K_\varepsilon \frac{\Delta L_\varepsilon}{L_\varepsilon}, \quad \frac{\Delta L_\varepsilon}{L_\varepsilon} = \left(\frac{\Delta L_\varepsilon}{L_\varepsilon}\right)_p + \left(\frac{\Delta L_\varepsilon}{L_\varepsilon}\right)_T \quad (4-82)$$

式中:R_ε为应变片电阻;ΔR_ε为应变片电阻变化值;K_ε为应变片灵敏度系数;L_ε为应变片内埋丝栅长度;ΔL_ε为应变片内埋丝栅变形量。

为反映燃气流压力的真实作用影响,压力传感器需要采取措施消除温度影响引起的虚假应变,这种措施就是通常所说的温度补偿措施。温度补偿可以采用桥路补偿或应变片自补偿方式,采用经典的全桥式桥路补偿措施后,压力传感器输出电压与应变存在形如(4-82)式左侧单一因素影响的线性简单关系。

应变式压力传感器常采用圆形平膜片,基于燃气流作用下圆形平膜片任意一点径向、周向应变与径向位置关系,积分得到圆形膜片上矩形应变片粘贴区域径向、周向总应变,则电压与应变关系变化为

$$\frac{U_0}{U} = K_\varepsilon \frac{\varepsilon_{r0} + \varepsilon_{h0}}{2}, \quad \varepsilon_{h0} = \int_{h_1}^{h_2} \frac{3p(1-\mu_\varepsilon^2)(r_\varepsilon^2 - r^2)}{8h_\varepsilon^2 E_\varepsilon} dr,$$

$$\varepsilon_{r0} = \int_{r1}^{r2} \frac{3p(1-\mu_\varepsilon^2)(r_\varepsilon^2 - 3r^2)}{8h_\varepsilon^2 E_\varepsilon} dr \qquad (4-83)$$

式中：U 为传感器供电电压；U_0 为传感器输出电压；h_ε 为传感器膜片厚度；E_ε 为传感器膜片弹性模量；μ_ε 为传感器膜片材料泊松比；r_ε 为传感器膜片半径；r 为传感器膜片上任意点距径向距离；ε_{r0}、ε_{h0} 分别为应变片径向、周向总应变。

压阻式压力传感器的硅晶体电阻相对变化量、硅晶体电阻率相对变化量、传感器输出电压与内埋电阻丝相对变形量关系为

$$\frac{\Delta R_r}{R_r} \approx \frac{\Delta \theta_q}{\theta_q} = \frac{U_0}{U} = K_{\theta r}\varepsilon_r + K_{\theta h}\varepsilon_h \qquad (4-84)$$

式中：ε_r、ε_h 分别为圆形平膜片任意一点径向、周向应变；R_r 为压阻式压力传感器硅晶体电阻；ΔR_r 为压阻式压力传感器硅晶体电阻变化值；θ_q 为压阻式压力传感器硅晶体电阻率；$\Delta \theta_q$ 为压阻式压力传感器硅晶体电阻率相对变化量；$K_{\theta r}$、$K_{\theta h}$ 分别为压阻式压力传感器膜片径向与周向压阻系数。

压电式传感器的压电晶体在燃气流压力作用下，输出电荷与燃气流压力存在近似线性关系，利用输出电压与输出电荷的关系建立输出电压与燃气流压力关系：

$$U_0 = \frac{q_s}{K_{c2}C_s} \approx \frac{K_{c1}p}{K_{c2}C_s} = K_{c3}p, \quad K_{c3} = \frac{K_{c1}}{K_{c2}C_s} \qquad (4-85)$$

式中：q_s 为压电式压力传感器输出电荷；C_s 为压电式压力传感器电容；K_{c1} 为压电式压力传感器压电系数；K_{c2} 为压电式压力传感器电容系数；K_{c3} 为压电式压力传感器电压灵敏度系数。

应变式压力传感器、压阻式压力传感器与压电式传感器还需计及感应膜片的厚度及自振频率。感应膜片周边固支情况下，周边径向应力最大，平膜片的厚度设计应确保周边应力最大不超过材料许用应力，据此可设计平膜片的厚度。平膜片的厚度确定并且压力传感器周边固支情况下，根据弹性薄板理论可以分析压力传感器平膜片固有振动频率。受燃气流作用时，压力传感器平膜片需要考虑燃气流附加质量效应，则传感器平膜片自振频率为

$$f_{01} = \frac{f_0}{\sqrt{1+\beta_s}}, \quad \beta_s = \zeta \frac{\rho_g r_\varepsilon}{\rho h_\varepsilon}, \quad f_0 = \frac{a_s}{2\pi r_\varepsilon^2}\sqrt{\frac{W_s}{m_s}} = \frac{a_s h_\varepsilon}{4\pi r_\varepsilon^2}\sqrt{\frac{Ep}{3(1-\mu_s^2)\rho_s g}},$$

$$\frac{h_\varepsilon}{r_\varepsilon} \geq \sqrt{\frac{3}{4}\frac{p}{[\sigma]}} \qquad (4-86)$$

式中：$[\sigma]$ 为传感器膜片材料许用应力；W_s 为传感器膜片抗弯刚度；m_s 为传感器膜片单位面积质量；a_s 为传感器膜片振型系数；ρ_s 为传感器膜片材料密度；g 为

重力加速度；μ_s 为传感器膜片材料泊松比；f_0 为传感器平膜片固有频率；ζ_0 为传感器平膜片相关修正系数；β_s 为燃气流作用下振型附加系数。

根据试验流体力学基本理论[21]，应变式压力传感器膜片的自振频率 f_{01} 应高于非稳态燃气流最高谐波频率 f_g 的 3~5 倍以上才能控制压力测量误差在允许范围内，即

$$f_{01} \geq \zeta_1 f_g, \quad \zeta_1 = 3 \sim 5 \quad (4-87)$$

式中：ζ_1 为传感器平膜片相关修正系数。

压力传感器用于测试燃气流压力前，一般应检验压力传感器的基本性能，基本性能主要指标包括传感器精度、灵敏度、重复性、滞后性、非线性、动态特性等，一些情况下还需要检验冲击、零漂及温度特性。

压力传感器精度反映了压力测量的可靠程度，一般用测试压力均方差表示。压力传感器最大测量误差相对压力测量范围的百分比定义为压力测量精度。燃气流测试选用压力传感器时，根据精度及成本控制要求综合权衡，选择相应压力等级的压力传感器。压力传感器灵敏度反映了压力传感器对气流压力的敏感程度，定义为传感器的最大输出值（如应变、电阻、电荷）与能够承受的燃气流压力最大值（一般采用量程值）比值。压力传感器的重复性指标表示相同燃气流压力环境下，压力传感器不同次测试压力之间的接近程度，实际操作时，压力传感器的重复性指标一般依托多次试验测试，取最大压力差值相对测试压力平均值的百分比值。压力传感器的滞后性指标表示压力传感器加压过程升压曲线与卸压过程降压曲线接近程度，一般用相同压力作用条件下加、卸压过程压力曲线之间最大差值与压力传感器量程的百分比值表示，操作时经常直接以应变、电阻或电荷值直接折算。压力传感器的非线性指标表示检验过程压力测试曲线（即标定曲线）相对预期直线压力曲线偏离程度。传感器精度、灵敏度、重复性、滞后性、非线性定义的数学形式分别为

$$J_1 = \frac{\Delta p_{e,\max}}{p_{s,\max}} \times 100\%, \quad \Delta p_e = \sqrt{\frac{1}{n-1}\sum_i^n \Delta p_i^2}, \quad \Delta p_i = p_i - \bar{p}, \quad \bar{p} = \frac{1}{n}\sum_i^n p_i \quad (4-88)$$

$$J_2 = \frac{\varpi_{\max}}{p_{s,\max}} \times 100\%, \quad J_3 = \frac{p_s^{<n+1>} - p_s^{<n>}}{p_s^{<n>}} \times 100\%,$$

$$J_4 = \frac{\Delta \varepsilon_{s,\max}}{\varepsilon_{s0}} \times 100\%, \quad J_5 = \frac{\Delta p_{sa,\max}}{p_{s,\max}} \times 100\% \quad (4-89)$$

压力传感器的动态特性主要指捕捉或反映压力急剧变化的综合性能。燃气流压力急剧变化时，压力传感器需要准确反映细微时间内的燃气流压力波

形,即能够准确反映细微时间内燃气流压力脉动幅度、频率、波形相位信息。具体描述压力传感器的动态特性指标很多,包括压力传感器频率特性、相频特性、上升时间、动态灵敏度等。

由于火箭发动机燃气流环境压力测试很大精力分散于传感器的烧蚀防护,目前市场尚没有既满足良好动态特性,又满足燃气流高强度烧蚀环境温漂受控的压力传感器,很多情况下检验压力传感器的动态特性主要关注两类指标,即压力传感器自振频率以及压力传感器的上升时间。动态压力传感器自振频率检验参考(4-87)式,但要求压力传感器具有更高的自振频率:

$$f_{01} \geq \zeta_2 f_g, \quad \zeta_2 = 10 \quad (4-90)$$

式中:ζ_2 为传感器平膜相关修正系数。

压力传感器的上升时间指检验过程压力升幅由满量程的10%上升到90%所需的时间,有

$$t_u = t_2 \big|_{p=0.9p_{max}} - t_1 \big|_{p=0.1p_{max}} \approx \frac{2\zeta_s}{\omega_s} \quad (4-91)$$

式中:ζ_s 为传感器阻尼系数;ω_s 为传感器固有角频率。

上述压力传感器性能检验过程即压力传感器标定过程。压力传感器实际标定常用两类方法:一类是利用标准压力传感器特性参数校验待测压力传感器特性参数;另一类是利用标准的测压系统校测压力传感器特性参数。目前,燃气流场测试用压力传感器静态或野外简易标定时常采第一种方法,第二种方法主要依托专业计量单位研制的标准测压系统校测,测压系统的核心设备经常为激波管,该方法主要用于动态特性标定,目前也经常用于评估市场购置的压力传感器频响特性。静态或野外简易标定一般依托相对稳定或缓变的压力源条件。正式标定前参照待测压力传感器量程划分等级参照压力。标定时应根据压力传感器感应膜片的单、双侧敏感特性,规划相应标定流程,即加压、卸压一个循环的次序。标定时还应取得重复性加压、卸压循环数值,对于相应压力级可重复多次,取平均值后绘出压力-感应输出值关系曲线。压力-感应输出值关系曲线可采用最小二乘法得到。激波管标定压力传感器时,主要利用高压冲破膜片形成的标准阶跃压力波(激波)形状、大小校验待测压力传感器动态特性。实际测试时,主要可通过示波器显示待测压力传感器测试压力波形,同时对比显示标准压力传感器测试的近似阶跃方波形状,从而快速、直观判断待测压力传感器上升时间、压力过冲特性与压力衰减特性等动态基本特性。

压力传感器组装于喷流模拟试验装置中时,一般应坚持齐平安装原则:要

求压力传感器感应膜片法线与待测位置曲面(含平面)法线平行；压力传感器感应膜片或外露端面保持与曲线相切、齐平，不允许有凸起或外露感应膜片或外露端面影响燃气流测试。同时，对于曲面曲率半径较小而传感器感应膜片或外露端面直径较大情况，需要在压力测试位置法向加工测试安装孔，同时适当控制传感器安装深度，使感应膜片或外露端面保持与测试孔最低边缘齐平或略低。对于复杂曲面，条件具备时应补充理论及试验校验措施，分析燃气流测压位置开孔的影响。

目前压力传感器抗烧蚀能力普遍不足，燃气流烧蚀恶劣区域仍然需要着手在待测位置采取特殊防护措施，常采用管腔导引延缓烧蚀措施。实际上，采用管腔导引延缓烧蚀措施会对传感器的响应频率造成影响，填充硅油、清水或没有填充硅油、清水的管腔阻尼作用也会对压力测试造成一定程度影响，但这是目前应对高温、高速、高凝相复杂燃气流压力测试的有效方法，在适当控制管腔谐振频率及传感器自身精度条件下，管腔效应造成的压力测试精度损失可以控制在合理范围内，当然，也需要创造条件检验精度具体损失情况。

2. 温度测试方法基本原理

采用温度传感器接触式测试燃气流温度是当前火箭发射燃气动力学试验中最常用且可靠的温度测试方法，其测试原理如表4-8所列。

表4-8 燃气流温度测试方法基本原理

测试类型	测试基本原理	输出信号	常用传感器
热电势型	燃气流温度造成感应元件(感应丝或膜片)电势变化，电势大小反映燃气流温度高低	经常应用输出电压反映燃气流温度	★热电偶型温度传感器
热电阻型		经常应用输出电压或电流反映燃气流温度	☆热电阻型温度传感器

当前燃气流温度测试主要利用热电偶传感器，其典型结构原理如图4-15所示。

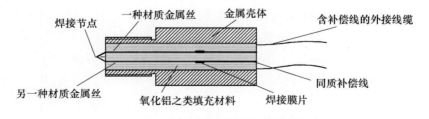

图4-15 热电偶型温度传感器结构原理

热电偶型温度传感器利用两种材质金属丝感应外界燃气流温度,两种材质金属丝采用端头焊点保持电路连接,端头焊点与外露感应金属丝一起感应燃气流温度后利用不同材质金属丝之间的热电效应反映温度高低。需要指出的是,热电偶型温度传感器感应偶丝不局限于采用两种材质金属丝,可以采用其他导电材料,一些厂家根据情况还选取用铜导线做补偿线。

热电偶型温度传感器主要利用 Seebeck 热电效应[22]:金属丝一部分外露在高温燃气流中,一部分包覆在金属壳体中,温差造成电荷(主要是电子)由热端向冷端迁移,整个金属丝热端与冷端之间形成电势;两个不同材质金属丝电势彼此不等,在两个金属丝接线端形成输出电压,如在图 4-15 中焊接膜片处形成输出电压。基于热电效应解释,两种材质金属丝采用端头焊点仅是保持两种材质金属丝连接的方法,其焊点形式可以有多种,燃气流温度测试时,热电偶型温度传感器曾经利用过缠绕方式实现两种材质金属丝连接。

图 4-15 所示热电偶型温度传感器金属丝利用氧化铝之类绝缘材料绝缘、支撑、固化,整个传感器外用钢壳、铁壳等材料封装,便于在待测位置安装,这种类型的热电偶温度传感器经常称为铠装热电偶温度传感器。

Mott、Jones 给出了金属的热电动势率计算式:

$$U_a = -\frac{\pi^2 k_a^2 T}{3e} \frac{\partial \ln\sigma(E_b)}{\partial E_b}\bigg|_{E_b = E_F} \qquad (4-92)$$

式中: k_a 为玻耳兹曼常数,取 $k_a = 1.380658 \times 10^{-23}$ J/K; E_b 为电子能量; E_F 为费米(Fermi)能级; e 为电子电荷, $e = 1.60217733 \times 10^{-19}$ C。

(4-92)式形式相对简单,但准确计算确定金属的热电动势工作很难。研究人员进一步发现,不同材质之间的相对电势容易确定,基于相对统一的参考金属作参考材质,可以比较准确地确定不同材质间相对电势。目前参考金属主要依托理化性能稳定的高纯度铂金属。基于参考电势研究发展了比较标准的热电偶测温技术,该技术的核心是利用一些参考材质(如金材质金属)相对稳定的熔点、凝固点设定标准参考温度与标准参考电势,将测试温度区间进行划分(即分度),各划分温度区间内建立电势与温度之间规范形式的拟合函数关系式,一定的电势值对应相应的温度值。测试温度过程中,采用相对统一材料制成的热电偶温度传感器进行测温,如铂铑 13-铂型热电偶温度传感器,测试过程中获得电势值后,该电势值与上述拟合函数计算的温度值对应,确定该次测试温度。

国际电工委员会(IEC)基于上述比较标准的热电偶测温技术,进一步规范了热电偶温度传感器,推荐在 20~2000K 温度范围内采用 7 种准热电偶温度传感器,我国《热电偶第 1 部分:分度表》(GB/T 16839.1—1997)规范国内 7 种标准热电偶型温度传感器性能,主要性能要求如表 4-9 所列。

表 4-9 我国 7 种标准热电偶型温度传感器主要性能要求

分度号	量程/℃	金属丝材料	稳定性控制范围	二级传感器精度
☆B	1800	铂铑 30-铂铑 6	±46μV(1500℃条件下)	±0.25%T(600~1700℃条件下)
☆E	870	镍铬-铜镍	±0.75%T(450℃条件下)	±0.75%T(-40~900℃条件下)
☆J	750	铁-铜镍	±0.75%T(400℃条件下)	±0.75%T(-40~750℃条件下)
★K	1200	镍铬-镍硅	±0.75%T(900℃条件下)	±0.75%T(-40~1300℃条件下)
☆R	1600	铂铑 13-铂	±14.0μV(1084.62℃条件下)	±0.25%T(600~1600℃条件下)
★S	1600	铂铑 10-铂	±12μV(1400℃条件下)	±0.25%T(600~1600℃条件下)
☆T	300	铜-铜镍	±0.40%T(250℃条件下)	±0.75%T(-40~350℃条件下)

虽然标准热电偶温度传感器类型很多,但当前燃气流温度测试中主要用 K 型、S 型热电偶温度传感器,原因在于:①标准热电偶传感器虽然类型较多,但测温范围存在交叉;②K 型及 S 型热电偶温度传感器热电性能相对稳定,抗氧化能力较好。

很多情况下,火箭发射燃气动力学试验燃气流核心流动区域温度一般都超过 2000K,K 型及 S 型热电偶温度传感器的量程不足以应对高温燃气流测试。目前,对于温度高于 1600℃的高温燃气流测试,主要依托性价比较好的钨铼型热电偶温度传感器,即 C 型热电偶温度传感器。高温燃气流测试用钨铼型热电偶温度传感器主要性能要求如表 4-10 所列。

表 4-10 钨铼型热电偶温度传感器主要性能要求

量程	金属丝材料	稳定性控制范围	二级传感器精度
长期 2750℃,短时 3000℃	钨铼 3-钨铼 25	±14μV(2000℃条件下)	±1.00%T(400~2300℃条件下)
长期 2750℃,短时 3000℃	钨铼 5-钨铼 26	±12μV(2000℃条件下)	±1.00%T(400~2300℃条件下)

热电偶型温度传感器比较详细的分度表数据目前主要利用多项式插值确定,即

$$E_d = \sum_{i=1}^{n} \kappa_i T^{i-1} \qquad (4-93)$$

式中:E_d 为热电偶温度传感器电动势。

(4-93)式多项式一般包括 6~9 项系数,相关系数基于大量的试验数据采用最小二乘法确定。目前,《钨铼热电偶丝及分度表》(JB/T 9497—2002)规范了 2315℃以下的钨铼型温度传感器分度系数,表 4-10 所列为我国钨铼型温度

传感器多项式系数项,共 6~7 项,各系数如表 4-11 所列。

表 4-11 我国钨铼型温度传感器分度函数多项式系数

系数	钨铼 3-钨铼 25(783~2315℃)	钨铼 5-钨铼 26(631~2315℃)
κ_0	2.2097354	0.40528823
κ_1	−0.001450061	0.011509355
κ_2	4.28982×10^{-5}	1.5696453×10^{-5}
κ_3	-4.28164×10^{-8}	$-1.3704412 \times 10^{-8}$
κ_4	2.41326×10^{-11}	$5.2290873 \times 10^{-12}$
κ_5	-8.18855×10^{-15}	$-9.2082758 \times 10^{-16}$
κ_6	1.58732×10^{-18}	$4.5245112 \times 10^{-20}$
κ_7	$-1.4321E \times 10^{-22}$	—

《钨铼热电偶丝及分度表》(JB/T 9497—2002)没有涉及 2315℃以上钨铼型温度传感器分度系数。针对该问题,燃气流温度测试大多数采取(4-93)式多项式外延,至于采用标准温度槽或标准黑体腔校验等方法,目前文献介绍很少,因此,高温燃气流温度接触式测试分度与传感器标定问题处理也很迫切。

需要说明的是,利用图 4-15 所示结构形式的热电偶测试燃气流温度时,感应端头及热电偶金属丝处于燃气流冲刷区域,感应端头及热电偶金属丝对燃气流扰动并进行热电效应响应,测试反映的温度不是结构壁温,也不是燃气流来流总温,反映的是介于结构壁温与燃气流来流总温之间的燃气流恢复温度,它与燃气流来流总温之间的关系为

$$T_{sh} = T_{\infty} \left[1 + \zeta_h \frac{\gamma - 1}{2} (Ma_{\infty})^2 \right]^{-1}, \quad \zeta_h \approx \sqrt[3]{Pr} \quad (4-94)$$

式中:T_{sh} 为燃气流恢复温度;T_{∞} 为燃气流来流总温;ζ_h 为燃气温度恢复系数。

燃气流高速冲击过程脉动效应突出,要求热电偶型温度传感器必须具有快速响应能力。与压力传感器响应性能指标定义类似,定义检验过程中温度传感器升幅由到达指定百分比例量程上升到另一指定百分比例量程所需的时间为温度传感器响应时间。

实际检验过程中,一般依据相对统一阶跃温度曲线,测定温度传感器由环境初始温度(如室温(20±5)℃)出现阶跃变化时,温度传感器的输出温度上升到相当于温度阶跃量的 10%、50%、63.2%、90% 时所需要的时间,而对应升幅 63.2% 阶跃量所需响应时间在一些行业专门定义为温度传感器的时间常数。需要说明的是,当前温度传感器的响应时间远高于压力传感器响应时间。例如,金属丝直径 0.25mm 钨铼传感器 90% 比例响应时间一般在 30ms 以上,而压

力传感器响应时间可控制在 3μs 左右。

目前,热电偶型温度传感器综合性能还受到补偿线、铠装工艺、防氧化措施影响,这里不再说明,具体选用时可参考相关标准检验热电偶温度传感器具体性能及工艺措施,对于热电偶温度传感器具体性能的检验也可参照压力传感器检验方法进行标定,考虑标定本身对热电偶温度传感器造成不可避免的性能影响,一般将热电偶温度传感器当一次性使用件进行抽检检验。

3. 热流测试方法基本原理

在试验传热学领域,热流测试方法基本原理如表 4 – 12 所列。

表 4 – 12 热流测试方法基本原理

测试类型	测试基本原理	输出信号	常用传感器
表面温度响应情况	测试结构表面在气流作用下温度变化情况	电压	★同轴热电偶热流传感器 ☆薄膜热流传感器
结构温度梯度	测试结构件在气流作用下内部温度梯度	电压	☆戈登计 ☆柱塞式量热计
输入与输出之间的净能量	测试结构件或吸热流体吸收的热流或温升情况	电压	☆水卡量热计 ☆塞块式量热流传感器

当前,高温、高速燃气流环境热流测试主要利用同轴热电偶热流传感器,该型热流传感器经实践反复检验,能够在瞬态高温、高速、复杂扰动燃气流环境比较可靠地取得热流数据,操作方法也比较简洁,性价比较高。

火箭发射燃气动力学试验中应用的同轴热电偶热流传感器典型结构如图 4 – 16 所示。实践中传感器感应膜片也用镀膜等方式形成,如辐射热流传感器经常采用镀膜制作工艺。

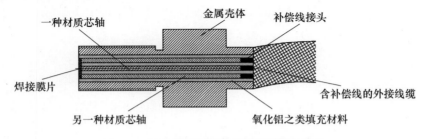

图 4 – 16 同轴热电偶热流传感器典型结构

安装同轴热电偶热流传感器时,也要求类似压力传感器安装方式,坚持法向齐平安装原则,即要求膜片与安装结构件迎风面齐平,对于迎风面为曲面的,保持安装孔位轴线与曲面法向重合,如曲面曲率很大,相应要求同轴热电偶热流传感器尽量做成小巧型,目前同轴热电偶热流传感器最小直径能做 2mm 左右,较好地满足了小型试验件或小型喷流缩比试验安装要求。

同轴热电偶热流传感器测试燃气流热流主要基于一维瞬态导热原理[23,57],将待测结构件从燃气流扰流面开始视作半无限大物体,图 4-16 所示焊接膜片感受环境温度瞬态变化,后端采集系统记录焊接膜片感受的变化温度与时间关系,数据分析时将这种变化的温度与时间关系作为已知边界条件,进一步求解半无限大材料的非稳态导热方程,从而确定燃气流环境燃气流经结构表面传递给结构件的热流。

材质均匀半无限物体、初始温度一致、表面热阻不计条件下,瞬态导热问题可依据一维瞬态导热方程确定,即

$$\frac{\partial \theta_{Ta}}{\partial \tau} = \frac{\lambda_s}{\rho_s c_{ps}} \frac{\partial^2 \theta_{Ta}}{\partial x^2}, \quad \theta_{Ta} = T(\tau) - T(0) \quad (4-95)$$

式中:θ_{Ta} 为燃气余温;λ_s 为传感器材料传热系数;ρ_s 为传感器材料密度;c_{ps} 为传感器材料定压比热容。

利用拉普拉斯变化推导,并经过进一步变换,可得(4-95)式基于温差形式的简化通解,即

$$q(0,\tau) = \frac{\sqrt{\rho_s c_{ps} \lambda_s}}{\sqrt{\pi}} \left[\frac{\theta_{Ta}(\tau)}{\sqrt{\tau}} + \frac{1}{2} \int_0^\tau \frac{\theta_{Ta}(\tau) - \theta_{Ta}(t)}{(\tau - t)^{\frac{3}{2}}} dt \right] \quad (4-96)$$

(4-96)式在流体传热领域广泛应用,也是当前火箭发射燃气动力学试验同轴热电偶热流数据分析、计算的理论基础。(4-96)式在实际应用过程中,仍然存在难以直接应用问题,研究人员进一步发展了适合热流数据计算机快速处理的方法。目前火箭发射燃气动力学试验过程中主要采用 Don Wagner 数值算法[57],该算法数学形式为

$$q(t_n) = \frac{2\sqrt{\rho_s c_{ps} \lambda_s}}{\sqrt{\pi}} \left[\sum_{i=1}^n \frac{T(t_i) - T(t_{i-1})}{\sqrt{t_n - t_i} + \sqrt{t_n - t_{i-1}}} \right] \quad (4-97)$$

(4-96)式和(4-97)式中:$q(\cdot)$ 为燃气传进壁面的热流密度;t、τ、t_n、t_i 为燃气流动记录时间或时刻。

实际计算处理时,利用同轴热电偶测定的膜片瞬时响应温度,(4-97)式采用数值递推方法计算壁面热流,也就是说,火箭发射燃气动力学试验过程中,同轴热电偶测定壁面响应的温度后,需要借助计算机条件的数值分析方法计算确定燃气流环境壁面具体热流随时间变化特性。实践表明,(4-92)式形式虽然

相对简单,当燃气流作用时间较长、同轴热电偶热流传感器采样频率又较高时,基于测试数据的数值计算仍然相当费时,因此,(4-97)式数值计算方法仍然需要持续改进,目前主要采用数据过滤(即数据降采样)方法计算测试热流。数据过滤方法不可避免会影响热流计算结果,在此情况下需要综合测点附近燃气流场压力、温度测试信息,判断热流结果反映的特性及具体数值真伪,在不易判断情况下可以回到热流传感器测试的原始温度数据,再结合燃气流场压力、温度测试数据及燃气流场、热流理论预示结果进一步判读。

由于同轴热电偶热流传感器测试燃气流环境结构热流基于薄膜瞬态传热原理,理论推导热流计算式依据初始环境与壁面温差为零假设条件,后续(4-97)式数值递推计算继续隐含了初始温差为零假设条件,因此,要求测试过程必须从高温、高速燃气流未扰动测试位置前开始记录同轴热电偶热流传感器温度数据,当前大多数情况下可基于时序控制方法采集同轴热电偶热流传感器测试的温度数据,具体方法是利用火箭发动机点火信号或其他触发信号驱动采集系统,在燃气流未喷出火箭发动机前就开始记录同轴热电偶热流传感器测试的温度数据,保证后续热流数值计算结果有效。

(4-95)式~(4-97)式显示同轴热电偶热流传感器测试的热流与传感器材质的比热容、热导率、密度参数组合的集总热参数成正比,集总热参数成为综合控制燃气流热流测试精度的关键参数。定义集总热参数为热物性参数,即

$$\eta_s = \sqrt{\rho_s C_{ps} \lambda_s} \tag{4-98}$$

由于热物性参数是控制燃气流热流测试精度的关键参数,同轴热电偶热流传感器测试燃气流前需要对其进行标定,确定热物性参数具体数值。同轴热电偶热流传感器热物性参数目前主要采用浸入标定方法,标定时将同轴热电偶热流传感器快速浸入绝缘液体(如水介质)测试温度阶跃特性,基于绝缘液体放热与同轴热电偶热流传感器吸热平衡,以及绝缘液体参考热物性参数确定同轴热电偶的热物性参数。

同轴热电偶热流传感器的性能不仅局限于热物性参数,与温度传感器、压力传感器类似,其灵敏度、响应时间、热偶丝材质的热电系数均是高速燃气流环境热流测试关注并考核的内容,相关定义与本章节前述相关灵敏度、响应时间、热电系数定义类似,此处不再说明。

同轴热电偶热流测试不仅包含同轴热电偶热流传感器热物性参数的具体标定,还要求类似于温度传感器或压力传感器,对同轴热电偶热流传感器整体进行标定,考虑同轴热电偶热流传感器在高温下的耗损,也采用抽检标定,依托专业计量单位或专用设备进行比较标定。

4. 燃气流噪声测试方法基本原理

燃气流噪声测试集中于燃气流噪声声压测试，主要原因在于燃气流噪声声压测试原理、方法相对简易、可靠，基于燃气流噪声声压测试，可计算燃气流噪声声强及噪声声功率，也是发展燃气流噪声声强测试技术的基础，例如，当前应用比较普遍的噪声声强测试传感器，其原理就是利用相位相互匹配的两支声压传感器同位测试声压，由声压互功率谱关系确定噪声声强。

燃气流噪声声压测试，本质上是燃气流场脉动压力测试，该脉动压力相对燃气流动核心区平均压力来说，往往相差几个数量级以上，同时这种脉动压力存在宽频特性，从而要求噪声声压测试传感器必须动态范围宽、频率响应平直、灵敏度高、稳定性好、电噪声低，表4-7中后3种压力传感器具备这种特性，但相对而言，电容型传感器因结构简单、感应元件工作可靠、稳定以及尺寸可以小型化而得到推广和应用。燃气流噪声测试方法基本原理如表4-13所列。

表4-13 燃气流噪声测试方法基本原理

测试类型	测试基本原理	输出信号	常用传感器
电容	燃气流脉动压力造成传感器感应极板电容变化，电容量反映燃气流噪声特性	电压	★驻极体型电容噪声传感器 ☆普通电容型噪声传感器
电荷	燃气流脉动压力造成传感器压电晶体压电效应，由电荷量反映燃气流噪声特性	电压	☆压电型噪声传感器
电感	燃气流脉动压力造成感应线圈阻抗变化，阻抗反映燃气流噪声特性	电压	☆电感型噪声传感器

表4-13显示当前燃气流噪声主要采用驻极体型电容噪声传感器，其结构如图4-17所示。

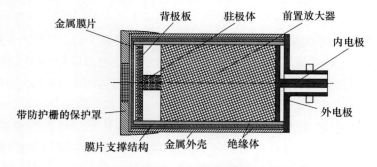

图4-17 驻极体型电容噪声传感器结构示意图

第4章　火箭发射燃气动力学试验方法

驻极体型电容噪声传感器与普通电容噪声传感器相比,主要差别是驻极体型电容噪声传感器在电容背极板上驻存了永久电荷。驻存永久电荷常用的方法是电容背极板蒸镀纯金膜(也用高分子复合材料),纯金膜在高压电场下极化造成电容背极板两侧驻存异性电荷。

电容背极板与噪声传感器前置金属膜片之间存在微间隙,电容背极板与前置金属膜片形成平板电容条件,基于平板电容与平板间隙、平板表面关系,驻极体型电容噪声传感器在外界电压作用下,充电电荷与电容、电压之间的关系为

$$q_{cs} = C_{cs} U_{cs}, \quad C_{cs} = \frac{\chi_{cs} \varepsilon_{cs} S_{cs}}{h_{cs}} \quad (4-99)$$

式中:q_{cs}为噪声传感器极板充电电荷;U_{cs}为噪声传感器极板充电电压;C_{cs}为噪声传感器极板电容;χ_{cs}为噪声传感器极板电容换算系数;ε_{cs}为噪声传感器极板介电常数(也称电容率);S_{cs}为噪声传感器极板面积;h_{cs}为噪声传感器极板间隙。

驻极体型电容噪声传感器电容器电阻与电容的乘积——充放电时间常数通常很大。当传递至噪声传感器前置金属膜片声压瞬时发生微小变化,驻极体型电容噪声传感器的电荷来不及变化,从而微小电压变化与微小电容变化之间存在以下关系,即

$$\Delta U_{cs} \approx \frac{U_{cs} \Delta C_{cs}}{C_{cs}}, \quad \Delta C_{cs} = -\frac{\chi_{cs} \varepsilon_{cs} S_{cs} \Delta h_{cs}}{h_{cs}^2} \quad (4-100)$$

式中:ΔU_{cs}为噪声传感器极板充电电压变化量;ΔC_{cs}为噪声传感器极板电容变化量;Δh_{cs}为噪声传感器极板间隙变化量。

脉动声压变化造成前置金属膜片变形,由此建立微小电压变化与脉动声压变化之间关系为

$$\Delta h_{cs} = -\kappa_{cs0} \Delta p \Rightarrow \Delta U_{cs} \approx \kappa_{cs1} \Delta p, \quad \kappa_{cs1} = \frac{U_{cs} \kappa_{cs0}}{h_{cs}} \quad (4-101)$$

驻极体型电容噪声传感器电容背极板与前置金属膜片电容量很小,电容量级一般为10^{-11}F(即微微法量级),从而阻抗很高,输出电压很低,为此需要配套必要的放大器,与原电容匹配降低阻抗,提高电压输出响应。配套放大器后,整个驻极体型电容噪声传感器电容、电阻发生变化,具体变化形式依据放大器本身阻抗特性综合确定,具体变化情况比较复杂,这里不再说明,可参考噪声测试方面的文献[24]。需要说明的是,尽管安置放大器后整个驻极体型电容噪声传感器电容、电阻发生变化,但(4-101)式噪声传感器电压与声压之间线性关系近似不变。

火箭发射燃气流噪声产生主要由火箭发动机点火冲击波、燃气流激波啸叫、燃气湍流脉动、燃气流马赫波辐射4个方面原因造成,燃气流噪声理想测试方式应兼顾燃气流核心流动区域的燃气流噪声与燃气流核心流动区域外燃气流噪声,实际情况是燃气流核心流动区域高温高速燃气流烧蚀、冲击破坏作用远超噪声传感器承受的极限条件,燃气流噪声测试只能将传感器布置在燃气流核心流动区域外,由燃气流核心流动区域外燃气流噪声测试评估燃气流噪声强度、频谱特性、燃气流噪声传播途径、高声强声源特性。

燃气流核心流动区域外噪声场按测试位置远近不同还可划分为近场、自由场、反射场3个区域。近场指紧邻燃气流核心流动区域外、测量距离小于发射燃气流噪声最低频率对应波长的声场区域;反射场指远离燃气流核心流动区域、紧邻墙壁或其他障碍物的声场区域;自由场指介乎近场、反射场之间的区域,该区域反射噪声和直达噪声相比很小,可忽略。目前,很多噪声与振动测量文献、手册推荐噪声传感器布置在自由场空间,在研究火箭发射燃气流噪声对发射区外围影响情况时,可以采纳该建议。通常情况下,燃气流噪声不用严格遵循此经验,主要原因在于燃气流噪声产生机理、传播特性、控制特性十分复杂,很多机理、特性尚不清楚,很多预示方法及研究目的均围绕近场情况展开。例如,发射平台及箭体附近噪声分布特性及降噪效果评估,在此情况下准确地研究燃气流噪声必须依托近场测试结果。

噪声测试领域,噪声传感器的灵敏度定义分3种,即自由场灵敏度、声压灵敏度、扩散场灵敏度。自由场灵敏度指噪声传感器测试时输出开路电压与该噪声传感器放入自由场之前测点处声压比值;声压灵敏度指噪声传感器测试时输出开路电压与噪声传感器前端感应膜片上声压比值;扩散场灵敏度是一种特殊的声压灵敏度,指在扩散噪声场中噪声传感器测试时输出开路电压与噪声传感器前端感应膜片上声压比值。3种噪声传感器的灵敏度计算具有相对统一的数学形式,即

$$J_{2n} = \frac{U_{2n}}{\Delta p_{2n}} \qquad (4-102)$$

式中:J_{2n}为噪声传感器灵敏度;Δp_{2n}为噪声传感器感应的压力变化值;U_{2n}为噪声传感器输出电压。

燃气流噪声存在宽频特性,要求噪声传感器在宽频范围内保持较好的灵敏度,通常要求在燃气流噪声频域内选择灵敏度随频率变化关系曲线——频率响应曲线比较平坦的噪声传感器。

实际的驻极体型电容噪声传感器不可能做到所有频率均保持频率响应平

坦的特点，受自身结构限制，存在高频与低频临界值。当噪声声压频率高于传感器自振频率时，存在共振破坏风险，该自振频率即是驻极体型电容噪声传感器的临界高频。驻极体型电容噪声传感器平膜片的自振频率计算形式与压力传感器平膜片的自振频率计算形式一致，参考（4-86）式计算。

噪声传感器低频临界值主要依据频率响应曲线确定，将灵敏度低于平坦段3dB频率的低频值定义为低频临界值，其理论计算形式为

$$f_{\text{low}} = \frac{1}{2\pi R_{\text{cst}} C_{\text{cst}}} \tag{4-103}$$

式中：C_{cst} 为噪声传感器总电容；R_{cst} 为噪声传感器总电阻。

因此，驻极体型电容噪声传感器测试燃气流噪声时有效频谱范围为

$$f_{\text{low}} \leqslant f \leqslant f_{\text{upper}} \tag{4-104}$$

式中：f_{low}、f_{upper} 分别为噪声传感器低频、高频临界值。

火箭发射燃气流噪声近场测试时，燃气流扰动及其引射气流波及的地方，压力脉动范围一般远超噪声传感器测试的脉动压力范围，此时为减少燃气流扰动及其引射气流的干扰噪声测试，往往在噪声传感器前端增设鼻锥，以过滤强脉动气流压力。

燃气流噪声近场测试时，噪声传播方向很不规则，噪声声音来自很多方向，为提高噪声传感器的全方向特性，可在感应膜片前端增设无规入射校正器，实际上它是一种特殊的传音鼻锥。

火箭箭体结构及发射系统往往十分复杂，火箭发射过程燃气流动机理、分布特性十分复杂，近场燃气流噪声测试结果与噪声测试位置关系密切，为系统分析火箭发射燃气流噪声特性，需要在火箭发射燃气流噪声近场区域空间不同位置布置数量达几十个的系列噪声传感器。实际上，火箭发射燃气动力学专题试验研究燃气流噪声机理及噪声特性过程中，也是基于此问题考虑布置了系列噪声传感器。燃气流噪声测试过程中，对于按一定特性布位的系列噪声传感器，称为阵列噪声传感器。采用噪声传感器阵列进行测试，一方面用于研究分析燃气流噪声沿空间阵列位点变化特性，另一方面还用于系统分析燃气流噪声源相特性及声源位置。

利用噪声传感器测试燃气流噪声时，与压力传感器类似，也需要对噪声传感器进行标定，可依托标准正弦型活塞发声器或标准声级校准仪进行标定，目前野外燃气流噪声测试主要依托便携式高声强声级校准仪。标定主要检定两个方面参数：①确定灵敏度系数；②确定噪声传感器频响特性参数。噪声传感器标定应明确声压测试结果是有效值类型还是峰-峰值类型。

4.4.3 试验数据采集与处理基本方法

火箭发射燃气动力学试验应以取得能够说明机理或特性的有效数据为基本出发点,并应在试验方案设计、试验系统研制及实际试验进程中坚持取得有效数据这一原则。取得有效数据不仅依托于性能先进的传感器、理想的测试点布位方案、可靠的前端测试防护措施,而且依托于行之有效的数据采集方法以及合理的数据处理方法。

1. 试验测试统计分析及样本数确定基本方法

火箭发射燃气动力学试验过程中,发射系统结构十分复杂,往往不存在所谓标准已知模型,试验前燃气流参数预估值仅是参考值,试验测试值也是参考值,需要依据多次测试结果统计分析推断所谓确值(或真值)大致范围。参照数理统计基本理论,火箭发射燃气动力学试验条件一致情况下,单工况试验特定测点多次测试结果统计确定的均值、统计标准偏差及均值的标准偏差分别为

$$\overline{\vartheta} = \frac{\sum_{i=1}^{n} \vartheta_i}{n}, \quad \sigma_\vartheta = \sqrt{\frac{\sum_{i=1}^{n} \Delta \vartheta_i^2}{n-1}}, \quad \sigma_{\overline{\vartheta}} = \frac{\sigma_\vartheta}{\sqrt{n}}, \quad \Delta \vartheta_i = \vartheta_i - \overline{\vartheta}$$

(4 – 105)

式中:ϑ_i 为信号参数 ϑ 第 i 次试验测试值或单次试验中某测点信号采样序列中第 i 个采样值;$\overline{\vartheta}$ 为信号参数 ϑ 各次试验测试均值或单次试验中某测点信号采样序列中统计段内信号均值;$\Delta \vartheta_i$ 为信号参数 ϑ 第 i 次试验测试值相对均值偏差或单次试验中某测点信号采样序列中第 i 个采样值相对均值偏差;i 为序列号,可代表多次试验排列次序,也可代表单次试验中某测点信号采样序列数;n 为火箭发射燃气动力学试验统计次数,也可代表单次试验中统计分析组段内信号采样总数,还可代表概率统计中的自由度(或样本数),或代表傅里叶变换中的信号参数标序。

火箭发射燃气动力学试验条件一致情况下,如果单个工况布置了相互校验的测点,例如在燃气流影响对称位置布置相互检验的测点,则统计均值及标准偏差扩展形式为

$$\overline{\vartheta} = \frac{\sum_{j=1}^{m} \sum_{i=1}^{n} \vartheta_{ij}}{n \times m}, \quad \sigma_\vartheta = \sqrt{\frac{\sum_{j=1}^{m} \sum_{i=1}^{n} \Delta \vartheta_{ij}^2}{m(n-1)}}, \quad \Delta \vartheta_{ij} = \vartheta_{ij} - \overline{\vartheta} \quad (4-106)$$

式中:j 为火箭发射燃气动力学试验中部署的校验测点标序;m 为火箭发射燃气动力学试验中部署的校验测点总数;ϑ_{ij} 为信号参数 ϑ 第 i 次试验第 j 测点测试

值或单次试验中第 j 测点信号采样序列中第 i 个采样值;$\Delta\vartheta_{ij}$ 为信号参数 ϑ 第 i 次试验第 j 测点测试值相对均值偏差或单次试验中第 j 测点信号采样序列中第 i 个采样值相对均值偏差。

火箭发射燃气动力学试验必须依托火箭发动机工作条件,由此决定火箭发射燃气动力学试验是一种高成本、高风险试验,从而火箭发射燃气动力学试验往往是一种小子样试验,小子样火箭发射燃气动力学试验测试可参照 t 分布确定测试值的不确定度。不确定度指测试误差估计的上限值,由随机误差与系统误差综合因素造成。t 分布条件下,单次测试结果与统计均方根值利用 t 变量联系起来,即

$$t = \frac{\vartheta_i}{\overline{\vartheta}'}, \quad \overline{\vartheta}' = \sqrt{\frac{\sum_{i=1}^{n}\vartheta_i^2}{n}} \quad (4-107)$$

式中:$\overline{\vartheta}'$ 为信号参数 ϑ 各次试验测试统计均方根值或单次试验中某测点信号采样序列中统计段内信号统计均方根。

基于 t 分布的概率密度函数设定置信度 $1-\alpha$ 时,满足该置信度的概率为

$$\Psi(|t|\leq t_\alpha) = 1-\alpha, \quad \Psi(t) = \int_{-t_\alpha}^{t_\alpha}\psi(t)\mathrm{d}t, \quad \psi(t) = \frac{\Gamma\left(\frac{n+1}{2}\right)\left(1+\frac{t^2}{n}\right)^{-\frac{n+1}{2}}}{\left[\sqrt{\pi n}\Gamma\left(\frac{n}{2}\right)\right]}$$
$$(4-109)$$

式中:$\Psi(t)$ 为 t 分布概率分布密度函数;$\Gamma(n)$ 为自由度为 n 的伽马(Gamma)函数;α 为概率统计中置信系数(也称显著水平);t_α 为 t 分布置信限值。

火箭发射燃气动力学试验领域根据多年试验统计分析,一般设定置信度 $1-\alpha$ 为 0.95,则依据(4-109)式可以分析测试结果概率密度与置信度 $1-\alpha$ 的关系,也可以反过来确定设定置信度条件下置信限值 t_α,一些文献也称其为置信系数、置信上下限。由置信限值 t_α 确定单次测试结果的不确定度和统计均值的不确定度分别为

$$\Delta\vartheta_i \approx t_\alpha\sigma_\vartheta, \quad \Delta\overline{\vartheta} \approx \frac{t_\alpha\sigma_\vartheta}{\sqrt{n}} \quad (4-110)$$

式中:σ_ϑ 为测试结果标准偏差;$\Delta\overline{\vartheta}$ 为火箭发射燃气动力学试验测试统计均值的不确定度。

多数情况下,火箭发射燃气动力学试验关心的是测量统计均值的相关情况,特别是统计均值的置信区间。由(4-110)式确定统计均值的置信区间为

$$\left[\overline{\vartheta} - \frac{t_\alpha \sigma_\vartheta}{\sqrt{n}}, \overline{\vartheta} + \frac{t_\alpha \sigma_\vartheta}{\sqrt{n}}\right] \qquad (4-111)$$

由(4-110)式和(4-111)式可以估算火箭发射燃气动力学试验样本数,前提是已设定或者已知不确定度临界值或相对临界值,有

$$n \geqslant \left(\frac{t_\alpha \sigma_\vartheta}{\Delta \vartheta_c}\right)^2, \quad \Delta \vartheta_c \geqslant \Delta \overline{\vartheta} \Leftrightarrow n \geqslant \left(\frac{t_\alpha \sigma_\vartheta}{\xi_c \overline{\vartheta}}\right)^2, \quad \frac{\Delta \overline{\vartheta}}{\overline{\vartheta}} \times 100\% \leqslant \xi_c$$

$$(4-112)$$

式中:ϑ 为火箭发射燃气动力学试验过程测试的信号参数,与本章前述的 ϕ 类似,可代表燃气流压力、温度、热流、噪声等参数;ξ_c 为火箭发射燃气动力学试验测试统计误差临界值。

燃气流参数总不确定度由随机误差造成的不确定度、系统误差造成的不确定度共同决定,有

$$\Delta \overline{\vartheta} = \sqrt{(\Delta \vartheta')^2 + (\Delta \vartheta'')^2}, \quad \Delta \overline{\vartheta}' = t_\alpha \sqrt{\frac{\sum_{i=1}^{n} \Delta \vartheta_i^2}{n(n-1)}}, \quad \Delta \overline{\vartheta}'' = K_\vartheta \Delta \vartheta''$$

$$(4-113)$$

式中:$\Delta \overline{\vartheta}'$、$\Delta \overline{\vartheta}''$ 分别为火箭发射燃气动力学试验随机误差造成的不确定度和系统误差造成的不确定度;$\Delta \vartheta''$ 为火箭发射燃气动力学试验中试验系统(含测试仪器)误差造成的不确定度;K_ϑ 为火箭发射燃气动力学试验系统误差裕度系数。

2. 数据采集控制要素

火箭发射燃气动力学试验中压力、温度、热流、噪声传感器测试相关原始信息目前主要是模拟电压、电流、电荷等电信号方面的信息,试验过程中需要及时将这些信息有线传输至采集仪器并快速保存这些信息,这些信息还需要转换成可以方便数据分析用的数字信号。试验过程中这些测试信息的及时高速传输、快速保存、实时转换以及必要的信号保真措施属于数据采集工作,数据采集工作的实现原理、实现途径多样,详细说明十分繁杂,这里仅概要说明火箭发射燃气动力学试验中数据采集控制要素。

火箭发射燃气动力学试验中数据采集的首要环节是确保布置在发射系统结构附近的传感器感受的信号高质量地传输至采集设备,为此需要控制传感器与采集设备之间的连接方式、连接接口以及采集设备与控制计算机之间的连接方式、连接接口。在控制连接方式、连接接口基础上,一般还要求测试电缆采用屏蔽电缆,控制接地电阻,控制芯线与芯线之间电阻、芯线与屏蔽之间电阻。火箭发射燃气动力学试验经常在野外开展,这些连接方式、连接接口还应特别注

意防潮湿、防霉菌、防漏电,在大型火箭发射试验及高声强燃气流噪声试验中,还需要特别关注测试传输电缆防松脱,采用特别措施,如隔振、减噪专用箱体,防止采集设备、计算机在振动与噪声耦合条件下无法记录、响应传输压力、温度、热流、噪声信号。

由于很多情况下压力、温度、热流、噪声等传感器发出的原始信号较弱,压力、温度、热流、噪声等信号采集过程中,往往需要经过放大处理。放大处理过程往往同时伴随滤波、线性化等处理措施。这些综合性的处理措施在采集领域统称为信号调理。信号调理过程需要控制信号的非线性度、信号漂移偏置、信号建立时间、信号共模抑制比及信号噪声。信号非线性度指信号输入输出关系曲线相对理想直线的偏差。信号漂移偏置主要指信号在传输过程中受环境条件(如温度)影响相对原始信号的变化情况。信号噪声指信号采集传输过程偏离原始信号产生的随机杂质信号。信号建立时间指输入信号预期值的时间。

信号经采集仪调理模块放大后,输出信号电压与输入信号电压比即为信号增益。针对信号放大增益,应合理控制增益精度、增益稳定性系数、增益线性系数。

火箭发射燃气动力学试验野外测试调试往往需要很长时间,采集仪工作的稳定性将凸显重要性。采集仪稳定性可以基于一定时间周期定义具体指标,很多采集设备规定持续工作小时内放大器参考输入电压、参考输出电压变化值作为评价采集稳定性评价指标。

火箭发射燃气动力学试验中,压力、温度、热流、噪声信号存在一定的范围,采集系统应关注压力、温度、热流、噪声等测试信号动态范围,确保信号采集、转换过程中信号保真。能够采集的非失真信号最大值与最小值比值对数定义为测量系统的动态范围。火箭发射燃气动力学试验要依据理论预示确定的压力、温度、热流、噪声范围,合理规划测量系统的动态范围、校验上述信号增益及其精度、线性、稳定性。

与一般的测试采集原理一样,火箭发射燃气动力学试验将信号调理后,最终要转换为可用于计算机处理的数字信号格式,这一过程即通常所说的采样、量化过程或模数转化过程。信号采样、量化时,利用采集设备的采样保持电路与模数转换器实现,具体原理可参考采集原理相关文献。

如上所述,火箭发射燃气动力学试验采集的压力、温度、热流、噪声数据,很多情况下都有瞬态信号,数据采样、量化过程需要合理控制采样频率。参照耐奎斯特(Nyquist)采样定理,准确地描述连续模拟信号的一个频率分量,至少需要在一个周期内获取并记录两个采样值,据此规定信号采样、量化频率。火箭发射燃气动力学试验数据采集过程往往开展专题研究分析试验燃气流模态,一般依据燃气流压力频谱分析确定燃气流的频谱特性。在此基础上遵循耐奎斯特采样定理规划具体采样频率,对于燃气流场瞬态效应突出的,采样频率更高,有

$$f_{cs} = \frac{1}{\Delta t_{cs}} = \zeta_\vartheta f_{\vartheta\max}, \quad \zeta_\vartheta \approx (2.5 \sim 10) \qquad (4-114)$$

式中:Δt_{cs}为火箭发射燃气动力学试验信号采样时合理时间间隔;f_{cs}为火箭发射燃气动力学试验信号采样时合理采样频率;$f_{\vartheta\max}$为火箭发射燃气动力学试验信号最高频率;ζ_ϑ为火箭发射燃气动力学试验采样频率裕度系数。

火箭发射燃气动力学试验采集的压力、温度、热流、噪声数据,彼此之间存在内在关联性,在开展具体关联性分析时须依据统一的时间零点,为此需要在测试过程中增设时间信号采集环节。

3. 试验数据处理和分析基本方法

火箭发射燃气动力学试验过程中采集系统获得有效数据、资料后,需要及时针对试验数据、资料开展数据处理和分析。试验数据处理和分析主要包括数据有效性分析、数据平滑处理、试验数据误差分析等工作,针对燃气流场的瞬态特性及噪声特性往往还需要开展频谱分析工作,对于燃气流烧蚀强度评估还需要围绕热流测试取得的温度数据计算确定热流强度,对于烧蚀率数据需要开展拟合计算确定烧蚀率动态特性。

火箭发射燃气动力学试验单通道数据量往往很大,数据有效性一般通过绘制原始数据曲线快速判断,可通过对原始数据曲线变化特性、对称测点以及相邻测点原始数据曲线呼应情况加以分析,往往还需要结合理论预测结果、一些已有的火箭发射燃气动力学试验特性、风洞试验特性进行分析。火箭发射燃气动力学试验数据有效性分析另一项很重要的工作是确认数据是否存在过大仪器噪声、电源干扰、虚假信号、信号丢失及信号削波问题。

一般情况下,对于燃气流场相对平稳的试验数据可结合(4-105)式确定的统计均值、标准偏差直接剔除异常数据。相同试验工况同一测点多次测量结果,可参照格拉布斯(Grubbs)准则及t检验准则剔除异常数据。格拉布斯准则取相关数据与均值的差值与临界标准偏差进行对比,超过临界标准偏差视为异常值予以剔除,即

$$|\Delta\vartheta_c| > g_r\sigma_\vartheta, \quad |\Delta\vartheta_c| = |\vartheta - \overline{\vartheta}| \qquad (4-115)$$

式中:g_r为火箭发射燃气动力学试验信号数据分析依据的格拉布斯系数;$\Delta\vartheta_c$为火箭发射燃气动力学试验过程测试的信号参数相对均值偏差临界值。

t 检验准则取相关数据与不包括该数据的均值的差值与临界标准偏差进行对比,超过临界标准偏差视为异常值予以剔除,即

$$|\Delta\vartheta_c| > K_t\sigma_\vartheta, \quad |\Delta\vartheta_c| = |\vartheta - \overline{\vartheta}|, \quad K_t = t_\alpha\sqrt{\frac{n}{n-1}} \quad (4-116)$$

式中:K_t 为 t 检验准则中对应置信度条件下的临界系数。

对于燃气流场瞬态变化的试验数据,可继续利用格拉布斯准则及 t 检验准则剔除异常数据,目前主要利用试验数据曲线平滑结果,取可能异常点与平滑曲线中周边数据比对,比对结果存在满足(4-115)式或(4-116)式情况的剔除该数据。

火箭发射燃气动力学试验数据平滑主要有 3 种方法:①对相邻数据采用常规平均方法;②对相邻数据采用组合均方根方法(即 RMS 方法);③采用数值滤波方法。数值滤波主要针对测试仪器频响特性采用带通滤波,对测试仪器无法感知的低频及高频数据成分进行过滤。因此,数值滤波方法也是消除系统误差的方法之一。

数据采用平均方法平滑采样频率较低或降采样后数据量较少的相关试验数据,其简单计算形式如(2-105)式。平均方法应用过程中也曾利用加权平均形式。

数据采用均方根方法平滑时涉及组合数量(即平均数涉及的子样数)控制方法。火箭发射燃气动力学试验数据存在高采样率、短时间历程以及燃气流信号参数瞬变特点,依据数据处理经验,一般按 0.01~0.05s 时间间隔确定均方根方法调用子样数。

如上所述,数值滤波方法主要采用带通滤波。带通滤波的基本思想是有效频带成分的数据信息保留。数字带通滤波主要利用滤波器的脉冲响应与信号的褶积关系(也称卷积关系)计算确定,即

$$\vartheta'(t) = \int_0^{+\infty} \vartheta(t-\tau)h(\tau)\mathrm{d}\tau, \quad h(\tau) = \frac{1}{2\pi}\int_{-\infty}^{+\infty} H(\omega)\mathrm{e}^{\mathrm{j}\omega\tau}\mathrm{d}\omega$$

$$(4-117)$$

从而存在变换的频响函数,即

$$\vartheta'(\omega) = \vartheta(\omega)H(\omega), \quad \begin{cases} H(\omega) = 1, & \omega_0 - \Delta\omega < \omega < \omega_0 + \Delta\omega \\ H(\omega) = 0, & -\omega_0 - \Delta\omega < \omega < -\omega_0 + \Delta\omega \end{cases}$$

$$(4-118)$$

实际火箭发射燃气动力学测试信号带通滤波的计算式为

$$\vartheta'(n\Delta t) = \sum_{-[L-(1/2)]}^{L-(1/2)} \vartheta(n\Delta t - m\Delta\tau)h(m\Delta\tau)\Delta\tau \qquad (4-119)$$

火箭发射燃气动力学测试数据频谱分析采用离散傅里叶变换：

$$\Theta(\omega) = \int_{-\infty}^{+\infty} \vartheta(t) e^{-j\omega t} dt, \quad \omega = 2\pi f, \quad \vartheta(t) = \int_{-\infty}^{+\infty} \Theta(\omega) e^{j\omega t} d\omega$$
$$(4-120)$$

实际频谱分析工作主要依据快速傅里叶变换方法。快速傅里叶变换的数学形式为

$$\begin{cases} \Theta_k = \Theta'_k + \Theta''_k W_F^k, & 0 \leq k \leq \dfrac{N}{2} - 1 \\ \Theta_k = \Theta'_{k-(N/2)} + \Theta''_{k-(N/2)} W_F^k, & \dfrac{N}{2} \leq k \leq N - 1 \end{cases} \qquad (4-121)$$

$$W_F = e^{-2\pi j/N}, \quad \Theta'_k = \sum_{m=0}^{\frac{N}{2}-1} \vartheta_{2m} W_F^{2mk}, \quad \Theta''_k = \sum_{m=0}^{\frac{N}{2}-1} \vartheta_{2m+1} W_F^{2mk},$$
$$m = 0, 1, 2, \cdots, \dfrac{N}{2} - 1 \qquad (4-122)$$

(4-117)式~(4-122)式中：k 为傅里叶变换中的信号参数标序；ω 为火箭发射燃气动力学试验信号角频率；f 为火箭发射燃气动力学试验信号频率；$\vartheta(t)$ 为火箭发射燃气动力学试验过程测试或处理的时域信号参数；ϑ_{2m}、ϑ_{2m+1} 为火箭发射燃气动力学试验过程测试数据处理过程中标序分别为 $2m$、$2m+1$ 的时域信号参数；$\Theta(\omega)$、$\vartheta(\omega)$ 为火箭发射燃气动力学试验过程测试或处理的频域信号参数；Θ_k、Θ'_k、Θ''_k、$\Theta'_{k-(N/2)}$、$\Theta''_{k-(N/2)}$ 为火箭发射燃气动力学试验过程测试数据处理过程中标序为 k 或 $k-N/2$ 的频域信号参数；W_F 为火箭发射燃气动力学试验过程测试离散数据快速傅里叶变换函数中因子函数；$\vartheta'(\omega)$ 为变换的频响函数；$H(\omega)$ 为数字带通滤波时采用的脉冲频域函数；$h(t)$ 为数字带通滤波时采用的脉冲时域函数；ω_0 为数字带通滤波时对应频带中心频率；$\Delta\omega$ 为数字带通滤波时对应频带半带宽；m 为傅里叶变换中的信号参数标序，代表带通滤波中频带内采样总数。

火箭发射燃气动力学试验过程中，测试的燃气流噪声声压值很小，燃气流噪声测试信号经常处理成时间 – 燃气流噪声声压级曲线形式或数据表形式供直观、定量对比分析，燃气流噪声声压级一般定义为燃气流噪声声压相对人耳感知的最小声压比值的对数。在频谱分析中，往往以频率 – 燃气流噪声声压级曲线形式或数据表形式直观、定量对比显示频率与燃气流噪声声压级关系，此时仍基于人耳感知的最小声压确定对应频率 – 燃气流噪声声压级，即

$$\mathrm{SPL} = 20\,\lg\left(\frac{p_{\mathrm{rms}}}{p_{\mathrm{ref}}}\right), \quad p_{\mathrm{rms}} = \sqrt{\frac{1}{n}\sum_{i=1}^{n} p_i^2} \Rightarrow \mathrm{SPL}_{\mathrm{fi}} = 20\,\lg\left(\frac{|p_{\mathrm{fi}}|}{p_{\mathrm{ref}}}\right),$$
$$i = 1,2,\cdots,\frac{f_{\mathrm{cs}}}{2} - 1 \tag{4-123}$$

式中:SPL 为喷流噪声声压级;$\mathrm{SPL}_{\mathrm{fi}}$ 为常规频谱分析中计算确定对应频率的喷流噪声声压级;p_i 为火箭发射燃气动力学试验喷流噪声及瞬态压力测试时标 i 的压力值;p_{fi} 为常规频谱分析中计算确定对应频率的喷流噪声声压;p_{rms}、p_{ref} 分别为火箭发射燃气动力学试验喷流噪声声压级计算分析时的声压均方根值、参考声压,$p_{\mathrm{ref}} = 2 \times 10^{-5} \mathrm{Pa}$,本书其他章节不再说明。

燃气流噪声声压级往往也以倍频程或 1/3 倍频程形式显示频率 – 燃气流噪声声压级关系曲线或数据表,此时需要进一步计算相应频段倍频程带内的声压级。计算前需要划分相关倍频程带。目前国际上已经规范了相关倍频程带中心频率[45-46],计算时,首先依据规范的相应频段中心频率确定相应频段频率上、下限,再计算相应频段倍频程声压级,即

$$\mathrm{SPL}_{\mathrm{fk}} = 20\,\lg\frac{p_{\mathrm{fk}}}{p_{\mathrm{ref}}}, \quad p_{\mathrm{fk}} = \sqrt{\frac{1}{n_k}\sum_{i=1}^{n_k} p_{\mathrm{fki}}^2} \Leftrightarrow f_{k0} = \sqrt{f_{k2} f_{k1}},$$
$$\frac{f_{k2}}{f_{k1}} = 2^{\frac{1}{n_c}}, \quad k = 1,2,\cdots,n_n \tag{4-124}$$

式中:$\mathrm{SPL}_{\mathrm{fk}}$ 为倍频程分析中计算确定的倍频程带内的喷流噪声声压级;p_{fk} 为倍频程分析中第 k 频段喷流噪声声压;p_{fki} 为基于常规频谱分析确定的倍频程分析中第 k 频段标序为 i 的喷流噪声声压;f_{k2}、f_{k1}、f_{k0} 分别为倍频程分析中相应频段频率上、下限及中心频率;n_c 为倍频程倍数,$n_c = 2$ 即是通常所说的倍频程,$n_c = 3$ 即是通常所说的 1/3 倍频程;n_k 为倍频程分析中第 k 频段包含的频谱谱线总数;n_n 为倍频程分析中划分的频段总数。

火箭发射燃气动力学试验数据处理过程中,围绕具体问题还借鉴了气体动力学试验领域、数理统计领域甚至一般工程力学试验领域数据特殊处理方法,如针对系统误差的识别方法、针对试验数据的拟合方法、提升频谱分析频率分辨率的汉宁(Hanning)窗处理方法等,不能一一说明,可参阅数理统计及测试数据分析方面的相关文献。

第 5 章 自由喷流状态燃气流场

火箭发动机喷出的燃气流仅受环境相对静止大气影响时,燃气流推进、膨胀、扩散过程相对自由,燃气流处于大气环境的这种特殊状态,习惯上称为自由喷流状态。相对复杂结构扰动的燃气流场而言,自由喷流状态燃气流与环境大气相互作用形成的混合燃气流场是一类比较简单的燃气流场,围绕这种类型的燃气流场可以开展燃气流场分布、推进特性方面的研究,进而可以研究影响自由喷流状态燃气流场分布、推进特性因素,从不同角度佐证基本相似参数的合理性、正确性,还可以开展数值模拟算法影响方面的研究,这些研究是后续复杂发射燃气流场的基础。

5.1 火箭发动机工作参数及燃气流场参数无量纲形式

研究燃气流场分布特性、燃气流环境结构气动特性时,经常采用无量纲参数形式描述燃气流场分布特性、燃气流环境结构气动特性,这在燃气流场参数、燃气流环境结构气动参数范围跨几个数量级范围描述时的优点表现得特别明显,另外,在对比不同尺度空间燃气流场参数、燃气流环境结构气动参数随距离变化情况说明时优点也将充分体现。本节对燃气流场参数无量纲形式进行界定,燃气流环境结构气动参数将在下一章说明。

自由喷流状态燃气流场参数主要由火箭发动机工作参数及结构参数控制,燃气流动参数及相关结构参数、坐标参数无量纲形式可依据火箭发动机工作参数及结构参数界定。后面将发现,复杂燃气流场参数、结构参数、坐标参数依据火箭发动机工作参数及结构参数界定将十分方便。

表述火箭发动机工作参数及结构参数其实是一件比较棘手的事,主要原因在于火箭发动机工作条件及结构类型多样。4.3.2 节示例说明了火箭发动机钟形喷管、锥形喷管结构形式,实际上同类型管,工作时的结构及状态也有差别。例如,火箭发动机点火后,燃烧室内压力逐渐建压,当压力较小时,一些类型的推进剂容易受环境气流影响出现不稳定燃烧现象,在喷管内部增设封膜结构

(图 5-1(a)),可以减少环境气流影响,同时使火箭发动机燃烧室内压力激增,当形成足够支撑推进剂稳定燃烧的压力后,再破膜释放燃气流。小型火箭发动机以及封闭空间内的火箭发动机,有时会在火箭发动机喷口处设封膜(图 5-1(b)),封膜将燃气流封闭在燃烧室、喷管内,待形成足够支撑推进剂稳定燃烧的压力或达到设定的发射时序后,破膜释放燃气流。一些大型液体火箭发动机,由喷注器喷注推进剂形成的压力能够支持稳定燃烧,火箭发动机内部不再设置封膜,如图 5-1(c)所示。

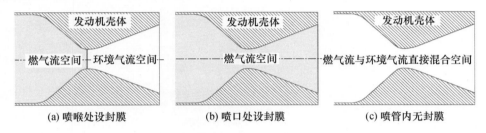

(a) 喷喉处设封膜　　　(b) 喷口处设封膜　　　(c) 喷管内无封膜

图 5-1　火箭发动机工作初始状态示意图

图 5-1(a)、图 5-1(b)所示喷管封膜破碎时,燃气流自喷管向环境推进瞬间即获得了较强的驱动压力,该压力一般称为破膜压力。此后,推进剂燃烧速度加快,火箭发动机压力保持快速增加趋势,对于恒压型火箭发动机,当燃压达到一定值后变化趋于平稳;图 5-1(c)所示喷管未设封膜,燃气流自喷管向环境推进过程驱动压力自环境大气压(表压设为零)逐渐增加,此后,随着推进剂燃烧速度的加快,火箭发动机压力也保持快速增加趋势,对于恒压型火箭发动机,当燃压达到一定值后变化也趋于平稳。推进剂燃温存在类似燃压的变化规律,而推进剂燃烧产物组分变化相对较小,等效单组分后,以质量组分形式表示的燃气浓度在喷管内保持不变,据此绘制发动机燃压、燃温、浓度变化案例曲线,如图 5-2 所示,作为后续研究的参考依据。

依据图 5-2,火箭发动机燃压、燃温、浓度等工作条件确定情况下,则燃气流来流依据条件已经确定,后续燃气流将在来流驱动作用下逐渐向环境自由推进。依据图 5-1,燃气生成后依次经燃烧室、喷喉、喷口喷出,无量纲形式的燃气流动参数可依据喷口截面,或者喷喉截面,或者燃烧室截面燃气参数稳定值或峰值界定。依据火箭发动机原理,喷口、喷喉、燃烧室截面燃气参数彼此关联,后面分析燃气流场时除特殊说明外,一般依据喷口燃气流参数界定无量纲形式的燃气流动参数。这里仍然分别示出:

$$\phi_{ra} = \frac{\phi(t)}{\phi_{e,ref}}, \quad \phi_{rb} = \frac{\phi(t)}{\phi_{t,ref}}, \quad \phi_{rc} = \frac{\phi(t)}{\phi_{c,ref}} \quad (5-1)$$

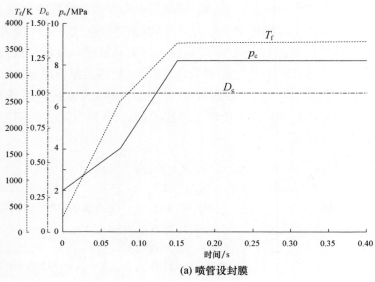

(a) 喷管设封膜

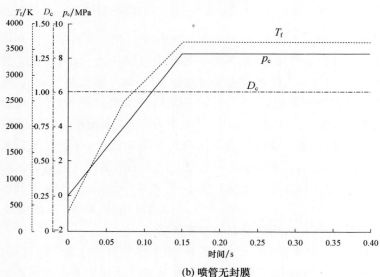

(b) 喷管无封膜

图 5-2　火箭发动机燃压、燃温、浓度随时间变化曲线

式中：ϕ_{ra}、ϕ_{rb}、ϕ_{rc} 分别为基于喷口截面、喷喉截面、燃烧室截面参考值界定的无量纲燃气流参数。

依据(5-1)式，示例燃气流静压、静温、密度、流速等参数无量纲形式为

$$p_{sra} = \frac{p_s(t)}{p_{se,ref}}, \quad p_{srb} = \frac{p_s(t)}{p_{st,ref}}, \quad p_{src} = \frac{p_s(t)}{p_{sc,ref}} \quad (5-2)$$

$$T_{\text{sra}} = \frac{T(t)}{T_{\text{se,ref}}}, \quad T_{\text{srb}} = \frac{T(t)}{T_{\text{st,ref}}}, \quad T_{\text{src}} = \frac{T(t)}{T_{\text{sc,ref}}} \quad (5-3)$$

$$\rho_{\text{ra}} = \frac{\rho(t)}{\rho_{\text{e,ref}}}, \quad \rho_{\text{rb}} = \frac{\rho(t)}{\rho_{\text{t,ref}}}, \quad \rho_{\text{rc}} = \frac{\rho(t)}{\rho_{\text{c,ref}}} \quad (5-4)$$

$$u_{\text{ra}i} = \frac{u_i(t)}{u_{\text{e,ref}}}, \quad u_{\text{rb}i} = \frac{u_i(t)}{u_{\text{t,ref}}}, \quad u_{\text{rc}i} = \frac{u_i(t)}{u_{\text{c,ref}}} \quad i = x, y, z \quad (5-5)$$

(5-2)式~(5-5)式中:p_{sra}、p_{srb}、p_{src}分别为基于喷口截面、喷喉截面、燃烧室截面参考压力界定的无量纲燃气流静压;$p_s(t)$为燃气流静压;$p_{\text{se,ref}}$、$p_{\text{st,ref}}$、$p_{\text{sc,ref}}$分别为对应喷口截面、喷喉截面、燃烧室截面燃气流静压参考值;T_{sra}、T_{srb}、T_{src}分别为基于喷口截面、喷喉截面、燃烧室截面参考温度界定的无量纲燃气流静温;$T_{\text{se,ref}}$、$T_{\text{st,ref}}$、$T_{\text{sc,ref}}$分别为对应喷口截面、喷喉截面、燃烧室截面燃气流静温参考值;ρ_{ra}、ρ_{rb}、ρ_{rc}分别为基于喷口截面、喷喉截面、燃烧室截面参考密度界定的无量纲燃气流密度;$\rho_{\text{e,ref}}$、$\rho_{\text{t,ref}}$、$\rho_{\text{c,ref}}$分别为对应喷口截面、喷喉截面、燃烧室截面燃气流密度参考值;$u_{\text{ra}i}$、$u_{\text{rb}i}$、$u_{\text{rc}i}$分别为基于喷口截面、喷喉截面、燃烧室截面参考流速界定的无量纲燃气流速;$u_{\text{e,ref}}$、$u_{\text{t,ref}}$、$u_{\text{c,ref}}$分别为对应喷口截面、喷喉截面、燃烧室截面燃气流速度参考值。

经火箭发动机喷出的燃气流静压变化幅度会跨2~4个数量级,喷口截面燃气流静压往往很低,用低静压参考值无量纲界定范围很宽的燃气流静压意义不大,(5-2)式变为利用燃气流动压界定,即

$$p_{\text{snra}} = \frac{p_s(t)}{\dfrac{\rho_{\text{e,ref}} u_{\text{e,ref}}^2}{2}}, \quad p_{\text{snrb}} = \frac{p_s(t)}{\dfrac{\rho_{\text{t,ref}} u_{\text{t,ref}}^2}{2}}, \quad p_{\text{snrc}} = \frac{p_s(t)}{\dfrac{\rho_{\text{c,ref}} u_{\text{c,ref}}^2}{2}} \quad (5-6)$$

火箭发射燃气动力学研究时,为直观显示说明燃气流抽吸作用,常采用表压形式的静压描述燃气流场压力分布,则(5-6)式变为

$$p_{\text{snra}} = \frac{p'_s(t)}{\dfrac{\rho_{\text{e,ref}} u_{\text{e,ref}}^2}{2}}, \quad p_{\text{snrb}} = \frac{p'_s(t)}{\dfrac{\rho_{\text{t,ref}} u_{\text{t,ref}}^2}{2}}, \quad p_{\text{snrc}} = \frac{p'_s(t)}{\dfrac{\rho_{\text{c,ref}} u_{\text{c,ref}}^2}{2}},$$

$$p'_s(t) = p_s(t) - p_h(t) \quad (5-7)$$

式中:$p'_s(t)$为燃气流表压;$p_h(t)$为环境气流静压。

无量纲燃气流静温、密度则借鉴气体动力学领域余温形式界定,即

$$T_{\text{snra}} = \frac{T(t) - T_{\text{h,ref}}}{T_{\text{se,ref}} - T_{\text{h,ref}}}, \quad T_{\text{snrb}} = \frac{T(t) - T_{\text{h,ref}}}{T_{\text{st,ref}} - T_{\text{h,ref}}}, \quad T_{\text{snrc}} = \frac{T(t) - T_{\text{h,ref}}}{T_{\text{sc,ref}} - T_{\text{h,ref}}}$$

$$(5-8)$$

$$\rho_{\text{nra}} = \frac{r(t) - \rho_{\text{h,ref}}}{\rho_{\text{e,ref}} - \rho_{\text{h,ref}}}, \quad \rho_{\text{nrb}} = \frac{\rho(t) - \rho_{\text{h,ref}}}{\rho_{\text{t,ref}} - \rho_{\text{h,ref}}}, \quad \rho_{\text{nrc}} = \frac{\rho(t) - \rho_{\text{h,ref}}}{\rho_{\text{c,ref}} - \rho_{\text{h,ref}}} \quad (5-9)$$

无量纲燃气流速也经常以速率形式表述,后面除需说明流动方向外,不再区分矢速度、速率。

$$u_{\text{nra}} = \frac{u(t)}{u_{\text{e,ref}}}, \quad u_{\text{nrb}} = \frac{u(t)}{u_{\text{t,ref}}}, \quad u_{\text{nrc}} = \frac{u(t)}{u_{\text{c,ref}}}, \quad u(t) = \sqrt{\sum_{i=1}^{3} u_i^2(t)}, \quad i = x, y, z \tag{5-10}$$

研究燃气流场具体分布、推进特性,经常结合空间具体位置燃气流参数说明。燃气流场空间具体位置可由坐标标识。例如,直角坐标系空间位置坐标参考定义形式为

$$L_{\text{nri}} = \frac{L_i}{d_e}, \quad L_{\text{nrbi}} = \frac{L_i}{d_t}, \quad i = x, y, z \tag{5-11}$$

式中:L_i 为燃气流空间位置坐标分量;L_{nri}、L_{nrbi} 分别为基于火箭发动机喷口直径、喷喉直径界定的无量纲位置坐标分量。

考虑自由喷流状态燃气流动存在轴对称特性,依据二维轴对称坐标系标识燃气流场空间位置。二维轴对称坐标系习惯将原点置于喷口中心,x 轴与喷管轴线重合,正向沿燃气流推进方向,y 轴与 x 轴垂直。燃气流场空间位置坐标形式为

$$L_{\text{nrx}} = \frac{L_x}{d_e}, \quad L_{\text{nry}} = \frac{L_y}{d_e} \tag{5-12}$$

式中:L_{nrx}、L_{nry} 分别为 x、y 向无量纲空间位置坐标。

燃气流场分布特性说明时,有时会涉及燃气流动核心区域影响范围说明问题。参照边界层厚度定义思想,依据(5-1)式界定燃气流动核心区域影响范围包络边界。不同类型的燃气流参数,临界值选择可以不同,也可以统一设置,这里将燃气流速、马赫数、动压、静温、浓度等参数临界值统一设置,有

$$\phi_{\text{ra}} = \phi_{\text{ra0}}, \quad \phi_{\text{ra0}} = \frac{\phi_0(t)}{\phi_{\text{e,ref}}}, \quad \phi_{\text{ra0}} = u_{\text{nra0}} = Ma_0 = p_{\text{dra0}} = T_{\text{snra0}} = D_0 \approx 0.05 \tag{5-13}$$

式中:ϕ_{ra0}、u_{nra0}、Ma_0、p_{dra0}、T_{snra0}、D_0 分别为对应无量纲燃气流参数、燃气流速、马赫数、动压、静温以及浓度临界值;$\phi_0(t)$ 为燃气流参数临界值。

(5-13)式在界定燃气流影响范围的同时也描述了燃气流外轮廓形状,在此基础上,可进一步表征燃气流外轮廓特征尺寸参数,这里采用燃气流膨胀半径、燃气流膨胀极限长度、燃气流极限膨胀半角、燃气流外轮廓长度4类参数表征,定义形式分别为

$$L_{\text{nry\_max}} = L_{\text{nry}} \big|_{L_y = L_{y\_\text{max}}} = \frac{L_{y\_\text{max}}}{d_e} \tag{5-14}$$

$$L_{\text{nrx\_extr}} = L_{\text{nrx}} \mid_{L_y = L_{y\_\max}, L_x = L_{x\_\text{extr}}} = \frac{L_{x\_\text{extr}}}{d_e} \tag{5-15}$$

$$\theta_{\text{extr}} = \frac{180}{\pi} \arctan\left(\frac{L_{y\_\max} - 0.5 d_e}{L_{x\_\text{extr}}}\right) \tag{5-16}$$

$$L_{\text{nrx\_max}} = L_{\text{nrx}} \mid_{L_x = L_{x\_\max}} = \frac{L_{x\_\max}}{d_e} \tag{5-17}$$

(5-14)式~(5-17)式中:$p_{c,\text{ref}}$、$T_{c,\text{ref}}$、$p_{h,\text{ref}}$、$p_{b,\text{ref}}$ 分别为对应燃压、燃温、环境气压、破膜压力参考值;$L_{x\_\max}$ 为基于临界值界定的燃气流推进距离;$L_{y\_\max}$ 为基于临界值界定的燃气流膨胀最大半径;$L_{\text{nrx\_max}}$ 为无量纲燃气流推进距离;$L_{\text{nry\_max}}$ 为无量纲燃气流膨胀半径;L_{x_extr} 为燃气流外轮廓膨胀最大半径位置对应燃气流轴向推进距离;$L_{\text{nrx\_extr}}$ 为燃气流膨胀最大半径对应无量纲轴向距离;θ_{extr} 为基于燃气流膨胀最大半径定义的燃气流膨胀半角。

研究燃气流场时,经常会围绕某因素变化研究其对燃气流场分布、推进特性的影响。某因素相对变化描述形式类似(5-1)式,如火箭发动机燃压、燃温、环境压力、封膜破膜压力相对变化描述形式分别为

$$p_{\text{cnr}} = \frac{p_c}{p_{c,\text{ref}}}, \quad T_{\text{cnr}} = \frac{T_c}{T_{c,\text{ref}}}, \quad p_{\text{hnr}} = \frac{p_h}{p_{h,\text{ref}}},$$

$$p_{\text{bnr}} = \frac{p_b}{p_{b,\text{ref}}} \Leftarrow \phi_{\text{nr}} = 1 + \frac{\Delta\phi}{\phi_{\text{ref}}}, \quad \Delta\phi = \phi - \phi_{\text{ref}} \tag{5-18}$$

式中:ϕ_{nr} 为燃气流参数相对值;ϕ_{ref} 为燃气流参数参考值。

火箭发动机点火后,燃气流向环境推进瞬间会形成一个起始冲击波,带封膜的火箭发动机破膜时冲击波表现得相对明显。表征燃气流冲波特性的参数很多,如超压比、压力起始波动幅度、冲击波超压引起的起始波动周期、冲击波推进至空间位置的时间等,其中冲击波超压比、冲击波引起的压力起始波动幅度、冲击波超压引起的起始波动周期等参数无量纲形式分别为

$$p_{\text{bnra}} = \frac{p_{\text{bra}} - p_h}{p_h} = \frac{p_{\text{bra}}}{p_h} - 1, \quad p_{\text{bnrb}} = \frac{p_{\text{bra}} - p_{\text{brb}}}{p_h}, \quad t_{\text{bnr}} = \frac{t_{\text{bra}} - t_{\text{brc}}}{t_{\text{ref}}}$$

$$\tag{5-19}$$

式中:p_{bra} 为燃气流冲击波起始正压峰值;p_{brb} 为燃气流冲击波起始抽吸负压峰值;t_{bra} 为燃气流冲击波起始正压峰值达到时间;t_{brc} 为燃气流冲击波起始负压峰值达到时间;t_{ref} 为研究燃气流冲击波时依据的参考时间,$t_{\text{ref}} = 1.00\text{s}$。

火箭发动机设计的主要目标是获得火箭飞行状态最佳推力。火箭发动机处于最佳推力时,喷口燃气压力与环境气体压力相等。由于火箭发射过程高度

不断变化,箭体所在环境气体压力也不断变化。大型火箭主要在低密度大气层内飞行,喷管一般采用高膨胀比,即高喷口马赫数,从而大型火箭发射阶段喷口燃气压力一般低于环境大气压。而小型火箭主要在稠密大气层内飞行,飞行主要时间内喷口燃气压力一般略高于环境气体压力。依据喷口压力等于、大于、小于环境压力条件,将火箭发动机工作状态分为理想、欠膨胀、过膨胀状态,相应地,可将燃气流场区分为理想、欠膨胀、过膨胀燃气流场。理想、欠膨胀、过膨胀数学条件分别为

$$p_{mnr} = \frac{p_e}{p_h} = \frac{p_c}{p_h}\left(1 + \frac{\gamma-1}{2}Ma_e\right)^{-\frac{\gamma}{\gamma-1}} = 1 \qquad (5-20)$$

$$p_{mnr} = \frac{p_e}{p_h} = \frac{p_c}{p_h}\left(1 + \frac{\gamma-1}{2}Ma_e\right)^{-\frac{\gamma}{\gamma-1}} > 1 \qquad (5-21)$$

$$p_{mnr} = \frac{p_e}{p_h} = \frac{p_c}{p_h}\left(1 + \frac{\gamma-1}{2}Ma_e\right)^{-\frac{\gamma}{\gamma-1}} < 1 \qquad (5-22)$$

图 5-2 示意说明火箭发动机工作压力存在逐渐建压过程,这种建压过程一般很短,因此,理想、欠膨胀、过膨胀状态主要针对火箭发动机相对稳定工作状态。

5.2 燃气流场分布特性

火箭发动机达到稳定工作状态后,依据(5-13)式界定的喷管下方燃气流动核心区域燃气流分布也相对稳定下来,燃气流动核心区域流场结构、燃气流参数空间变化特性、核心区域包络范围等主要分布特性不再随时间变化而显著变化。这种相对稳定的燃气流场分布特性可作为复杂瞬态燃气流场研究的参照和基础。

5.2.1 过膨胀燃气流场分布特性

依据图 5-1 所示锥形喷管以及图 5-2 所示发动机稳定工作条件,以喷口马赫数为 3.50 为例,说明自由喷流状态过膨胀燃气流场分布特性。绘制燃气流动核心区域以马赫数形式表示的速度分布云图如图 5-3 和图 5-4 所示。

图 5-3 中燃气流马赫数云图是由系列形状呈柳叶、标识马赫数数值云图叠加而成,其超声速核心区径向收缩,横向细长,前端变尖呈细茅草形状。图 5-4 则细节显示:喷口下方附近超声速区域边界由系列纺锤串联而成,紧邻

喷口附近中心区域由近及远马赫数递增,马赫数由 3.56 增至 3.99,表明燃气流经喷口膨胀后继续加速;膨胀中心区域外围、下方存在激波,燃气流经激波后快速减速;此后,燃气流进一步加速、再次膨胀,燃后再次收缩、减速,形成图中标示马赫数为 3.77 与 3.35 的第二个纺锤区域。接着形成第三、第四个……纺锤区域。

图 5-3 燃气流马赫数云图

图 5-4 喷口下方超声速核心区马赫数分布云图

依据(5-8)式绘制高温燃气流影响区域内无量纲静温分布云图如图 5-5 和图 5-6 所示。

图 5-5 过膨胀燃气流静温云图

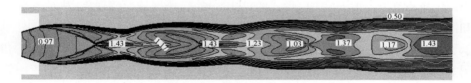

图 5-6 喷口下方局部区域燃气流静温云图

图 5-5 和图 5-6 显示,远离喷口的高温燃气流下游影响区域等值线轮廓也呈柳叶形状;靠近喷口的高温燃气流上游影响区域外围燃气流温度等值线轮廓呈纺锤形,其中紧邻喷口的悬挂激波下方则存在外轮廓呈棱锥形的局部高温区域。图 5-5 和图 5-6 所示的这些温度等值线轮廓特征与上述速度等值线轮廓特征存在直接对应关系,因而造成速度等值线轮廓特征原因也是造成温度

等值线轮廓特征的原因。图5-5和图5-6还显示,喷口下方燃气流静温先是逐渐降低,遇到悬挂激波后温度开始回升,表明高速燃气膨胀过程伴随燃气流静温下降,经过悬挂激波后气流减速伴随静温恢复。图5-6中紧邻喷口悬挂激波下方的棱锥区域内温度很高,达到喷口温度的1.5倍左右。参照图5-4,该区域为低速区域,该区域燃气流速度较激波前来流速度低近45%,在燃气流速度大幅度下降情况下,燃气流静温获得了相对充分的恢复时间,最终棱锥区域内温度升幅明显。类似地,同样可以解释图5-7另外一个轮廓外形呈纺锤形回流区温升显著的原因。

依据(5-7)式绘制过膨胀燃气流静压分布如图5-7所示,喷口附近燃气流静压分布情况如图5-8所示。

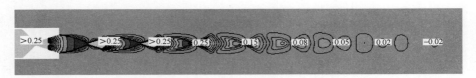

图5-7 过膨胀燃气流场静压分布云图

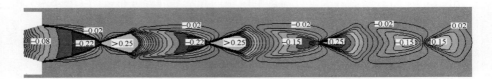

图5-8 喷口附近区域燃气流静压云图

图5-7显示,过膨胀自由喷流燃气流静压自喷口向下游流动方向呈现负压→正压→负压→正压→……形式的负压区域、正压区域交替现象,对照图5-4和图5-6可以看出,燃气局部负压区与气流相对高速区、低温区对应,充分显示了高速燃气流动膨胀加速伴随气流减压、降温的特殊流动机理。图5-7和图5-8同时显示,喷口下方附近分别包络负压等值线的悬挂激波、包络正压等值线的反射激波轮廓呈棱锥形状,比较明显的悬挂激波、反射激波系组共4个,相应包络形成4组正负压棱锥组。图5-7也显示,正负压棱锥组下方负压等值线轮廓与正压等值线轮廓逐渐变成圆饼状,也有4组,此后不再显示可分辨的圆饼形等值线,表明后续燃气流压力已接近环境大气压。图5-7和图5-8中包络正、负压棱锥组的激波形成位置,将不可避免引起燃气流动参数的剧烈变化,图5-4所示燃气流速度云图、图5-7所示燃气流温度云图已经充分印证这一现象。图5-7和图5-8还显示,压力等值线稀疏度、形状均随燃气流

推过程不断变化,这在喷口下方附近表现得格外明显,进一步显示了燃气流动的复杂性。

5.2.2 燃气流参数空间变化特性

燃气流自火箭发动机喷口向空间推进过程中,对称轴线上流动参数变化如图 5-9 所示。

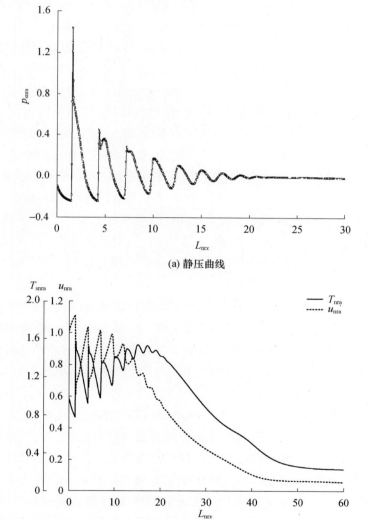

(a) 静压曲线

(b) 静温、流速曲线

图 5-9 燃气流静压、静温、流速沿对称轴线变化曲线

图5-9所示压力曲线显示，燃气流静压随距离总体呈非线性衰减趋势，衰减过程中伴随压力振荡，这种压力衰减-振荡历程曲线与结构动力学中常见的阻尼-振荡时域曲线相似。压力衰减-振荡历程曲线与结构动力学阻尼-振荡时域曲线的差异主要体现在两个方面：①靠近喷口附近压力振荡曲线存在尖劈；②靠近喷口附近压力振荡曲线上升沿极为陡峭，呈现阶跃特征。将图5-9所示压力曲线与图5-7和图5-8对照可以看出，造成尖劈及曲线陡峭上升沿的原因在于相应轴线位置存在激波。图5-9所示静温、流速曲线显示，燃气流静温、流速沿对称轴线在25倍喷管距离范围内呈振荡状态，25倍喷管距离以外呈非线性下降趋势。在离25倍喷管距离范围内，燃气流静温沿对称轴线振荡情况总体比上述静压振荡情况复杂，紧邻喷口附近振荡幅度很大，很快衰减，表现出上述阻尼-振荡曲线特点，随后振荡幅度又开始小幅提升，再小幅下降。形成图5-9所示燃气静温、流速随距离变化特性主要原因是：燃气流离开喷口后，继续保持加速膨胀过程，加速膨胀时伴随提速、降温过程，到一定距离激波生成，燃气流伴随失速、温升与气体积聚变稠过程，此后周而复始，随着激波强度减弱，相应燃气流参数变化幅度变小，对应图5-9中波峰值持续下降，波谷值持续上升；燃气流离10倍喷口直径距离后，激波消失，气流波动幅度变得较小，同时气流在黏性作用下继续降速，降速部分的能量相应转化为内能，表现为波峰、波谷值上升；燃气流离25倍喷口直径距离后，黏性耗散作用超过降速转化的温升作用，燃气流静温（包括波峰值、波谷值）均呈现下降特性。

研究燃气流场时，习惯将其简单划分为远场区域、近场区域。喷口附近燃气流参数存在持续变化且变化幅度较大，该区域视为近场区域；将燃气流参数接近环境气流参数的区域视为远场区域。综合图5-9所示的燃气流参数衰减特性，可将离喷口附近25倍喷口直径范围内的燃气流场区域视为近场区域，其他区域视为远场区域。

图5-9以曲线形式显示了燃气流参数沿对称轴线变化特性，这些变化特性充分说明了燃气流向下游流动过程中局部流动的复杂性。燃气流向下游流动过程中局部流动的复杂性还可利用燃气流参数沿径向分布曲线形式充分展示。燃气流参数沿径向分布曲线可以采用离喷管截面一定距离特征平行截面的方法得到。轴对称喷流条件下，可以从喷管轴线取垂直特征截线方法得到。这种特征截线应代表特征位置燃气流变化特征。根据上述燃气流主要参数沿对称轴线变化情况，在离喷口一定距离内取曲线上特征点，对应喷管轴线位置相应可制作垂直轴线的特征截线，从而能够绘制截线上燃气流参数变化曲线，

汇总分析后可以获取燃气流参数沿径向变化的特征信息。

燃气流主要参数包括燃气流静压、静温、流速、密度、浓度等类型参数,任意一类根据其喷管轴线变化情况可对应取特征截线,这样可取得大量的特征截线段充分反映燃气流沿径向变化特性,这种做法很繁琐,也没有必要。这里以燃气流静压曲线为例,根据燃气流静压随轴线距离变化特征取点,相应取特征截线并加以标识,如图5-10所示。

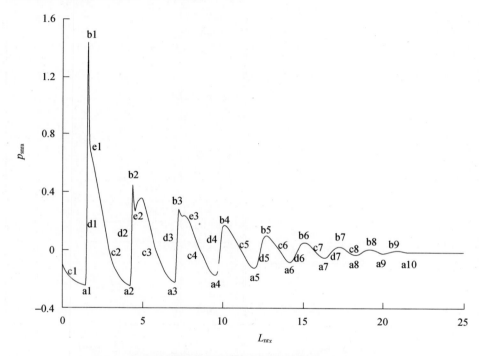

图5-10 过膨胀自由喷流燃气流特征截线位置标识示意图

图5-10中标识$a_1,a_2,\cdots,a_{10}$的第一组特征截线处于燃气流静压波谷位置,标识$b_1,b_2,\cdots,b_9$的第一组特征截线处于燃气流静压波峰值位置,以此类推,共6组特征截线,截线位置如表5-1所列。

研究表明,过膨胀燃气流静压径向分布特性复杂、多样。根据燃气流静压径向分布曲线总体形状,大致归纳为两类静压分布特性。

(1)第一类静压分布特性。燃气流静压径向分布曲线总体形状与花盆的轮廓相似,取名为"花盆形"静压分布特性,其典型分布曲线如图5-11所示。图5-11(b)所示曲线可视作图5-11(a)所示曲线的变化类型。

表 5-1 特征截线标识及其离喷口距离说明一览表

静压曲线特征	特征截线标识	L_{nry}（特征截线离喷口距离）	静压曲线特征	特征截线标识	L_{nry}（特征截线离喷口距离）
静压曲线波谷	a1	1.45	静压曲线下降沿某位置	c1	0.63
	a2	4.23		c2	3.33
	a3	7.01		c3	6.28
	a4	9.54		c4	8.92
	a5	11.96		c5	11.35
	a6	14.25		c6	13.63
	a7	16.34		c7	15.85
	a8	18.29		c8	17.89
	a9	20.10	静压曲线下降沿某位置	d1	1.50
	a10	21.72		d2	4.29
静压曲线波峰	b1	1.58		d3	7.12
	b2	4.36		d4	9.82
	b3	7.24		d5	12.33
	b4	10.05		d6	14.65
	b5	12.65		d7	16.85
	b6	15.06	尖劈谷	e1	1.68
	b7	17.17		e2	4.49
	b8	19.11		e3	7.40
	b9	20.75			

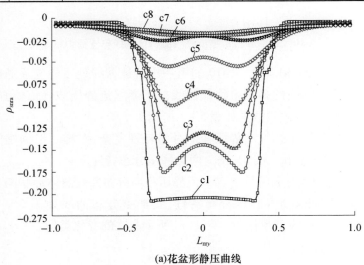

(a) 花盆形静压曲线

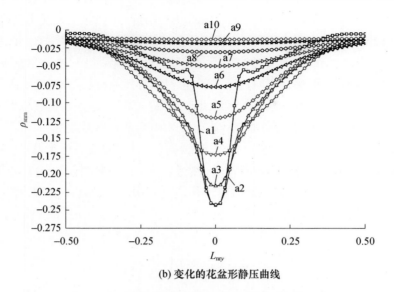

(b) 变化的花盆形静压曲线

图 5-11　c1~c8、a1~a10 特征截线燃气流静压沿径向变化特性

造成图 5-11 所示曲线花盆形状的原因可从燃气流动机理方面解释。以 c1 截线为例，图 5-12 列出 c1 截线上燃气流静压、静温、流速沿径向分布对比情况。

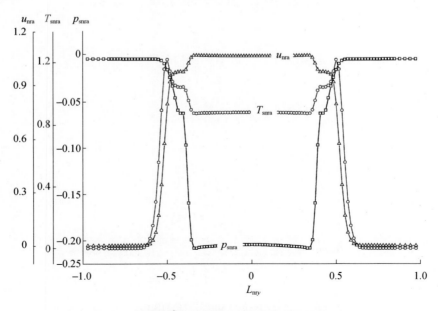

图 5-12　c1 特征截线燃气流各类参数沿径向分布综合比对

图 5-12 显示,靠近燃气流动对称轴线中心附近,c1 截线上燃气流相关流动参数变化极小,从而没有形成径向压力梯度的条件,压力曲线段近乎平直。此后,燃气流跨过燃气流激波,燃气流受激波阻挡,燃气流静压、静温上升,流速急剧下降。燃气流离轴线稍远区域,激波影响逐渐变弱,燃气流静压、静温回升速度变缓,相应燃气流速度下降放缓,到燃气流外边界时,燃气流静压、静温、流速接近环境大气条件。后述其他类型径向分布特性可类似从流动机理解释,此处不再冗述。

(2)第二类静压分布特性。燃气流静压径向分布曲线总体形状与斗笠轮廓相似,取名为"斗笠形"静压分布特性。燃气流静压径向典型分布曲线如图 5-13 所示。图 5-13(b)所示曲线类型可视作图 5-13(a)所示曲线的变化类型。

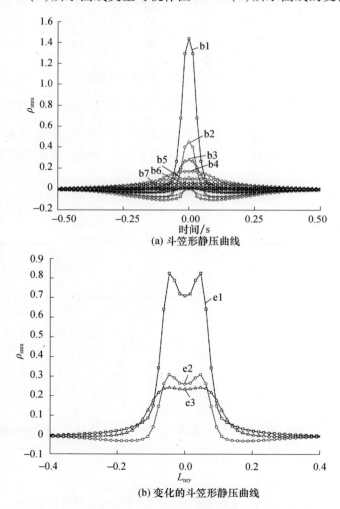

(a) 斗笠形静压曲线

(b) 变化的斗笠形静压曲线

图 5-13 b1~b9、e1~e3 截线燃气流静压沿径向变化特性

研究发现,沿相同截线燃气流静温、流速沿径向分布特性存在较强的相似性,依照燃气流静温、流速沿径向分布曲线形状,可将燃气流静温、流速沿径向分布特性大致也归为两类,即"倒置花盆形"分布特性以及"斗笠形"分布特性,以流速分布为例,典型分布特性如图 5 – 14 所示。当然根据细节还可进一步划分,命名也可以多样。限于篇幅,此处对燃气流速沿径向分布特性的形成机理也不再冗述。

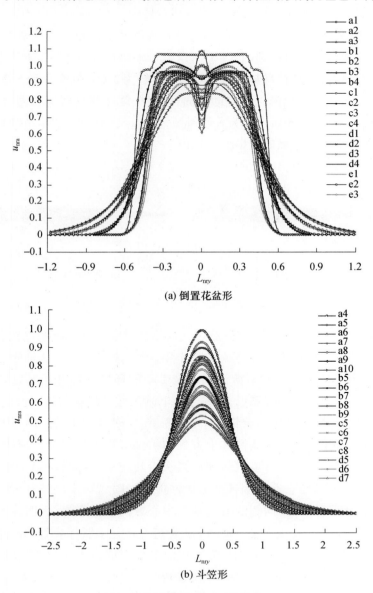

图 5 – 14 燃气流速径向分布特性

5.2.3 欠膨胀燃气流场分布特性

5.2.1 节和 5.2.2 节比较详细地说明了过膨胀燃气流场基本分布特性。本节简要介绍欠膨胀自由喷流状态燃气流场基本分布特性。之所以简要介绍，基于两方面考虑：①国内外已有很多文献介绍欠膨胀燃气流场；②本节将说明欠膨胀燃气流场与过膨胀燃气流场从宏观分布特性、细节分布特性均表现了相当程度的相似性，说明欠膨胀燃气流场与过膨胀燃气流场仅是人为界定的结果。欠膨胀燃气流场研究也依据图 5-1 所示锥形喷管以及图 5-2 所示发动机稳定工作条件，仅改变喷口马赫数。以喷口马赫数为 3.00 为例，参照 5.2.1 节，首先根据燃气流速具体数值以及流动方向，绘制欠膨胀燃气流速云图、流线图组合分布特性如图 5-15 所示。为方便对照，图中一并列出 5.2.1 节喷口马赫数为 3.50 对应的过膨胀燃气流场组合分布。

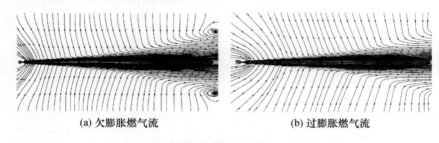

(a) 欠膨胀燃气流 (b) 过膨胀燃气流

图 5-15　燃气流速度云图、流线图组合对照

从图 5-15 中可以看出，欠膨胀燃气流场与过膨胀燃气流场存在着共同的分布特点：燃气流对环境气体造成抽吸作用，燃气流将环境气体抽吸进自身流动区域后，带动环境气体向下游流动。被带动的环境气体开始紧贴燃气流边缘，随后逐渐向燃气流内部靠近，在燃气流下游区域已经进入燃气流核心，表明燃气与环境气体已经发生充分混合。图 5-15 同时显示了箭底附近气流流动的共同特征：环境气体特别是箭体上方气体被抽吸进燃气流动区域附近后，发生向上偏折逆流，大部分环境气体随后再次折转向下被抽吸进燃气流动区域，部分环境气体在箭底靠近外侧区域形成回流。经喷管喷出的燃气流在喷口附近向外继续扩张的同时，向燃气流动轴线中心方向收缩靠拢，表明环境气体牵制、挤压了高速燃气流。放大图 5-15 还会进一步显示紧邻喷管的高速燃气流激波附近燃气流动信息：外围悬挂激波内燃气流流向发生比较剧烈的折转，原先接近喷管扩张半角方向的燃气流，经过激波后呈现比较明显的倾角倾斜，并向内侧轴线方向流动；而靠近轴线的悬挂激波附近气流方向也存在比较剧烈的

折转,但折转方向相反,向远离轴线中心方向流动。

图 5-15 也显示过膨胀燃气流场与欠膨胀燃气流场存在两个方面细节差异。首先,喷口下方系列纺锤体对应空间范围内欠膨胀燃气流的引射气流流线近乎垂直对称轴线,表明欠膨胀燃气流对环境气流的抽吸作用相对较强,由此还造成欠膨胀燃气流下方环境气流在强抽吸作用下形成局部回流区域;其次,局部放大显示紧邻喷口下方欠膨胀燃气流速外轮廓曲率更大,外轮廓向外更加凸出,而过膨胀燃气流外轮廓相对内敛,造成欠膨胀燃气流外轮廓更加外凸的原因是喷口附近燃气流压力高于大气压力,使燃气流向外挤压环境大气能力相对突出,从而保持向下游强劲推进能力。

欠膨胀燃气流动过程中,喷管下方的激波系、膨胀波系结构可进一步利用压力等值线图形式直观说明,如图 5-16 所示。

图 5-16 欠膨胀自由喷流状态燃气流场静压分布等值线图

图 5-16 也显示欠膨胀燃气流静压分布自喷口向下游流动方向依次呈现负压区域、正压区域交替现象,喷口下方有 5 组静压等值线轮廓呈明显的棱锥状的负压、正压棱锥组。对照图 5-16 和图 5-7 可以看出,欠膨胀燃气流与过膨胀燃气流负压区域外围悬挂激波(也称拦截激波)轮廓线均呈凸弧形,即纺锤形,正压区域外围反射激波轮廓线均呈凹弧形,即上述棱锥形或棱镖形,充分说明欠膨胀燃气流与过膨胀燃气流内在流动机理的一致性。

类似上述速度云图、静压云图绘制方法,可以绘制欠膨胀燃气流静温分布云图,也会得出类似图 5-5 和图 5-6 所示流场分布规律:欠膨胀燃气流动核心区外围静温等值线轮廓也呈柳叶形状;喷口下方附近燃气流静温等值线轮廓也呈现纺锤形,燃气流较低温度区域与较高温度区域交替……这些都与过膨胀燃气流动核心区静温分布特性总体一致。当然,还可以推断欠膨胀核心区燃气流密度云图、浓度云图等分布特性也存在一致情况,相关云图不再列出。

基于燃气流场分布存在相似性,后面为方便对比,欠膨胀燃气流无量纲参数界定仍依据 5.2.1 节和 5.2.2 节喷口燃气参数界定。其中,燃气流静压沿对称轴线变化典型特性如图 5-17 所示。

参照 5.2.1 节和 5.2.2 节综合特性并结合图 5-17 可以分析,自火箭发动机喷口开始,欠膨胀燃气流静压首先均呈现非线性下降,与此相对应,燃气流轴

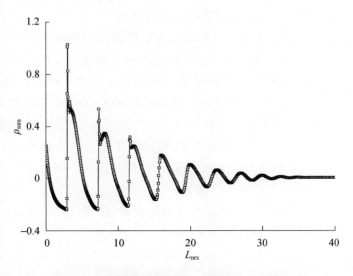

图 5-17 欠膨胀燃气流静压沿对称轴线变化特性

向流速呈非线性增加趋势,显示了喷口下方燃气流继续膨胀与加速现象;此后,受喷口附近第一道悬挂激波拦截,燃气流静压陡升;燃气流经过激波后,燃气流静压远高于前方阻挡气流压力,燃气流又开始快速膨胀,燃气流静压对应迅速下降;此后,由于前方气流自身阻挡力量较强,燃气流动出现局部回弹,燃气流静压相应小幅增升,在此过程中燃气流进入短暂调整期,即处于蓄势待发状态;接着,在后续燃气流不断推进作用下,燃气流膨胀加速进入相对平稳阶段,直到再次受到激波拦截。如此周而复始,经过 4 个激波拦截作用以及燃气流本身、环境被抽吸气体黏附作用后,燃气流能量、动量均大幅度下降,燃气流虽然不足以支撑形成激波条件,但在后方燃气流推进及前方燃气流阻挡作用下,仍然出现膨胀、加速周期性往复过程,直到燃气流压力接近环境气体,燃气流膨胀、压缩的驱动作用消失,燃气流惯性作用下保持向环境缓慢推进趋势,燃气流逐渐消融于环境气体之中。对照图 5-17 与图 5-9 不难看出,上述变化特性与过膨胀自由喷流燃气流静压沿轴线变化特性相似,充分说明两者存在特殊且共性的内在流动机理。

类似地,也可依据图 5-17 中欠膨胀燃气流静压沿对称轴变化曲线取类似特征截线,绘制特征截线上燃气流径向分布曲线,基于曲线总结也会得到与过膨胀燃气流场相仿的特征截线径向分布特性,即"花盆形"静压分布特性、"斗笠形"静压分布特性;除细节上存在差别外,欠膨胀燃气流静压径向分布曲线形状与过膨胀燃气流参数径向分布曲线形状相似,表明两种类型燃气流场流动机理相似或一致,形成过膨胀燃气流静压径向分布特性的流动机理类似可解释欠膨胀燃气流静压径向分布特性的流动机理,燃气流参数类型尽管多样,但它们存在与图5-12类似的内在关联性,从而也就无须重复说明欠膨胀燃气流其他参数径向分布特性。

欠膨胀燃气流与过膨胀燃气流静压沿对称轴线变化对比曲线如图5-18所示。

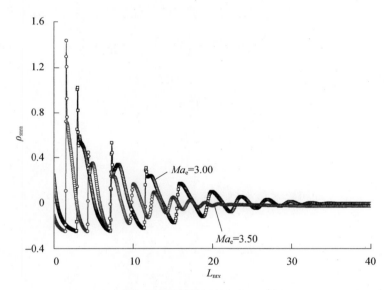

图 5-18 燃气流静压沿对称轴线变化对比情况

图 5-18 显示,欠膨胀燃气流与过膨胀燃气流静压沿对称轴线变化呈现类似的阻尼-振荡特征,同时也存在三方面细节差异:自喷口标序,从第二、第三振荡周期开始,欠膨胀燃气流静压尖劈数值较大,表明激波强度较强;从第二、第三振荡周期开始,欠膨胀激波前后静压波峰或波谷幅值均大于过膨胀激波前后静压波峰或波谷幅值,充分显示于欠膨胀燃气流膨胀与压缩过程相对比较充分;以相邻波峰或波谷距离表示振荡周期,欠膨胀的燃气流静压振荡周期高于过膨胀的燃气流静压振荡周期,并且欠膨胀的燃气流静压振荡现象保持了相对较远的距离,表明发动机工作条件接近情况下欠膨胀推进能力较强。

图 5-18 所示对比曲线基于下述假设。

$$d_{eu} = d_{eo} \quad (5-23)$$

式中:d_{eu}、d_{eo} 分别为对应欠膨胀自由喷流与过膨胀自由喷流发动机喷口直径。

火箭发动机工作时,从推力室直到喷口,任意截面积燃气流马赫数与截面

比的关系符合等熵面积比关系,即

$$\frac{A}{A_t} = \frac{d^2}{d_t^2} = \frac{1}{Ma}\left\{\left(\frac{2}{\gamma+1}\right)\left[1+\frac{\gamma-1}{2}(Ma)^2\right]\right\}^{\frac{\gamma+1}{2(\gamma-1)}} \quad (5-24)$$

不难分析出以下关系,即

$$Ma_{eu} < Ma_{eo} \Leftrightarrow d_{tu} > d_{to} \quad (5-25)$$

式中:d_{tu}、d_{to} 分别为对应欠膨胀自由喷流与过膨胀自由喷流发动机喷喉直径。

根据火箭发动机基本原理,火箭发动机喷管任意截面燃气流均速为

$$u_{ns} = \sqrt{\frac{2\gamma}{\gamma-1}RT_f\left\{1-\left[1+\frac{\gamma-1}{2}(Ma)^2\right]^{-1}\right\}} \quad (5-26)$$

火箭发动机流量为

$$Q = \frac{\Gamma}{\sqrt{RT_f}}p_c A_t, \quad \Gamma = \sqrt{\gamma}\left(\frac{2}{\gamma+1}\right)^{\frac{\gamma+1}{2(\gamma-1)}} \quad (5-27)$$

则自喷喉处计及的单位时间燃气总动量为

$$P_t = Qu_{nt} = \gamma\left(\frac{2}{\gamma+1}\right)^{\frac{\gamma}{\gamma-1}}p_c A_t, \quad A_t = \frac{\pi}{4}d_t^2 \quad (5-28)$$

式中:u_{nt} 为火箭发动机喷喉截面燃气流均速。

燃气总焓为

$$H = Qh, \quad h \approx c_p T_t + \frac{u_{nt}^2}{2} = c_p T_c \quad (5-29)$$

从而综合(5-23)式~(5-29)式,可以确定以下关系,即

$$P_{tu} > P_{to}, \quad Q_u > Q_o, \quad H_u > H_o \quad (5-30)$$

式中:P_{tu}、P_{to} 分别为欠膨胀自由喷流与过膨胀自由喷流火箭发动机排出的燃气流总动量;Q_u、Q_o 分别为欠膨胀自由喷流与过膨胀自由喷流火箭发动机燃气排量;H_u、H_o 分别为欠膨胀自由喷流与过膨胀自由喷流火箭发动机单位时间内排出的燃气流总焓。

基于(5-30)式可以分析造成图5-18的欠膨胀燃气流处喷口向下游推进、振荡距离较远的原因:欠膨胀的火箭发动机喷喉直径较大,由此造成向下推进的燃气流总动量、总流量及总能量相对较大,从而有足够的力量推进更远的距离,占据更大的空间。

由(5-24)式~(5-29)式还可以确定满足总动量、总流量、总能量接近一致的条件,即

$$\frac{P_{tu}}{P_{to}} = \frac{Q_u}{Q_o} = \frac{H_u}{H_o} = \frac{d_{tu}^2}{d_{to}^2} = 1 \Leftrightarrow d_{tu} = d_{to} \quad (5-31)$$

基于(5-31)式及上述分析,得到一新的推论:采用燃压接近、推进剂成分

相似、喷喉直径接近的火箭发动机，在喷管扩张段不同的情况下，燃气流静压振荡纵向范围接近，燃气流沿轴线推进距离接近，或者说高速流动核心区纵向范围接近。

为验证这一推论，依据(5-31)式将喷喉直径改为一致，开展了相关研究。由于已经将条件改为喷喉直径一致，相应地按(5-11)式将燃气流场空间坐标及位移无量纲数值改由喷喉界定。基于具体研究结果绘制了欠膨胀与过膨胀燃气流静压沿对称轴线变化特性对比曲线，如图5-19所示。

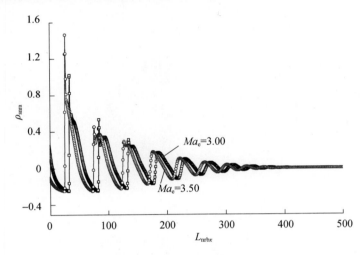

图5-19　喷喉尺寸相同时燃气流静压沿轴线变化对比情况

图5-19显示，依据(5-31)式条件可以确保燃气流静压振荡纵向范围接近，或者说高速流动核心区纵向范围接近。图5-19还提供了其他方面有价值的信息：尽管喷管马赫数不同，燃气流静压沿轴线振幅度总体接近，振荡周期总体接近，振幅衰减特性、燃气流推进距离总体接近。这些有用信息启发我们，开展火箭发射燃气动力学快捷试验模拟研究过程中，如需发挥搭载火箭发动机条件或者成品火箭发动机条件，可在控制火箭发动机燃压、燃温、推进成分接近时，优先选择控制喷喉尺寸接近而不是喷口接近条件。

5.3　燃气流推进特性

火箭发射过程中，影响火箭箭体及发射系统的燃气流场是随着燃气流的推进逐渐建立的。研究火箭发射燃气流推进特性有助于明确燃气流影响火箭、发射系统的动态机理。大型火箭为确保安全发射，要求导流设备、测发控仪器与火箭发动机喷口保持一定安全距离，火箭发射点火瞬间燃气流推进过程近似自由喷流，因此，研究自由喷流燃气流推进过程具有现实意义。

5.3.1 燃气流场瞬态分布及变化特性

图 5-1(b)、图 5-1(c)所示火箭发动机工作状态可以认为是图 5-1(a)所示火箭发动机工作状态的特殊变化类型，依据图 5-1(a)所示火箭发动机工作状态，说明燃气流场瞬态分布及变化特性具有一定代表性。以无量纲静压云图为例，破膜后燃气流在喷管内推进情况如图 5-20 所示。

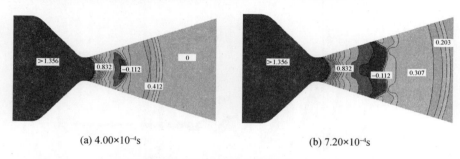

(a) 4.00×10^{-4}s   (b) 7.20×10^{-4}s

图 5-20 燃气流在喷管内推进过程静压动态分布云图

图 5-20 显示：①燃气流在喷管扩张段内推进过程中，燃气流推进前锋保持球冠状，燃气流似乎存在点源，并以球锥形式向外辐射。②封膜破碎不久，紧邻喷喉的喷管扩张段壁面附近即形成类似空蚀作用的低压区，该低压区伴随燃气流前锋推进过程向中心区域发展，进一步起到促进燃气流膨胀加速作用。到一定程度，由于燃气流前锋推进受前方环境大气阻滞作用及自身黏滞作用减速，与后续膨胀加速的燃气流发生不可调和的猛烈撞击作用，激波在燃气流推进对称轴线附近形成。③受对称轴线附近激波阻挡作用，原先需要继续发展的低压区向激波两侧推进并靠近喷管壁面发展，在壁面附近形成新的附壁低压区，新的附壁低压区与原继续发展的低压区之间的燃气流则受附壁效应影响逐渐发展，此后开始阻挡并分隔两低压区域，该附壁燃气流进一步发展后阻滞作用突出，于是原先中心区域的激波向壁面附近发展，附壁悬挂激波形成。④受推进对称轴线附近激波阻挡作用，激波两侧新形成的低压区在后续继续向下游发展过程中，也受到激波边缘下游附近相对高压燃气流阻挡影响，并且该阻挡影响也越来越强，到一定程度也不可调和，附壁悬挂激波和原中心区激波交叉区域附近产生了新的斜激波。

燃气流离开喷口向下游推进过程中静压动态分布如图 5-21 所示。

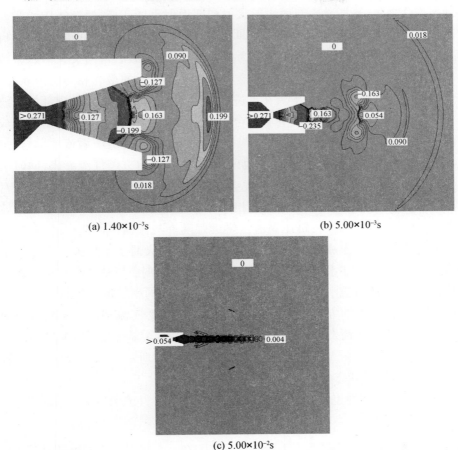

图 5-21　燃气流离开喷口向下游推进过程中静压动态分布云图

图 5-21 显示：①燃气流自喷口向下游快速推进初期，燃气流前锋呈球冠状；一定时间内球冠状燃气流前锋保持初始形状；随着燃气流前锋向远处推进，燃气流前锋强度逐渐减弱；随着燃气流前锋进一步向远处推进，仅中心区燃气流前锋明显可见；到后来，燃气流前锋很弱，压力云图显示与环境压力接近，以至于不能明显显示。图 5-21(a) 所示的燃气流前锋球冠剖面曲线可以看作由 3 组弧线组成，中心弧线由自喷管内汇聚流线前端组成，紧邻中心的弧线由靠近喷管壁面的流线在喷管唇口附近向外衍射的前端组成，而紧靠箭体两侧弧线由箭体底部附近流线在箭底外侧拐角处进一步向外、向上游衍射形成。②随着发动机工作压力不断提高，原先存在于喷管内部的悬挂激波及中心激波开始向外

推移,并最终悬挂于喷口唇部附近;在推移过程中,悬挂激波及中心激波外形存在动态变化现象,悬挂激波剖面线形状由初期近似直线变成抛物线,中心激波剖面线形状由外凸线段变为正激波(即马赫盘),正激波存在时间很短,瞬即再次变为外凸形状,外凸形状不久又变为折向交叉形状,最后折向交叉形状激波长度逐渐缩短,悬挂激波逐渐延长并形成图 5-21 所示的最终相对稳定状态,该组激波的变化显示了自由喷流在推进过程中,中心区域特别是其内部的激波系存在动态调整过程。③受喷管唇部台阶效应影响,燃气流推至喷口附近形成周向负压涡流区,该负压涡流区不久与原悬挂激波下方的负压涡流区融合,负压涡流区扩大并向下游推进,进一步加速了悬挂激波前方燃气流膨胀,同时也加速原悬挂激波向下游推进,而原中心激波前方燃气流压力相对较高,该相对高压区与快速推进的负压涡流区快速相遇,压力难以调和条件下在原中心激波前方形成新的激波。此后,负压涡流区继续跟随燃气流前锋快速推进,依次影响燃气流下游区域,形成系列悬挂、反向激波。④在火箭发动机推力室压力不断增加的过程中,上述系列压力区域、压力波系长度、剖面形状也存在动态调整过程,类似湍急的河流中的流水,后方持续强力跟进的燃气流持续推动前方燃气流前进,不断提升前方燃气流前进动力,而前进的燃气流则需要不断适应前方阻力变化,直到火箭发动机工作压力达到相对稳定状态后,不断推进的燃气流受环境气压影响,在火箭发动机下方形成图 5-21 所示动态平衡状态,尽管局部环节燃气流动状态仍处于细微调整状态。

燃气流推进特性也可用其他参数云图说明,以燃气流浓度为例,瞬时分布如图 5-22 所示。

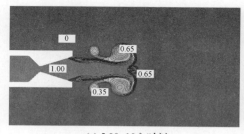 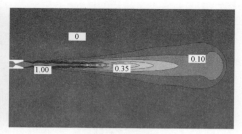

(a) $5.00×10^{-2}$ s时刻   (b) $1.00×10^{-1}$ s时刻

图 5-22 燃气流浓度分布随时间变化对比云图

图 5-22 所示的浓度云图清楚地显示,燃气流推进过程中,喷口与前锋之间的燃气流存在卷吸涡现象,该卷吸涡后续伴随燃气流推进,逐渐向推进方向两侧偏移、消散,新的卷吸涡则继续在燃气流推进方向上紧邻推进锋生成,从而

燃气流前进过程中整体给人以翻滚前进的印象。随着火箭发动机工作压力快速上升,到一定时间,燃气流主流区静温、浓度分布趋于稳定状态,此后随着火箭发动机工作压力、温度上升以及时间发展,燃气流高温区、高浓度区向下游相对缓慢持续延伸。

随着燃气流持续推进,燃气流扰动空间中相应位置气流参数存在着随时间变化特性,研究记录了特定空间位置燃气参数时间变化特性。基于(5-7)式,绘制空间位置监测点燃气流静压随时间变化典型曲线如图 5-23 所示。

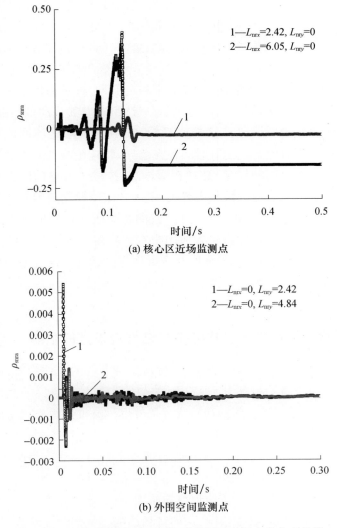

图 5-23 空间位置监测点燃气流静压随时间变化典型曲线

图 5-23 所示核心区监测点静压曲线显示,喷管轴线上距离喷口不远处,燃气流前锋过后一定时间段存在脉动现象。初步分析原因:燃气流前锋过后,从喷管喷出的后续燃气流推进过程中卷吸前方已经存在的混合燃气流,而已经存在的混合燃气流反过来挤压、阻滞跟进燃气流,两者存在相互协调存在一时间历程。此后,随着后续燃气流持续跟进,后续燃气流不断积聚,向外挤压前方混合燃气流,靠近燃气流主流中心区气流暂时平稳下来,表现为压力开始短期平稳上升。压力上升至一定程度,激波形成。激波随着后续燃气流推进前移,激波后燃气流继续膨胀,压力再次下降。前进的激波与后续膨胀的燃气流还将继续感受周边燃气、空气影响并与之继续协调,从而压力曲线再次表现为持续脉动现象。从燃气流前锋过后到再次脉动这段时间内,燃气流的流动是不稳定的。图 5-23 所示核心区监测点静压曲线显示,燃气流过了这个不稳定期后,燃气流压力出现了持续时间较长的相对平稳上升期,分析原因是火箭发动机工作压力在此阶段已经很高,推动能力很强,后续跟进燃气流动量足够强,有足够能力将前方的混合燃气流迅速挤走。图 5-23 所示核心区不同监测点静压曲线压力脉动起动及开始稳定上升时间存在差异,较近监测点压力曲线静压脉动起动及开始稳定上升时间较早,脉动相对剧烈,造成该现象的原因与喷口附近的相对低密度燃气流自身惯性较小有关,密度较低的燃气流容易受环境气流及后续跟进气流影响。图 5-23 所示外围监测点静压曲线对应压力脉动起动及开始稳定上升时间存在差异的主要原因也在于特定空间位置离喷口中心距离远近不同,由于燃气流前锋冲击强度及后续主流区燃气流强度随距离增加逐渐衰减,相应地较远监测静压曲线脉动幅度也将呈现较低状态,静压曲线脉动启动时间也相对延迟。

5.3.2 火箭发动机初始工作状态对燃气流推进的影响

火箭发动机初始工作时有图 5-1 所示 3 种不同的工作状态,前面以此为基础比较细致地说明了对应图 5-1(a)的初始工作状态条件的燃气流推进基本特性,本节简要说明其他两种初始状态条件燃气流推进特性。这两种状态燃气流场瞬时静压分布如图 5-24 所示。

图 5-24 显示,喷口设置封膜状态与喷管未设封膜状态相比,燃气流推进初期,冲击波强度以及后续跟进气流正压要高很多,相应地跟随燃气流前锋的卷吸气流负压值要低很多,分析该现象的原因是:封膜设在喷口位置时,整个喷管以内燃气流存在憋压、蓄能情况,从而待释放的燃气流动量较大,推进动力相对较足,带动后续跟进气流、抽吸周围气流的能力均较强。图 5-24 同时显示,

第 5 章 自由喷流状态燃气流场

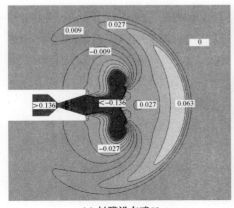
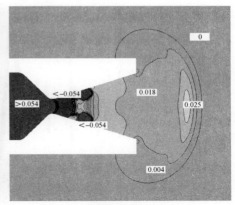

(a) 封膜设在喷口　　　　　　　(b) 喷管不设封膜

图 5-24　3.00×10^{-3} s 燃气流静压云图

喷管未封膜状态时，燃气流压力从环境压力开始渐增加条件下，燃气流推进初期，也会在喷口附近及箭体附近形成冲击波，只是冲击波强度相对较弱。这种情况下形成冲击波原因与气体的压缩性以及后续跟进气流的强度逐渐增长有关，先前推进的燃气流受到前方气流挤压、阻滞，而后续跟进气流累积、动量增强，双方共同作用形成冲击波，但单位时间内后续跟进气流累积有限，动量不足以支撑形成类似喷口设置封膜时形成的较强冲击波。

火箭发动机初始状态对燃气流推进特性的影响，还可以利用空间监测位置燃气流参数随时间变化情况对比说明，如图 5-25 所示。

图 5-25 显示，虽然火箭发动机初始状态不同，空间监测位置燃气流参数仅在燃气流推进初期显现前锋数值大小差异，以及相关参数变化特性方面的差异；当火箭发动机接近稳定工作状态并在后续持续稳定工作阶段，监测位置燃气流参数具体数值、变化特性十分接近，从而从时间变化角度出发，进一步证明火箭发动机初始状态并不影响稳定状态燃气流场的空间分布特性，这正是火箭发射燃气动力学领域采用稳态方法或准稳态方法研究燃气流分布的基本出发点。图 5-25 还特别显示了火箭发动机初始状态对特定空间位置燃气流冲击波效应的影响，封膜在喷口位置处燃气流冲击波最强，引起的燃气流变化幅度最大，燃气流初始波动周期最长；冲击波过后，燃气流还存在多次比较明显的脉动现象。与之相比，喷管无封膜并且燃气流从环境压力逐渐上升情况下，燃气流冲击波很弱，后续跟进波动的周期则很短。

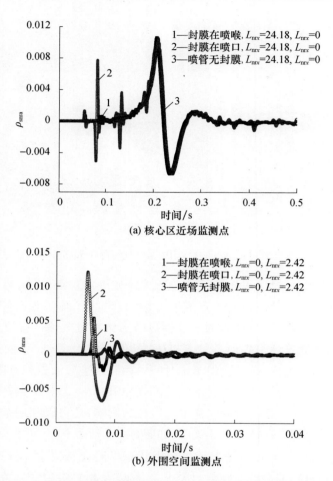

图 5-25 火箭发动机不同初始状态时空间位置监测点压力对比曲线

5.3.3 燃气流冲击波变化特性

图 5-26 显示燃气流前锋冲击波在推进过程中强度存在衰减情况,为此进一步研究了冲击波变化特性。首先以 5.2.1 节火箭发动机喷喉设置封膜状态为例,研究了冲击波在推进过程中超压比、冲击波超压引起的起始波动周期等参数变化特性,如图 5-26 所示。

图 5-26 显示:①冲击波超压比随着离喷口距离的增加而逐渐减小,并且超压比、压力起始波动幅度在离喷口中心 50 倍喷口直径范围内衰减相当迅速。②燃气流冲击波超压比越来越低,引起空间气流波动的能力越来越低情况下,冲击波引起的起始压力波动周期随距离近似线性增加,即波动趋于缓慢。

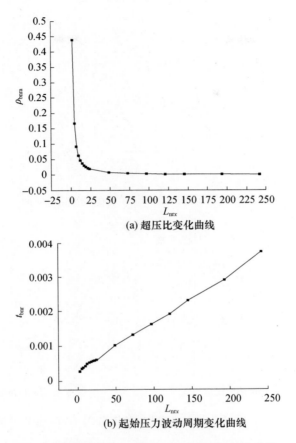

(a) 超压比变化曲线

(b) 起始压力波动周期变化曲线

图 5-26　喷管轴线上冲击波参数随距离变化曲线

图 5-26 中超压比离喷口距离变化特性符合(5-32)式的幂函数拟合关系,即

$$p_{\text{bnra}} = a_{\text{snr0}} L_{\text{nri}}^{b_{\text{snr0}}} \tag{5-32}$$

式中:L_{nri} 为燃气流冲击波超压比拟合函数中的变量,即离喷口无量纲距离;a_{snr0}、b_{snr0} 为燃气流冲击波超压比拟合函数的常量系数。

尽管在推进过程,燃气流冲击波超压比、压力起始波动幅度存在非线性衰减,但冲击波前进速度保持为环境气流声速特征,如图 5-27 所示。

基于燃气流冲击波推进速度为环境气流声速的特征,结合图 5-27,可推断燃气流推进过程中,冲击波强度在其他方向上随时间变化类似(5-32)式的幂函数关系。喷口截面上燃气流冲击波超压比、压力起始波动幅度研究结果印证了该推断,如图 5-28 所示。

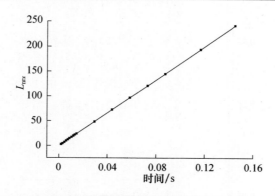

图 5-27　喷管轴线上不同位置感受冲击波时间

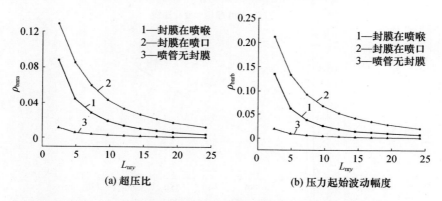

(a) 超压比　　　　　　　　(b) 压力起始波动幅度

图 5-28　喷口截面上燃气流冲击波超压比、压力波动幅度衰减特性

当前,火箭发动机喷管设封膜条件下,封膜内封堵的燃气流初始压力(通常称为破膜压力)并不相同,研究显示破膜压力与反映冲击波强度的超压比之间存在图 5-29 所示关系。

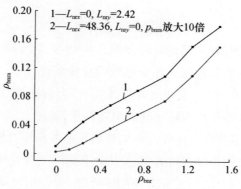

图 5-29　破膜压力与冲击波超压比关系曲线

图 5-29 显示：①随着破膜压力逐渐提高，空间不同测点监测的燃气流冲击波超压比也存在逐渐增高的关系；②破膜压力较高并且监测位置离喷口距离较近范围内，冲击波超压比较大，介于 0.1~1.0 之间，冲击波虽然不是强冲击波，但也不是弱冲击波，而没有破膜压力或破膜压力较低，并且空间位置离喷口距离较远时，冲击波超压比远小于 0.1，可认为冲击波此时属于弱冲击波。

5.4 环境气压对燃气流场的影响

4.2.2 小节喷流缩比试验 5 个基本相似参数中包含了环境气压这一重要参数，本节说明环境气压对燃气流场分布的具体影响。5.1 节及 5.2 节说明燃气流推进及分布特性时，隐含了环境静风、标准大气压条件，本书其他章节除有特殊说明外，将沿用这一环境条件。以 5.2.3 节欠膨胀火箭发动机为例，环境气压增加 100% 或者环境气压下降 50% 时，燃气流场典型分布特性如图 5-30 和图 5-31 所示。

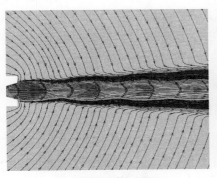
(a) 环境气压增加100%

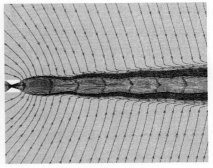
(b) 环境气压下降50%

图 5-30　环境气压变化时喷口附近流速和流线组合

图 5-30 和图 5-31 显示：①环境气压增加时，喷口附近燃气流主流区外轮廓向内收缩，并且燃气流主流区除紧邻喷口附近存在明显激波系结构外，后续其他区域激波系结构相对不明显；环境气压下降时，喷口附近燃气流主流区纺锤形外轮廓更加明显，喷口附近激波系结构更加清楚地显现。②环境气压增加时，燃气流引射气流流线在喷口附近扭曲现象变得比较明显，主流区内燃气流流线则折转、弯曲变化较小；环境气压下降时，燃气流主流区外环境引射气流流线在喷口附近折转、弯曲变化较小，而主流区内燃气流流线存在比较明显的折转、变曲现象。③环境气压下降情况下，燃气流沿轴线推进了更远的距离；喷

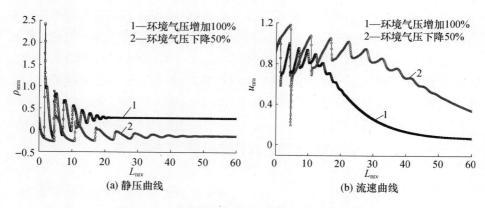

图 5-31 喷管轴线上燃气流参数变化对比曲线

口附近激波在轴线上的交点位置离喷口距离增加，后续系列激波在轴线上的交点位置相距喷口距离也增加，相邻激波交点距离也相应增加，相应地，以距离表示的燃气流波动周期增加；伴随燃气流波动周期增加的同时，燃气流参数波动的峰值参数及波动幅度有所下降。对于环境气压下降造成燃气流推进更远、波动周期增加、波动幅度减小的原因，概括地说主要是环境气流阻滞作用减弱，燃气流自身的惯性得以保持，燃气流在推进过程中也不需要积聚更多的能量、动量以适应激波、膨胀波、弱压缩波引起的相关参数波动变化。从环境气压增加角度分析图 5-30 和图 5-31，则得到与环境气压下降情况相反的结论。

环境气压变化引起空间位置燃气流参数变化如图 5-32 所示。

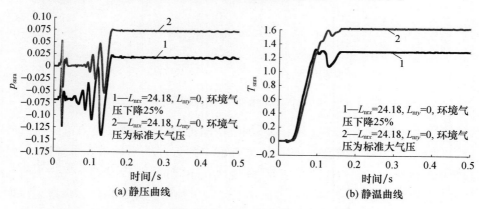

图 5-32 空间位置燃气流参数受环境气压影响对比曲线

图 5-32 显示，环境气压相对下降时，图示位置燃气流达到稳定状态时静压参数平稳值低于原气压条件下的静压参数平稳值。图 5-32 同时显示，环境

气压相对原环境气压下降时,图示位置感受燃气流冲击波相对延后,后续燃气流压力波动时间相对提前,波动周期相对延长,波动幅度增加。环境气压下降造成图 5-32 所示空间位置参数平稳值下降的主要原因:环境气流压力下降后燃气流向前推进能力提升,主流区相对延长,该位置点可以保持较高的推进压力。环境气压下降情况下,图示位置燃气流冲击波感应时刻相对后移主要原因是冲击波以声速传播,气压下降条件下,空气密度变低,弹性变小,声速相对下降。环境气压下降情况下造成压力波动周期增加、波动幅度提高的主要原因:单位体积内环境气流质量下降,燃气流推进过程中压缩、积聚、膨胀作用受环境气流黏滞、掺混影响下降,燃气流前进动力得以保持,并在需要适应激波生成、环境气流卷吸或自身膨胀时能够进行深度调整。图 5-32 所示静温曲线反映了类似压力曲线变化特性:环境气压下降时,图示位置燃气流达到稳定状态时静温参数平稳值下降,燃气流达到稳定状态前静温存在一定程度的波动,波动幅度大于原环境气压条件下的静温波动幅度,波动周期则长于原环境气压条件下的静温波动周期。

5.5 火箭发动机条件对燃气流场的影响

不同研究领域关注的火箭发动机条件侧重点不同。对于自由喷流状态燃气流场研究而言,集中于影响燃气流场分布、空间位置燃气流参数变化情况,涉及火箭发动机工作条件及喷管结构条件两个方面,其中火箭发动机工作条件主要涉及火箭发动机工作压力、推进剂燃温两方面因素,火箭发动机喷管结构条件还涉及火箭发动机喷口马赫数、喷管结构类型以及喷管扩张半角等因素,这些参数具体影响还会涉及方方面面的环节,受篇幅限制,这里仅择要介绍火箭发动机相关条件对燃气流场的影响。

5.5.1 火箭发动机工作压力变化的影响

火箭稳定工作时,喷管内燃气流接近等熵流,火箭发动机喷口燃气流参数与推力室燃气流参数之间存在下述关系,即

$$\phi_e = \kappa_b \phi_c, \quad \kappa_b = \kappa(\gamma, Ma_e) \tag{5-33}$$

具体到燃气流压力、温度、流速、密度等主要参数,(5-33)式具体形式分别为

$$p_e = \kappa_{bp} p_c, \quad T_e = \kappa_{bT} T_c, \quad u_e = \kappa_{bu} u_c \tag{5-34}$$

$$\kappa_{bp} = \left[1 + \frac{\gamma-1}{2}(Ma_e)^2\right]^{-\frac{\gamma}{\gamma-1}}, \quad \kappa_{bT} = \left[1 + \frac{\gamma-1}{2}(Ma_e)^2\right]^{-1},$$

$$\kappa_{bu} = \frac{A_c}{A_e}\left[1 + \frac{\gamma-1}{2}(Ma_e)^2\right]^{\frac{1}{\gamma-1}} \qquad (5-35)$$

研究火箭发动机工作压力变化对自由喷流状态燃气流场的影响时，为简化起见，假设燃气流物性、燃温、喷管结构等参数不变，由(5-33)式~(5-35)式可知，上述火箭发动机喷口燃气流参数与推力室燃气流参数呈线性关系。基于假设，由(5-33)式~(5-35)式可以得到喷口静温、喷口燃气流速保持不变的结论。喷口静温保持不变相对直观，喷口燃气流速保持不变可结合火箭发动机原理进一步说明。首先，火箭发动机推力室内任意截面燃气流速度与马赫数关系为

$$u_e = \kappa_{bu} u_c = \frac{A_c Ma_c}{A_e}\sqrt{\gamma R T_c}\left[1 + \frac{\gamma-1}{2}(Ma_c)^2\right]^{\frac{1}{\gamma-1}} \qquad (5-36)$$

火箭稳定工作时，火箭发动机工作压力与环境压力满足临界条件关系，喷喉处燃气流速为声速条件，火箭发动机推力室内截面相对喷喉截面的面积比与该截面燃气流马赫数之间也满足临界条件关系，即

$$\frac{A_c}{A_t} = \frac{1}{Ma_c}\left\{\frac{2}{\gamma+1}\left[1 + \frac{\gamma-1}{2}(Ma_c)^2\right]\right\}^{\frac{\gamma+1}{2(\gamma-1)}}, \quad Ma_c < 1 \qquad (5-37)$$

(5-37)式说明推力室内截面相对喷喉截面的面积比与该截面燃气流马赫数之间也存在一一对应关系，即推力室内流动截面面积与喷喉流动截面面积比不变情况下，推力室内流动截面燃气流马赫数不变。结合(5-36)式及上述假设说明，可以认为尽管火箭发动机工作压力发生变化，但喷口燃气流速保持不变。从而研究火箭发动机工作压力变化对燃气流场中流速、温度分布变化的影响因素时，已排除了喷口燃气流速、温度自身变化影响。

依据图5-1(a)所示火箭发动机工作状态，设置火箭发动机喷口马赫数为3.0，当火箭发动机工作相对图5-2(a)所示工作压力增加95%或下降51%时，燃气流场分布对比情况如图5-33和图5-34所示。

(a) 工作压力增加95%

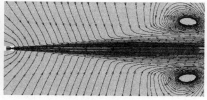

(b) 工作压力下降51%

图5-33　火箭发动机工作压力变化时燃气流静温、流线组合分布对比

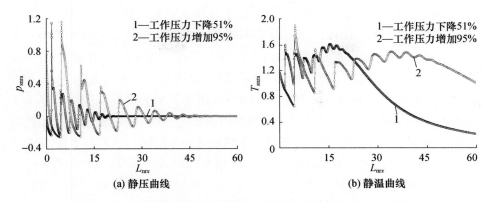

图 5-34 火箭发动机压力变化时燃气流参数沿轴线分布对比曲线

图 5-33 显示,火箭发动机压力升高情况下,燃气流周向膨胀范围扩大,激波交点距离喷口距增加,相应纺锤形轮廓变宽、变长;同时,周围环境气流流线与喷管轴线夹角增大,显示自身推进动力强劲,同时对环境气体的引射作用变强。另外,随着火箭发动机压力增高,原柳叶形外轮廓的叶尖部分钝化,显示燃气流前端仍然具有较强的整体推进能力。图 5-34 则显示,火箭发动机压力升高,带来燃气流静压、静温波动幅度增加,静压、静温波动周期(表现为波峰或波谷距离)延长;燃气流动对称轴线上,呈现明显波动的燃气流空间范围进一步扩大。

依据(5-14)式~(5-17)式可研究火箭发动机压力对燃气流外轮廓的影响,如图 5-35 所示。

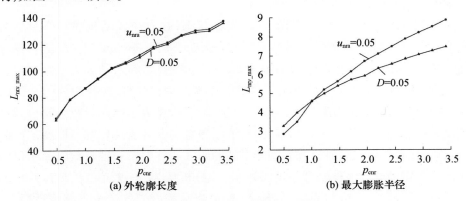

图 5-35 燃气流主流区外轮廓变化曲线

图 5-35(a)显示,基于流速、浓度界定的燃气流外轮廓长度范围为 50~150 倍喷口直径范围;尽管界定燃气流外轮廓的燃气流参数类型很多,距离喷口

50～150倍喷口直径范围内燃气流外轮廓长度随火箭发动机工作压力变化存在比较一致的变化关系，即以速度表示的外轮廓长度与以浓度表示的外轮廓长度接近，同时外轮廓长度随火箭发动机工作压力升高呈现非线性增加关系；反之则呈非线性减小关系。图5-35(b)显示，燃气流膨胀半径差异较大，当火箭发动机压力增高，燃气流场为欠膨胀流场时，以速度表示的燃气流膨胀半径大于以浓度表示的燃气流膨胀半径；当火箭发动机压力下降，燃气流场为过膨胀流场时，以速度表示的燃气流膨胀半径小于以浓度表示的燃气流膨胀半径。

参照(5-13)式轮廓外形定义，进一步研究确定：燃气流推进到最大膨胀半径这一极限位置前，燃气流外轮廓近似为圆台锥面，该圆台面的上台面即是喷口截面，燃气流主流区基本落在该圆台锥面范围内，虽然这是一个不太严格的界定，但对于工程技术来说具有一定参考意义，找到该圆台锥面经验估算值，可以直接确定燃气流烧蚀恶劣区域。基于(5-16)式膨胀角定义，研究还确定：高速燃气流局限于临界膨胀半角不超过4.0°空间范围内，高浓度燃气流局限于临界膨胀半角不超过4.2°空间范围内。结合上述轮廓长度或膨胀极限长度，则针对工程热防护设计参考的圆台锥面烧蚀范围可以具体界定。

5.5.2 推进剂燃温变化的影响

火箭发动机推进剂不同，往往其燃温不同。实际上，即使是同一类型推进剂，火箭发动机工作条件不同特别是燃压不同，也会影响燃温。燃温高一般代表着燃气的能量高，由此经火箭发动机喷出的燃气流携带的能量也高，从而将影响燃气流在空间内推进及分布特性。

依据图5-1(a)所示火箭发动机工作状态，在火箭发动机喷口马赫数为3.0的条件下，当推进剂燃温相对图5-2(a)所示推进剂燃温变化时，其对燃气流主流区外轮廓影响的细节分析结果如图5-36所示。

图5-36显示：①在燃压、燃气物性、火箭发动机喷管、工作时间等一致的条件下，推进燃温逐渐增高时，以临界速度、临界浓度界定的燃气流外轮廓长度均呈非线性增加。②以临界速度、临界浓度界定的燃气流外轮廓长度变化曲线接近，推进剂燃温较高时以临界浓度界定的燃气流外轮廓长度参数略高于以临界速度界定的燃气流外轮廓长度参数，初步分析认为，高速气流流动过程中抽吸环境气流，环境气流与高速气流一起顺势将高浓度燃气带至下游更远距离，当然，当前研究尚未排除浓度梯度造成的扩散速度变化的影响。③推进剂燃温逐渐增高时，以临界速度、临界浓度界定的燃气流外轮廓最大膨胀半径逐渐减小。以临界速度、临界浓度界定的燃气流外轮廓最大膨胀半径逐渐减小的原因

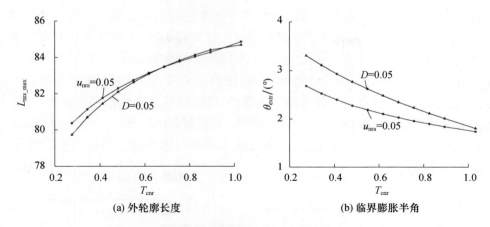

图 5-36 推进剂燃温变化对燃气流外轮廓影响对比曲线

初步分析认为是：火箭发动机喷口压力与火箭发动机推力室工作压力之比保持不变的条件下，燃气流推进动力接近，而燃温提高带来燃气流轴向流动速度相对提高，燃气流快速推进并在推进方向推进了更远的距离，更高流速也导致对径向环境气流抽吸作用加强，环境气流向内挤压了更多的燃气流空间。④高速燃气流局限于临界膨胀半角不超过 3.0°空间范围内，高浓度燃气流局限于临界膨胀半角不超过 3.5°的空间范围内。

燃气流参数沿推进对称轴线变化情况如图 5-37 所示。

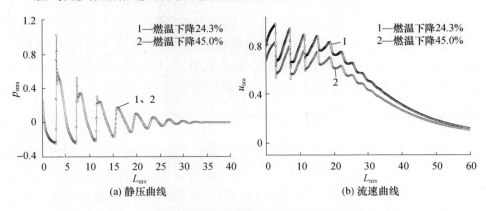

图 5-37 推进剂燃温变化时燃气流参数沿轴线分布对比曲线

图 5-37 显示：①推进剂燃温虽然不同，不同推进剂燃温条件下燃气流静压随距离变化曲线高度重合，表明推进剂燃温变化对燃气流压力分布影响近乎可以忽略。②推进剂燃温变化条件下，燃气流推进轴线上流速随距离变化曲线

波动、起伏、衰减特性总体一致。在离喷口下方一定距离范围内燃气流速与静压波动、起伏特性同步。随着推进剂燃温的提高,对应燃气流流速波动曲线上相关流速数值提高。进一步研究显示,不同推进剂燃温条件下,燃气流速推进轴线距离则比较接近,约85倍喷口距离,该值与采用临界参数界定的轮廓长度接近。不同推进剂燃温条件下燃气流静压、流速影响距离接近现象表明,推进剂燃温有限变化范围内,推进剂燃温对燃气流推进距离的影响不大。

与图5-32所示空间位置一致的近场监测点燃气流参数随时间变化如图5-38所示。

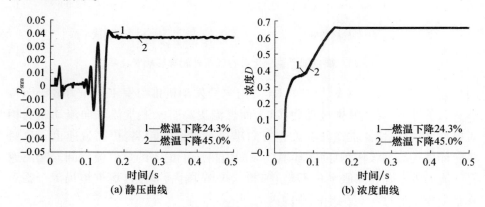

图5-38 燃气流参数随时间变化对比曲线

图5-38显示,空间位置燃气流压力、浓度波动起伏同步,起伏幅度、各时刻压力具体数值相对接近,说明推进剂燃温变化对燃气流压力变化、推进特性影响有限。这也是一个很重要的结论,启发我们在寻求模拟试验发动机时,在难以依托完全一致的发动机条件下,尽量侧重发动机工作压力。

5.5.3 喷口马赫数的影响

火箭发动机工作状态以喷口燃气压力等于或接近环境气压为理想工作状态,这时火箭发动机推力损失最小。火箭发动机设计过程中需充分论证、寻求合理的压力比以确定火箭长时飞行保持喷口燃气压力等于或接近环境气压的最佳状态。由于喷口马赫数决定喷口燃气压力比,从而喷口马赫数与火箭最佳飞行状态密切相关。

由于火箭发射目标各不相同,因此,类型各异的火箭发动机喷口马赫数并不相同。喷口马赫数不同的火箭经常从接近海平面的地面起飞,可以预期其自由飞行状态的燃气流场存在差异。另外,推进剂一致情况下,火箭发动机喷管

第5章 自由喷流状态燃气流场

膨胀比、燃气物性特别是燃气比热比与任意截面燃气流马赫数构成相对封闭的一一对应关系,喷口马赫数变化实质反映的是喷管结构参数——膨胀比的变化,火箭发动机喷管膨胀比发生变化,必然导致喷口马赫数变化,最终导致火箭发动机压力比发生变化,影响火箭发动机性能。火箭发动机实际工作状态下,喷管膨胀比发生变化往往是客观存在的现象。例如,喷管喷喉经常发生烧蚀现象,喷管膨胀比存在动态变化,喷管膨胀比动态变化将导致喷口马赫数发生变化,也会影响燃气流场分布。本节依据图 5-2(a)所示发动机工作条件,研究喷口马赫数变化带来的燃气流场变化。

火箭发动机喷口燃气参数与推力室燃气参数之间的比值随马赫数变化满足(5-33)式~(5-37)式一维气体动力学函数关系,其前提是喷管内燃气流处于满流状态。研究表明,依据图 5-2 所示发动机工作条件,标准大气压环境中,喷口马赫数不超过 3.75 的火箭发动机喷管内燃气流动基本保持满流状态;喷口马赫数超过 4.00 时,喷管内燃气流动压力较低,不能阻挡外部环境气流的挤压作用,外部环境气流抽吸进喷管内部,原先在喷管内保持满流状态的燃气流在喷管内发生分离;燃气流在喷管内发生分离条件下,喷口燃气参数均值开始偏离满流状态的燃气参数均值,随着马赫数进一步提高,这种偏离进一步扩大,喷口马赫数超过 5.00 时,偏离趋于缓和,环境气流占据了相当重要的地位。

喷管满流条件下,燃气流场分布随喷口马赫数变化典型对比情况如图 5-39 所示。

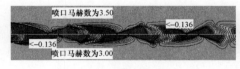   

(a) 静压云图　　　　　　　　　　　(b) 流速云图

图 5-39　喷口附近燃气流速分布对比

图 5-39 显示,喷口马赫数增加情况下,高速燃气流沿推进方向膨胀、压缩距离相对缩短,径向方向则总体表现为相对收缩特征。

喷口马赫数变化对燃气流外轮廓影响的细节分析结果如图 5-40 所示。

图 5-40 显示:①其他条件一致时,随着喷口马赫数逐渐增大,燃气流外轮廓长度均呈非下降趋势;喷口马赫数低于 3.0 的情况下,以临界浓度界定的燃气流外轮廓长度大于以临界速度界定的燃气流外轮廓长度。②其他条件一致时,以临界速度界定的高速燃气流局限于临界膨胀半角不超过 3.6°锥形空间内,以临界浓度界定的高浓度燃气流局限于临界膨胀半角不超过 4.0°的锥形空间内。

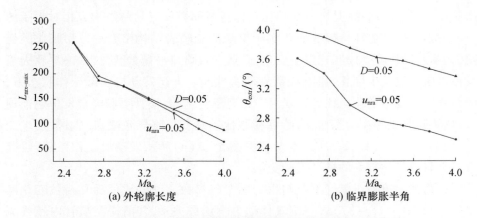

图 5-40 燃气流外轮廓特征参数随喷口马赫数变化对比曲线

5.2 节分别以喷口马赫数为 3.0 和 3.5 为例,比较详细地说明:两种喷口马赫数条件下,燃气流沿推进方向存在总体相似的压力(或温度、速度)波动特性,燃气在喷口附近加速膨胀,燃气流压力、温度快速降低,然后受激波阻挡压力、温度急速上升,然后再次膨胀降低压力、温度,后续依次出现压力或温度高低交替的波动现象,燃气流速波动变化与压力、温度波动数值变化相反,到后期相关波动幅度均逐渐减小,波动周期逐渐缩短。并且,随着喷口马赫数增加,燃气流沿推进方向各波动周期范围内对应波动位置逐渐前移,向喷口靠近,相近波动周期范围内,波动幅度逐渐减小,波动周期同时缩短……这里不再冗述。

5.5.4 喷管型面类型的影响

火箭发动机设计过程中,一般参照最大推力喷管型面设计思路设计喷管结构,这种喷管结构型面可利用特征线方法精细化设计,喷管生产数控加工有时会进一步简化,采用近似特征线方法、抛物线方法以及双圆弧方法拟合喷管型面,这些喷管型面一般归入钟形喷管。火箭发动机领域也经常采用型面简单的锥形喷管,抛物线型面喷管很多情况下接近锥形喷管。本节主要研究锥形喷管、钟形喷管对燃气流场分布的具体影响,其中钟形喷管采用近似特征线方法设计。依据图 5-2(a)所示发动机工作条件,设定喷口直径一致,喷口马赫数为 3.33,喷口膨胀半角为 14.0°,离喷口截面 2.64~11.37 倍喷口直径距离范围内燃气流场分布对比情况如图 5-41 所示。

图 5-41 显示,锥形喷管燃气流与钟形喷管燃气流宏观分布存在一定程度的相似性,锥形喷管燃气流外轮廓、压力锥系、膨胀加速与压缩降速区沿推进方向长度略长、沿径向方向影响范围相对较小。分析造成该"纤细"现象的原因

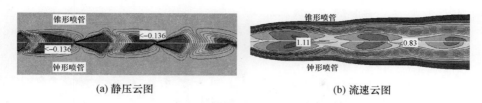

(a) 静压云图　　　　　　　　　　(b) 流速云图

图 5-41　两类型面喷管对应燃气流场分布对比云图

是：相同膨胀比条件下，钟形喷管较短，燃气流在较短距离快速膨胀，出喷口后继续保持膨胀态势，相应地径向膨胀范围略大，造成径向推进驱动力略小，压力锥系、膨胀加速与压缩降速区沿推进方向略短。

两种类型喷管造成的燃气流沿推进轴线分布对比如图 5-42 所示。

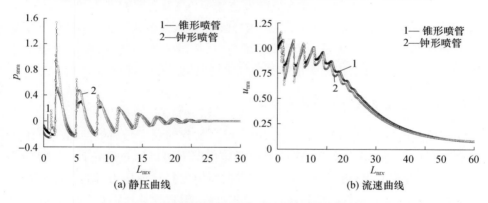

(a) 静压曲线　　　　　　　　　　(b) 流速曲线

图 5-42　两种类型喷管造成的燃气流参数沿推进轴线分布对比曲线

图 5-42 显示：①除紧邻喷口附近外，燃气流动对称轴线上锥形喷管燃气流参数随距离变化特性与钟形喷管燃气流参数随距离变化特性总体一致。②钟形喷管燃气流除在喷口附近存在明显的波动区域外，在后续推进过程中保持了较强的膨胀、压缩效应，并且以距离表征的周期性波动时间相对提前，即距离喷口位置靠近。③20 倍喷口以外的燃气流远场区域，锥形喷管燃气流参数随距离变化曲线与钟形喷管燃气流参数随距离变化特性仍然保持一致，但锥形喷管燃气流影响距离略远，表明锥形喷管燃气流后续推进过程中残余推进能量、动量略高。

进一步的研究显示，喷口马赫数、喷口扩张半角以及火箭发动机工作压力、燃温、推进剂组分等保持一致的条件下，不同类型喷管燃气流推进特性存在相似性。仍以喷口马赫数为 3.33、喷口半张角为 14°的两种类型喷管为例，不同位置燃气静压随时间变化如图 5-43 所示。

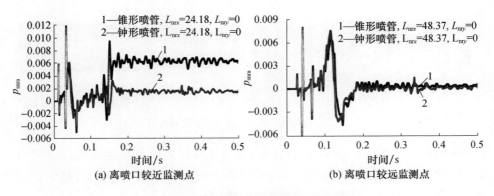

图 5-43　燃气静压随时间变化对比曲线

图 5-43 显示,两种类型喷管燃气流随时间变化、波动特性接近;近场区域,受钟形喷管较强膨胀、压缩效应影响,监测点静压达到稳定后,稳定值较锥形喷管低很多;而远场区域,钟形喷管膨胀、压缩效应逐渐减弱,监测点静压达到稳定后,稳定值逐渐接近锥形喷管燃气流场监测点稳定静压值。

5.5.5　喷管出口扩张半角的影响

按照火箭发动机基本工作原理,最大推力喷管的喷口马赫数与出口扩张半角之间存在合理的匹配关系,在压力比确定情况下可以通过理论计算(如特征线法)确定合理的出口扩张半角。火箭发射经历大气环境压力、温度因地而异,火箭发动机经历的飞行高度存在动态变化过程,根据设计所需燃气流膨胀压力比,实际使用的火箭发动机喷管出口扩张半角往往不同,这里研究扩张半角变化带来的燃气流场变化情况,为简单起见,保持火箭发动机其他条件一致,喷口马赫数为 3.33 条件下,采用类似图 5-41 的方法,将不同喷管出口扩张半角的燃气流场分布情况置于一幅图中,如图 5-44 所示。

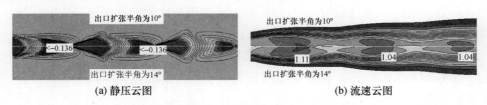

图 5-44　不同喷管出口扩张半角燃气流场分布对比云图

图 5-44 显示,喷口附近出口半张角为 10°与出口半张角为 14°的燃气流静压分布、燃气流速分布总体一致;相同色标范围内,出口半张角为 14°燃气流膨

胀、加速较早、范围较大。

喷管出口扩张半角不同情况下,对称轴线上燃气流参数分布对比如图 5-45 所示。

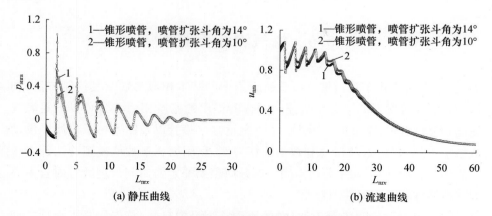

图 5-45　不同出口扩张半角燃气流参数沿轴线变化对比曲线

图 5-45 显示,虽然火箭发动机喷管出口扩张半角不同,燃气流动对称轴线上相关参数随距离变化特性总体一致;30 倍喷口直径距离范围内,喷管出口扩张半角较小的火箭发动机燃气流参数在膨胀、压缩节奏相对提前,波动幅度减小,后续远场区则波动略滞后,但数值差别不大。

火箭发动机喷管出口扩张半角不同情况下,空间位置燃气流参数随时间变化对比如图 5-46 所示。

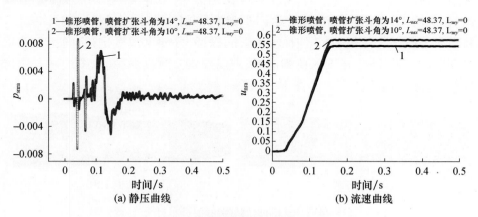

图 5-46　燃气流参数随时间变化对比曲线

图 5-46 显示,不同出口扩张半角情况下,锥形喷管燃气流随时间变化特性总体一致,燃气流动达到稳定状态后,燃气流参数稳定值相对差别不超过

6%,出口扩张半角对空间位置燃气流参数变化影响相对较小;喷管出口扩张半角较小时,空间位置燃气流参数波动幅度略高,膨胀、压缩时间略提前,达到稳定状态后燃气流稳定值略高。

5.6 燃气流场相似性

4.2.2 节提出了喷流缩比试验研究依据的基本相似参数及其控制方法,利用鲍勃谢夫等发展的结构元法证明了作者提出的基本相似参数可以满足燃气流场相似性要求,本节依据图 5-1(a)所示锥形喷管以及图 5-2(a)所示发动机稳定工作条件,以喷口马赫数为 3.0 为例,利用第 3 章数值模拟方法证明燃气流场相似性,同时初步分析空间尺度效应以及非定常时间尺度效应对自由喷流状态燃气流场相似性的影响。

喷口附近燃气流为跨声速,燃气流动状态最为复杂,首先研究了火箭发动机工作达到图 5-2(a)所示稳定状态时喷口附近燃气流场分布情况,如图 5-47 所示。图 5-47 参照前述方法,将不同比例研究结果绘制于同一幅图中,以方便直观对比说明喷流燃气流场相似性。每幅图中上半幅图、下半幅图分别来自不同比例数值模拟结果,按照上半幅图、下半幅图相关比例对小比例构图占纸面尺寸进行放大显示。例如,图 5-47 中上半幅图对应比例为 1:2 的燃气流场静温等值线图,该图截取轴线长度范围为自喷口至 8.465 倍喷口直径距离,相应地,图 5-47 中下半幅图对应比例为 1:3 的燃气流场静温等值线图,比例为 1:2 的燃气流场真实空间长度仅为上半幅图的 2/3,为对比方便,将该等值线图按比例 3:2 线性放大。同时,为方便直观对比,将图 5-47 中各图上半幅图、下半幅图的色标范围、刻度设置一致,后续其他图绘制方法与此相似,不再说明。

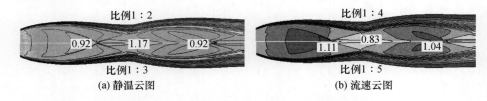

(a) 静温云图　　　　　　　　(b) 流速云图

图 5-47　喷口附近燃气流静温分布对比云图

图 5-47(a)显示,以对称轴线为参考基线,将缩比比例为 1:3 的小尺度燃气流场静温分布图按比例 3:2 线性放大后,该小尺度燃气流场静温等值线分

布图与上半幅缩比比例为 1 : 2 的燃气流场静温等值线分布图在对应刻度等值线形状、等值线曲率大小、等值线间隔疏密方面高度一致,两者可互视为以轴线基线的对称映射关系。图 5 - 47(b)对比了缩比比例分别为 1 : 4、1 : 5 的燃气流场流速分布情况,从速度分布视角证明与表 4 - 1 所列基本相似参数,缩比燃气流场可视为原型燃气流场空间线性缩比结果,缩比空间对应位置燃气流速度与原型空间对应位置燃气流速度存在 1 : 1 对应关系,即对应位置燃气流速度保持不变。

不同比例燃气流场对称轴线上燃气流参数分布对比如图 5 - 48 所示。

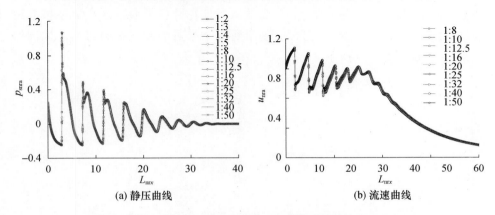

图 5 - 48　不同比例条件下燃气流参数沿轴线变化对比曲线

图 5 - 48(a)显示,在缩比比例 1 : 2 ~ 1 : 50 范围内,不同比例燃气流动对称轴线上燃气流静压曲线近乎重合,细节波动幅度、波动周期高度一致,不同比例燃气流静压数值大小十分接近,充分证明不同比例燃气流场相似。图 5 - 48(b)从燃气流速角度显示,不同比例燃气流场中速度沿推进轴线变化特性高度一致,以及空间位置燃气流速率大小的充分接近,从而进一步表明满足表 4 - 1 所列基本相似参数条件的燃气流场彼此相似。

局部放大显示能够分析结构线性缩比条件下空间尺度变化造成的燃气流场细节差异。以图 5 - 48(a)所示燃气流静压参数为例,局部放大显示:空间尺寸高度缩小情况下,小比例燃气流动对称轴线上静压波动起伏曲线看起来可视为大比例燃气流动对称轴线上静压波动起伏曲线略向左平移的结果,即尺度缩小情况下静压波动起伏时间略提前。局部放大同时显示,随着离喷口距离的增加,对应位置小尺度燃气流静压数值略小,波动幅度也略小。分析造成尺度减小情况下燃气流静压波动时间略提前、波动幅度图略变小的原因,主要与黏性效应有关。空间结构线性缩比情况下,火箭发动机喷口面积呈平放缩比关系,燃气流总动量、总能量下降很多；燃气流及环境大气黏性并不随结构缩比而缩比，保持不变状态，从而黏滞力相对增强；总动量、总能量下降的燃气流在黏滞力不变的环境大气中运动时，燃气流能量损失相对较大，燃气波动幅度相对减小，同时燃气与环境大气之间的剪切边界层发展相对较快，燃气流波动时间相对提前。由于缩比条件下燃气流参数真实值与原型燃气流参数真实值十分接近，因此，小尺度条件下燃气流推进强度、惯性仍然较大，波动幅度只能略变小，波动时间也略提前。

研究还发现，空间尺度缩小情况下燃气流场分布虽然保持与原型燃气流场相似，但空间尺度过分缩小情况下，燃气流场外轮廓特征参数会严重偏离上述线性缩放关系，以外轮廓长度为例，基于研究结果可绘制该参数与缩比比例的关系曲线，如图 5-49 所示。

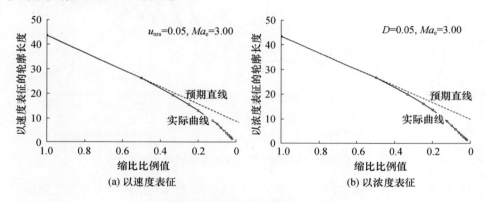

图 5-49　轮廓长度受尺度缩小影响情况

上述研究主要围绕火箭发动机稳定工作条件下燃气流场相似问题开展研究。火箭发射过程中，燃气流场存在逐渐建压过程，为此进一步开展了不同尺度条件下的燃气流场瞬态分布相似性研究，得到了尺度相差不大的两种缩尺度燃气流场瞬态分布特性，基于瞬态分布特性进一步得到空间对应位置燃气流参数随时间变化特性，典型特性如图 5-50 所示。

图 5-50 显示：①尺度相差不大时，两种缩比比例燃气流场中空间对应位置燃气流静压随时间变化曲线基本重合，反映了燃气流场随时间变化特性一致性以及对应燃气流参数接近 1∶1 的实际情况，表明尺度相差不大时，按表 4-1 所列控制火箭发动机工作条件可以比较容易地确保非定常燃气流场相似性。②两种尺度空间对应位置燃气流参数随时间变化差异性主要体现在 0~0.10s 时间段，较小尺度燃气流场对应位置燃气流静压波动时间略提前。③较小尺度

第5章 自由喷流状态燃气流场

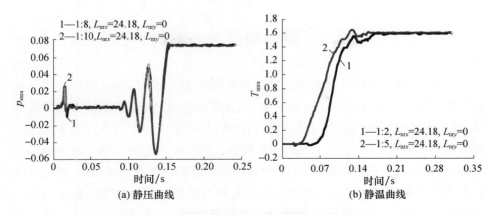

图 5-50 尺度相差不大时燃气流静压变化对比曲线

燃气流场对应位置感应燃气流时间、燃气流波动变化时间相对提前。图 5-50 也提供另外两个方面十分重要的信息：①随着时间的增加，燃气流参数加速向稳定值靠近，尺度不同造成的燃气流参数上升或波动时间差缩小；②尽管不同尺度空间位置燃气流参数初期变化时间历程存在差异，但达到平稳段后时间历程曲线接近重合。造成图 5-50(b)所示初期燃气流参数时间历程曲线存在差异以及平稳段燃气流参数时间历程曲线重合现象的原因主要是由燃气流动状态确定。数值模拟研究依据火箭发动机喷口设置了堵盖，堵盖打开瞬间燃气流以冲击波形式向前方推进，不论尺度多大，冲击波推进速度为环境大气声速（约为 342m/s），则小尺度燃气流场相对大尺度燃气流场而言，对应位置燃气流感应燃气流时间提前，与此类似，后续燃气流波动变化时间相应提前。后续随着火箭发动机工作压力、燃温不断提升，燃气流持续跟进，流速逐渐增加，在空间结构不变的情况下，燃气流达到相应位置时间相应缩短，从而不同尺度空间位置燃气流参数后续时间历程曲线逐渐靠近。③超过 0.15s 后，火箭发动机工作压力、燃温相对稳定不变，图示监测位置燃气流速达到超声速状态（马赫数约为 2.33）后，燃气流参数主要受来流控制，相关流动参数也很快趋于稳定、接近状态。

综合以上说明，两种情况下自由喷流状态燃气流场相似性问题需要分别考虑时间尺度效应与空间尺度效应：①火箭发动机点火初期自由喷流状态燃气流场相似性推演需要考虑时间尺度效应；②较小缩比比例的自由喷流状态燃气流场相似性推演需要考虑空间尺度效应。

5.7　数值模拟方法影响

目前,火箭发射燃气动力学试验研究领域虽然应用了一些非接触式光学测试方法,如红外热成像方法、纹影方法、激光干涉方法,但光学测试方法受分辨率、聚焦方法以及燃气流自身脉动特性限制,大部分情况下仍然局限于实验室内限定条件开展局部研究,采用传感器接触式测量燃气流参数则不可避免地对高温、高速燃气流造成干扰,破坏了自由喷流状态燃气流场内部结构,精细地研究自由喷流状态燃气流场主要依托数值模拟方法。如第 3 章数值模拟方法具体说明,数值模拟方法实际应用将涉及多方面环节,这些环节都将或多或少地影响燃气流场研究结果,虽然无须针对每个环节去开展系统研究,但围绕主要环节开展必要的研究有助于甄别相关特性真伪,减少不必要的重复性研究,也有助于后续新方法、新方向的积极探索。

5.7.1　数值模拟算法影响

3.4 节介绍火箭发射燃气动力学数值模拟主要采用两类算法,分别是压力基算法及密度基算法,这两类算法还包含系列存在细节差异的亚类算法。研究自由喷流状态燃气流场时,针对 3.4 节数值模拟算法及其精度燃气流场影响开展了对比分析。首先,对比研究了不同数值模拟算法对燃气流场分布特性的影响。研究过程中,类似前述章节研究思路,为方便独立研究数值模拟算法影响,依据图 5-1(a)、图 5-2(a)相对统一的火箭发动机工作状态及工作条件,保持燃气物性条件、环境大气条件、网格模型等条件一致。对比时采用统一的色标刻度、色标范围以及类似图 5-41 所示的空间范围,据此示例绘制喷口马赫数为 3.0 的自由喷流状态燃气流场分布对比如图 5-51 所示。

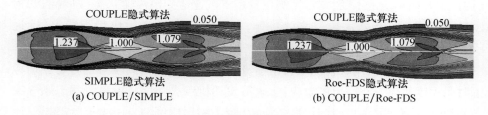

图 5-51　算法在流速分布方面的对比

图 5-51 显示,压力基算法得到的燃气流速等值线轮廓形状、无量纲燃气流速数值大小均彼此十分接近,静温、静压云图也显示了类似的情况,即尽管压

力基系列算法在算法格式、求解方面存在差异,但得到的燃气流速分布特性呈现高度一致性。图 5-51 同时显示,压力基算法与密度算法得到的燃气流动空间分布总体一致,也存在细节差异。一致性体现在 3 个方面:①喷口附近燃气流纺锤形外轮廓形状总体接近;②纺锤形外轮廓范围以内燃气流速轴向、径向分布、变化特性总体相似,除局部区域外,相关等值线形状相似;③燃气流速峰值接近。差异主要体现在:纺锤形外轮廓范围以内特别是靠近流动轴线附近等值线形状存在差异、等值线范围存在差异、即燃气流动范围及局部流速变化略有不同。

不同数值模拟算法条件下,燃气流参数沿对称轴线变化如图 5-52 所示。

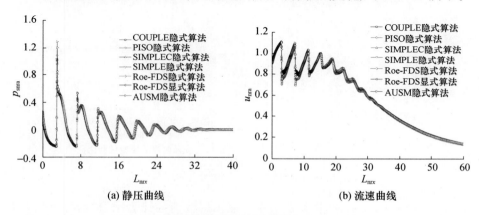

(a) 静压曲线　　　　　(b) 流速曲线

图 5-52　燃气流参数沿对称轴线变化对比曲线

图 5-52(a)显示,燃气流对称轴线上,不同算法得到的静压随推进方向波动周期、波动幅度、单个波动工作周期内压力恢复、下降趋势十分接近,即不同算法得到的燃气流静压波动、衰减特性存在总体一致性。图 5-52(a)充分显示,密度基于算法与压力基算法得到的燃气流静压分布、变化特性高度一致,同时细节显示了两者的差异:密度基算法得到的燃气流静压开始波动时间(以距离表示)略滞后于压力基算法得到的静压开始波动时间,而静压波动幅度又略大于压力基算法得到静压波动幅度。图 5-52(b)同时显示了密度基算法与压力基算法在燃气流速变化方面的异同:燃气流速开始波动时间、波动周期高度接近;40 倍喷口距离以内压力基算法得到的燃气流速波动幅度高于密度基算法得到的燃气流速波动幅度;单个波动周期内压力基算法对应的燃气流速峰值低于密度基算法对应的燃气流速峰值;压力基算法对应的燃气流经激波或压缩波后失速情况更加明显;40 倍喷口距离以外压力基算法、密度基算法压力变化曲线近乎重合,呈现比较一致的非线性衰减特性。

图 5-2(a)显示火箭发动机点火初期存在建压及升温过程,由此随着堵盖打开至空间燃气流分布达到相对稳定状态过程中,燃气流场存在非定常变化过程,采用不同数值模拟算法,会发现这种非定常具体变化过程存在一定差异,限于篇幅仅列出压力基、密度基代表性算法对比结果,对比过程有意印证上述现象:①压力基算法结果得到流场波动相对提前现象;②20~60倍喷口距离内燃气流场参数存在相对明显的差异现象。典型对比结果如图 5-53 所示。

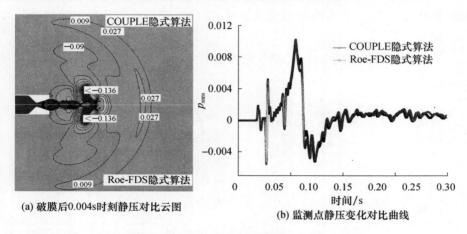

图 5-53 燃气流场及监测点静压对比

图 5-53(a)显示,两种算法结果均显示燃气流前锋为球冠状冲击波,在前锋和喷口之间的跟进燃气流则呈现涡扰动以及激波发展态势。Roe-FDS 隐式算法结果显示的球冠状燃气流前锋推进轴向距离小于 COUPLE 隐式算法得到的轴向距离。Roe-FDS 隐式算法结果还显示喷口附近悬挂激波、反射激波发展比较充分。COUPLE 隐式算法结果则显示喷口附近燃气流波系结构相对更加复杂,燃气前锋过后跟进燃气流存在比较剧烈的扰动以及彼此协调现象。图 5-53(b)显示空间监测点压力随时间变化特性总体一致,同时也显示 Roe-FDS 隐式算法与 COUPLE 隐式算法在预示燃气流参数随时间变化特性方面的细节差异:燃气流推进初期,Roe-FDS 隐式算法得到的燃气流静压波动相对滞后,稳定时间段燃气流静压预示结果与 COUPLE 隐式算法预示静压接近。

3.4 节介绍数值模拟算法在具体解算过程中,必须对全体输运方程进行差分离散,差分离散可以采用 1 阶、2 阶、3 阶甚至高阶格式。由于 1 阶、2 阶、3 阶离散格式对应数值残差相应具备 1 阶、2 阶、3 阶微量偏差,由此采用 1 阶、2 阶、3 阶离散格式的算法相应称为 1 阶、2 阶、3 阶算法精度。数值模拟时一般针对输运方程组的时间项采用低阶(如 1 阶)离散格式,对输运方程的空间对流项、空间扩散项采用较高阶(如2阶、3阶)离散格式,考虑到数值模拟结果主要受控于空间对流项、空间扩散项离散格式,习惯上也以空间对流项、空间扩散项的离散阶数称呼算法总体精度。1阶、2阶、3阶精度算法预示结果对比典型情况如图5-54所示。

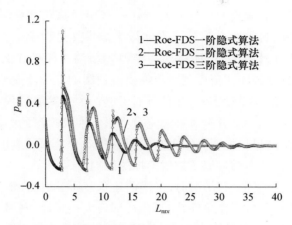

图5-54　3种精度算法在燃气流静压分布方面的对比

图5-54显示,在40倍喷口直径距离范围内,燃气流静压波动幅度方面,1阶算法结果小于2阶、3阶算法结果,3阶算法结果则与2阶算法结果接近;2阶、3阶算法能够分辨出燃气流沿轴线推进过程中存在10个左右的静压振荡波,其中喷口附近3个激波清晰可见,而1阶算法仅能分辨出6个左右的静压振荡波,并且仅一个激波清晰可见;相对2阶、3阶算法,1阶算法结果显示燃气流静压波动位置前移;40倍喷口直径距离以外的远场区,各阶精度算法均反映燃气流场总体处于平稳状态。综合图5-54所示信息,初步确认1阶算法丢失了比较多的流场细节信息,表现出比较明显的过滤、平滑、削波效应。包括图5-51～图5-53在内,除特殊说明外,本书理论研究结果主要依据2阶精度算法。

如3.4节说明,火箭发射燃气动力学数值模拟涉及方方面面,不仅体现在上述算法离散思路、离散精度,解算进程控制信息传播及收敛速度也是相当重要的环节,例如,利用Roe-FDS 2阶显式算法时,解算进程控制信息传播及收敛速度的关键因子——科朗(Courant)数也会显著影响燃气流场分布结果,对比研究表明,燃气流场相对稳定时,采用较小科朗数时,会引起局部空间燃气流速、静压的数值波动,提高科朗数有助于抑制这种数值扰动,由此也可以看出数值模拟进程需要根据情况合理调控科朗数。

5.7.2 湍流模型影响

第 2 章、第 3 章已经说明,采用数值模拟方法研究火箭发射燃气动力学基本特性需要借助湍流模型去构建燃气流输运方程组的数值封闭性模型。当前主要借助雷诺平均湍流模型(RANS),采用一些半经验式方程组寻求输运方程组中湍流脉动项的封闭性[34,39-40]。在实际数值模拟进程中,为节省计算资源,提高数值模拟速度及效率,往往将这些半经验型湍流模型作为附加项单独解算,由此也可以独立说明湍流模型对数值模拟的影响。湍流模型具体构建思路多样,由于具体的湍流模型多样,并且目前仍然在大力发展过程中,新的湍流模型会不断涌现,深入研究、分析所有湍流模型影响涉及很深的湍流理论和方法,也需要相当篇幅,这里仅扼要介绍火箭发射燃气动力学领域应用比较广泛的湍流模型对自由喷流状态燃气流场数值模拟的影响。

对比研究燃气流场分布情况时,采用前述章节研究思路,依据图 5-2 所示相对统一的火箭发动机工作条件,同时保持环境大气条件、网格模型、数值模拟算法一致,如在喷口马赫数为 3.0 下,采用 SIMPLEC 2 阶隐式算法,以便相对单纯地研究湍流模型对燃气流场分布的影响。直观说明时,在同幅图中用上、下半幅图分别绘制不同湍流模型得到的燃气流场分布情况,绘制时保持刻度统一、空间范围统一,如空间范围仍取喷口以下至 8.46 倍喷口距离范围。不同湍流模型对喷口附近流场分布的影响如图 5-55 所示。

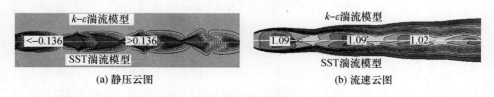

(a) 静压云图　　　　　　　　(b) 流速云图

图 5-55　不同湍流模型对喷口附近流场分布的影响

图 5-55 显示,$k-\varepsilon$ 湍流模型、SST 湍流模型预示自由喷流燃气流压力、流速分布时,均可以反映出轴向膨胀加速、压缩减速、再膨胀加速、再压缩减速的波动现象,也可以反映出径向相关衰减、波动特性,尽管 $k-\varepsilon$ 湍流模型与 SST 湍流模型反映的空间燃气流速等值线轮廓形状、尺寸范围比较接近,但两种湍流模型在燃气流压力、流速轴线向分布、流速径向分布也存在一些明显的细节差异。

湍流模型造成的燃气流分布特性异同还可以通过燃气流对称轴线上相关参数变化对比曲线直观说明,如图 5-56 所示。图中 SA 湍流模型即一方程湍流模型,由 Spalart 和 Allmaras 提出;$k-\omega$ 湍流模型由 Wilcox 提出,并由 $k-\varepsilon$ 湍流模型改进而成,对压缩性与低雷诺数效应作了一些修正;RSM 模型为雷诺应力湍流模型,即常见的五方程模型,RSM 湍流模型有多种变化形式,这里应用的是由 Gibson 和 Launder 提出的线性压力应变模式。

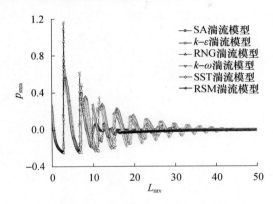

图 5 – 56 不同湍流模型燃气流静压变化对比曲线

图 5 – 56 显示,SA 湍流模型和 RSM 湍流模型显示了很强的数值黏性特性,压力波动得到快速抑制;反之,$k-\omega$ 湍流模型、RNG 湍流模型则显示了较强的数值色散性,压力波动特性得到保持并向远场区传播了较远距离;$k-\varepsilon$ 湍流模型与 SST 湍流模型得到的燃气流轴向压力波动特性比较接近。

基于图 5 – 56 显示 $k-\varepsilon$ 湍流模型与 SST 湍流模型在轴向燃气流参数变化特性接近的现象,进一步对比这两种湍流模型对燃气流参数变化的影响,如图 5 – 57 所示。

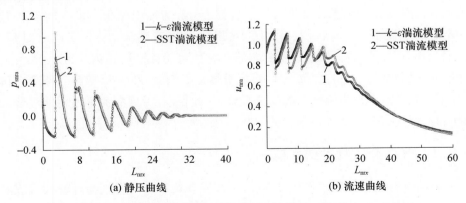

图 5 – 57 两种湍流模型条件下燃气流参数沿轴线变化对比曲线

图 5-57 显示,两种湍流模型中,SST 湍流模型得到的燃气流轴线静压、流速波动幅度相对较大,相应地,膨胀、压缩波动周期也略长,波动燃气流向下游影响了更远的地方。

不同湍流模型会造成燃气流场分布数值模拟结果存在差异,相同湍流模型细节处理差异也会造成燃气流场分布数值模拟结果存在一些差异,典型情况如图 5-58 所示。

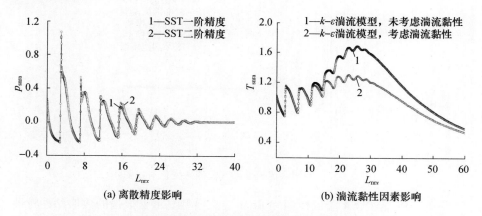

图 5-58 湍流模型细节处理差异燃气流场分布影响对比曲线

图 5-58(a) 显示,同一湍流模型条件下,采用 1 阶离散精度与 2 阶离散精度得到的燃气流参数变化特性总体比较接近,说明围绕湍流模型建立的燃气流附加输运方程组离散精度对数值模拟结果影响较小。在计算资源、计算周期严格限制情况下,湍流模型采用 1 阶离散精度可以降低很多计算资源,同时能够提高计算稳定性,提高数值模拟进程效率。图 5-58(a) 同时显示,湍流模型 1 阶离散精度、2 阶离散精度在燃气流参数细节分布方面也存在一些差异,离喷口一定距离范围内 2 阶精度得到的燃气流波动幅度略大,波动周期略延后。图 5-58(b) 显示,数值模拟进程忽略湍流黏性对能量输运影响与否,对燃气流静温分布影响较大,忽略湍流黏性对能量输运影响时,25~60 倍喷口距离范围内以后,燃气流存在大幅度升温恢复现象,与此相反,考虑湍流黏性对能量输运影响时,燃气流升温现象得到明显抑制。

5.7.3 气体介质物性的影响

火箭发射过程及后续飞行过程中,火箭发动机喷出的燃气与环境大气或其他环境介质的物性并不相同,随着高速燃气流的推进,燃气与环境介质发生持续、剧烈的混合作用,一些情况下部分未燃烧充分的燃气将再次燃烧,由此,混合的燃气物性将不同于原有燃气,也不同于环境大气。过去主要受数值模拟资源条件限制,包含复杂发射系统的燃气流场数值模拟经常将环境大气与火箭发动机喷出的燃气视作一种气体,即采用单组分简化模拟方法。随着计算机硬件条件大幅度改善,开始计及燃气与空气不同介质的混合效应,对于涉及富燃推进剂且模型比较简单的燃气流场,续燃效应也开始着手研究。另外,利用小尺度火箭发动机或搭载成品火箭发动机条件模拟火箭发射试验时,不可避免地要回答不同推进剂生成的燃气物性不同带来的流场差异性问题,其中,利用加热空气介质条件的模拟试验就需要回答利用空气介质模拟燃气流场与采用实际推进剂介质模拟燃气流场的差异性问题。本节扼要介绍这些方面研究结果。

研究气体介质物性影响时,仍依据图 5 - 1(a)、图 5 - 2(a)所示的火箭发动机状态及工作条件,设喷口马赫数为 3.0,为方便与加热空气条件的模拟试验流场对比,研究时采用燃温为 2000K 左右的低温燃气物性条件,此时燃气与加热空气物性参数如黏性系数可借助 Sutherland 公式快速设定。考虑燃气与空气混合与否的燃气流场分布以及加热空气介质的模拟试验流场分布对比如图 5 - 59 所示。图 5 - 59 中"燃气与空气混合"对应火箭发动机喷管喷出的燃气与环境空气逐渐混合的燃气流场;"单一燃气介质"对应火箭发动机燃气介质与环境同为燃气介质的气体逐渐混合的燃气流场,即上述单组分简化模拟燃气流场;"加热空气介质"对应采用加热空气介质模拟的自由喷流流场。

(a) 混合燃气与单一燃气

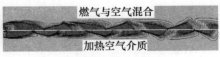
(b) 混合燃气与加热空气

图 5 - 59　不同情况下燃气流场分布对比

图 5 - 59(a)显示,喷口附近燃气流静压分布特性基本一致,说明喷口附近考虑燃气与空气混合与否对近场区域燃气流分布影响不大。图 5 - 59(a)同时显示,随着燃气流向下游推进,考虑燃气与空气混合与否造成的静压分布差异开始体现,说明考虑燃气与空气混合与否对离喷口一定距离的燃气流场分布造成了实际影响。图 5 - 59(b)显示,采用加热空气介质条件的喷流流场与燃气与空气混合的喷流流场在喷口附近气流速度分布方面差异性很明显,加热空气介质条件的模拟喷流膨胀加速、减压分布区域范围均明显缩小,同时相关静压、流速等值线轮廓形状差异也比较明显,说明加热空气介质条件的自由喷流难以模拟实际火箭发动机产生的自由喷流流场条件。已有研究表明,在将加热空气

介质换成物性条件差异较大其他的燃气,也表现出燃气流场分布差异较大的现象,由此提示开展相关喷流试验需要寻求燃气介质物性接近推进剂条件。

对称轴线上气流参数分布对比进一步说明了介质物性的影响,如图 5-60 所示。

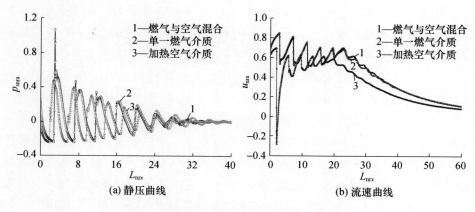

图 5-60　对称轴线燃气流参数分布对比

图 5-60 显示,离喷口距离 20 倍喷口直径范围内,"燃气与空气混合"介质条件的燃气流场与"单一燃气"介质条件的燃气流场轴向静压、流速分布、变化特性接近;15 倍喷口直径范围以外,燃气流场静压、流速分布、变化差异性显现。图 5-60 同时显示了介质物性的具体影响:燃气流波动特性方面,15 倍喷口直径距离以内,"单一燃气"介质条件的燃气流场静压、静温、流速波动时间略提前,波动幅度略小;15 倍喷口直径距离以外,"单一燃气"介质条件的燃气流场静压、静温、流速波动时间向后延期,波动幅度相对较大,30 倍喷口直径距离以外,这种差距进一步提升,到 35 倍喷口距离时波动相位已经变成反相,而"燃气与空气混合"介质条件的燃气流场相关参数波动已经不明显。造成这些差异性主要原因:环境空气的热导率较低,从而导热性较弱,燃气向环境热扩散作用减弱,能量较多集中于燃气流自身,由此表现为燃气-空气混合燃气流沿推进方向温度衰减较小;环境空气黏性系数较小,黏阻性能较弱,燃气与环境空气动量交换较为顺利,表现为压力衰减较快;压力衰减很快与能量损失较慢综合作用的结果是速度变化处于适中状态。图 5-60 还显示,"加热空气介质"条件的模拟喷流流场尽管也采用了一致的火箭发动机喷管内型面以及工作压力、温度条件,但由于自由介质物性严重偏离火箭发动机推进剂产生的燃气物性条件,加热空气一经喷口流出就表现出过膨胀特性,并且随后压力波动幅度、波动周期、波动相位均严重偏离燃气-空气混合燃气流波动特性。

介质物性对空间监测位置高速气流参数随时间动态变化的影响情况如图5-61所示。

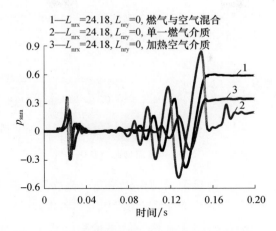

图5-61 燃气流静压随时间动态变化对比曲线

图5-61进一步说明,气体介质物性不同造成空间同一位置相应气流参数随时间变化特性存在比较明显的差异:①气流参数达到相对稳定值时,稳定值彼此之间差异较大;②气流参数达到相对稳定值前,燃气流的波动趋势虽然存在相似性,但具体波动幅度、波动周期、波动相位之间差异较大,造成对应时刻空间位置燃气流参数差异是燃气流动量、能量受燃气介质物性综合影响的结果,可参考上述解释。至于具体波动幅度、波动周期、波动相位之间差异的原因为:初始状态环境压力、温度一致条件下,数值模拟依据的燃气介质气体常数低于空气介质气体常数,由此单一燃气介质条件下初始环境燃气介质密度较大,相对于空气介质条件刚性变大,相应易受扰动影响,波动现象表现比较突出,而空气介质密度较小,相应受扰动较弱,从而波动表现得平缓、迟滞,燃气-空气介质介乎这两者之间,波动也表现出介乎这两者之间的特性。

最后,需要指出的是,表述高温气体介质物性参数方法较多,一些文献分别给出了依据高温气体分子量确定介质物性参数的方法,这些方法也将会具体影响燃气流动分布特性,一些甚至会造成很大差异,感兴趣的读者可以开展具体研究。

5.7.4 网格模型的影响

网格模型是火箭发射燃气动力学数值模拟的基础,火箭发射燃气动力学数值模拟高精度算法须依托高质量的网格模型。自由喷流状态燃气流场理论研究依据的网格模型总体比较简单,结构网格、非结构网格均易实现,高质量网格模型更多集中于合理控制网格分辨率。本节主要介绍结构网格、非结构网格类型以及网格分辨率对自由喷流状态燃气流场数值模拟的影响。其中,两类网格模型得到的燃气流场分布对比情况如图5-62所示。

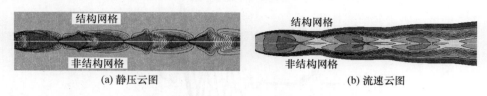

图5-62 两类网格模型燃气流场分布对比

图5-62(a)显示喷口附近两类网格模型燃气流静压等值线轮廓形状、大小十分接近,表明两种网格模型得到的燃气流静压分布特性总体一致。图5-62(b)显示喷口附近两类网格模型燃气流速等值线轮廓形状、稀疏程度总体相似,也显示两类网格模型得到的燃气流速分布的细节差异,主要是非结构网格模型喷口附近紧靠燃气流轴线存在较低流速现象。初步分析造成这种现象的原因是:相同截面积微单元内,相同尺度(以外接圆直径或半径衡量)的三角形非结构网格可以剖分更多的网格单元数,从而提升了流场分布分辨率,捕捉了燃气流场更多细节。

不同网格类型燃气流轴线上相关参数随推进距离变化典型对比曲线如图5-63所示。

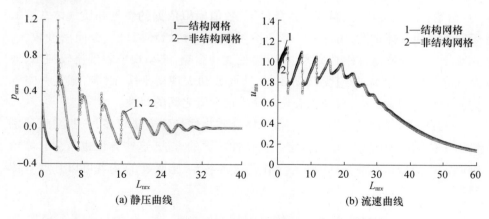

图5-63 对称轴线上燃气流参数分布对比曲线

图5-63(a)显示,两类网格模型得到的轴线燃气流静压波动曲线基本重合。细节差异主要体现在两个方面:①15倍喷口直径以内非结构网格模

型紧邻激波后燃气流压力存在小幅、细节波动,原因也是非结构网格单元数较多,从而适时捕捉了波动细节;②15 倍喷口直径以外非结构网格模型压力波动相对提前,波动周期相对缩短,原因则是远场区非结构网格模型单元数较多,造成数值黏性累积效应,燃气流静压显现小幅度衰减现象。图 5-63(b)显示轴线燃气流速波动曲线基本重合,同时也细节显示了流速波动相对提前、波动幅度减小的现象,印证了数值黏性累积效应引起的小幅度数值衰减现象。

3.2 节已经说明,网格模型开发遵循了空间域先行分区,然后网格具体剖分各子区域的思路。3.2.2 节进一步明确提炼了子区域网格分辨率控制的经验:超声速及跨声速燃气流核心区域、燃气流剧烈扰动区域或复杂波系区域、重点关注区域网格单元应控制合理尺度,合理尺度依据喷口尺度规划,一般按照(3-8)式控制网格尺度。其实,(3-8)式依据喷口尺度控制关键子区域网格尺度等效于控制关键子区域网格数量,即网格分辨率:

$$N_{\mathrm{tr}} = f_{\mathrm{tr}}(\lambda_l^{-1}), \quad \lambda_l = \frac{\Delta_{i\min}}{d_e} \qquad (5-38)$$

式中:λ_l 为控制子区域最小网格尺度比例;f_{tr} 为区域网格数量估算函数;N_{tr} 为区域网格数量;$\Delta_{i\min}$ 为标序为 i 的子区域内网格单元最小尺度,三维模型一般以外切球直径衡量,二维模型一般以外切圆直径衡量。

提升网格分辨率的主要目的是为了相对精细地分辨燃气流参数分布情况,包括相对准确地确定压缩波以及膨胀波系位置。为此,作者提出从控制喷口截面网格分辨率着手,参考喷口截面网格分辨率控制整个区域网格质量。不考虑喷管对流传热时,喷口截面往往采用相对均匀尺度的网格剖分方法,此时(5-38)式转化为控制经过喷口中心的径向网格单元数量,网格尺度等效为径向网格单元数量,简称为"喷口网格数量":

$$N_{\mathrm{de}} = N_{\mathrm{tr}}, \quad N_{\mathrm{tr}} = f_{\mathrm{tr}}(\lambda_l^{-1}), \quad \lambda_l = \frac{\Delta_e}{d_e} \qquad (5-39)$$

式中:Δ_e 为喷口截面网格单元尺度,一般以外切球或外切圆直径衡量。

喷口尺度可以相差 2~3 个数量级,相比之下采用"喷口网格数量"表征网格分辨率图示说明相对方便,后续即以喷口网格数量这一特征参数为代表说明其对燃气流场分布的影响。喷口网格数量对喷口截面燃气流参数平均值影响如图 5-64 所示。

图 5-64 显示,喷口网格数量小于 20 个时,不同类型喷口网格数量变化均会造成喷口截面燃气流参数平均值发生较大变化;喷口网格数量小于 10 个时,

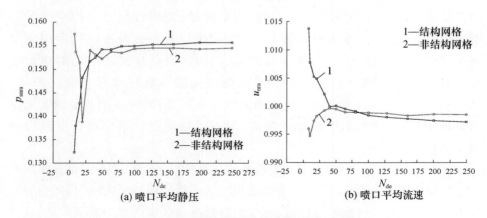

图 5-64 喷口网格数量对喷口燃气流参数的影响

燃气流参数平均值会严重偏离平稳值或依据(5-33)式~(5-36)式确定的理论值;喷口网格数量超过40个时,不同喷口网格数量得到的喷口截面燃气流参数平均值接近且彼此不超过1%;经过喷口中心的喷口网格数量超过100个时,不同喷口网格数量对喷口截面燃气流参数平均值彼此不超过0.3%。正是基于图 5-64 的研究结果,作者总结提炼了控制(3-8)式网格尺度方法,该方法等价于(5-40)式喷口网格数量控制方法,即

$$N_{de} = (40 \sim 160) \text{个} \tag{5-40}$$

式中:N_{de} 为经过喷口中心的径向网格单元数量,即喷口网格数量。

以喷口网格数量为代表,网格分辨率对燃气流分布的影响对比说明如图 5-65 所示。

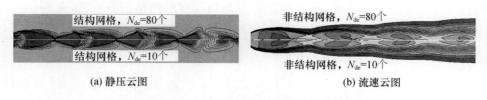

(a) 静压云图 (b) 流速云图

图 5-65 喷口网格数量对燃气流场分布的影响

图 5-65 显示,喷口网格数量为10个的网格模型得到的燃气流静压、流速等值线轮廓总体比较圆滑,不能显示燃气流静压、流速等值线轮廓细节折转、尖劈现象,即喷口网格数量过低造成流场网格过于稀疏,由此造成流场分布分辨率下降。

仍以喷口网格数量(等效为网格尺度)为代表,系列研究还给出网格分辨率对燃气流参数的具体数值影响,典型结果如图 5-66 所示。

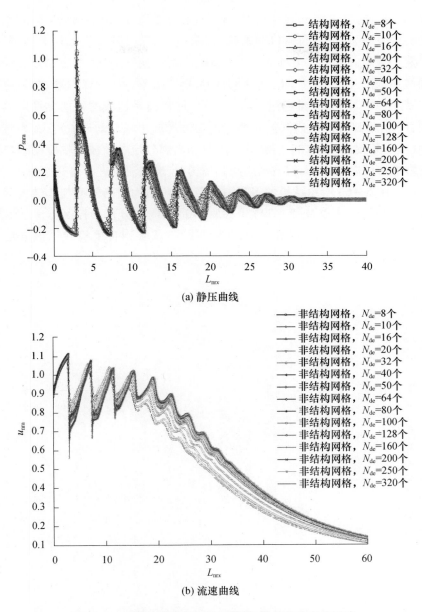

图 5-66 喷口网格数量对轴线燃气流参数分布的影响

图 5-66 显示,不同喷口网格数量均能反映出燃气流沿流动对称轴线的波动起伏特性,以及燃气流沿推进距离的总体衰减特性。图 5-66 同时显示,喷口网格数量不超过 20 个的情况下,网格稀疏造成的过滤或抹平效应突出,结果不能反映燃气流场存在激波现象,燃气流参数波动幅度较小,燃气流参数波动

时间相对提前,燃气流参数衰减相对较快;后续随着喷口网格数量增加,燃气流场激波现象开始反映,当喷口网格数量超过 40 个后,激波位置相对稳定下来;喷口网格数量在 40~160 个范围内,喷口网格数量增加,燃气流参数波动幅度微幅增加,燃气流参数波动时间微幅延迟,燃气流推进距离微幅增加,对应衰减微幅减小;喷口网格数量超过 160 个以后,网格过密造成的数值黏性效应开始体现,15 倍喷口距离以内激波后燃气流参数局部小幅波动现象消失,燃气流失速、升温现象突出,15~35 倍喷口距离范围内燃气流参数波动幅度随喷口网格数量增加持续微幅提升,但波动周期微幅提前,燃气流推进距离开始减小。

由于图 5-66 所示结果覆盖范围较广,涵盖结构网格模型与非结构网格模型,因此,(3-8)式以及(5-39)式、(5-40)式网格分辨率控制方法在后续数值模拟研究中得到推广应用,系列理论预示与试验吻合也检验了该方法的有效性。

第6章　燃气流导流方式及导流特性

火箭发射过程中,往往采用一定的导流方式将燃气流快速导流出去,以减轻火箭发动机排出的高温、高速燃气流对发射系统、箭体的冲击扰动与烧蚀破坏作用。采用热发射技术的大型火箭,发射过程中高温、高速燃气流对发射系统、箭体的冲击扰动与烧蚀破坏作用足以影响发射系统、火箭的安全,研究导流方式已经成为火箭发射技术安全性论证的重要环节。围绕导流方式开展的研究主要包括两个方面:①燃气流经导流装置的导流特性;②对应导流方式条件下燃气流冲击、烧蚀结构的气动特性。研究导流特性主要目的是控制燃气流冲击、烧蚀影响范围,将燃气流对发射系统、箭体影响程度控制在合理要求范围内;研究燃气流冲击、烧蚀影响结构气动特性主要目的是控制发射系统、箭体气动稳定性,同时为发射系统、箭体热防护提供依据。导流特性与气动特性密切相关,除有特殊说明外,经常以导流特性笼统涵盖这两方面研究。

火箭发射技术往往十分复杂,直接研究复杂发射技术条件的导流方式及其导流特性难度很大,且难以甄别干扰因素,为此可依托仅包括导流装置以及火箭箭体的简易发射技术条件,研究典型导流方式及其导流特性。在此基础上,总结工程技术领域关心的一些影响因素,如火箭发动机工作条件、导流装置结构条件对导流特性、气动特性的影响。围绕简易发射技术条件的导流方式还可深入开展一些基础研究,如燃气流环境结构对流传热特性研究、研究传热特性及其影响因素、提炼指导工程研究的对流传热估算公式,同时,也可进一步研究第4章提出的相似参数及其满足燃气流场、结构气动力特性以及气动热特性相似性情况,还可对比当前常用算法、湍流模型在数值模拟结果方面的差异,探索燃气流环境实验验证方法、检验数值模拟方法、结果的可信度。

6.1　火箭发射典型导流方式

导流方式多种多样,每种导流方式千差万别,体现导流方式的特征产品——导流装置形态各异,总结典型导流方式,有助于规范导流方式论证,也有助于导流方式推陈出新。

基于导流装置的导流型面特点以及燃气流经导流型面的主要导流方向，归纳单喷管火箭导流方式主要包括轴对称导流方式、单面导流方式、双面导流方式、三面导流方式及四面导流方式，其中轴对称导流方式、双面导流方式为当前应用最广泛的两种导流方式。单喷管火箭这些导流方式示意说明如图6-1所示。图中体现导流方式的特征部件——导流装置，相对箭体而言尺寸总体较小，为清楚说明导流方式特别是导流装置的实体结构，仅示意火箭箭体下部结构。后续章节说明导流方式、导流特性时采用类似方法示例说明。

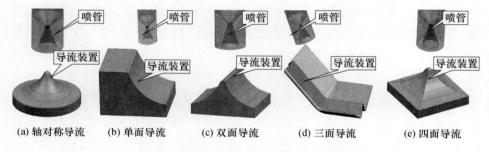

图6-1 典型轴对称导流方式示意说明图

图6-1(a)所示典型轴对称导流方式有两个方面突出特点：①轴对称导流装置的导流型面特征剖面轮廓线（简称导流型线）为组合圆弧线，该组合圆弧线呈"人"字形，燃气流经喷管喷出后沿"人"字形型线倾斜向下后再向外围导流，"人"字形导流型线是目前导流装置设计参照并应用最广泛的型线；②轴对称导流装置的顶部呈回转钝头体，采用钝头体结构主要是适应高温、高速燃气流的强烧蚀作用。导流装置的顶部一般称为导流锥，也可将图6-1(a)所示的导流装置整体称为导流锥。轴对称导流方式还有些变化形式。例如，导流型线由组合圆弧线改成直线与圆弧线组合线，即L形导流型线，导流过程中燃气流首先冲击基于L形型线的斜直线段回转成的直锥面，经此直锥面倾斜向下导流，再经下部回转曲面向周围导流。通常称火箭发动机喷管轴线与导流面的交点为正冲点，称该点附近区域为正冲区域，称正冲点相对火箭发动机喷口中心的距离为燃气流冲击高度。相同冲击高度情况下，基于L形导流型线研制的导流装置将占用较多的空间高度，该导流装置应用于空间高度没有限制或限制较小的发射系统。再例如，将导流型线简化成直线段，则导流装置变成尖锥形导流装置。尖锥形导流装置锥顶为易烧蚀结构，一般用于燃气流温度、流速不是很高的发射场合。

图6-1(b)所示单面导流方式燃气流主要经中心区大圆弧面倾斜向右下方向导流,适用于火箭发射过程需要控制燃气流单侧导流方向、导流范围的场合。单面导流方式由于燃气流的不对称导流,往往会造成火箭箭体周围不对称气流作用载荷,有时反流会局部烧蚀箭体,火箭发射安全性需要综合考虑这部分气动力、气动热的影响。单面导流装置本身及其安装结构也需要考虑燃气流的纵/横向冲击载荷作用、燃气流的不对称烧蚀作用。类似轴对称导流方式的变化形式,也可将导流型线由组合圆弧线改成直线与圆弧线组合线,即L形导流型线,导流过程中燃气流首先冲击基于L形型线直线扫掠形成的斜平面,经此斜平面倾斜向下导流,再经下部曲线主要向单侧导流。导流型线还可简化成直线段,则单面导流装置变成平板型导流装置。

图6-1(c)所示典型双面导流方式仍可视作轴对称导流方式的演化形式,主要应用于需要将燃气流向发射中心区域两侧方向导流的场合。对比可以发现典型双面导流方式导流装置保留典型轴对称导流方式一些结构特点:导流型线沿用呈"人"字形型线,导流锥保持钝头体外形,即保留了结构紧凑、抗强烧蚀作用的设计思路。双面导流方式同样可以有多种变化形式,如将"人"字形导流型线改成L形型线,燃气流冲击导流锥顶后,二次附着于倾斜导流平面上,再沿导流平面倾斜,经底部弧面向两侧导流;再例如,保持导流型线顶部、中部"人"字形形状,将底部圆弧顺势进一步外沿、向上抬起,使得燃气流以一定角度倾斜向上定向导流,这种双面导流方式也称W形双面导流方式,一般用于燃气流导流范围受限的发射系统或发射场坪,如采用同心筒的发射系统。W形双面导流方式导流型面设计需要充分考虑燃气流反流的烧蚀影响以及较强的后坐力影响。

图6-1(d)所示典型三面导流方式则可视作上述典型双面导流方式的进一步演化,该导流方式特征部件——导流装置的导流面,由图6-1(c)所示导流装置的"人"字形导流型线沿L形导流型线扫掠而成。图6-1(d)所示典型三面导流方式综合了双面导流方式与单面导流方式的特点,燃气流经中心区域导流锥分流后,向导流锥两侧导流,同时倾斜向右下方导流。三面导流方式的提出,主要适应于特殊发射技术要求:火箭发射时适当控制燃气流向图示箭体右侧方向或场坪右侧方向导流,减少燃气流直接冲击或烧蚀强度,同时有效控制燃气流对箭体或发射系统的不对称侧推力大小。典型三面导流方式调节燃气流烧蚀、冲击强度或侧推力大小可通过优化导流型面、合理调节燃气流向导流锥两侧分流流量实现。图6-1(d)所示三面导流装置的L形导流型线可以变换成类似单面导流装置的圆弧形导流型线,这种导流装置的导流型面类似于

盛谷物用的簸箕面,也称其为箕形导流装置。三面导流方式与单面导流方式一样,会造成箭体周围存在不对称抽吸及反溅气流影响,导流装置及其安装基体承受燃气流不对称冲击作用,发射安全性气动分析需要综合考虑非定常燃气流的不对称气动力、气动热影响。

图6-1(e)所示典型四面导流方式仍然可视作由典型双面导流方式演化而来:围绕喷管轴线将双面导流装置的导流面回转90°,各导流面彼此剖分保留实际导流部分即得到4个导流面,基于4个导流面即可封闭、构建四面导流装置。采用图6-1(e)所示典型四面导流方式时,发射燃气流沿4个方向导流。图6-1(e)所示的导流型线同样可简化成直线段,则导流装置变成四棱锥形导流装置。

多喷管火箭指单个箭体上安装两个以上发动机喷管的火箭或多个箭体并联后包含两个以上发动机喷管的火箭,承担航天器运输任务的多喷管火箭习惯称为运载火箭。多喷管火箭导流方式相对单一,目前应用较多的是双面导流方式、单面导流方式,偶尔有应用轴对称导流方式或多面导流方式的,我国早期的多喷管火箭就曾应用图6-1(e)所示的四面导流方式。

多喷管火箭规模往往很大,燃气流的冲击作用较强,烧蚀范围较大,烧蚀时间也较长,很多情况下发射系统将导流装置安装于发射场坪以下一定深度,由此导流装置成为固定设施,发射系统为此专门配套开挖了的导流通道,导流装置与导流通道经常融合为一体,成为特殊的发射场固定设施——导流槽,由此体现火箭发射燃气流导流方式的导流装置改由一体化导流槽集中体现。以运载火箭为例,典型单面导流方式如图6-2所示。

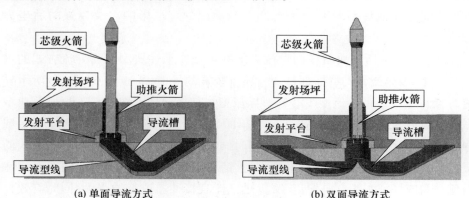

图6-2 多喷管火箭导流方式剖视图

图6-2(a)所示单面导流方式一般要求燃气流经芯级或助推级火箭发动机排出后不受发射平台、场坪扰动或阻滞,燃气流经发射平台导流孔顺畅导流

下泄,然后经导流面折转流向导流槽底部,再经导流槽底部向上折返,导流至远离发射中心区的场坪附近空间。对比图 6-1 所示单喷管火箭单面导流方式,不难看出,之所以称图 6-2(a)所示多喷管火箭发射燃气流导流方式为单面导流方式,仅因为燃气流正冲的导流面类似单喷管火箭单面导流方式的导流面,燃气流主要沿一个方向导流。实际上,图 6-2(a)所示单面导流方式条件下,燃气流在导流槽内全历程轨迹总体与 L 形导流型线一致,经历向下、再向上甚至复杂翻卷历程。

图 6-2(b)所示双面导流方式一般也要求燃气流经芯级或助推级火箭发动机排出后不受发射平台、场坪扰动或阻滞,燃气流经发射平台导流孔顺畅导流下泄,然后经导流槽中心部位双面导流锥分流、导流,向下倾斜流向导流槽底部,再经导流槽底部向上折返,导流至远离发射中心区的场坪附近空间。图 6-2(b)所示双面导流方式燃气流在导流槽全历程轨迹总体与 W 形导流型线一致,经历向下、再向两侧上方空间的折转历程。

类似单面喷管火箭发射燃气流主要导流方式存在很多变化形式一样,上述多喷管火箭发射燃气流单面或双面导流方式也存在很多变化形式,以多喷管火箭发射燃气流双面导流方式为例,导流锥两侧的对称导流槽根据发射场周围设施布局需要,可以做成非对称导流方式,甚至将导流方向设成非 180°情况;导流锥本身可由双面导流锥变成轴对称导流锥,导流槽入口可以改成异形结构等。当然,每种变化在适应发射任务同时,应充分考虑变化后带来的影响,如将双面导流锥变化成轴对称导流锥。由于燃气流经轴对称导流锥后将向周围导流,轴对称导流锥两侧的导流通道墙壁不得已强制将流向壁面的燃气流折转向外推送,由此在轴对称导流锥与墙壁交界处形成较强的燃气流冲击、烧蚀作用,该变化的双面导流方式需要采取必要措施应对该特殊区域的燃气流破坏影响。

以上简要说明了火箭发射燃气流典型导流方式。需要指出的是,导流方式的选择需要综合火箭发射技术多方面因素,在吸收上述已有导流方式经验、教训基础上,因时、因地制宜是基本出发点。例如,小型火箭或简易发射系统可以简化导流方式,如采用碗形导流方式、栅格导流方式,甚至无须采用特殊导流方式。

6.2 燃气流瞬态导流及推进特性

火箭发射过程燃气流经导流装置导流、推进是一瞬态过程,研究火箭发射燃气流瞬态导流及推进特性,主要是为了确定发射燃气流经导流装置及其附近发射设备、设施甚至箭体的动态扰动与分布特性,为火箭发射技术方案后续设计、发射系统以及箭体热防护设计、发射全性风险分析提供依据。本节主要结合 6.1 节典型导流方式说明单喷管火箭发射燃气流瞬态导流及推进特性,至于 6.1 节多喷管火箭发射燃气流瞬态导流及推进特性将在下一章说明。本节为方便叙述,将相应导流方式燃气流瞬态导流及推进特性作简述处理。例如,轴对称导流方式燃气流瞬态导流及推进特性简述为轴对称导流及推进特性,双面导流方式燃气流瞬态导流及推进特性简述为双面导流及推进特性。

6.2.1　轴对称导流及推进特性

轴对称导流及推进特性研究主要依托图 6-1(a)所示轴对称导流方式展开。为方便比对说明,包括本节在内,本章主要依据图 5-1(b)和图 5-2(a)所示火箭发动机工作状态及工作条件,火箭发动机其他状态及工作条件下,燃气流导流、推进特性主要差异体现在破膜瞬间燃气流推进强度及燃气流导流初期分布扰动特性,不再冗述,依据火箭发动机其他工作状态或工作条件视情况做必要说明。图 5-1(b)对应封膜设在喷口状态,该状态下破膜不久,燃气流向外推进并经导流装置瞬间扰动特性如图 6-3 所示。图 6-3 及本章后续云图除特别标示说明外,燃气流场无量纲静压、静温、流速、浓度等参数值均沿用 5.1 节界定方法。类似地,图 6-3 及后续对比图色标范围也保持一致。

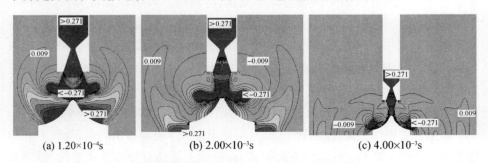

(a) 1.20×10^{-4} s　　(b) 2.00×10^{-3} s　　(c) 4.00×10^{-3} s

图 6-3　燃气流前锋经过导流装置、向环境推进过程中静压分布云图

图 6-3 显示,封膜破碎后,燃气流前锋呈球冠状向前推进;此后,燃气流前锋波及导流装置,经导流锥顶、导流面劈分继续向前推进,并保持球冠形状;燃气流前锋经导流面下沿后继续向前推进,并在一定时间段依然保持球冠形状。从而说明燃气流前锋推进过程中,其球冠状外形具有一定保持特性。图 6-3 也显示了一些燃气流导流、推进过程中的细节信息:燃气流前锋快速推进过后,由于后续跟进燃气流难以为继,燃气流前锋后面气流呈现被动抽吸状态,燃气

流静压云图显示相应跟进区域为负压区域;随着燃气流前锋推进,该负压区面积扩大;燃气流前锋波及导流面不久,该负压区也随着附着、波及导流锥顶、导流面,受导流锥顶、导流面阻挡,负压区被强制劈分,由此燃气流在锥顶及导流面上部附近形成脱体激波,激波后导流锥顶、导流面之间形成相对高压区域;此后,燃气流前锋、跟进负压区沿导流面向前、向外推进,燃气流前锋、抽吸负压区继续与环境空气发生掺混,掺混过程中由于环境空气黏性阻滞作用,燃气流前锋强度逐渐减弱,表现为静压数值减小,等值线轮廓逐渐分离、钝化、消隐,同时抽吸负压区面积有所减小,负压区等值线轮廓形状呈现横向拉长(注:沿推进方向为纵向)现象;燃气流前锋经导流面下沿向环境导流时,导流面下沿台阶效应显现,导流面下沿附近形成脱体涡,静压呈负压状态;下沿附近的脱体涡与跟随前锋的卷吸涡相互作用,造成卷吸涡离导流面不久即破碎,在导流面外侧分裂成面积较小的扰动涡。

进一步研究发现,上述卷吸涡在离开导流装置时,导流装置下沿附近新的卷吸涡会不断生成、在地面附体、再次脱落、远离消散,如图6-4所示。

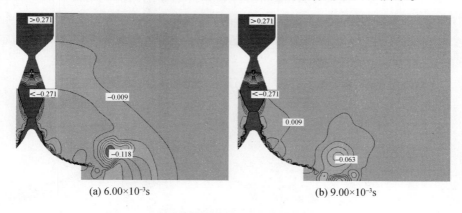

图6-4 导流装置下沿附近新的卷吸涡变化情况

图6-4显示,燃气流推进一段时间后,在喷口与导流锥顶之间,形成马赫盘结构;沿燃气流推进方向、紧邻马赫盘结构下方形成了尚未充分发展的反射激波;在导流面腹部,燃气流静压分布也呈正负交替现象,造成导流面腹部燃气流静压正负交替分布现象的原因与自由喷流燃气流静压正负交替分布现象的原因一致,也是燃气流推进受阻滞作用、快速跟随燃气流抽吸作用相互影响的结果,也类似于水波的动态起伏现象,这种动态起伏一方面表现在燃气流正、负压区域位置交替变化,还表现为燃气流正、负压区域剖面形状、面积大小的动态变化,由此火箭发动机喷口下方燃气流分布处于脉动状态。以脱体激波(即马

赫盘)位置为例,监测结果印证了这种脉动特性,如图 6-5 所示。图中压力曲线突变位置即是脱体激波位置。

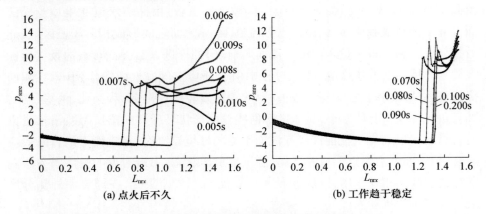

图 6-5 喷口下方脱体激波位置随时间动态变化情况

图 6-5 在显示激波位置脉动特性的同时,也显示火箭发动机点火 0.090s 时间以后,脱体激波位置趋于稳定,从而说明随着火箭发动机工作逐渐趋于稳定,原先脱体激波位置剧烈脉动现象逐渐减小,说明脱体激波位置相对固定下来。

火箭发动机稳定工作后,空间燃气流场分布如图 6-6 所示。

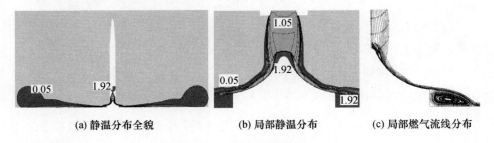

图 6-6 0.200s 燃气流场分布

图 6-6 显示,尽管火箭发动机工作压力已经达到稳定状态,但燃气流仍然在继续向周围环境导流,前锋依然保持了一定的球冠形状,从而燃气流总体以卷吸形式向前推进。图 6-6 同时显示,高温燃气流经导流装置导流过程,主要紧贴导流面导流;燃气流在沿地面推进过程中,除前锋外,后续跟进燃气流也是紧贴地面推进;燃气流在导流锥顶、导流装置下沿附近形成高温区域,高温区域燃气流温度接近驻点温度,即推进剂燃温。图 6-6 所示流线图可以解释导流锥顶、导流装置下沿高温区域形成机理:燃气流经喷管流出后,受导流锥顶障碍

物阻挡,靠近轴线部分燃气流在锥顶壁面附近沿壁面折转向下,然后向上回流,由此可预期燃气流速损失将极大,流速损失一部分动能将直接转化成内能造成燃气流升温,一部分受涡黏附作用摩擦生热也会造成燃气流升温。图6-6中导流锥顶附近回流的燃气流向上折转一定距离后,受外侧燃气流挤压、摩擦带动又会向下方流动,并再次在锥顶附近形成二次回流区域,也将继续形成高温区域。

图6-3的喷口中心离导流锥顶距离是燃气流冲击导流装置最近距离,即燃气流冲击高度。随着火箭开始起飞,火箭相对导流装置的距离不断增加,燃气流冲击高度相应不断增加,导流装置附近燃气流分布将存在动态变化,如图6-7所示。

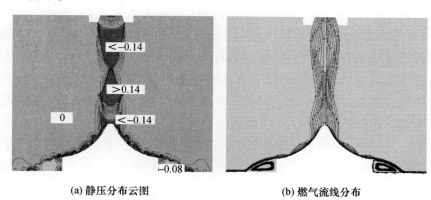

(a) 静压分布云图　　　　(b) 燃气流线分布

图6-7　0.500s 燃气流场分布

图6-7显示,火箭起飞一定高度后,原先导流锥顶脱体激波向锥顶充分靠近,弧形脱体激波跨度大幅度减少,甚至小于导流锥顶弧长度;燃气流在导流装置的导流面腹部、下沿附近仍然存在多次比较明显的折转,表明导流装置导流面附近燃气流波动仍然剧烈;导流面下沿附近,燃气流回流区域持续保留,该回流区域燃气流分布也呈现局部动态变化特征。

6.2.2　双面导流及推进特性

双面导流及推进特性研究主要依托图6-1(c)所示双面导流方式展开。总结说明双面导流及推进特性时,6.2.1节单一对称剖面已难以全面说明双面导流及推进特性,必须考虑双面导流装置引起的流场三维结构特点,应从空间不同视角或剖面说明燃气流三维瞬态分布特性,后续气动特性研究也需要考虑燃气流冲击载荷的三维瞬态指向性。在此情况下,借助三维参考坐标系,采用剖面云图、流线图、矢量图等形式可简洁、直观地说明燃气流场瞬态分布及气动载荷特性。描述三维空间单喷管火箭燃气流导流、推进特性时,习惯借助右手直角坐标系 $Oxyz$,其原点 O 位于喷口截面中心,y 轴与喷管轴线重合,y 轴正向与起飞方向重合,xOy 坐标面一般可选择与某一特征对称面重合,如选择沿燃气流主要导流方向的对称面、zOx 坐标面与喷口截面重合并垂直于 xOy 坐标面。后续除特殊说明外,涉及带导流装置的发射系统将沿用这种坐标系规划方法。进一步,采用右手直角坐标系 $Oxyz$ 时,利用平面剖面辅助显示三维燃气流场分布情况将很方便。平面剖面经常基于其法线方向角、剖面上的直线或特征点坐标标识。快捷显示时经常直接采用平行坐标平面的剖分面或经某一坐标轴的剖面显示三维燃气流场分布情况。为方便叙述,对于平行并距离某坐标面一定距离的剖分面,可按该剖分面经过的坐标位置简称为某坐标剖面,如平行于 xOy 坐标面、$L_z = -0.50$ 的流场剖分面简称为 $L_z = -0.50$ 剖面。参考5.1节无量纲坐标定义,假设该坐标对应无量纲坐标为 $L_{nrz} = -4.00$,也可按无量纲坐标值简称为 $L_{nrz} = -4.00$ 剖面。对于经过某一坐标轴的剖分面,可按与它坐标轴的夹角简称为某夹角剖面,如经过 y 轴、与 x 轴夹角为 $-45°$ 的剖分面简称为 $\theta_{yx} = -45°$ 剖面。

依据上述参考直角坐标系以及燃气流场剖面绘制方法,总结火箭发动机喷管封膜破膜不久燃气流沿导流对称剖面(即 $L_{nrz} = 0$ 剖面或 xOy 坐标面)向外推进、扰动特性如图6-8所示。

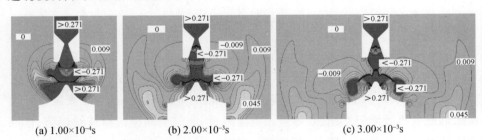

(a) 1.00×10^{-4} s　　　(b) 2.00×10^{-3} s　　　(c) 3.00×10^{-3} s

图6-8　燃气流前锋离开导流装置、向环境推进过程中 $L_{nrz} = 0$ 剖面静压分布云图

图6-8显示,封膜破碎后,燃气流前锋呈球冠状向前推进,此后,燃气流前锋经导流锥顶、导流面劈分、持续推进,持续推进过程依然保持该球冠形状外形;球冠状前锋后续跟进燃气流压力呈现正负交替现象;燃气流前锋、跟进燃气流在向远场推进过程中强度逐渐减弱,接近环境大气压。对比图6-8与图6-3不难看出,双面导流方式条件下,xOy 面燃气流瞬态分布、推进特性与轴对称导流方式任意对称剖面显示的燃气流瞬态分布、推进特性存在高度相似性。

第6章　燃气流导流方式及导流特性

沿导流装置另一对称剖面（即 $L_{nrx}=0$ 剖面，该剖面与导流对称剖面垂直）可显示火箭发动机喷管破膜不久燃气流向外推进、扰动特性，如图6-9所示。

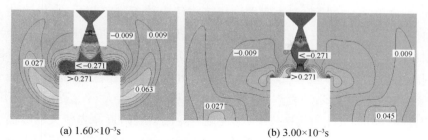

图6-9　燃气流前锋经过导流装置时 $L_{nrx}=0$ 剖面静压分布云图

图6-9显示，燃气流球冠状前锋经导流装置锥顶阻挡后向两侧推进，前锋跃过导流装置锥顶后，继续沿导流装置两侧外壁面向前推进，此后紧贴场坪表面向远处推进，整个推进过程中前锋界面保持与导流装置顶部壁面、侧壁面、箭体外壁面乃至场坪表面垂直；燃气流前锋过后，受壁面黏附、阻滞作用，在导流装置锥顶附近的跟进气流压力回升，在导流锥顶部中心区域形成较高压力区域，较高压力区域反过来挤压负压区域向两侧扩张、推进，负压区域此后沿两侧面壁面下行，继续跟进前锋燃气流不断向远方推进。负压气流过后，新一波较高压力燃气流跟进，从而在导流锥顶部、两侧形成一个压力波动区域。

随着火箭发动机工作压力迅速上升，从火箭发动机喷管喷出的燃气流推进能力随之快速提升，双面导流装置附近燃气流场分布快速趋于稳定。仍以燃气流场静压分布为例，燃气流静压分布动态云图如图6-10所示。

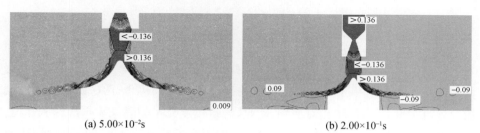

图6-10　燃气流场趋于稳定时 $L_{nrz}=0$ 剖面燃气流静压分布云图

图6-10显示，随着火箭发动机工作压力快速提升，导流装置附近燃气流静压分布快速趋于稳定，表现在5个方面：①锥顶脱体激波形状、空间分布位置快速趋于稳定，例如，其马赫盘形状以及其相对导流装置锥顶距离逐渐达到不

变状态,导流装置锥顶附近高压区等值线呈现的树权形轮廓也逐渐达到不变状态;②导流面腹部附近燃气流静压分布由初期多个正负压交替区域快速发展、扩大,并向下、向外推进,到火箭发动机工作压力接近稳定前后,自导流装置锥顶向下的导流面腹部仅保留负压、正压、负压交替的3个明显压力锥,其余压力锥则相应推进至导流面下沿附近、接近水平分布状态;③随着导流面下沿附近系列压力锥分布总体趋于稳定,导流面下沿附近抽吸负压区压力分布也趋于稳定,紧邻该负压区外侧的发射场坪附近正压锥形状态、大小也逐渐稳定下来;④随着燃气流推进能力迅速提升,燃气流将导流装置附近原先较大卷吸涡快速挤压、携带至远场区域,导流面附近在高速、高能燃气流影响下仅持续生成面积较小的脱落涡;⑤火箭发动机压力提升情况下,原先向发射场坪倾斜、附着的燃气流逐渐抬起,改为水平方向,向场坪上方导流、推进。

导流装置附近相对稳定燃气流场典型细节分布情况如图6-11所示。

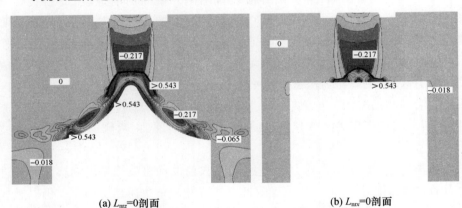

(a) $L_{nrz}=0$剖面　　　　(b) $L_{nrx}=0$剖面

图6-11　2.00×10^{-1}s 导流装置附近燃气流静压云图

图6-11显示,导流装置锥顶附近存在两组嵌套的脱体激波系结构,一组相对紧贴锥顶壁面,另一组离锥顶上方一定距离,显示了高速燃气流在喷口下方得到加速不久即被障碍物阻滞强制减速、再次减速的流动机理;两次减速后的燃气流经导流面腹部时,流动相对通畅,能量、动量仍然充足的燃气流再次膨胀加速,静压分布呈现负压区域;加速一定距离后,由于靠近导流装置下沿附近的导流面阻挡,燃气流被迫强制折转,燃气流受挤压,静压分布呈现正压区域;燃气流出导流面后再次顺畅,燃气流又开始加速,后续流动呈现类似自由喷流状态,静压分布由此依次呈现负压区、正压区交替现象,直至黏性及湍流脉动将动量损失至接近环境气流,负压区、正压区交替现象衰减至接近难以分辨。图6-11(b)

显示了两个方面特殊信息:①沿导流装置锥顶对称剖面显示脱体激波状呈弓形,结合 $L_{nrz}=0$ 剖面导流装置锥顶上方脱体激波线形状,可以判断三维激波面为复杂三维曲面;②受双面导流装置锥顶特殊扰动效应影响,在燃气流正冲区域附近,存在 3 个类似驼峰隆起的高压区域。双面导流装置锥顶这种特殊扰动效应可称为驼峰效应,并且依次称导致存在 3 个驼峰隆起的扰动效应为三驼峰效应,存在两个驼峰隆起的扰动效应为双驼峰效应,存在单个驼峰隆起的扰动效应为单驼峰效应。

驼峰效应也可用导流装置的导流面燃气流静压三维分布云图直观说明,如图 6 - 12 所示。

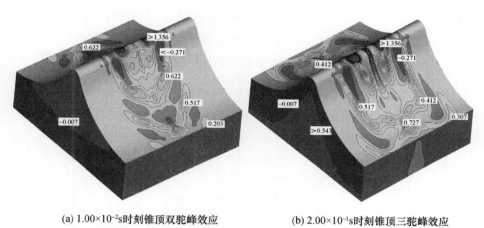

(a) $1.00×10^{-2}$s 时刻锥顶双驼峰效应　　(b) $2.00×10^{-1}$s 时刻锥顶三驼峰效应

图 6 - 12　导流装置结构表面燃气流静压三维分布云图

图 6 - 12 显示,在火箭发动机点火后 $1.00×10^{-2}$s 时刻导流装置锥顶中心区域高压区并不明显,导流装置锥顶燃气流静压分布显示的是双驼峰效应;当火箭发动机工作压力接近稳定时,导流装置锥顶燃气流静压分布呈现图 6 - 12 所示的三驼峰效应。图 6 - 12 既显示导流装置锥顶部分存在局部高压区域,同时也显示紧邻导流装置的导流面腹部存在环形次高压区,该环形区域等值线轮廓并不规则,靠近中心等值线轮廓不规则高压区与图 6 - 10 所示腹部等值线轮廓不规则高压区对应,直观说明双面导流装置导流面腹部区域燃气流场空间动态分布非常复杂。

进一步研究发现,图 6 - 10 所示燃气流静压分布特性与导流型面的具体匹配结构有关,将锥顶弧半径缩小,整个导流装置结构缩小、导流锥顶尖锐化后,燃气流静压分布特性发生很大变化,如图 6 - 13 所示。

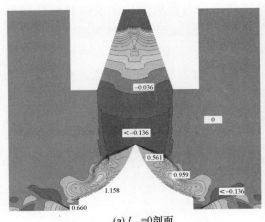 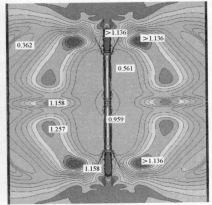

(a) $L_{nrz}=0$ 剖面　　　　　　　(b) 导流面

图 6-13　2.00×10^{-1} s 导流装置附近燃气流静压分布云图

图 6-13(a)显示,燃气流在导流锥顶形成的脱体激波紧贴导流锥顶,表明导流锥顶尖锐化后激波有附体倾向,这种效应类似于尖壁或楔形体的激波附着效应。图 6-13 还显示在导流装置结构缩小情况下,导流装置对称面腹部附近燃气流没有出现负压分布现象,说明紧凑型双面导流装置的导流面没有充分的空间让燃气流得以进一步发展、膨胀加速,其膨胀加速过程延滞于导流装置外侧。图 6-13(b)显示,驼峰效应不仅与火箭发动机工作压力有关,还与导流装置的结构有关,当图 6-12 所示导流装置结构锥顶弧半径减小时,原导流装置锥顶三驼峰效应再次变为双驼峰效应。如图 6-13 所示,紧凑的导流装置导流面燃气流静压也得到大幅度提升,并且整个导流面燃气流静压直观呈现蝶形分布特征。

图 6-13 从两个视角展现了导流面附近燃气流静压分布呈现的蝶形分布特性,实际上,不仅是导流面附近燃气流静压分布呈现蝶形分布特性,场坪表面(即 $L_{nry}=-3.87$ 剖面)燃气流静压分布呈现蝶形分布特性有时表现更为突出,如图 6-14 所示。

图 6-14 所示场坪表面燃气流静压蝶形分布特性形成机理,可结合附近燃气流流线分布解释:燃气流经导流面向外侧流动时,导流面中心区域集束流线几乎呈直线状,其相应附着在场坪上的位置离导流装置下沿较远,附着在场坪上的该部分燃气流即形成图 6-14 所示导流对称面附近的细长正压区。导流面中心区域集束流线附近流线分布相对均匀,显示流线受到干扰较小,同时占据范围较大,是燃气流的主要导流区域,相应地燃气流可以比较通畅地向场坪

第6章 燃气流导流方式及导流特性

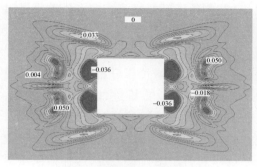 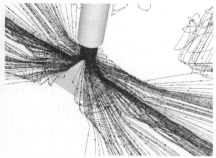

(a) 场坪表面静压蝶形分布示意图　　(b) 场坪附近燃气流线图

图 6-14　2.00×10^{-1} s 时刻场坪表面燃气流静压、流线分布

流动,附着在场坪后形成了面积较大的正压区域。导流装置附近最外侧流线呈不断扭曲前进态势,并在离开导流装置不久即被抽吸进导流装置下沿附近空间,并在导流装置下沿附近空间进一步抽卷后被其上方高速气流带走,由此在导流装置附近场坪形成卷吸负压区域。导流装置附近最外侧流线再次被抽吸进导流装置下沿附近空间前,挤压了紧邻内侧流线,使紧邻内侧流线快速下压附着场坪,从而在场坪附近形成图 6-14 所示最外侧狭长正压分布区域,这些区域组合在一起即形成图 6-14 所示蝶形静压分布云图。

6.2.3　单面导流及推进特性

单面导流及推进特性研究主要围绕图 6-1 所示单面导流方式展开。单面导流方式条件下,火箭发动机喷管膜片破膜瞬间燃气流沿导流对称剖面(即 $L_{nrz}=0$ 剖面,该剖面与 xOy 坐标面重合)向外推进、扰动特性如图 6-15 所示。

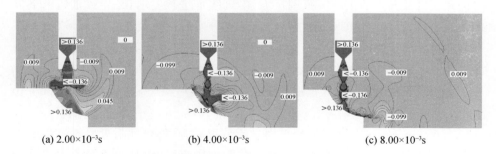

(a) 2.00×10^{-3}s　　(b) 4.00×10^{-3}s　　(c) 8.00×10^{-3}s

图 6-15　燃气流前锋离开导流装置、向环境推进过程中 $L_{nrz}=0$ 剖面静压分布云图

图 6-15 显示:①膜片破膜瞬间,燃气流前锋经导流面扰动后仍然在一定时间保持球冠形状;前锋过后,跟进负压燃气流受导流面阻挡后,在原推进对称

轴线左右两侧呈现不对称动态分布状态；左侧负压区燃气流在向左外侧推进过程持续受导流面阻挡，燃气流速度降低，压力相对上升，负压区面积迅速减小，此后，该部分燃气流上返至导流装置上方，燃气流动阻力减小，又开始膨胀加速，导致靠近火箭底部、导流装置左上方燃气流动区域负压分布区域有所扩大；与向左侧部分上返燃气流相比，右侧燃气流在向右下方推进过程中相对通畅，燃气流膨胀加速、减速过程发展相对充分，从而燃气流前锋过后，负压区域得以持续跟进、扩展。②左右两侧不对称燃气流分布状态反过来会影响箭体及导流装置，使得箭体及导流装置存在横向不对称气动作用力及力矩，这种横向不对称气动作用力及力矩有时将影响箭体及导流装置气动安全，设计时应加以充分分析。③受导流面扰动影响，燃气流前锋过后，燃气流在导流面腹部附近会形成比较复杂的波系结构，并且这种波系结构动态变化十分剧烈，如 2.00×10^{-3} s 紧贴导流面上部存在弓形弯曲激波、8.00×10^{-3} s 为"兔耳朵"形弯曲激波。

进一步研究表明，在后续不断加强的燃气流推进作用下，图 6-15 中的弯曲激波将发生进一步变化：①随着后续燃气流的持续、有效跟进，喷管下方燃气流推进主流区域的静压分布从负压、正压再到负压、正压交替状态基本确定，但相关区域大小、压力等值轮廓形状仍然在持续变化；②喷管下方主流区两侧燃气流仍然保持一定程度不对称分布状态，这种不对称分布也处于持续变化过程；③单面导流装置右侧开放空间范围内，燃气流动比较通畅，燃气流经导流装置扰动后主要向右外侧空间导流、推进，一定时间后，随着跟进气流强度提高，向右外侧空间导流的燃气流也开始贴壁推进，即沿发射场坪向外推进。研究还表明，随着火箭发动机工作压力迅速提升，单面导流装置对燃气流场的静压扰动也迅速趋于稳定；火箭发动机工作压力快速提升到接近稳定状态下，喷管下方的负压区及其紧邻正压区范围扩大，沿轴线推进长度增长，导致正压区下方的第二个待发展的负压区极度挤压，尚未充分发展便发展为正压区域，该正压区域原该发展成凸起的激波，但实际发展成凹进的激波；与此同时，导流面下沿附近原先不断生成的无序、断续流动涡变成有序、连续流动涡。

导流装置附近燃气流分布相对稳定后，发射场坪燃气流分布特性如图 6-16 所示。

图 6-16 显示：①燃气流经单面导流装置后，发射场坪附近燃气流集中于单面导流装置右侧，反映燃气流主要向右侧方导流，这正是单面导流方式称谓的由来。②燃气流经导流装置导流后斜冲、附着场坪，与场坪其他区域相比，该附着区域燃气流压力与温度均相对较高。③在发射场坪燃气流附着区域两侧，存在与导流对称面呈一定倾角的正、负压交替细节附着区域，说明伴随燃气流

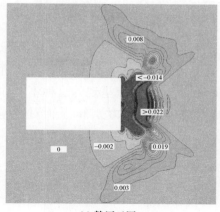 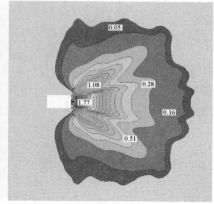

(a) 静压云图　　　　　　　　　(b) 静温云图

图 6-16　发射场坪燃气流场分布对比云图

向场坪导流过程,燃气流开始向导流装置两侧扩张,燃气流扩张时不断受挤压,蓄势发展、膨胀再受挤压等。

燃气流线分布印证了图 6-16 中燃气流向导流装置两侧扩张时受挤压现象,如图 6-17 所示。

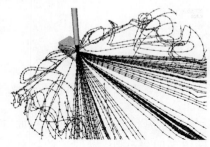 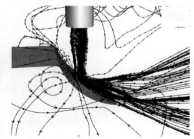

(a) 空间分布全貌　　　　　(b) 导流装置附近局部流线分布

图 6-17　2.00×10^{-1} s 燃气流流线分布

图 6-17 显示:①大部分燃气流经单面导流装置导流后,向导流面下沿附近一侧,即图 6-15 所示导流装置右侧空间流动,该区域为燃气流主流区域。②少量的燃气流经导流面两侧流出后,在空间卷动前进一定距离后再度被抽吸进主流区域,由此可以推测这部分燃气流和原主流区域燃气流相互干扰、挤压,形成了图 6-16 所示两侧倾斜附着的较高温度与较高压力燃气流动区域。③燃气流经单面导流装置导流面扰动后,大部分向右侧空间导流,最终向发射场坪远区漫延、推进;一小部分燃气流沿导流面折转向上返流,这部分燃气流最

终还会有部分再次被抽吸进单向导流主流区域,剩余部分则继续折转、沿导流装置顶部向导流装置左侧流动,最终与环境气流融合在一起。

进一步的研究表明,单面导流方式条件下,燃气流主流向图 6-15 所示导流装置右侧方向导流,抽吸、带动环境气流在向箭体下方流动,抵达导流装置及场坪附近后,主要也向导流装置右侧方向流动,环境气流呈现的这种不对称倾斜向右下方流动特性,将在箭体表面形成不对称气流压力分布,从而对箭体造成不对称侧推力、力矩。

6.2.4 三面导流及推进特性

三面导流及推进特性研究主要围绕图 6-1 所示三面导流方式。三面导流方式条件下,火箭发动机喷管膜片破膜瞬间燃气流沿导流对称面(即 $L_{nrz}=0$ 剖面或 xOy 坐标面)向外推进、扰动特性如图 6-18 所示。

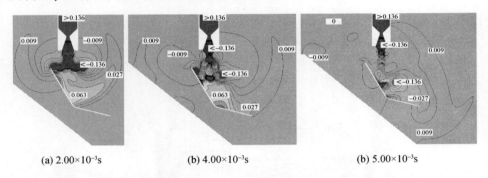

(a) 2.00×10^{-3} s　　(b) 4.00×10^{-3} s　　(b) 5.00×10^{-3} s

图 6-18　燃气流前锋离开导流装置、向环境推进过程中 $L_{nrz}=0$ 剖面静压分布云图

图 6-18 显示:①膜片破膜瞬间,燃气流球冠状前锋快速抵达三面导流装置上部,受三面导流装置上部特别是其导流面阻挡作用,燃气流前锋部分快速跃过三面导流装置上部,继续向左侧环境、三面导流装置与发射场坪之间的空间推进,这种跨越、溢出情况有点类似于声波或光波的衍射效应,燃气流发生这种衍射效应时,受导流面阻挡作用、后续跟进气流向下挤压作用,跃过的燃气流能量、动量损失很大,静压云图比较清楚地反映出跃过的燃气流前锋内部压力已经很低,而三面导流装置右侧持续推进的燃气流前锋内部则存在持续跟进的高压区。②受三面导流装置组合导流面导流共同作用,包括燃气流前锋、跟进膨胀燃气流在内的所有燃气推进至导流面后主要向右侧导流,导致喷管轴线左右两侧燃气流静压不对称分布状态,两侧不对称燃气流作用于箭体及导流装置,使得箭体及导流装置存在横向不对称气动作用力及力矩,这种横向不对称

气动作用力及力矩将影响箭体起飞姿态控制,也会影响导流装置气动稳定性及强度特性,设计时需要优化导流型面结构与燃气流不对冲击、扰动的匹配特性。③膜片破膜瞬间,在三面导流装置结构附近以及场坪附近的静压等值线形状、范围大小动态变化剧烈,表明此时燃气流场处于刚建立阶段,前方燃气流与跟进燃气流、环境气流之间仍处于相互适应、协调过程,从而燃气流场处于不稳定状态。

实际上,三面导流方式条件下燃气流场处于不稳定状态会持续较长时间,一般会持续到火箭发动机压力升到稳定压力中值以上水平,该过渡阶段前期,受燃气流前锋快速推进冲击导流面携带影响,前锋后面的高速燃气流快速冲击导流面后向右上方飞溅。前锋夹杂携带效应消失后,后续跟进气流冲击作用不再强势,不足以造成跟进气流经导流面反弹、飞溅,燃气流沿导流面以卷吸、滚动向右下方推进。再经过一段时间后,后续跟进燃气流推进强度增加,喷管下方燃气流膨胀、收缩交替现象开始基本显现。当火箭发动机压力升到稳定工作压力的中值以上水平时,燃气流在喷管与导流装置之间的空间流动波动幅度减弱,正压、负压区域沿轴线方向逐渐拉长,交替现象趋于稳定。

仍以静压分布为例,三面导流方式条件下,以 $L_{nrx}=0$ 剖面视角显示破膜瞬间、过渡阶段燃气流向导流装置两侧导流、推进特性如图 6-19 所示。

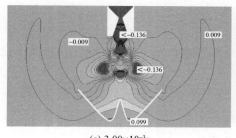
(a) 3.00×10^{-3} s

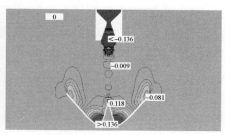
(b) 8.00×10^{-3} s

图 6-19 $L_{nrx}=0$ 剖面不同时刻燃气流场静压分布云图

图 6-19 显示,火箭发动机点火瞬间,受三面导流装置 $L_{nrx}=0$ 剖面呈 W 形结构扰动影响,燃气流冲击中心导流锥后,向两侧劈分;此后,燃气流前锋迅速漫过导流锥两侧上仰的导流面,向左右两侧外围空间导流;漫过导流面的燃气流在后续跟进燃气流的推进带动影响下,与跟进燃气流一起向导流装置下方附近场坪空间继续推进;这股燃气流蔓延出导流装置后,燃气流动进入适应性波动状态;再经过一段时间后,随着火箭发动机工作压力提升至一定程度,燃气流推进能力提升,压力剧烈波动状态减弱,导流装置附近燃气流动得到持续发展,

压力分布呈现相对缓慢变化状态。例如,喷口正下方的膨胀负压锥、紧邻压缩正压锥逐渐形成,范围逐渐扩大,外轮廓轴向长度逐渐增加,最终趋于稳定。

三面导流装置锥顶的分流作用以及导流面的强制导流作用可用静温云图进一步说明,如图6-20所示。

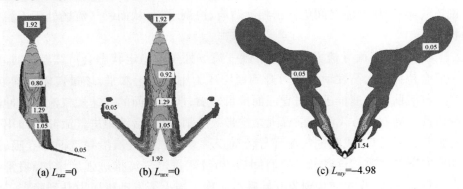

图6-20　2.00×10^{-1}s 燃气流场不同剖面静温分布云图

图6-20中$L_{nrz}=0$剖面与导流装置对称面重合,也是燃气流导流对称面。$L_{nrz}=0$剖面静温云图显示,经火箭发动机喷管流出的燃气流在该剖面内沿锥顶流出少许距离即消失不见,导流锥顶向两侧分流作用效果显著。$L_{nrx}=0$剖面静温云图显示,燃气流向导流面腹底后,又经两侧上仰导流面强迫导流,沿导流面分别向两侧斜上方导流;燃气流经导流面即将向斜上方环境导流瞬间,在两侧导流面顶部发生二次轻微折转,折转后继续向两侧斜上方环境卷吸、推进。造成轻微折转现象的原因有两个方面:①导流面外沿存在台阶效应,沿台阶上沿流出的气流经台阶附近受负压影响存在折转现象;②火箭箭体附近被抽吸的环境气流保持向下流动趋势,挤压燃气流向下偏转。$L_{nry}=-4.98$剖面显示了类似$L_{nrx}=0$剖面所示燃气流推进特性:燃气流向导流装置两侧分流后以一定倾角向远处推进;燃气流在向远处推进过程中,燃气流伴随脉动现象明显。分析形成明显伴随脉动现象的原因是:燃气流在推进过程受导流面与环境低速气流双重黏附作用,燃气流呈卷吸态势推进,推进一定距离后,燃气流推进能量、动量损失较多,环境气流阻滞作用相对强势,使得卷吸气流在减速后等待后续跟进气流补充、积聚能量,这种推进、衰减等待、再推进现象即会造成$L_{nry}=-4.98$剖面所示燃气流推进过程的伴随脉动现象。

6.2.5　四面导流及推进特性

图6-1所示的四面导流方式条件下,火箭发动机喷管膜片破膜瞬间燃气

流沿导流对称剖面（即 $\theta_{yx}=45°$ 剖面）向外推进、扰动特性如图 6-21 所示。

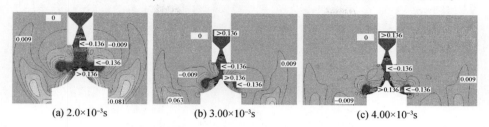

图 6-21　燃气流前锋向环境推进过程中 $\theta_{yx}=45°$ 剖面燃气流静压分布云图

对比图 6-8 与图 6-21 可以看出，沿导流对称面上，四面导流方式与双面导流方式燃气流导流及推进特性总体一致，燃气流推进前锋呈球冠状，跟进负压气流经导流锥分流后向两侧卷动，并跟随燃气流前锋推进，与推进前锋、跟随气流推进过程相对应的燃气流静压等值线轮廓形状也高度相似。四面导流方式与双面导流方式燃气流导流及推进特性差异主要表现在：燃气流经导流面导流时冲击压力分布、大小不同；经导流面导流后向环境推进过程中前锋冲击压力分布、大小不同，跟进燃气流负压分布、大小不同。以 2.00×10^{-3} s 时刻燃气流静压分布为例，四面导流方式条件下，导流锥顶附近相对高压区范围明显较小，燃气流前锋相对高压区范围也较小，造成这种细节差异的原因是，双面导流方式条件下，燃气流经导流锥分流后集中向两侧面导流，四面导流方式条件下，燃气流经导流锥顶向 4 个方向导流，由此双面导流方式沿两侧导流方向上受挤压作用较强，可以积聚较多的燃气流，从而燃气流后续推进动量、能量也相对较高。

与单面导流方式、双面导流方式、三面导流方式等导流方式燃气流场动态发展特性相似，四面导流方式条件下，火箭发动机点火后不久，随着火箭发动机压力的持续提升，经喷管流出的燃气流推进能力不断提升，导流装置下沿附近的偶极子式双漩涡将被后续燃气流进一步挤压、推向远场，导流面附近的燃气流正、负压气流持续跟随、向下方推进，新的正、负压交替区域不断形成，交替区域范围及压力数值动态变化，典型动态变化如图 6-22 所示。

图 6-22（a）显示，随着火箭发动机压力快速上升，导流锥顶部及导流面腹部燃气流受后续燃气流强劲、平稳推进作用，燃气流场的剧烈波动状态逐渐平息，整个燃气流场逐渐趋于稳定。导流锥顶部及导流面腹部燃气流场趋于稳定过程中，紧邻喷管下方的燃气流膨胀得到相对充分发展，导流锥顶部脱体激波离锥顶距离缩小，紧邻锥顶的高压区范围扩大，延伸至导流面腹部，

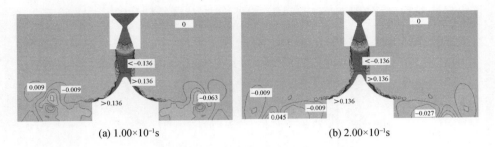

(a) $1.00×10^{-1}$s (b) $2.00×10^{-1}$s

图 6-22 $\theta_{yx}=45°$剖面燃气流场静压云图

由此邻近该区域的负压区、正压区向下游移动。图 6-22(a)同时显示,火箭发动机压力快速上升过程中,导流面下沿附近场坪燃气流静压波动仍十分剧烈,没有达到稳定迹象,这一点不同于双面导流方式,造成这种现象的原因初步分析仍是这种特殊导流方式所致:与双面导流方式相比,四面导流方式条件下燃气流分流至 4 个导流面,流经单个导流面的燃气流总动量、能量各减小一半,此后燃气流经导流面下沿流出后扩散现象严重,从而流出的燃气流容易受到前后方燃气流、环境引射气流以及场坪黏附作用影响,流场达到稳定需要较长的适应时间。图 6-22(b)进一步显示,随着火箭发动机压力迅速增加,导流面及其下沿场坪附近燃气流静压分布快速趋于稳定。火箭发动机压力达到稳定状态时,导流面腹部燃气流压力正、负压交替减少,并且靠近导流锥顶附近的高压区范围也小很多。

火箭发动机稳定工作状态下,经四面导流装置导流的燃气流静温分布如图 6-23 所示。

(a) $\theta_{yx}=45°$剖面 (b) $L_{nrz}=0$剖面

图 6-23 $2.00×10^{-1}$s 燃气流场剖面静温云图

图 6-23 显示:①火箭发动机稳定工作状态下,高温燃气流经四面导流装置导流后也是紧贴发射场坪向前推进,卷吸前进的燃气流前锋轮廓仍然保持一定的球冠形状。②虽然流经导流面的燃气流已经处于相对稳定状态,紧邻导流装置附近的燃气流静温分布仍然呈现比较明显的波动现象。③高温燃气流经导流面时紧贴壁面流动,然后经导流装置下沿回旋至导流装置底部后,经场坪反弹,进一步经周围气流抽吸作用向上膨胀,后续受场坪黏附以及环境被引射

气流挤压作用影响,继续沿发射场坪漫延,漫延前锋动量、能量较低,呈现明显的卷吸、翻滚状推进态势。

6.3 导流装置气动基本特性

导流装置承担着有效导流燃气、保障火箭安全发射任务。导流装置自身的气动特性决定其持续工作状态、工作性能。导流装置的气动特性主要包括气动力特性(也称气动载荷特性)、气动热特性及气动噪声特性。目前,复杂条件的跨声速或超声速燃气流场气动噪声研究仍然十分棘手甚至无能为力,由此,当前发射系统气动特性研究集中于气动力特性、气动热特性研究。如本章前述说明,导流方式多种多样,导流装置结构形态各异,受篇幅限制,本节及后续部分侧重于轴对称导流装置(图6-1(a))以及双面导流装置气动特性(图6-1(c))。

6.3.1 气动特性参数无量纲形式

气体动力学领域在研究实践过程中,为方便直观表述结构件或整个系统的气动特性,总结定义了系列表述气动特性的无量纲参数,如阻力系数、升力系数、偏航力矩系数等,这些系数利用来流参数及特征尺度参数定义,例如,气动阻力系数 c_d 定义、偏航力矩系数 c_{mph} 定义为

$$c_d = \frac{F_d}{\frac{1}{2}\rho_\infty v_\infty^2 S_F}, \quad v_\infty = \sqrt{\sum_{i=1}^{3} u_i^2}, \quad i = 1,2,3 \quad (6-1)$$

$$c_{mph} = \frac{M_{ph}}{\frac{1}{2}\rho_\infty v_\infty^2 S_F L_{ph}}, \quad v_\infty = \sqrt{\sum_{i=1}^{3} u_i^2} \quad (6-2)$$

式中:F_d 为气动力;M_{ph} 为气动偏航力矩;S_F 为气流扰动的结构件在垂直气流动方向或指定方向的投影面积;L_{ph} 为气动偏航作用力相对质心的力臂长度。

在研究导流装置以及发射系统其他结构气动特性时,参照第5章燃气流场参数无量纲界定思路,将来流条件统一设置为喷口截面燃气平均参数,据此首先定义了导流装置(或发射设备)承受的无量纲冲击力,即冲击力系数,即

$$F_{rai} = \frac{F_i}{\frac{1}{2}\rho_{e,ref} u_{e,ref}^2 A_d} \quad (6-3)$$

研究实践中,还经常利用燃气流冲击力与火箭发动机参考推力比值形式定

义无量纲冲击力,即

$$F_{rbi} = \frac{F_i}{F_{t,ref}} = \frac{F_i}{c_{F,ref}p_{c,ref}A_{t,ref}} \qquad (6-4)$$

借鉴(6-4)式,还可定义无量纲火箭发动机推力为

$$F_{rc} = \frac{F_t}{F_{t,ref}} = \frac{c_F p_c A_t}{c_{F,ref}p_{c,ref}A_{t,ref}} \qquad (6-5)$$

(6-3)式~(6-5)式中:F_i 为燃气流冲击作用力沿 i 坐标方向的分量;A_d 为导流装置(或发射设备)沿燃气流冲击方向的投影面积;F_{rai} 为无量纲燃气流冲击作用力沿 i 坐标方向分量;F_{rbi} 为基于发动机推力定义的无量纲燃气流冲击作用力沿 i 坐标方向分量;$F_{t,ref}$ 为火箭发动机推力参考值;c_F 为火箭发动机推力系数;$c_{F,ref}$ 为火箭发动机推力系数参考值,实际应用时,对于工作压力恒稳型火箭发动机取推力均值对应的推力系数,对于工作压力渐增型火箭发动机取最大推力对应的推力系数,后续参考推力、喷口燃气流速、喷口燃气密度以及发动机工作压力等参考值在实际选取时与此类似;F_{rc} 为无量纲火箭发动机推力。

沿用 6.2.2 节参考坐标系定义,对于轴对称导流装置,由于其结构的轴对称特点,燃气流冲击作用条件下气动力主要表现为沿喷管轴线的冲击力,该气动力为沿 y 向分力,则(6-3)式和(6-4)式气动力依据下面两个公式直接计算,即

$$F_{ray} = \frac{F_y}{\frac{1}{2}\rho_{e,ref}u_{e,ref}^2 A_d} \qquad (6-6)$$

$$F_{rby} = \frac{F_y}{F_{t,ref}} = \frac{F_y}{c_{F,ref}p_{c,ref}A_{t,ref}} \qquad (6-7)$$

式中:F_{ray}、F_{rby} 分别为基于参考动压以及发动机推力定义的无量纲燃气流冲击作用力 y 向分量。

由 6.2.2 节直角坐标系说明,(6-5)式~(6-7)式得到的冲击力的具体数值为负值,与此相对应燃气流对箭体的推力为正值,为方便比对冲击力大小随时间(或火箭起飞高度)变化与箭体推力随时间变化的对比关系,研究实践中也经常采用下面形式的无量纲计算式,即

$$F_{rany} = -F_{ray} = -\frac{F_y}{\frac{1}{2}\rho_{e,ref}u_{e,ref}^2 A_d} \qquad (6-8)$$

$$F_{rbny} = -F_{rby} = -\frac{F_y}{c_{F,ref}p_{c,ref}A_{t,ref}} \qquad (6-9)$$

其他类型导流装置结构特点使得燃气流场存在非轴对称分布特点,导致存在其他方向气动分力,可采用类似(6-6)式~(6-9)式气动分力计算形式,后面将不再说明。

燃气流冲击力条件下,导流装置相对参考约束点或支撑点的无量纲冲击力矩(即冲击力矩系数)定义形式为

$$M_{\mathrm{ra}i} = \frac{M_i}{\frac{1}{2}\rho_{\mathrm{e,ref}}u_{\mathrm{e,ref}}^2 A_\mathrm{d} L_{Mi}} \qquad (6-10)$$

式中:M_i 为燃气流冲击力矩沿 i 向分力矩;$M_{\mathrm{ra}i}$ 为无量纲燃气流冲击力矩沿 i 向分量;L_{Mi} 为燃气流冲击作用力相对参考点的力臂长度。

导流装置一般由多个部件组装而成,燃气流对轴对称导流装置冲击力分别由这些部件各自承担,这些部件承受的燃气流冲击力、冲击力矩定义形式为

$$F_{\mathrm{ra}i,\mathrm{p}j} = \frac{F_{i,\mathrm{p}j}}{\frac{1}{2}\rho_{\mathrm{e,ref}}u_{\mathrm{e,ref}}^2 A_\mathrm{d}} \qquad (6-11)$$

$$M_{\mathrm{ra}i,\mathrm{p}j} = \frac{M_{i,\mathrm{p}j}}{\frac{1}{2}\rho_{\mathrm{e,ref}}u_{\mathrm{e,ref}}^2 A_\mathrm{d} L_{Mi}} \qquad (6-12)$$

衡量导流装置气动热特性最常见参数为热流密度,具体表述过程又分辐射热流密度、对流热流密度、总热流密度等形式。定义导流装置的无量纲热流密度时,引入燃气流参考比焓概念,该比焓表示经过指定流通截面的单位面积能量通量。火箭发动机喷口截面单位面积燃气流总焓表述形式为

$$h_{\mathrm{es}} = \frac{h_\mathrm{e} Q_\mathrm{e}}{A_\mathrm{e}} = c_{\mathrm{pe}}\rho_\mathrm{e} u_\mathrm{e} T_\mathrm{e} + \frac{\rho_\mathrm{e} u_\mathrm{e}^3}{2} \qquad (6-13)$$

由于燃气流在火箭发动机喷管内流动十分接近等熵流动,则火箭发动机喷口截面燃气流单位面积总焓另一表述形式为

$$h_{\mathrm{es}} = \frac{h_\mathrm{e} Q_\mathrm{e}}{A_\mathrm{e}} \approx \frac{A_\mathrm{t}}{A_\mathrm{e}} c_Q c_{\mathrm{pf}} p_\mathrm{c} T_\mathrm{f} \qquad (6-14)$$

(6-13)式和(6-14)式中:h_e 为基于火箭发动机喷口定义的单位质量燃气流静焓均值;c_{pe}、c_{pf} 分别为火箭发动机喷口、燃烧室截面的燃气流定压比热均值。

(6-14)式可直接利用火箭发动机工作条件计算,相对比较方便,由此作者定义燃气流的无量纲辐射热流密度 q_{nrr}、对流热流密度 q_{nrc}、总热流密度 q_{nrt} 计算式分别为

$$q_{\mathrm{nrr}} = \frac{q_{\mathrm{r}}}{h_{\mathrm{es,ref}}} = \frac{A_{\mathrm{e,ref}}}{A_{\mathrm{t,ref}}} \frac{q_{\mathrm{r}}}{c_{Q,\mathrm{ref}} c_{\mathrm{pf,ref}} p_{\mathrm{c,ref}} T_{\mathrm{f,ref}}} \qquad (6-15)$$

$$q_{\mathrm{nrc}} = \frac{q_{\mathrm{c}}}{h_{\mathrm{es,ref}}} = \frac{A_{\mathrm{e,ref}}}{A_{\mathrm{t,ref}}} \frac{q_{\mathrm{c}}}{c_{Q,\mathrm{ref}} c_{\mathrm{pf,ref}} p_{\mathrm{c,ref}} T_{\mathrm{f,ref}}} \qquad (6-16)$$

$$q_{\mathrm{nrt}} = \frac{q_{\mathrm{r}} + q_{\mathrm{c}}}{h_{\mathrm{es,ref}}} = \frac{A_{\mathrm{e,ref}}}{A_{\mathrm{t,ref}}} \frac{q_{\mathrm{r}} + q_{\mathrm{c}}}{c_{Q,\mathrm{ref}} c_{\mathrm{pf,ref}} p_{\mathrm{c,ref}} T_{\mathrm{f,ref}}} \qquad (6-17)$$

式中:q_{r}、q_{c}、q_{t} 分别为燃气流的辐射传热热流密度、对流传热热流密度、传热总热流密度;$c_{Q,\mathrm{ref}}$为基于火箭发动机喷喉截面计算的燃气流质量流量系数参考值;$c_{\mathrm{pf,ref}}$为火箭发动机燃烧室截面燃气流定压比热容参考值。

一般情况下,燃气流经结构壁面均是散热过程,由(6-15)式~(6-17)式定义无量纲热流名义上可理解为燃气流能量损失比值。

燃气流经结构表面散热过程,实际上就是结构表面的吸热过程,导流装置结构表面吸热的热流密度q_{nra}与燃气流经结构表面散热的热流密度数值相等,符号相反,有

$$q_{\mathrm{nra}} = -q_{\mathrm{nrc}} = \frac{q_{\mathrm{c}}}{h_{\mathrm{es,ref}}} \qquad (6-18)$$

上述无量纲气动特性参数定义及计算方法不仅适用于导流装置,也适用于发射系统其他结构件或整个系统承受的燃气流冲击、烧蚀影响气动特性评估,对于火箭箭体部件、整个箭体承受的燃气流影响气动特性也可以参考评估,后续章节将沿用这些定义及计算。类似地,至于冲击结构件特定位置的燃气流压力、温度、速度等参数,无量纲值计算形式沿用第 5 章定义的形式。

6.3.2 轴对称导流装置气动特性

依据图 5-1(c)和图 5-2(b)所示发动机工作状态及条件,设定喷口马赫数为 3.33,基于(6-9)式确定导流装置承受的燃气流冲击力与发动机推力随时间变化对比关系,如图 6-24 所示。

图 6-24 显示:随着时间发展,燃气流对轴对称导流装置的冲击力逐渐增加,至一定时间段后逐渐达到相对平稳状态;相比火箭发动机推力平稳变化情况,燃气流冲击力随时间变化呈现略复杂变化情况,点火初期上升速度较慢,一段时间后上升速度变快,然后又变慢,接近平稳段时上升速度再次变快,但整体上变化特性接近火箭发动机推力变化特性。忽略研究过程中产生的相关误差以及小幅波动情况,由图 6-24 可以得到一个指导轴对称导流装置方案设计的很重要结论:燃气流冲击力与火箭发动机推力近似成线性比例关系。图 6-24 所

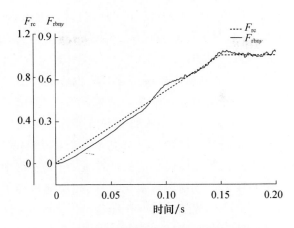

图 6-24　轴对称导流装置气动力随时间变化曲线

示案例中燃气流冲击力与火箭发动机推力之间的线性比例值约为 0.79。

图 6-24 所示燃气流冲击力随时间变化特性依据的火箭发动机工作压力随环境气压(表压为零)逐渐上升。第 5 章已经说明,喷管设封膜(或堵盖)时,膜片破碎瞬间火箭发动机工作压力不是环境气压,此后将从破膜压力逐渐上升,这两种不同情况下轴对称导流装置承受的燃气流冲击力随时间变化典型对比曲线如图 6-25 所示。

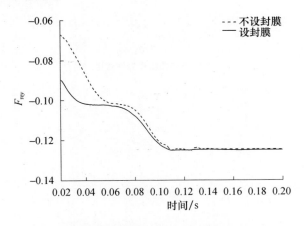

图 6-25　喷管设封膜与否燃气流冲击力对比曲线

图 6-25 显示,火箭发动机工作存在破膜压力与否并不影响燃气流对轴对称导流装置的冲击力随时间变化特性,具体表现是:在火箭发动机工作压力快速上升阶段,燃气流的冲击力经历相似的快速非线性上升过程;当火箭发动机工作压力达到稳定状态后,燃气流的冲击力均同步达到稳定状态。火箭发动机

工作存在破膜压力与否造成燃气流冲击力的细节差异表现为:火箭发动机工作不存在破膜压力情况下,轴对称导流装置承受的燃气流冲击力在起始阶段以及接近稳定时存在局部细节波动,燃气流冲击力快速上升速度总体较快,此后上升速度变缓时间上略滞后,上升速度放缓持续时间也略短。

燃气流对导流装置的冲击力实际由具体微单元承受,导流装置的冲击烧蚀破坏也是自微单元开始,由此需要进一步研究导流装置微单元气动参数(压力、温度、热流等)随时间变化特性。微单元选择基于各部件表面的网格离散,以部件表面网格单元几何中心或节点标识相应的微单元,研究过程中可以监测相关导流装置这些单元中心或节点气动参数变化特性,相应地称相关单元中心或节点为监测点。监测点燃气流参数随时间变化典型特性如图6-26所示。

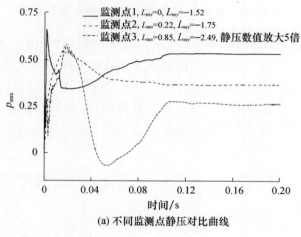

(a) 不同监测点静压对比曲线

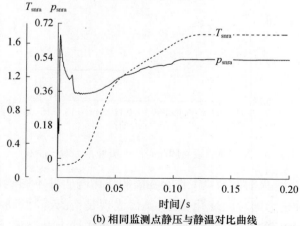

(b) 相同监测点静压与静温对比曲线

图6-26 监测点燃气流参数随时间变化对比情况

图 6-26(a)中火箭发动机工作压力没有达到稳定状态前,轴对称导流装置导流型线上 3 个特征监测点的燃气流静压变化特性不尽相同,原因可结合 6.2.1 节燃气流导流过程中动态流动机理解释:火箭发动机喷管破膜瞬间,监测点 1、监测点 2、监测点 3 依次感受冲击波作用,相应各监测点压力均迅速升高,受燃气流沿程衰减作用影响,各监测点压力升幅依次下降;冲击波过后,后续跟进燃气流难以为继,各监测点压力出现下降现象;此后,受脱体激波形成、脱体激波位置调整、前方燃气流推进协调共同作用影响,监测点 1 附近出现了较长时间的压力下降,直到后续跟进燃气流强度足以持续提升该监测点压力;火箭发动机工作初期,紧邻导流锥顶附近监测点 2 处于燃气流反射激波笼罩区域,受反射激波与壁面共同拦截作用,该监测点 2 附近燃气流动受阻,压力持续上升,直到后续跟进燃气流强度提升,反射激波脱体距离增加,同时原先监测点 2 附近相对高压区域位置整体下移,燃气流动状态逐渐接近监测点 1 附近流动状态,压力开始持续下降,直至达到相对稳定状态;位于导流面腹部的监测点 3 附近压力变化与监测点 1 附近压力变化相似,主要差异表现为波动起伏时间、稳定压力数值方面差异,可参照监测点 1 附近燃气流动机理解释。对比图 6-25 和图 6-26(a)可以看出,轴对称导流装置受力曲线的变化特性与上述特征监测点压力曲线的变化特性不尽相同,充分说明轴对称导流装置受力是各单元或节点综合集成的结果。实际上,不仅是不同监测点气动参数随时间变化特性存在差异,图 6-26(b)中监测点 1 燃气流静压与静温随时间变化特性也存在差异,静压反映了更多的细节波动信息,而静温曲线相对平缓,造成这种差异的内在原因是燃气流热传导换热速度较低,压力波动传播速度很快,以当地声速甚至超声速传播,容易捕捉并反映细节波动信息。

燃气流场相对稳定情况下,沿导流型线燃气流静压、热流密度分布对比情况如图 6-27 所示。

图 6-27 的静压曲线显示,火箭发动机压力达到稳定状态时,自冲击点开始,左右两侧导流型线上出现高压、低压交替区域,其中导流锥顶、邻近锥顶的腹部区域、靠近导流装置外沿的腹部区域为静压较高区域,此外为相对低压区域。图 6-27 的静压曲线同时显示,导流锥顶燃气流冲击点附近区域并不是燃气流静压最高区域,该区域燃气流静压也比导流锥顶外侧区域低,数值上要低 19% 左右;燃气流静压最高区域出现在邻近锥顶附近的导流面腹部区域,燃气流静压峰值出现在离喷口轴线 0.45 倍喷口直径距离对应型线位置上;导流锥顶外侧区域为燃气流静压次高区域,燃气流静压峰值出现在离喷口轴线 0.04 倍喷口直径对应型线位置上;燃气流静压最高区域与次高区域内峰值极为接

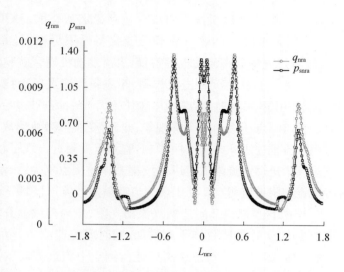

图 6-27　导流型线上热流密度与静压分布对比关系曲线

近,燃气流静压峰值彼此差别在 ±1.00% 之间;相对前两个高压区,靠近导流装置外沿的腹部高压区燃气流静压其实并不高,甚至低于冲击点附近区域燃气流静压,该区域燃气流静压峰值出现在离喷口轴线 1.41 倍喷口直径距离对应型线位置上,燃气流静压峰值相对前两者下降幅度达 52%。图 6-27 静压曲线也显示,沿导流型线燃气流静压最低区域出现在上述两个腹部高压区之间,甚至出现了负压现象,最低静压出现在离喷口轴线 1.09 倍喷口直径距离对应型线位置上,最低静压相对最高静压下降幅度达 111%;沿导流型线燃气流静压次低区域出现在导流锥顶外沿附近,次低静压峰值出现在离喷口轴线 0.13 倍喷口直径距离对应型线位置上,次低静压峰值相对最高静压峰值下降幅度达 96%。图 6-27 的热流密度曲线显示,火箭发动机压力达到稳定状态时,自冲击点开始,左右两侧导流型线上也出现了类似静压交替的高热流、低热流区域,其中,在离喷口轴线距离 0.04 倍喷口直径、0.45 倍喷口直径、1.41 倍喷口直径对应型线位置上分别出现 3 个高热流密度峰值,相应地在这些位置附近的结构区域为高热流区域,而在离喷口轴线距离分别为 0.13 倍喷口直径、1.14 倍喷口直径对应型线位置以及冲击中心分别出现 3 个低热流密度峰值,相应地在这些位置附近传热区域为低热流密度区域;导流锥顶冲击中心附近不是高热流区域,高热流区域出现在导流锥顶偏外侧区域,这也与上述压力分布现象类似。

图 6-27 的静压与热流密度对比结果表明,导流型线上结构表面吸热的热流密度与燃气流静压沿径向距离起伏变化特性充分接近,数值上高压区对应高

热流区域,低压区对应低热流区域,热流密度极大值(即高热流密度峰值)位置与静压极大值位置接近重合,热流密度极小值(即低热流密度峰值)位置与静压极小值位置也接近重合;如果忽略热流与静压曲线折转细节,可以认为热流密度曲线与静压曲线高度线性相关,根据结构表面压力分布与热流密度分布近似线性关系,利用结构表面静压分布值可直接预示结构表面热流密度。当前精细化数值预示高温、高速燃气流经壁面散热的热流密度,需要分辨率足够的边界层网格,而不考虑壁面散热条件的燃气流场数值模拟对边界层网格要求无须苛刻,这对于当前火箭发射燃气动力学领域传热数值预示网格数量动辄需要高于一般燃气流场数值预示网格数量 1~3 个量级的理论研究工作量而言,无疑将极大降低工作量,由此基于利用结构壁面静压分布结果线性外推结构表面热流密度具有十分重要的实践价值。依据这一思路,基于结构壁面静压分布结果线性外推结构表面热流密度数学表述形式为

$$q_{\mathrm{nrc}} = -\zeta_{\mathrm{qpr}} |p_{\mathrm{snra}}| \tag{6-19}$$

$$q_{\mathrm{c}} = -\frac{A_{\mathrm{t,ref}}}{A_{\mathrm{e,ref}}} \frac{\zeta_{\mathrm{qpr}} c_{Q,\mathrm{ref}} c_{\mathrm{pf,ref}} p_{\mathrm{c,ref}} T_{\mathrm{f,ref}}}{\frac{1}{2} \rho_{\mathrm{e,ref}} u_{\mathrm{e,ref}}^2} |p_{\mathrm{sr}}| \tag{6-20}$$

由图 6-27 所示对比曲线,利用(6-19)式所示单一线性比例外推将导致导流锥顶热流密度预示值偏于保守,可采用分段线性拟合方法进行修正,即

$$q_{\mathrm{nrc}} = \begin{cases} -\zeta_{\mathrm{qpr1}} |p_{\mathrm{snra}}|, & 0 < |L_{\mathrm{nrx}}| < L_{\mathrm{nrx1}} \\ -\zeta_{\mathrm{qpr2}} |p_{\mathrm{snra}}|, & L_{\mathrm{nrx1}} < |L_{\mathrm{nrx}}| < L_{\mathrm{nrx2}} \\ -\zeta_{\mathrm{qpr3}} |p_{\mathrm{snra}}|, & L_{\mathrm{nrx2}} < |L_{\mathrm{nrx}}| < L_{\mathrm{nrx3}} \end{cases} \tag{6-21}$$

图 6-27 所示案例具体分段拟合函数形式为

$$q_{\mathrm{nrc}} = \begin{cases} -6.084 \times 10^{-3} |p_{\mathrm{snra}}|, & 0 < |L_{\mathrm{nrx}}| < L_{\mathrm{nrx1}} \\ -8.050 \times 10^{-3} |p_{\mathrm{snra}}|, & L_{\mathrm{nrx1}} < |L_{\mathrm{nrx}}| < L_{\mathrm{nrx2}} \\ -1.244 \times 10^{-2} |p_{\mathrm{snra}}|, & L_{\mathrm{nrx2}} < |L_{\mathrm{nrx}}| < L_{\mathrm{nrx3}} \end{cases} \tag{6-22}$$

一般情况下,结构烧蚀破坏位置与燃气流最大热流密度位置一致,由此采用预示最大热流的线性公式指导热防护设计可行且具有包络性,从而可直接采用类似(6-19)式所示的简化公式实现快速预示,即

$$q_{\mathrm{nrc}} = -8.050 \times 10^{-3} |p_{\mathrm{snra}}| \tag{6-23}$$

(6-19)式~(6-23)式中:ζ_{qpr}、ζ_{qpr1}、ζ_{qpr2}、ζ_{qpr3} 为利用燃气流冲击压力计算对流传热热流密度的系数;L_{nrx1}、L_{nrx2}、L_{nrx3} 为标识燃气流场中空间位置 x 向坐标无量纲分量的相关阈值。

图 6-24～图 6-27 反映了火箭发射初期火箭发动机点火至刚达到稳定时间段轴对称导流装置的气动特性。如前所述，火箭发射是一动态过程，随着发射时间的发展，火箭起飞高度逐渐增加，从而逐渐远离发射系统，其起飞轨迹随时间变化形式为

$$\begin{cases} L_{\text{nry}}(t) = 0, & 0 \leqslant t \leqslant t_b \\ L_{\text{nry}}(t) = L_{\text{nry}}(v,a,t), & t > t_b \end{cases} \quad (6-24)$$

火箭起飞过程中，随着火箭起飞高度增加，燃气流冲击力随时间变化典型历程如图 6-28 所示。

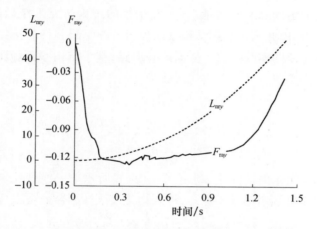

图 6-28　火箭起飞高度及燃气流冲击力随时间变化曲线

图 6-28 显示，在火箭发动机建压阶段（对应 0～0.15s 时间段），轴对称导流装置承受的燃气流冲击力呈现了近似线性增长特性，保持了与火箭发动机工作压力同步线性增长趋势；火箭发动机工作压力达到稳定状态后一段时间内（对应 0.10～0.90s 时间段），虽然火箭相对轴对称导流装置的高度在不断增加，但轴对称导流装置承受的燃气流冲击力变化幅度较小，即燃气流冲击力保持相对稳定阶段；此后（对应 >0.90s 时间段），火箭发动机工作压力维持稳定，但燃气流冲击力开始下降，并逐渐加速衰减至消失。燃气流冲击力达到相对平稳时间段，燃气流冲击力局部时间段存在波动现象，这种相对平稳段存在局部波动起伏现象有时会很明显，如图 6-29 所示。

图 6-29 中明显波动现象的原因与燃气流场动态分布有关。上面已经指出，即使是燃气流场相对稳定期间，局部时间段、局部范围内燃气流动仍然保持一定程度湍流脉动现象。随着火箭起飞高度的增加，火箭发动机喷口高度随之增加，空间位置燃气流场结构分布强度也随之调整，原先高度空间的燃气流场

第 6 章 燃气流导流方式及导流特性

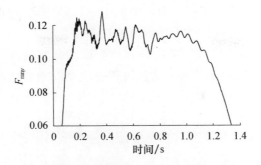

图 6-29　相对平稳段燃气流冲击力的明显波动现象

需要适应后续跟进燃气流强度变化。燃气流自身的湍流脉动、跟进燃气流强度动态变化会造成局部燃气流分布的动态变化，再叠加导流装置结构的局部扰动加强，将造成图 6-29 所示的明显波动现象。

6.3.3　双面导流装置气动特性

火箭发动机点火至达到平稳工作状态过程（即建压过程）中，双面导流装置承受的燃气流冲击力与火箭发动机推力对比关系曲线如图 6-30 所示。

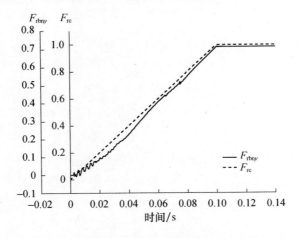

图 6-30　燃气流冲击力与火箭发动机推力对比曲线

图 6-30 显示，与火箭发动机工作推力逐渐上升至平稳段过程相对应，燃气流冲击力总体也呈逐渐上升到平稳段的过程。忽略起始段延迟、细节波动、局部时间段的上升变化速率，也可以得到类似图 6-24 分析得到的指导实践结论：燃气流冲击力变化与火箭发动机推力变化呈近似线性关系，即忽略起始波动及其他时间段局部波动特性，可以认为任意时刻燃气流冲击力与火箭发动机

推力呈近似线性关系。图6-30所示案例中,双面导流装置承受的燃气流冲击力与火箭发动机推力之间的线性比例值约0.71。

基于图6-13所示燃气流静压分布可选取特征监测点分析导流面气动参数随时间变化特性,以及不同特征监测点附近气动参数变化的差异。选取的特征监测点如图6-31所示。

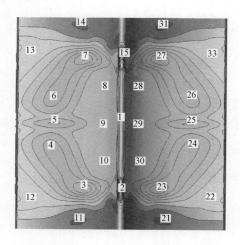

图6-31 特征监测点标序示意图

图6-31所示的监测点同样还可以标识很多,没有必要研究所有监测点。燃气流对结构的冲击破坏点往往是高热流或高压力区域,图6-31中标序为1、2、3、4、5、6、7、15、27、26、25、24、23的监测点分别落在燃气流压力、热流密度较高区域,其中标序为3、7、27、23的监测点彼此空间位置对称,标序为4、6、26、24的监测点彼此空间位置对称,标序为2、15的监测点彼此空间位置对称,标序为5、25的监测点彼此空间位置对称,从而可仅取标序为1、2、3、4、5的监测点为特征监测点开展研究,壁面燃气流静压、对流传热热流密度随时间变化典型特性如图6-32所示。

图6-32显示,0~0.10s时间范围内,火箭发动机工作压力、推力逐渐提升(见图5-2),各监测点静压总体上随着时间的推进而逐渐增长,但增长速度并不像火箭发动机工作压力、推力那样持续线性增加,在0~0.06s时间范围内增加速度相对缓慢,0.60~0.10s时间范围内增加速度较快,并且所有监测点静压在整个提升过程中伴随局部时间段波动现象,显示了静压提升过程中局部时间段燃气流场存在调整、适应过程。相对轴对称导流装置,火箭发动机工作压力、推力达到稳定状态后(>0.10s),双面导流装置导流面上监测点压力达到稳定

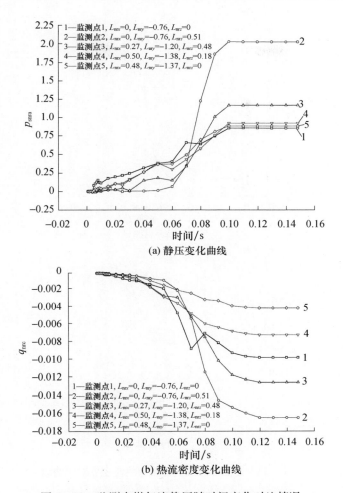

图 6-32 监测点燃气流静压随时间变化对比情况

状态后波动幅度较小，显示开放空间内双面导流方案更有助于燃气流场扰动快速达到稳定状态。随着火箭发动机工作压力由环境压力逐渐上升至稳定状态，监测点热流密度数值大小也逐渐上升到相对稳定状态，这一总体变化特性与燃气流静压总体变化特性类似。

以图 6-31 中数值最高、次高区域标序为 2、3 的监测点为例，研究了这两个监测点静压、热流密度随时间变化对应关系，如图 6-33 所示。

图 6-33 进一步显示，监测点结构表面热流密度随时间变化与燃气流静压随时间变化存在相似特性：火箭发动机点火至 0.06s 时间段，结构表面热流密度、燃气流静压总体上均随时间推进而逐渐增加，但增加速度较低；0.06~

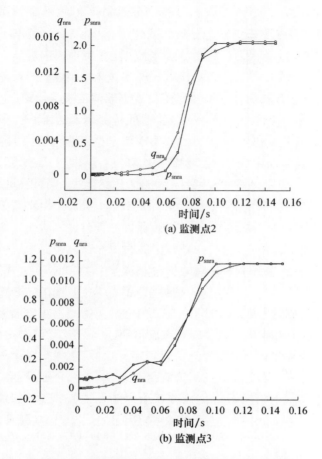

图 6-33 监测点燃气流静压与热流密度对比曲线

0.10s 时间段,结构表面热流密度、燃气流静压总体上均随时间推进快速增加;0.10~0.16s 时间段,结构表面热流密度、燃气流静压达到并保持稳定状态。图 6-27 已经说明,在轴对称导流装置导流面上忽略局部空间燃气流参数细节折转、起伏情况下,可认为导流面上热流密度与燃气流静压分布存在近似线性关系。图 6-33 则再次直观显示,在时间历程上忽略局部时间段燃气流参数细节折转、起伏情况下,可认为结构表面热流密度随时间变化特性与燃气流静压随时间变化特性两者之间也存在近似线性关系,即

$$q_{nrc}(x,y,z,t) = -\zeta_{qpr}(x,y,z,t)|p_{snra}(x,y,z,t)| \qquad (6-25)$$

图 6-33 显示燃气流静压与热流密度变化主要细节差异为:相对于压力变化特性,热流密度变化特性略平缓,达到平稳的时间略滞后,这种现象表明热流

密度对燃气流场分布存在综合响应过程,实际上由理论传热学与试验传热学基本原理也可用公式表示为

$$q_c = \zeta_{qca}(T_r - T_w), \quad \zeta_{qca} = \zeta_{qcb} Re^{\alpha_{qc}} Pr^{\beta_{qc}} \quad (6-26)$$

式中:ζ_{qca}为利用温差计算对流传热热流密度的换热系数;ζ_{qcb}为计算对流换热系数的常量系数;α_{qc}、β_{qc}为式计算对流换热系数的相关指数。

(6-26)式表明燃气流的热流密度与燃气流当地流速、温差、燃气物性等均有关系,它受燃气流参数综合影响。由气体动力学能量守恒方程知,温度提升情况下速度会下降,而温度、密度与压力受状态方程联动,温度提升受压力、气流密度影响,从而由(6-26)式分析热流密度是燃气流静压、静温、密度、流速、燃气物性综合影响的结果,尽管燃气流动压力是驱动其他参数变化的主要动力,热流密度仍需计及其他因素影响,多因素影响下造成图示传热响应相对平缓、滞后现象。

按(6-23)式最大热流密度包络线性估算思想,可估算并绘制监测点2热流密度随时间变化曲线。估算结果表明:0~0.02s时间段,结构表面热流密度估算结果与上述精细化数值预示结果接近;0.02~0.08s时间段,结构表面热流密度估算结果低于上述精细化数值预示结果;0.08~1.60s时间段,结构表面热流密度估算结果高于上述精细化数值预示结果,说明利用(6-23)式估算热流密度能够包盖结构表面热流密度最大值。类似地,也可以基于(6-23)式估算图6-33所示高压区域监测点1至监测点5等特征监测点热流密度并绘制出相关曲线,这里不再列出。针对火箭发动机稳定工作状态下的热流密度,估算结果表明:除监测点5数据偏差较大外,监测点1至监测点4的估算值相对上述精细化预示值的相对偏差在-24.5%~13.8%范围内,再次表明估算结果具有一定精度,采用(6-23)式估算热流密度峰值方法总体可行。

双面导流装置气动特性也需要充分关注火箭动态起飞过程的具体影响。研究也给出了比较完整的双面导流装置气动力随时间变化特性,如图6-34所示。

图6-34显示,0~0.10s时间段,火箭发动机处于建压阶段,双面导流装置承受的燃气流冲击力呈现了近似线性快速增长特性,保持了与火箭发动机工作压力近似同步线性增长趋势;0.10~0.22s时间段,火箭发动机工作压力达到并维持相对稳定状态,火箭相对双面导流装置距离略有增加,燃气流对双面导流装置的冲击力存在一定幅度增加;0.22~0.50s时间段,火箭发动机工作压力维持相对稳定状态,火箭相对双面导流装置距离持续加速增加,燃气流对双面导流装置的冲击力随时间缓慢下降;0.50~1.40s时间段,火箭发动机工作压力维

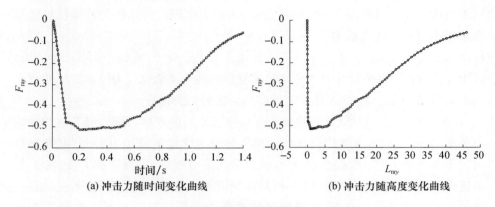

(a) 冲击力随时间变化曲线　　(b) 冲击力随高度变化曲线

图 6-34　燃气流冲击力动态变化历程

持相对稳定状态,火箭相对双面导流装置距离持续加速增加,燃气流对双面导流装置的冲击力随时间快速下降。图 6-34 同时显示,火箭起飞高度在 0~0.24 倍喷口直径范围内,火箭发动机处于建压阶段,双面导流装置承受的燃气流冲击力呈现了近似线性快速增长特性;火箭起飞高度在 0.24~1.14 倍喷口直径范围内,火箭发动机工作压力达到稳定状态,燃气流对双面导流装置的冲击力存在一定幅度增加;火箭起飞高度在 1.14~5.79 倍喷口直径范围内,火箭发动机工作压力保持稳定状态,燃气流对双面导流装置的冲击力随高度缓慢下降;火箭起飞高度在 5.79~46.10 倍喷口直径范围内,火箭发动机工作压力虽然仍保持相对稳定状态,燃气流对双面导流装置的冲击力随高度快速下降。

在图 6-34 中,火箭发动机点火工作时间 0~0.10s(起飞高度 0~0.24 倍喷口直径范围)段,燃气流冲击力近似线性增加的主要原因在于,燃气流冲击动量随火箭发动机建压逐渐线性增加;火箭发动机工作 0.22~0.50s 时间段(起飞高度在 1.14~5.79 倍喷口直径范围内),燃气流对双面导流装置的冲击力缓慢下降在于该高度范围内燃气流的能量、动量损失较小,具体可参照第 5 章的研究结果。此后,火箭起飞高度持续增加,燃气流能量、动量沿程损失速度也较快,从而燃气流冲击力快速下降。至于 0.10~0.22s 时间段(火箭起飞高度在 0.24~1.14 倍喷口直径范围内)燃气流对双面导流装置的冲击力存在一定幅度增加的原因可结合图 6-35 解释。

图 6-35 显示,火箭发动机工作在 0.11s 时刻,紧贴导流锥顶的脱体激波与外围高强度燃气流来流共同用下,燃气流冲击导流面腹部,在腹部靠下的位置折转,此后燃气流呈一定倾角斜向下方导流;火箭发动机工作在 0.21s 时刻,脱

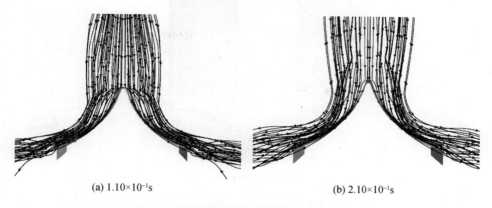

(a) 1.10×10^{-1} s (b) 2.10×10^{-1} s

图 6-35 导流装置附近燃气流流线分布对比

体激波离开导流锥顶一定高度,该激波位置并不影响持续推进的燃气流在环境气流作用下的收缩效应,造成燃气流冲击导流面腹部的中部即发生折转,部分原先呈一定倾角斜向下方导流的燃气流经折转沿水平方向甚至倾斜向上反溅。火箭发动机处于工作稳定状态,导流装置附近燃气流来流总能量、总动量变化不大情况下,从动量守恒角度不难分析斜向上反溅的燃气流动量损失较大,而相应导流装置获得的冲量较大,由此相同时间情况下双面导流装置承受的燃气流冲击力也较大。

6.4 缩比试验导流特性的相似性

大型火箭发射燃气流导流、气动特性实物试验评估往往只能依托喷流缩比试验开展。4.2 节提出了满足燃气流场相似的基本相似参数,基本相似参数的控制方法如表 4-1 所列。5.6 节已经证明,控制表 4-1 中的基本相似参数条件,自由喷流状态燃气流场存在相似性。本节将在 5.6 节基础上研究高温、高速燃气流经导流装置导流的流场相似性问题,同时研究导流装置结构气动特性相似性问题。

5.6 节案例研究自由喷流状态燃气流场相似性时主要依据图 5-2(a)所示火箭发动机工作条件,本节依然遵循此条件。围绕图 6-1 所示轴对称导流方式,结构线性缩比比例分别为 1∶20、1∶25 的喷流缩比试验燃气流流线分布对比如图 6-36 所示。

图 6-36 直观显示,火箭发动机工作条件(燃压、推进剂组分、火药力等)一致时,燃气流经不同比例的轴对称导流装置导流过程中,在导流装置的导流锥

(a) 1∶20　　　　　　　　　　(b) 1∶25

图 6-36　不同比例试验燃气流场流线分布对比

顶附近均受到强烈挤压形成脱体激波,部分燃气流在导流锥顶附近激波下方剧烈折转、扭曲、回旋,再受外侧燃气流带动向下贴体流动,流动一段距离后扩散、抬起,此后受环境气流挤压二次贴体、二次抬起后流出导流装置,流出导流装置的燃气流卷吸周围气流,在导流装置下沿附近形成明显的漩涡,漩涡反过来影响燃气流,造成燃气流下泄至发射场坪,两种比例条件下燃气流场分布、变化特性相似。

结构线性缩比比例分别为 1∶20、1∶25 的喷流缩比试验燃气流静压分布如图 6-37 所示。

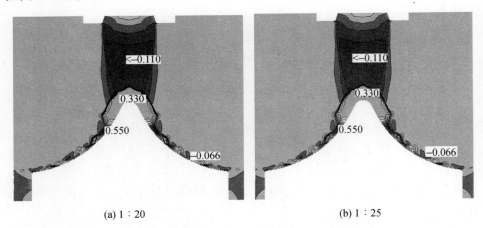

(a) 1∶20　　　　　　　　　　(b) 1∶25

图 6-37　不同比例试验燃气流场静压分布对比云图

图 6-37 显示,燃气流经喷口流出后,膨胀、减压历程尚未结束,即受脱体激波阻滞作用迅速增压、减速,压力由小于 -0.110 均增至 0.330;燃气流经导流锥顶分流后,继续受外围燃气流挤压、贴体,压力续升至 0.55;导流面腹部燃气流静压呈现高低压交替现象,对应同一位置处局部低压区峰值均达 -0.066。

图6-37所示燃流静压等值线除局部轮廓形状、大小存在细微差别外,总体呈现高度相似,对应位置处燃气流静压数值存在1∶1关系。

双面导流装置导流面上的燃气流参数分布特性能够立体显示燃气流在三维复杂导流空间中分布特性的相似性。以静压为例,1∶1比例试验(即原型试验)和1∶4比例喷流缩比试验燃气流场静压分布对比如图6-38所示。

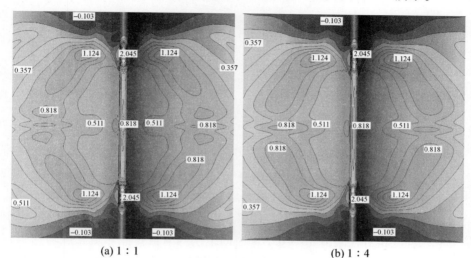

(a) 1∶1   (b) 1∶4

图6-38　不同比例试验导流面燃气流静压分布对比云图

图6-38显示,两种比例试验中导流装置的导流锥顶沿脊线均存在两个高压区域,并且两种比例试验锥顶高压区域位置存在彼此对应关系,高压区域压力峰值存在1∶1关系。图6-38同时显示,两种比例试验中导流装置的导流面腹部区域存在环形高压区域,参考图6-12,可以看出腹部高压区域与锥顶高压区域正好位于喷口悬挂激波下方,表明悬挂激波挤压沿导流面导流的燃气流形成这些高压区域。图6-38两种比例试验环形高压区域压力等值线轮廓形状、大小除靠近导流方向对称面区域略有差异外,彼此接近。类似地,导流面其他对应区域的压力值线轮廓形状、大小也接近,数值存在1∶1关系,充分证明燃气流场分布存在相似关系。

不同比例试验火箭发动机压力均存在建压过程中,由此经导流装置导流的燃气流相关参数也存在随时间变化的非定常过程,相似性研究对比了导流面上的燃气流参数随时间变化情况。以图6-37的燃气流冲击点(即锥顶中心)、图6-38的导流面腹部标识压力值为1.124对应监测点为例,监测点燃气流参数随时间变化对比情况如图6-39所示。

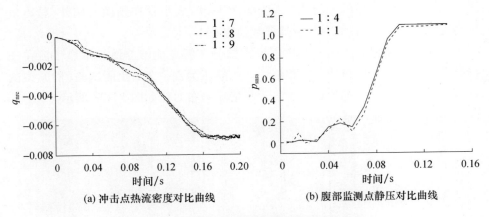

(a) 冲击点热流密度对比曲线　　　(b) 腹部监测点静压对比曲线

图 6-39　导流面监测点燃气流参数对比曲线

图 6-39(a)所示的主要显示了两方面信息：①3 种尺度的轴对导流装置冲击点对流传热热流密度随时间变化总体一致，如 0~0.10s 时间范围内对流传热热流密度均相对缓慢上升，上升过程中均存在局部起伏，起伏的时间段也彼此对应，0.10~0.15s 时间范围内对流传热热流密度均相对快速上升，上升过程中局部起伏程度相对较低，0.15~0.20s 时间范围内对流传热热流密度均达到相对稳定状态；②图中所示发动机工作时间范围内，导流面空间对应位置对流传热热流密数值充分接近，仅在 0~0.10s 时间范围内局部时间段数值存在一定差异。两方面信息充分表明导流面对流传热密度随时间变化特性也存在相似性。图 6-39(b)显示：两种比例试验中导流装置监测点燃气流静压随时间变化特性基本一致。两种比例试验静压曲线差异主要表现在两个方面：①在火箭发动机点火后的建压初期，1∶4 比例试验导流装置监测点静压变化略平缓；②燃气流场相对平稳后，发射试验监测点燃气流静压较 1∶4 比例试验监测点燃气流静压略低(数值显示为 0.63% 左右)，初步分析造成差异现象的原因与 1∶4 比例试验燃气流运动真实距离较短、黏性耗散造成的动量、能量损失较小有关，也与选择的对比监测点空间坐标位置不完全重合有关，研究时有意使网格离散模型没有完全一一对应，两试验选择的监测点无量纲空间坐标位置存在 3.00%~4.20% 的偏差，也会造成燃气流参数存在细微差别。

不同比例试验中，导流装置承受的燃气流冲击力随时间变化典型结果对比如图 6-40 所示。

图 6-40 显示，除局部细节脉动差异外，不同比例试验条件下无量纲燃气流冲击力随时间变化曲线几乎完全重合，从而说明气动力也存在相似性，并且

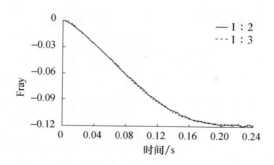

图 6-40　轴对称导流装置承受的燃气流冲击力对比曲线

任意时刻无量纲燃气流冲击力数值存在 1∶1 关系。图 6-40 由数值模拟精细化理论研究得到，依据无量纲燃气流冲击力定义，可以反推实际冲击力比例关系，相关结论与基于结构元法研究得到的(4-33)式结论完全一致。

目前的研究结果还指出，当喷流缩比试验尺度与 1∶1 比例试验尺度差异较大时，燃气流场空间分布依然保持基本相似性关系，燃气流场参数充分接近，但小尺度试验导流面热流密度数值略高于原型试验热流密度数值现象也有所体现。以双面导流方式为例，原型试验与 1∶8 比例试验热流密度分布及数值大小如图 6-41 所示。

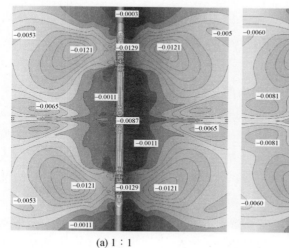
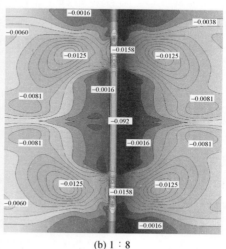

(a) 1∶1　　　　　　　　　　(b) 1∶8

图 6-41　不同比例导流面热流密度分布对比云图

图 6-41 既显示热流密度分布基本相似，也显示两种尺度试验之间存在细节差异。基本相似方面，首先，两种尺度试验均捕捉或反映了高热流区域，最高

热流密度区域位于导流锥顶两端,都处于悬挂激波下方位置,从而锥顶热流密度也存在类似静压的双驼峰效应;次高热流密度区域位于导流面腹部区域,并且次高热流密度区域外围等值线轮廓形状也比较相似;紧邻导流锥顶中心附近的导流面腹部区域均为较低热流密度区域。另外,导流面腹部靠近导流对称面附近热流密度也不高。细节差异主要表现在热流密度分布以及具体数值方面,热流密度分布差异主要集中在导流锥顶中心区域以及导流对称面附近,原型试验导流锥顶中心区域还存在热流密度变化细节,原型试验中紧邻导流对称面附近的较高热流区域椭圆形轮廓线更为细长。数值差异方面,1∶8 比例试验中导流锥顶的热流密度峰值较原型试验导流锥顶热流峰值高 22% 左右,1∶8 比例试验中导流面腹部次高热流密度峰值较原型试验次高热流密度峰值高 3%,靠近导流对称面的较高热流区域热流密度峰值较原型试验区域热流密度峰值高 24%。比例尺度较小试验热流密度峰值有所提高的原因初步分析为,在导流面附近燃气流场参数充分接近情况下,小尺度试验燃气流动量、能量损失相对较小,挤压了边界层厚度,边界层温度、速度梯度有所增加,导致对流传热速率提升,热流密度峰值相应有所增加。

应该指出的是,目前尚未明确尺度大小与热流密度的定量关联关系,尺度大小对热流密度峰值的影响有待深入研究。

6.5　火箭发动机条件对导流特性的影响

6.4 节相似性研究依据 4.1 节提出的相似参数控制展开,主要依据了 4 个方面前提条件,分别是火箭发动机条件、燃气条件、试验设备结构条件及环境条件。火箭发动机条件是决定导流装置导流特性以及气动特性的源头。实际喷流缩比试验、搭载试验有时很难控制火箭发动机条件完全一致,有必要研究火箭发动机工作条件变化造成的影响,进一步旁证 4.1 节提出的基本相似参数的合理性。

5.5 节已经说明,火箭发动机条件影响主要涉及两个方面因素,即火箭发动机工作条件因素、火箭发动机喷管结构条件因素。火箭发动机工作条件包括火箭发动机建压速率、稳定工作压力、燃温等方面因素,火箭发动机喷管结构条件包括喷管型面、喷口马赫数、喷管扩张半角等方面子因素,细致研究火箭发动机条件影响需要涉及方方面面的具体因素,受篇幅限制,参照 5.5 节择要介绍这些因素影响情况,主要以轴对称导流装置为研究对象展开,感兴趣的读者可自行研究其他类型的导流装置导流特性、气动特性受火箭发动机条件影响情况。

6.5.1 火箭发动机工作条件的影响

6.3 节说明了图 5-2 所示火箭发动机工作条件下导流装置的气动特性。仍以图 5-2 所示火箭发动机工作条件为参照对象,当火箭发动机稳定工作压力分别下降 27%、上升 22% 时,导流装置导流型线上燃气流静压、热流密度分布变化对比如图 6-42 所示。

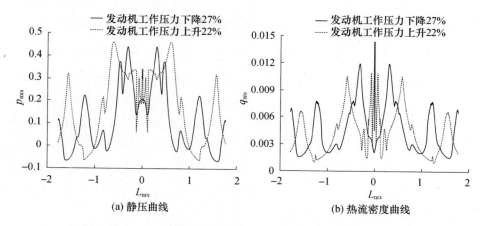

图 6-42 导流型线上燃气流参数随径向距离变化对比曲线

图 6-42 显示,随着火箭发动机工作压力的提升,导流装置锥顶附近燃气流静压、热流变化趋于剧烈,位于锥顶区域的燃气流冲击中心静压、热流均有大幅度提升。图 6-42 同时显示,随着火箭发动机工作压力的提升,原导流面靠近导流锥顶附近的高压力区、高热流区位置开始远离锥顶区域,向导流面腹部区域靠近,与此相对应,原先靠导流面腹部区域的次高压力区、次高热流区进一步靠近导流装置下沿,将原紧挨导流装置下沿的较高压力区、较高热流区挤出导流面。

火箭发动机稳定工作压力提升后导流装置附近流场分布变化可结合图 6-43 进一步说明。

图 6-43 显示,火箭发动机稳定工作压力提升后,原先相对远离导流锥顶部的激波系向下充分发展,形成紧贴导流锥顶部的脱体激波系,受该激波系贴壁挤压作用,燃气流在锥顶发生剧烈折转、扭曲、涡旋,造成导流装置锥顶燃气流压力分布变化剧烈,同样,受来流总动量、能量增加的影响,喷口附近悬挂激波与反射激波交叉位置下移到导流面腹部,并在交叉位置处再次生成紧贴导流

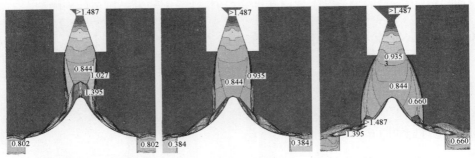

(a) 工作压力下降27%　　(b) 工作压力提升22%　　(c) 工作压力提升217%

图6-43　发动机工作压力变化时燃气流场静温分布对比云图

面的新激波,该组激波系附近的导流面上燃气流动区域即新发展的高压区域,该组激波系激波分辨相对清楚,表明激波强度较高,由此可推断该组激波系附近燃气流压力较高,类似地也可以解释导流型线上次高压力区域位置下移以及其压力数值升高现象。随着火箭发动机稳定工作压力的持续提升,例如,当火箭发动机工作压力提升217%后,导流装置附近燃气流交叉激波系还将进一步下移,导流面附近的燃气流分布将更加复杂,导流装置锥顶附近的直线状斜激波形状将变成近乎跟随导流面型线的弯曲激波。

尽管火箭发动机稳定工作压力变化导致出现图6-43所示的导流装置附近燃气流场分布的复杂变化,但导流装置整体承受的冲击力变化却相对平稳,基于数值模拟绘制燃气流冲击力随火箭发动机稳定工作压力变化曲线,同时据此进一步绘制了燃气流冲击力随火箭发动机稳定工作压力变化线性拟合曲线,对比结果表明两曲线重合度较好,可认为导流装置整体承受的冲击力变化与火箭发动机稳定工作压力变化呈线性关系。

保持火箭发动机稳定工作压力一致,导流装置承受的燃气流冲击力变化与火箭发动机建压速度也有关系,如图6-44所示。

图6-44显示,当火箭发动机工作压力较低时,燃气流冲击导流装置时,后续跟进燃气流强度不是太高,燃气流有一定的时间在导流装置附近调整,从而燃气流冲击力随时间变化波动起伏现象不明显;当火箭发动机工作压力提高到一定范围,后续强度较高的燃气流推进过程存在一定积聚效应,当火箭发动机工作压力提升较为缓慢(即建压时间较长)时,这种积聚效应得到增强,并且这种积聚效应有较充足的时间调整、适应,从而使得燃气流冲击力曲线存在一定波动;火箭发动机工作压力再提升到一定范围,并且后续提升节奏较为迅速时,导流装置附近燃气流动积聚效应得到抑制,由此燃气流冲击力曲线波动、起伏

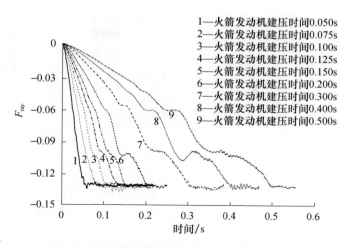

图6-44　火箭发动机建压时间对冲击力变化的影响

现象表现不再明显。

研究也给出了推进剂燃温变化对导流特性的影响。以 y 向速率(即沿喷管轴线推进方向速率)为例,绘制不同燃温条件下的 y 向燃气流速率云图,如图6-45所示。

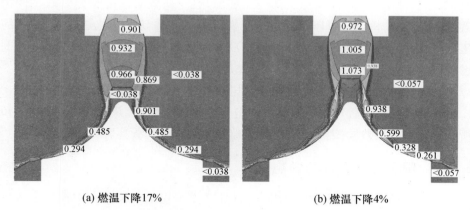

图6-45　燃温变化时燃气流场 y 向速率对比云图

图6-45显示,推进剂燃温(即燃气流总温)提高情况下,燃气流经喷管喷出、膨胀后,速度提升相对较高,激波脱体距离也相应增加,后续燃气流沿导流面导流、下泄过程中,总温较高的燃气流膨胀加速、减速发展相对充分,燃气流速率等值线剖面厚度相对增加,导流面附近燃气流导流速率相对也较高。

推进剂燃温变化情况下,燃气流冲击点(即锥顶中心)压力、热流的瞬态变化对比如图 6-46 所示。

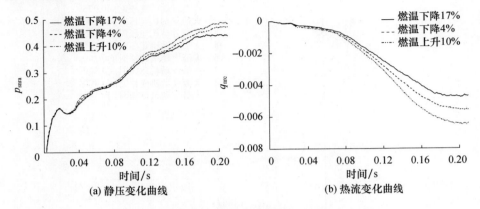

图 6-46　锥顶中心燃气流参数瞬态变化对比曲线

图 6-46 主要显示了 3 个方面信息：①尽管推进剂燃温不同，在保持火箭发动机点火建压、增温历程一致或类似情况下，冲击压力、热流变化特性存在相似性，这为搭载试验研究火箭发射燃气动力学问题（如冲击破坏特性）提供了理论指导；②推进剂燃温提高情况下，冲击下压力、热流均相应提高，因此专题研究（如结构热响应）应合理控制推进剂燃温，避免研究结果过于保守或不能覆盖；③火箭发动机点火建压、增温初期，燃气流场存在动态变化过程，燃气流的压力、热流变化速度差异较大，专题研究（如烧蚀传热特性）应合理控制推进剂燃温、燃压匹配关系，避免研究结果偏差过大。

当前的研究结果还指出，在推进剂燃温差异不是太大情况下（$0.80 < T_{cnr} < 1.20$），整个导流装置承受的燃气流冲击力变化曲线接近，并没有出现图 6-46 所示结果的明显差异，表明推进剂燃温略有变化对气动载荷影响不大。

6.5.2　喷管结构条件的影响

火箭发动机研制领域喷管实际设计涉及多方面复杂因素。根据第 5 章研究结果，经火箭发动机喷管排放的燃气流空间分布特性主要受喷管内型面结构类型、喷管扩张段扩张半角、喷管膨胀面积比三方面因素控制，其中喷管膨胀面积比主要由喷口马赫数确定。按照 4.2.2 小节燃气流场基本相似性要求以及 6.4 节研究结果，严格意义上的喷流缩比试验喷管结构应保持线性比例关系，即喷流缩比试验的喷管型面气动外形、喷管扩张段扩张半角、喷口马赫数应严格保持与原型一致。实际上，很多小尺度喷流试验侧重点是研究燃气流冲击影响的某一特性，并不需要维持严格意义的结构相似性；对于搭载试验（如搭载火箭发动机试验)条件的模拟喷流试验,喷管结构条件完全受限于既有发动机条件限制。这些实践均需分析喷管结构条件变化带来的流场及气动特性差异性。本节扼要阐述喷管内型面结构类型、喷管扩张段扩张半角、喷口马赫数变化造成的燃气导流及气动特性异同。

在保持喷口马赫数、喷口扩张半角、火箭发动机工作压力等条件一致情况下,喷管内型面采用锥形喷管或钟形喷管时,轴对称导流装置附近燃气流线走向及分布特性对比如图6-47所示。

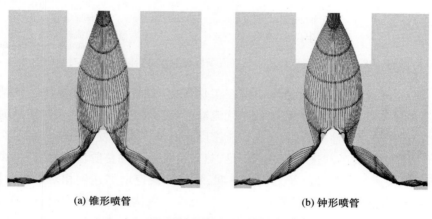

(a) 锥形喷管　　　　　　　　　(b) 钟形喷管

图6-47　不同类型喷管燃气流线走向及分布对比

图6-47显示,经锥形喷管或钟形喷管流出的膨胀燃气流在导流锥顶附近均发生剧烈压缩、折转,此后沿导流面附近二次膨胀,受环境气流挤压后再次附着导流面,然后在导流面下沿附近反弹、导流出导流装置,即两种喷管排放的燃气流动特性总体存在相似性。图6-47同时显示,同样膨胀面积比条件下,锥形喷管由于喷管相对较长,燃气流在喷管流动距离较长,能量、动量损失较大,受激波及环境气流挤压时较易、较早地发生折转,从而相对钟形面喷管燃气导流特性而言,锥形喷管条件下喷管与导流锥顶之间的燃气流外轮廓相对纤瘦,导流面腹部燃气流折转反弹抬起高度较低,即燃气流更为贴近导流面。图6-47还显示,钟形喷管条件下,导流锥顶附近燃气流动量、能量较高,使得脱体激波相对更加靠近锥顶,高度挤压的燃气流在向左右两侧流动时受直接下泄的外侧燃气流进一步挤压,在导流锥顶两侧剧烈折转,部分燃气流失速严重以至出现分离回流。

不同类型喷管造成燃气流场局部参数、整体参数之间的异同可以轴对称导流装置锥顶中心热流密度、整个装置承受的燃气流冲击力说明,如图6-48所示。

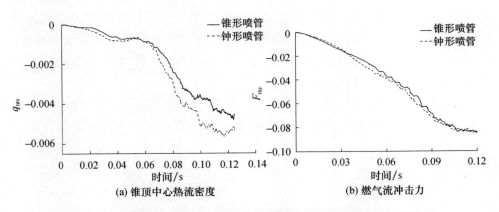

图 6-48　不同类型喷管造成燃气流场局部参数、整体参数差异对比曲线

图 6-48(a)显示，火箭发动机在工作压力、推进剂组分等条件一致情况下，经钟形喷管或锥形喷管喷出的燃气流冲击导流锥顶形成的驻点热流随时间变化特性存在相似性。例如，驻点热流密度绝对值在火箭发动机点火后不久即经历快速增加，此后跟进气流补充不足，热流密度存在调整阶段，调整期结束即伴随再次快速增加阶段以及二次调整期，然后又快速增加达到相对平稳阶段。图 6-48(a)同时显示，火箭发动机工作压力接近或达到稳定状态时，由钟形喷管推进的燃气流在冲击点形成的驻点热流密度数值均较高。图 6-48(b)则显示，尽管不同喷管结构类型会造成燃气流导流、导流装置对流传热存在一定差异，但在保持火箭发动机工作压力一致、喷管马赫数、扩张半角等条件一致的情况下，整个导流装置承受的燃气流冲击力变化特性、作用力数值则充分接近，该特性启发我们，主要关心气动载荷时，根据需要可以适当放宽对局部燃气流场差异性控制要求。

喷口马赫数变化引起的燃气流导流特性以及导流装置气动特性变化可以锥形喷管为例进行说明。在保持喷管喷口尺寸、火箭发动机工作压力、燃温等条件一致情况下，喷口马赫数变化引起燃气流导流特性变化如图 6-49 所示。

图 6-49 显示，喷口马赫数由 3.50 变化为 4.00 后，引起整个空间燃气流场分布的显著变化，原先经喷管扩张段充分膨胀的燃气流由于膨胀过早，导致燃气流喷管扩张段的膨胀压力即已很低，环境气流挤压进喷管扩张段；原先紧贴导流锥顶的脱体激波上移、变化成马赫盘结构，导流锥顶附近则形成脱体距离、弯曲形状均发生显著变化的新脱体激波；导流装置的导流面腹部燃气流反冲、二次膨胀强度均显著下降，取而代之的是燃气流沿导流面贴体流动。

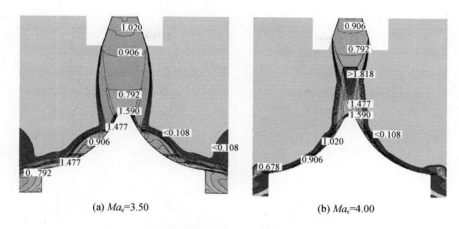

(a) Ma_e=3.50 (b) Ma_e=4.00

图 6-49 导流装置附近燃气流静温分布对比云图

燃气流导流特性的显著变化也导致导流装置气动特性的明显变化,以气动热为例,不同喷口马赫数条件下燃气流沿轴对称导流装置的导流型线分布特性对比如图 6-50 所示。

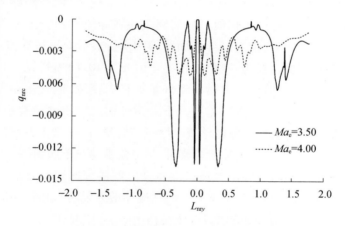

图 6-50 热流密度沿导流型线分布对比曲线

图 6-50 显示,喷口马赫数由 3.50 变化为 4.00 后,原先导流面腹部凸出的高热流区与次高热流区消失,取而代之的是高、低热流交替现象,并且高热流区域的热流峰值相对原喷口马赫数条件的热流峰值下降幅度明显。需要指出的是,造成热流峰值下降幅度明显现象的部分原因也与保持喷口尺寸一致因素有关,参考 5.2.3 节说明,喷口结构尺寸相同时,高马赫数喷管喷喉直径较小,相应经火箭发动机喷管流出的燃气流总动量、能量下降。

喷管结构条件还包括喷口扩张半角的影响。以钟形喷管为例,其他条件相同时,不同喷口扩张半角(以 α_e 表示)条件的燃气流线走向及分布情况如图 6-51 所示。

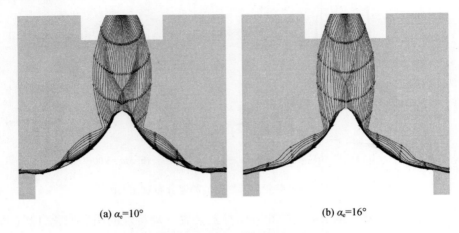

(a) $\alpha_e=10°$ (b) $\alpha_e=16°$

图 6-51 喷口扩张半角不同时燃气流线分布对比

图 6-51 显示,在喷口扩张半角差异不是很大的条件下,经导流装置导流的燃气流导流特性保持总体相似,例如,燃气流在导流锥顶会形成距离锥顶较近的弯曲脱体激波,燃气流会经导流面腹部两次折转后向远场导流。图 6-51 显示的细节差异主要表现为:喷口扩张半角由 $\alpha_e=10°$ 增加到 $\alpha_e=16°$ 时,燃气流膨胀程度更大,由此喷口下方燃气流外轮廓径向变宽,燃气流在导流面腹部折转位置相对下移,燃气流在导流装置下沿附近的二次折转位置也下移,二次折转的燃气流并未完全发展即已导流出燃气流装置,由此带动并挤压向外导流的燃气流,造成燃气流导流出导流装置时,导流角度略向下倾斜。

喷口扩张半角不同造成燃气流气动特性之间的异同仍以轴对称导流装置导流型线上热流密度、整个装置承受的燃气流冲击力说明,如图 6-52 所示。

如图 6-52(a)所示,随着喷口扩张半角由 $\alpha_e=10°$ 增加到 $\alpha_e=16°$,燃气流对流传热的热流峰值、次高峰值的位置均沿导流型线下移,并且热流峰值、次高峰值均有所提高,而靠近导流装置下沿附近的另一较高热流区域位置则向上偏移,该热流区域的热流波动现象减少,热流峰值有所下降。如图 6-52(b)所示,与上述燃气流场分布及气动热特性曲线存在明显差异不同,不同喷口扩张半角条件下导流装置承受的燃气流冲击力总体变化特性一致。依据图 6-52 所示气动特性,试验研究导流装置整体承受的燃气流冲击力时,在控制喷口马赫数、结构尺寸及火箭发动机工作条件总体一致情况下,可适当放宽喷管扩张段型面条件,即忽略燃气流场局部的细节差异性。

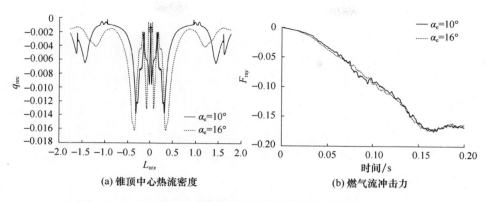

(a) 锥顶中心热流密度　　　　(b) 燃气流冲击力

图 6-52　喷口扩张半角不同造成燃气流气动特性异同对比曲线

6.6　燃气物性对导流特性的影响

高温、高速燃气流推进过程实际上是一种特殊气流的输运过程，参照第 2 章输运方程说明，燃气流这种输运过程受燃气流压力、温度及结构约束条件控制，也受燃气流黏滞作用以及掺混扩散作用影响，燃气流的黏滞作用以及掺混扩散作用主要受燃气物性控制。不同种类推进剂燃烧生成的燃气物性不同。设备结构条件及火箭发动机工作条件一致情况下，不同燃气物性会带来燃气流场及设备气动特性什么样的变化也是需要回答的问题，本节以燃气流场导流特性以及导流装置气动特性为例展开说明，也是从其他角度进一步旁证 4.1 节提出的相似参数的合理性。

表征燃气物性的参数很多，常见燃气物性参数有比热比、燃气黏性系数、热导率、普朗特数、气体常数等。与前述章节类似，本节围绕燃气流来流条件讨论某类燃气物性参数变化影响时，暂定其他因素保持一致。燃气流来流条件指发动机喷管内或喷口截面燃气物性参数条件，主要依据火箭发动机喷管内燃气流接近等熵流动因而燃气物性相对保持的特点。燃气流自喷管流出后，随着燃气流推进过程中与环境介质混合，燃气物性将逐渐发生变化，这种变化在燃气流场研究中往往与结构扰动一并考虑，在此不做特殊说明。

喷口燃气比热比变化情况下，轴对称导流装置附近的燃气流静温分布对比如图 6-53 所示。

图 6-53 显示，比热比略变化情况下，导流装置附近燃气流场仍然保持总体相似，例如导流锥顶部均存在高度脱体的激波，脱体激波保持相似的"尖

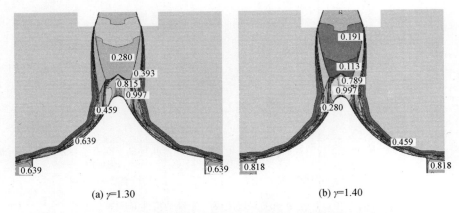

(a) $\gamma=1.30$　　　　(b) $\gamma=1.40$

图 6-53　比热比变化时导流装置附近燃气流静温分布对比云图

劈+盘形"组合形状,喷口下方的弯曲激波形状甚至大小也保持高度接近,并且激波下方、锥顶附近的燃气流恢复温度数值接近。比热比变化情况下,导流装置附近燃气流场变化主要体现在细节上:①喷口下方及导流装置附近同一空间位置燃气流的静温大小有所不同,低比热比条件下对应位置静温总体上较高;②静温等值线轮廓形状,特别是脱体激波下方以及锥顶两侧的静温等值线轮廓形状存在细节差异;③低比热比情况下,导流装置下沿附近回流区燃气流温度恢复程度较低,回流负压数值更高,抽吸作用更强,燃气流导流出导流面时导流角度略低。

燃气比热比不同造成燃气流气动特性的异同以轴对称导流装置导流型线上热流密度分布、整个装置承受的燃气流冲击力进行说明,如图 6-54 所示。

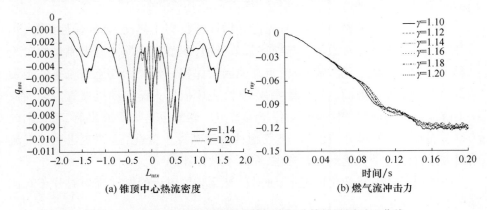

(a) 锥顶中心热流密度　　　　(b) 燃气流冲击力

图 6-54　燃气比热比不同造成燃气流气动特性异同对比曲线

图 6-54 显示,比热比变化情况下,燃气流沿导流型线推进过程中经历 3

个高热流区域的基本情况没有改变,这3个高热流区域分别是导流锥顶中心区域、靠近导流锥顶的导流面腹部区域以及靠近导流面下边沿附近的导流面腹部区域。比热比变化引起的热流密度分布及数值变化主要体现在:随着比热比由1.14变为1.20,原位于燃气流冲击点(导流锥顶中心)附近的热流密度次高区域变为高热流密度区域;而导流面腹部高热流密度区域变成次高热流密度区域;高热流密度区域与次高热流密度区域之间的低热流区域内又生成热流密度较高的子区域;靠近导流面下边沿附近的较高热流区域的热流密度峰值下降,并且峰值位置略向导流面下边沿附近迁移……导流面热流密度分布、热流密度数值发生了一些变化,由此也反映出导流装置附近燃气流动特性发生了一些变化。尽管燃气流比热比不同,除局部波动幅度、波动起伏时间略有差异外,轴对称导流装置承受的燃气流冲击力随时间变化趋势接近,对应时刻燃气流冲击力数值接近。图6-54所示现象说明比热比变化对整个导流装置的气动力变化影响有限,仅考虑导流装置气动力时可适当放宽比热比要素的影响。

燃气普朗特数不同造成燃气流气动特性之间的异同仍以导流型线上热流密度分布、整个装置承受的燃气流冲击力进行说明,如图6-55所示。

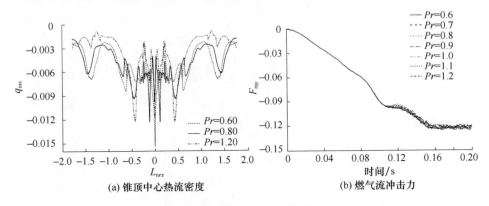

(a) 锥顶中心热流密度　　　　(b) 燃气流冲击力

图6-55　普朗特数不同造成燃气流气动特性差异对比曲线

图6-55显示,燃气普朗特数不同时,热流密度分布曲线显示导流锥顶中心区域、靠近导流锥顶的导流面腹部区域以及靠近导流面下边沿附近的腹部区域存在3个高热流区域的总体分布特性没有改变。主要变化也是在流场分布的局部细节及具体数值上,集中体现在两个方面:①随着燃气普朗特数提升,导流锥顶中心两侧热流密度分布呈现比较明显的波动变化,产生新的高热流区域或低热流区域,并且燃气流冲击点及其附近的热流数值波动也很明显。②导流

面腹部区域靠近锥顶或导流面下沿的高热流区域分布及峰值也发生一些变化。随着燃气普朗特数增加,靠近锥顶附近的导流面腹部高热流区域位置略向下移动,热流峰值相对提升,而导流面腹部区域靠近导流面下沿附近的高热流区域位置波动更加明显,热流峰值波动也很明显。图6-55同时显示,不同燃气普朗特数情况下,轴对称导流装置承受的燃气流冲击力随时间变化特性非常一致,0~0.85s时间范围内燃气流冲击力曲线更是高度重合。

如第2章(2-32)式,燃气普朗特数这一燃气物性参数受定压比热容、燃气热导率、燃气黏性系数综合控制,它与比热比一样为反映燃气物性综合特性的参数,很多传热学专著也已经说明该参数反映了气流黏性与热传导特性的关系,研究边界层时经常用其解释动量或速度边界层厚度与温度边界层厚度之间的关系。图6-55显示的燃气普朗特数增加造成导流装置壁面附近燃气流动分布及参数大小发生变化,显然不能简单地利用普朗特数大小与边界层厚度关系进行解释,很大程度上要计及普朗特数改变后,燃气流内部黏性、导热特性关系变化造成整个燃气流场流动分布发生改变,并且这种改变随着燃气流导流过程向下逐渐影响后续流动分布情况及数值大小。

保持燃气普朗特数及定压比热容不变时,燃气黏性增大时,相应燃气热导率也将增大。以常温、常压的空气黏性系数 μ_0、热导率 λ_0、气体常数 R_0 为参照,引入无量纲燃气黏性系数 μ_{nr}、热导率 λ_{nr}、气体常数 R_{nr} 定义,即

$$\mu_{nr} = \frac{\mu}{\mu_0}, \lambda_{nr} = \frac{\lambda}{\lambda_0}, R_{nr} = \frac{R}{R_0} \qquad (6-27)$$

研究结果给出燃气黏性系与燃气热导率变化时,轴对称导流装置沿导流型线上的燃气流静压、热流密度典型分布变化情况,如图6-56所示。

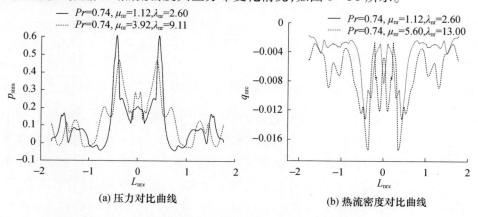

(a) 压力对比曲线　　(b) 热流密度对比曲线

图6-56　燃气黏性系与燃气热导率变化时导流型线上燃气流参数分布对比

图 6-56 显示,燃气黏性系数与燃气热导率同样不影响上述沿导流型线分布着 3 个高热流、高压力区域的基本特性;燃气黏性系数与燃气热导率增加情况下,燃气流冲击点不再是燃气流压力、热流峰值点,燃气流压力、热流峰值点向偏移至冲击点两侧;同时,导流面腹部高压力、高热流区域略靠近锥顶位置移动,但压力峰值有所下降,而热流峰值有所上升;导流面腹部紧靠近导流面下沿的高压力、高热流区域位置、峰值也存在比较明显的变化,但变化比较复杂,有待进一步研究。

保持燃气比热比、普朗特数以及黏性不变,燃气的气体常数变化时,由(2-32)式及(6-27)式,燃气的定压比热容、热导率将相应发生变化。燃气的气体常数变化对燃气流导流特性、气动特性的影响可以轴对称导流装置导流型线上燃气流压力、热流密度分布变化情况说明,如图 6-57 所示。

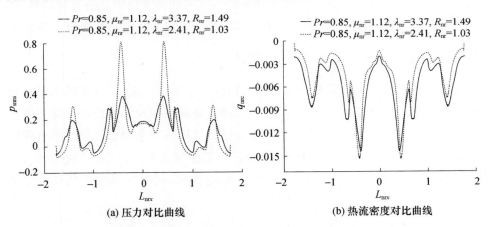

图 6-57 燃气热导率与燃气的气体常数变化导流型线上燃气流参数分布对比

图 6-57 显示,燃气的气体常数发生变化时,沿导流型线的燃气流总体分布特性变化较小,不像上述普朗特数、比热比变化会引起燃气流局部细节分布明显变化,主要变化仅是压力、热流的分布区域以及数值大小的调整,其中热流数值大小调整的幅度总体又低于压力大小调整的幅度。燃气的气体常数增加引起导流面附近燃气流参数分布变化主要体现为:导流锥顶附近高压区域面积有所扩大,导流面腹部两处高压力、高热流区域面积也有所扩大,并且位置相对下移。燃气的气体常数增加引起导流面附近燃气流参数数值变化主要体现为:燃气流冲击点附近压力增加,热流密度数值减小,而导流面腹部两处高压力、高热流区域的压力、热流峰值均有所减小。

由上述燃气物性的研究结果可知:燃气物性变化将带来导流装置附近燃气

流导流特性的细节变化,导流特性的细节变化又将转化为影响结构表面的气动特性的细节变化,特别是结构热防护关心的传热特性的细节变化;某一燃气物性参数变化将关联其他燃气物性参数变化,由此将增加导流装置附近燃气流导流特性的细节变化分析的复杂性,也导致针对这些细节变化分析尚不透彻,后续仍需开展相关研究。

6.7 导流型面结构条件对导流特性的影响

不同导流方式往往采用不同结构形式的导流装置,关于不同结构形式的导流装置及其燃气流导流特性、气动特性的影响已经在 6.4～6.6 节充分说明。本节主要说明特定导流方式条件下导流装置结构细节变化引起的导流特性、气动特性变化,从另一角度印证 4.1 节提出的相似参数及其控制方法的合理性。

6.7.1 导流型面气动外形设计方法

燃气流自喷管流出后首先经导流面拦截并强制性导流,燃气流的实际导流效果主要取决于导流面的气动外形,因此导流装置结构设计的核心是导流型面的气动外形设计。图 6-1 所示的轴对称导流装置的导流型面气动外形可视作其他类型导流型面气动外形的基础,以它和单面导流装置为例,导流型面气动外形设计最终落实在导流型线设计及控制上,总结、提炼导流型面气动外形关键结构设计及控制方法如图 6-58 所示。

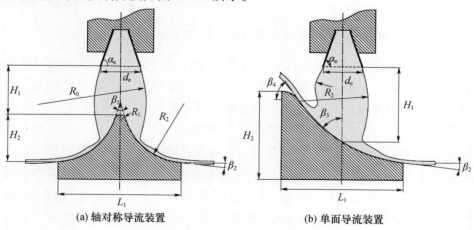

图 6-58 导流型面气动外形关键结构及控制方法示意图

图 6-58 所示导流型面气动设计关键尺寸及控制方法可方便地移植至其他导流型面,如将轴对称导流装置导流型面方法移植至双面导流装置的导流型面设计过程。图 6-58 中一些关键尺寸及控制方法可进一步规范化,列表归纳说明如表 6-1 所列。

表 6-1 导流型面关键尺寸及其控制方法

关键尺寸名称	关键尺寸符号	关键尺寸控制范围
燃气流冲击高度	H_1	$H_1 = (0.5 \sim 4.0)d_e$
导流锥顶弧半径	R_1	$H_1 = (0.01 \sim 0.50)d_e$
导流锥气动角	β_1	$\beta_1 \approx 2\arcsin\left(\dfrac{1}{Ma_e}\right)$
导流面导流弧半径	R_2	$H_1 = (0.5 \sim 5.0)d_e$
燃气流导流角	β_2	依据发射场坪及发射系统防护要求确定
导流型面气动外形总高度	H_2	$H_1 = (0.5 \sim 2.0)d_e$
导流型面气动外形总跨度	L_1	$H_1 = (1.5 \sim 3.0)d_e$
燃气流冲击角	β_3	$\beta_3 = (1.0 \sim 2.5)\beta_1$
燃气流反溅角	β_4	$\beta_4 = (0.0 \sim 1.5)\beta_1$

由表 6-1 可以看出,单面导流装置导流型面气动外形设计时充分考虑燃气流反流的反溅角度以及燃气流冲击角度这两个关键尺寸参数。单面导流装置及其他复杂型面导流装置(如三面导流装置)的气动外形设计往往还要计及燃气流经其他导流方向导流的影响,设计时则根据需要确定这些方向是否列入关键因素以及关键尺寸的控制方法。实际上,本章前述内容也已经指出,受新型发射技术牵引,导流方式及其配套的导流装置创新设计会层出不穷,导流型面的气动外形设计方法也不会一成不变。

6.7.2 结构尺寸变化的影响

如图 6-58 所示,轴对称导流面的"人"字形导流型线主要由导流锥的锥顶弧、导流面的导流弧以相关直线段组合而成,这些几何线段之间存在彼此匹配关系,当试图调整某一控制尺寸时,如改变锥顶弧半径时,则"人"字形导流型线导流面的导流弧与锥顶弧的空间匹配关系将发生变化,导致整个导流型线气动外形总体样式发生变化,从而将带动导流面形状发生变化。

导流面的导流型线样式多样,研究依托图 6-58 所示轴对称导流装置的导流型线,以导流锥顶弧半径、导流锥气动角、导流弧半径为例,说明这 3 个关键尺寸变化引起导流面形状变化后燃气流导流特性、气动特性变化情况。首先分别引入这 3 个关键尺寸的无量纲参数形式,即

$$R_{\mathrm{nr1}} = \frac{R_1}{d_e}, \quad R_{\mathrm{nr2}} = \frac{R_2}{d_e}, \quad \beta_{\mathrm{nr1}} = \frac{\beta_1}{\alpha_e} \qquad (6-28)$$

保持火箭发动机条件、导流锥气动角、导流弧半径等结构尺寸一致情况下,锥顶弧半径不同时,轴对称导流装置附近的燃气流 y 向分速率分布对比如图 6-59 所示。

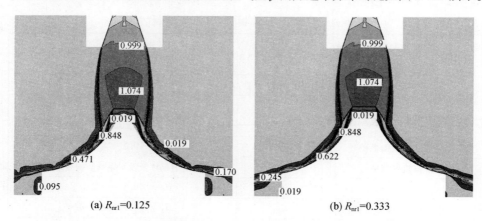

图 6-59　不同锥顶弧半径条件下燃气流速对比云图

图 6-59 显示,导流锥顶弧半径 R_{nr1} 由 0.125 增加为 0.333 时,受锥顶更加钝化影响,导流锥顶的马赫盘(即通常所说的正激波)离锥顶距离增加,同时马赫盘直径加大,喷口与锥顶之间的波系纵向方向长度变短,燃气流轮廓外拓变粗;受尺寸加大的锥顶激波、向外发展的外围桶状悬挂激波以及钝头锥综合挤压作用,两激波之间的反射激波向下倾斜角度变小,燃气流经过此激波后发展较为平顺,导流面腹部原先急剧波动的燃气流也变得平顺起来。

导流锥顶弧半径变化造成的燃气流气动特性异同典型对比说明如图 6-60 所示。

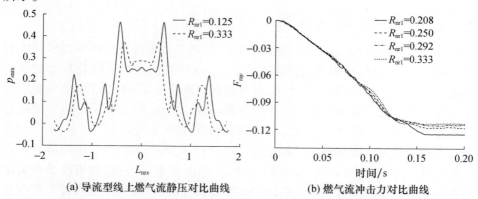

图 6-60　锥顶弧半径变化对燃气流参数的影响

图 6-60(a)显示,导流锥顶弧半径 R_{nr1} 由 0.125 增加为 0.333 时,导流锥顶附近压力普遍增加,而导流面腹部两个高压区压力峰值均有所下降,并且峰值所在位置均明显向下方腹部区域移动,案例现象说明导流锥顶弧半径增加造成锥顶附近燃气流动不畅,而导流面腹部燃气流动相对通畅,燃气流冲击导流面后扰动、波动程度下降很多。图 6-60(b)显示,火箭发动机点火 0.16~0.20s 范围内,燃气流处于相对稳定流动状态;燃气流稳定流动情况下,锥顶弧半径在 0.208~0.333 范围内,随着锥顶弧半径的增加,燃气流的冲击力增大,燃气流冲击力实际上就是气动阻力在发射技术领域的变换说法,由此说明锥顶弧半径增加时燃气流动阻力增加,导流装置的气动阻力增加。

火箭发动机条件一致,燃气流冲击高度、导流锥气动角、锥顶弧半径也一致情况下,导流弧半径不同时轴对称导流装置附近的燃气流静温分布对比如图 6-61 所示。

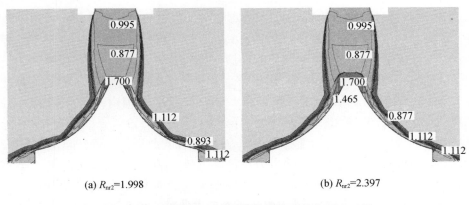

(a) $R_{nr2}=1.998$ (b) $R_{nr2}=2.397$

图 6-61 导流弧半径不同燃气流静温分布对比云图

图 6-61 显示,导流弧半径 R_{nr2} 由 1.998 增加为 2.397 时会导致两个方面结构变化效应:①导流弧段型线曲率变小,燃气流在导流面腹部流动时燃气流动折转以及剧烈波动现象有所减少,导流面腹部附近燃气流外轮廓折转幅度也有所减少,燃气流流动略顺畅;②导流面腹部相对隆起,导流锥顶附近上游燃气来流受隆起挤压,最终影响导流锥顶附近燃气流流动,使得锥顶压力、温度上升,激波脱体距离增加,激波形状发生变形。

导流弧半径变化造成轴对称导流装置导流型线热流密度分布、燃气流冲击力变化如图 6-62 所示。

图 6-62 显示,导流弧半径变化并不影响沿导流型线的热流密度分布基本特性,如沿导流型线依然分布着 3 个高热流区域。变化主要体现在:导流弧半径由 1.998 增加为 2.397 时,导流锥顶附近燃气流高热流区域扩大,对流传热的

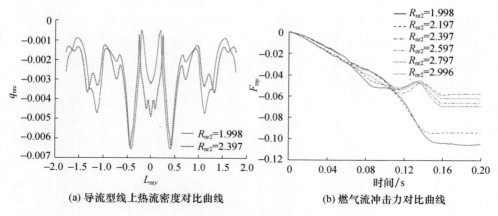

(a) 导流型线上热流密度对比曲线　　(b) 燃气流冲击力对比曲线

图 6-62　导流弧半径变化对燃气流气动特性影响

热流密度峰值显著增加,而导流面腹部高热流区域对流传热的热流密度峰值有所下降,并且位置略向下偏移。参考图 6-61,可分析出造成这种变化的深层原因在于:锥顶附近燃气流受阻而导流面腹部燃气流动比较通畅,相应锥顶附近燃气流湍流脉动强度显著增强,而导流面腹部燃气流湍流脉动强度略下降所致。图 6-62 同时显示,导流弧半径在 1.998~2.397 范围内,随着导流弧半径的增加,燃气流稳定冲击力逐渐下降,导流弧半径在 2.397~2.797 范围内,随着导流弧半径的增加,燃气流稳定冲击力逐渐增加,此后,导流弧半径由 2.797 由增为 2.966 时,燃气流稳定冲击力又再次下降,说明导流装置的导流弧半径参数与锥顶弧半径、导流锥气动角之间存在合理的匹配关系,单纯增加导流弧半径并不能确保导流装置承受的燃气流冲击力最小。图 6-62 还显示,导流弧半径在 2.397~2.966 范围内,燃气流的冲击力在接近稳定之前一段时间存在明显的波动现象,同样说明该时间段轴对称导流装置的导流面附近燃气流动存在调整、适应过程。

导流锥气动角变化时轴对称导流装置附近的燃气流静温分布对比如图 6-63 所示。

图 6-63 显示,导流锥气动角增加很大后,导流锥顶附近原先近乎贴体的激波脱体情况变得格外明显,严重脱体的激波反过来影响着喷管下方激波系的空间分布情况,造成导流锥顶附近的流场总体分布也发生显著变化。导流锥气动角变化情况下,导流型线其他关键尺寸也相应发生匹配变化,整个导流面高度方向尺寸减小,导流装置变得扁平,燃气流在导流面腹部靠近锥顶处扰动剧烈;而在靠近导流面下沿处,燃气流尚未充分膨胀即受强烈挤压作用,近乎水平方向流出导流装置。

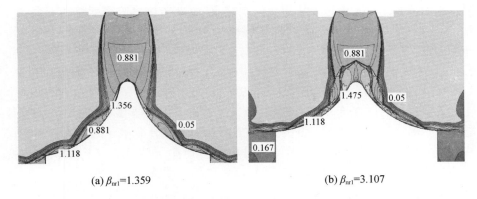

图 6-63 导流锥气动角变化对燃气流静温分布影响对比云图

导流锥气动角变化造成的燃气流气动特性异同典型对比说明如图 6-64 所示。

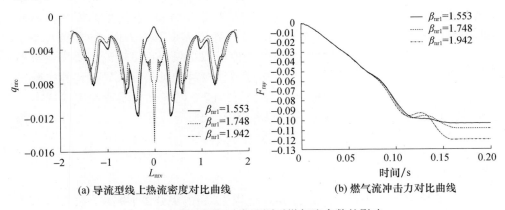

图 6-64 导流锥气动角不同对燃气流参数的影响

如图 6-64(a)所示,一定范围内,导流锥气动角变化并不影响导流腹部区域导流型线上燃气流热流基本分布特性,导流腹部依然存在两个高热流密度分布区域,导流腹部高热流密度区域位置整体上随着导流锥气动角增加向腹部下方移动,并且峰值有所下降。图 6-64(a)所示热流密度曲线同时显示,导流锥气动角变化导致锥顶附近热流密度分布及数值存在变化,$\beta_{nr1}=1.553$ 以及 $\beta_{nr1}=1.748$ 时,锥顶附近为低热流密度分布状态,并且低热流密度数值充分接近,而当 $\beta_{nr1}=1.942$ 时,锥顶附近呈现高热流密度分布状态,燃气流冲击点热流密度显得格外高。造成图 6-64(a)所示热流密度曲线显著变化的原因为:$\beta_{nr1}=1.748$ 时,导流锥顶附近燃气流受强脱体激波挤压影响,燃气流主要沿脱体激波斜向外下方流走,锥顶及脱体激波之间燃气流处于回流状态,流速矢量图及压力分布图显示流速及压力数值均较小,对流传热热流密度总体不高;β_{nr1} =1.942时,导流锥顶附近燃气流脱体激波强度相对较小,部分燃气流直接冲击导流锥顶,并沿锥顶贴壁流动,带动并挤压回流区外移,流速矢量图及压力分布图显示,导流锥顶燃气流速及压力数值极高,对流传热热流密度数值也极高。如图6-64(b)所示,一定范围内,导流锥气动角增加,燃气流动阻力增加,整个导流装置承受的燃气流冲击力增加,但这种增加是一种非线性增加,后续有待进一步明确这种非线性增加特性。总之,图6-64充分显示导流装置的结构尺寸总体上相互匹配,改动一个关键尺寸将导致整个导流装置结构形状发生变化,由此将改变燃气流的导流特性及导流装置的气动特性。

6.8 导流特性数值模拟校验与实验验证

燃气流导流特性的可信度评估需要综合理论和实验结果分析确认。由于燃气流导流特性比较复杂,理论研究主要依托数值模拟途径,数值模拟具体开展过程中将涉及核心算法、湍流模型以及边界层模型等方方面面的因素,基于不同算法、湍流模型以及边界层模型的数值模拟结果分析可理论校验导流特性的可信度,深层次也可深入校验数值模拟方法自身的可信度。导流特性实验是验证导流特性、数值模拟方法的另一途径,目前受燃气流导流特性实验成本高昂,高温、高速气流测试技术水平有限等因素限制,导致燃气流导流特性难以依托实验精细化系统研究,主要开展了典型导流特性小子样验证研究。

6.8.1 数值模拟算法校验

数值模拟算法仍然处于快速发展过程中,新的更强劲、更高效数值模拟算法不断涌现,围绕火箭发射燃气动力学复杂问题循序渐进开展数值模拟研究,总会留下当时算法的烙印。燃气流导流特性研究过程中主要采用了第3章所述的数值模拟算法。校验主要从两个方面展开:一方面分析不同算法得到的导流特性方面的共同特征及细节差异;另一方面分析不同算法得到的气动特性方面的共同特征及细节差异。不同算法得到的图6-13所示双面导流装置导流面静压分布对比如图6-65和图6-66所示。

图6-65和图6-66比较直观地说明4种算法在导流面燃气流静压分布特性方面高度相似。不同算法条件下,数值模拟结果均显示高速燃气流在导流锥顶两端形成高压区域,即本章前述部分提出的双驼峰效应,驼峰区域峰值压力也是整个导流装置承受的最高压力;数值模拟结果均显示喷口下方、紧邻悬挂激波附近的导流面腹部存在周向高压区域,周向高压力区域内紧邻锥顶区域附

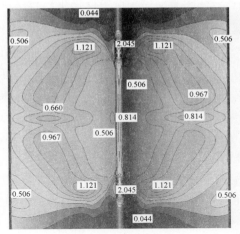
(a) SIMPLEC算法

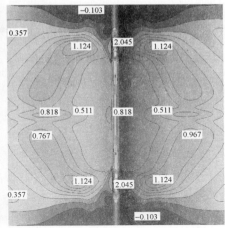
(b) COUPLE算法

图 6-65 压力基算法得到的导流面静压云图

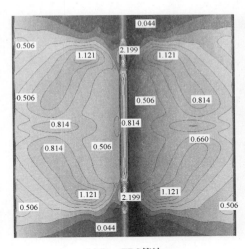
(a) Roe-FDS算法

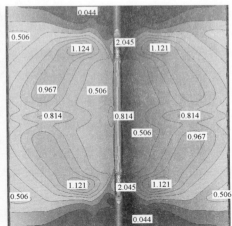
(b) AUSM算法

图 6-66 密度基算法得到的导流面静压云图

近的压力也较高,压力峰值仅次于最高压力;数值模拟结果同时显示锥顶与周向高压力区域之间存在较大面积的低压区;数值模拟结果还显示,导流面附近高压区或低压区的燃气流静压等值线外轮廓形状高度相似,如周向高压力区域内的低压区燃气流静压等值线外轮廓均呈墨鱼头形状……4 种算法得到的导流面上燃气流静压分布及数值的细节差异表现为:和 COUPLE 算法相比,SIMPLEC 算法、Roe-FDS 算法、AUSM 算法得到的锥顶两端燃气流高压区位置略向外扩张(即径向距离增加),与此对应导流锥附近的次高压力区域平行导流锥脊线向外扩张,同时高度略有提升,导流面腹部周向高压区静压等值线轮廓外形变得略细长。4 种算法中仅 Roe-FDS 算法得到的导流锥顶附近压力最大值略高于其他 3 种算法得到的压力最大值,其他 3 种算法为 2.045,Roe-FDS 算法为 2.199,Roe 算法压力最大值相对提升 7.5%;在导流面腹部周向高压区域内,4 种算法得到的次高压力值均为 1.21,而邻近导流对称面附近的次高压力(对应图 6-31 中标序为 4、6、24、26 的监测点)方面,COUPLE 算法和 SIMPLEC 算法得到结果为 0.967,而 Roe-FDS 算法和 AUSM 算法得到结果为 0.814,两组相对偏差为 18.8%;在导流面下沿附近靠近两端的局部压力较高区域,仅 COUPLE 算法得到的压力峰值略低,为 0.352,其他 3 种算法为 0.506,COUPLE 算法压力峰值相对其他 3 种算法压力峰值低 30.4%。

算法不同造成燃气流气动特性之间的异同可以用导流装置锥顶高热流区域监测点热流密度、整个装置承受的燃气流冲击力加以说明,如图 6-67 所示。依据 6.3.1 节、6.3.2 节的研究结果,图 6-6 锥顶高热流区域与图 6-66 高压力区保持一致,选择的高热流区域监测点也正是图 6-31 中锥顶高压力区监测点 2。

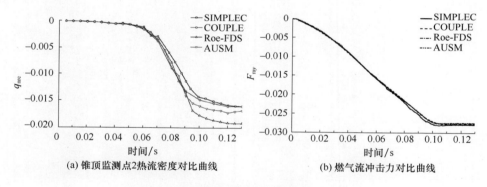

(a) 锥顶监测点 2 热流密度对比曲线　　(b) 燃气流冲击力对比曲线

图 6-67　不同算法得到的气动参数对比曲线

图 6-67(a) 所示的热流密度曲线显示,4 种算法得到的热流密度随时间变化总体一致,在火箭发动机点火 0~0.05s 时间段热流密度相对缓慢上升,在火箭发动机点火 0.05~1.00s 时间段,热流密度相对快速上升,在 0.10~0.13s 时间段,热流密度由缓慢上升并逐渐达到稳定状态。图 6-67(a) 所示热流密度曲线也显示了 4 种算法得到的热流密度方面的差异:SIMPLEC 算法得到的热流密度曲线在上升局部时间段存在比较明显的波动现象,并且达到稳定状态后,其稳定值要低于其他算法得到的热流密度稳定值;COUPLE 算法得到热流密度

曲线随时间变化总体最平稳,热流密度达到稳定状态后其数值与 SIMPLEC 算法得到的热流密度稳定值比较接近;AUSM 算法与 Roe-FDS 算法得到的热流密度曲线局部存在起伏,但起伏幅度较小,达到稳定状态后热流密度数值要高于 COUPLE 算法或 SIMPLEC 算法得到的热流密度稳定值,其中 Roe-FDS 算法热流密度稳定值最大,比 SIMPLEC 算法得到的热流密度稳定值要大 20%。

图 6-67(b)所示的冲击力曲线显示,4 种算法条件下,整个双面导流装置承受的燃气流冲击力曲线随时间变化特性十分一致,COUPLE 算法、Roe-FDS 算法及 AUSM 算法得到的燃气流冲击力曲线高度重合;即使是 SIMPLEC 算法结果显示在火箭发动机点火至起飞时间段(即燃气流冲击力持续上升至稳定段)与其他 3 种算法之间存在一定差异,但彼此差别不超过 5%;燃气流冲击力达到稳定状态后,4 种算法得到的燃气流稳定冲击力数值彼此不超过 2%。

需要指出的是,数值模拟算法实际开展过程中还有很多细节问题,如一阶精度和二阶精度问题、显式格式与隐式格式问题、自火箭发动机喷出的所谓纯燃气和环境空气混合带来的比热比变化问题等,考虑第 5 章已经充分说明,这里不再赘述。

6.8.2 湍流模型校验

第 5 章围绕自由喷流状态,燃气流场已经开展了系列湍流模型校验工作,本节不再罗列第 5 章涉及的众多湍流模型校验工作,围绕燃气流导流特性数值模拟仅介绍典型湍流模型校验工作。仍以图 6-13 所示的双面导流方式为例,保持其他条件及相关参数一致情况下,采用 k-ε、SST 湍流模型数值模拟得到的燃气流流线分布对比如图 6-68 所示。

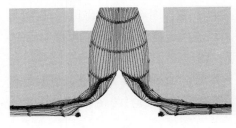
(a) k-ε 湍流模型

(b) SST 湍流模型

图 6-68 不同湍流模型燃气流场流线分布对比

图 6-68 显示,k-ε 湍流模型和 SST 湍流模型得到的沿双面导流装置导流对称面的燃气流导流特性总体接近,两种湍流模型均给出:高燃气导流锥顶存

在近壁脱体斜激波,导流面腹部上方存在组合弯曲激波系,贴近导流面存在大面积回旋涡流系,燃气流经导流面导流后贴地面流动,导流装置与发射场坪交界处存在局部回流区域。两种湍流模型结果之间的细节差异:$k-\varepsilon$ 湍流模型得到的锥顶附近脱体斜激波以及导流面附近的脱体激波形状略弯曲,离导流面距离略近;SST 湍流模型方面显示燃气流在导流面下沿附近膨胀略充分,离开导流面后更加紧贴场坪流动,但厚度尺寸也略大。

不同湍流模型条件下,导流面上燃气流热流密度分布对比云图如图 6-69 所示。

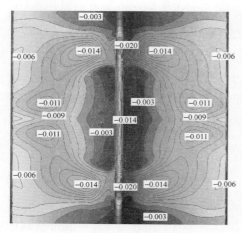 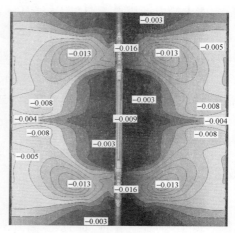

(a) $k-\varepsilon$ 湍流模型　　　　(b) SST 湍流模型

图 6-69　不同湍流模型导流面热流密度分布对比云图

在图 6-69 中,$k-\varepsilon$ 湍流模型和 SST 湍流模型数值模拟结果均显示高速燃气流在导流锥顶两端形成高热流区域,该高热流区与图 6-65 和图 6-66 所示锥顶两端高压力区域一一对应,并且锥顶高热流区域热流密度峰值也最高;图 6-69 中不同湍流模型数值模拟结果均显示在喷口下方、紧邻悬挂激波附近的导流面腹部存在周向高热流区域,周向高热流区域内紧邻锥顶区域附近热流密度较高,热流密度峰值仅次于锥顶高热流区域热流密度峰值;导流锥顶与周向高热流区域之间存在较大面积的低热流区;导流面附近高热流区域或低热流区域的热流密度等值线外轮廓形状存在相似性,如周向次高热流区域的等值线外轮廓均呈蚌壳形状等。图 6-69 中 $k-\varepsilon$ 湍流模型和 SST 湍流模型相比,$k-\varepsilon$ 湍流模型得到的锥顶两端高热流区域位置略向外扩张,与此对应导流锥附近的次高热流区域平行导流锥脊线向外扩张,同时次高热流区域中心高度略有提升,导流面腹部、靠近导流对称面附近存在相对凸出的高热流区域,导流锥顶与周向高热流区之间的低热流区轮廓形状沿锥顶方向拉长,范围相对缩小。在热流密度数值方面:$k-\varepsilon$ 湍流模型得到的锥顶两端热流密度最大值为 0.020,较 SST 湍流模型得到的热流密度最大值高 25.0%;$k-\varepsilon$ 湍流模型得到的紧邻锥顶附近的次高热流密度峰值为 0.014,较 SST 湍流模型得到的次高热流密度峰值高 7.7%;$k-\varepsilon$ 湍流模型得到的靠近导流对称面附近的高热流区热流密度峰值为 0.011,较 SST 湍流模型得到的热流密度峰值高 37.5%。总之,$k-\varepsilon$ 湍流模型得到的热流密度峰值均高于 SST 湍流模型得到的热流密度峰值。

轴对称导流燃气流场及气动热数值模拟典型对比如图 6-70 所示。

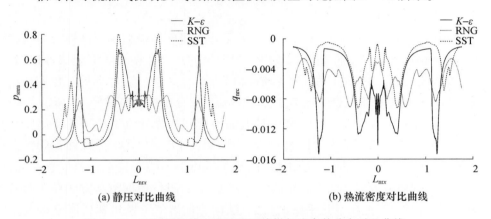

(a) 静压对比曲线　　　　　　(b) 热流密度对比曲线

图 6-70　不同湍流模型沿导流型线燃气流参数分布对比曲线

图 6-70 显示 3 种湍流模型数值结果均反映了导流面上的燃气流基本分布特性:在导流面腹部、靠近导流面下沿以及导流锥顶附近存在高热流或高压力区域。3 种湍流模型在燃气流分布特性方面的差异:采用 $k-\varepsilon$ 湍流模型时,导流锥顶局部区域存在燃气流高热流、高压力冲击区域,而其他两种湍流模型得到的高热流、高压力冲击区域范围较大,但数值变化相对平缓,锥顶区域热流密度峰值以及压力峰值相对较低;利用 SST 湍流模型和 $k-\varepsilon$ 湍流模型得到的数值模拟结果显示:紧邻锥顶附近存在凸出的高热流、高压力区域,其中 SST 湍流模型得到的峰值热流、压力位置相对偏下;在导流面下边沿附近,$k-\varepsilon$ 湍流模型和 RNG 湍流模型得到了高热流、高压力区域位置略靠上,SST 湍流模型得到的高热流、高压力区域位置略靠下。图 6-70 中导流锥顶燃气流冲击点附近、紧邻导流锥顶附近、导流面下沿附近高热流区域,$k-\varepsilon$ 湍流模型得到的热流峰值较其他两种湍流模型高 40% 以上。

研究还指出,在改变湍流模型相关参数或条件情况下,利用上述湍流模型开展数值模拟,沿导流型线的压力、热流密度分布特性会发生变化,这里不再冗述。

6.8.3 边界层模型校验

高速燃气流扰动环境传热问题主要受对流传热因素控制,对流传热数值模拟经常利用边界层模型。边界层模型深层次问题是算法、湍流模型、边界层网格模型、壁面条件等深层次耦合与匹配问题,6.8.1节和6.8.2节介绍了算法、湍流模型影响,本节以图6-1(a)所示的轴对称导流方式为例说明围绕后两项内容开展的校验工作。

边界层网格模型问题的核心是网格分辨率问题。参照第2章边界层部分理论说明,边界层网格分辨率首先关注的是边界层网格模型底层网格法向高度(也称网格厚度),该法向高度一般以底层网格的形心离壁面法向距离标识,如(2-74)式~(2-80)式所述。对导流面腹部局部区域进行放大,得到底层网格法向高度不同时壁面附近燃气流速度矢量、热流密度分布对比如图6-71所示。

如图6-71(a)、(b)所示,在保持壁面附近网格沿导流型线法向比例以及沿导流型线切向比例不变的情况下,底层网格法向高度较小时导致面积同样大小的壁面附近网格数量大大增加,由此显示了更多的燃气流动细节信息:①清晰地显示壁面附近离壁面一定距离的所谓远场主流区,燃气流动方向存在明显偏折现象;②清晰地显示几乎紧贴壁面、法向方向燃气流速迅速发展至接近主流区流速,即贴壁附近燃气流速度梯度很大,壁面边界层极薄。综合这两方面的信息可以判断,减少底层网格厚度,相应提高边界层网格分辨率,也就提高了边界层燃气流动信息的分辨率,能够捕捉近壁层燃气流速度梯度(也包括温度梯度、浓度梯度)近壁变化信息。如图6-71(c)所示,不同底层网格厚度情况下,数值模拟得到导流面上热流密度分布特性接近。主要差异表现在两个方面:①热流密度峰值大小存在差异,图中底层网格厚度减少,导流面热流密度峰值提升,$y_c = 0.0015$mm时热流密度峰值较$y_c = 0.005$mm时热流密度峰值提高12.7%,较$y_c = 0.02$mm时热流密度峰值提高40.3%;②热流密度局部分布存在细节差异,图中随着底层网格厚度减少,燃气流的热流密度峰值位置向上偏移,$y_c = 0.0015$mm时还显示锥顶附近热流密度存在细节波动。

第2章已经说明,评价底层网格厚度对传热、底层摩阻数值分辨率的影响,或者说达到近似网格无关性,最终转换为控制无量纲速度y^+不超过5这一目标。以轴对称导流装置导流面附近底层网格厚度为例,它的变化引起y^+变化情况如图6-72所示。图6-72中横坐标为导流型线x向坐标,即径向

第 6 章 燃气流导流方式及导流特性

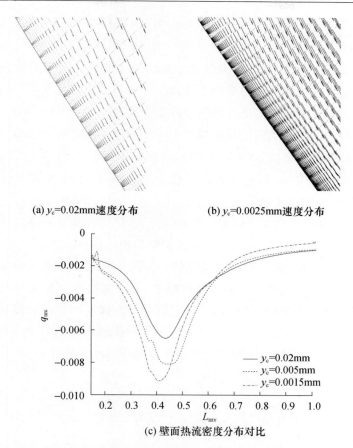

(a) y_c=0.02mm速度分布

(b) y_c=0.0025mm速度分布

(c) 壁面热流密度分布对比

图 6-71 底层网格法向高度不同时壁面附近燃气流速度矢量分布及热流密度分布对比

坐标,对照图 6-27,可以看出图 6-72 中横坐标包含导流面热流密度最大值所在区域。

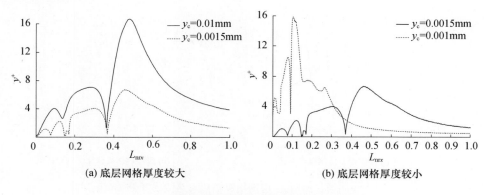

(a) 底层网格厚度较大

(b) 底层网格厚度较小

图 6-72 底层网格厚度变化引起的 y^+ 变化情况

图 6-72 显示,当底层网格厚度由 0.01mm 降低为 0.015mm 时,y^+ 峰值由 16.7 下降至 6.0 左右,并且整个导流型线上绝大部分 y^+ 不超过 5,基本达到底层网格法向厚度控制目标。导流装置承受的烧蚀力热环境在发射系统中往往最为恶劣,由此确定利用数值模拟手段理论预示导流装置及其他发射装置结构对流传热问题时,必须控制底层网格厚度在 10^{-3} mm 这一量级水平。底层网格厚度并不是越小越好,当底层网格厚度 $y_c = 0.0015$ mm 减少为 $y_c = 0.001$ mm 时,导流面下沿附近 y^+ 峰值不降反升,峰值升幅达 110.1%。实际上,底层网格厚度控制在 $y_c < 0.001$ mm 时已失去物理意义,理由是火箭、发射系统真实结构壁面物理粗糙度均超过 0.001mm。

当底层网格厚度达到 10^{-3} mm 数量级时,边界层网格法向增长比例将决定壁面附近法向网格单元数量以及数值模拟网格模型的网格单元总数,从而将决定壁面附近燃气流场的分辨率以及数值模拟的工作量。类似网格法向比例因素,当底层网格厚度达到 10^{-3} mm 数量级时,底层网格单元法向尺度与横向尺度比例(简称底层网格纵横比)也将决定壁面附近横向网格单元数量以及整个网格模型的网格单元总数,从而也影响壁面附近燃气流场的分辨率以及数值模拟的工作量。边界层网格法向增长比例 $\lambda_{i,j}$、底层网格纵横比 $\kappa_{i,j}$ 定义形式为

$$\lambda_{i,j} = \frac{h_{i,j+1}}{h_{i,j}}, \quad \kappa_{i,j} = \frac{h_{i,j}}{l_{i,j}} \quad (6-29)$$

式中: $h_{i,j}$、$h_{i,j+1}$ 分别为标序为 i,j 和 $i,j+1$ 的网格单元法向厚度;$l_{i,j}$ 为标序为 i,j 网格单元横向尺寸。

在保持底层网格厚度 $y_c = 0.0015$ mm 的情况下,法向增长比例、底层网格纵横比不同条件下,对流传热热流密度沿导流型线变化对比情况如图 6-73 所示。

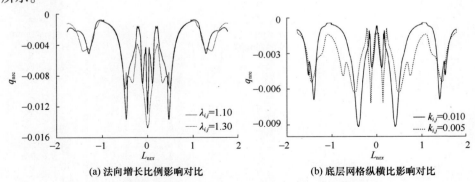

(a) 法向增长比例影响对比 (b) 底层网格纵横比影响对比

图 6-73 法向增长比例、底层网格纵横比对热流密度分布影响对比

图 6-73(a)显示,边界层网格法向比例减小情况下,导流面腹部紧邻锥顶附近、导流面下沿附近的高热流区热流密度峰值均有所增加。初步分析图 6-73(a)中边界层网格法向比例增加、高热流区热流密度峰值相应增加的原因与上述减少边界层网格厚度类似:燃气流冲击区域边界层极薄,边界层网格法向比例减小时,网格分辨率提升,能够有效捕捉温度与速度梯度较大信息。图 6-73(b)显示,底层网格纵横比减小情况下,沿导流型线,原先较高热流区域热流密度数值均呈较大幅度下降,原先较低热流区域热流密度数值均呈较大幅度上升,初步分析原因是:底层网格纵横比减小,底层网格横向尺度加大,沿导流型线切向方向网格量减小,网格分辨率下降,切向方向燃气流动信息存在平滑或平均化效应。

发射系统结构表面实际并不是理想光滑壁面,都是粗糙壁面,区分的只是粗糙度大小不一而已,前述燃气流环境发射系统结构对流传热数值模拟均考虑了壁面粗糙度因素。另外,发射系统不仅结构表面均是粗糙壁面,结构件形状往往异形,发射系统结构件空间占据尺寸差异很大,并且结构件壁厚不等,由此火箭发射燃气动力学领域在开展对流传热数值模拟时,经常采用抽壳处理方法,剔除结构实体,仅保留发射系统结构件壁面,设定温壁条件,由此来评估高热流区域。定温壁经常又区分冷壁温条件及热壁温条件,冷壁温条件指壁面设定环境气温条件,热壁温条件指考虑结构一定温升后设定相对较高的壁温条件。以环境常温条件(如取标准大气温度)为参考温度,引入无量纲壁温参数,即

$$T_{\mathrm{wnr}} = \frac{T_{\mathrm{w}}}{T_{\mathrm{wref}}} \qquad (6-30)$$

研究给出了壁面粗糙度、壁温效应两方面因素对理论研究的影响,典型案例如图 6-74 所示。

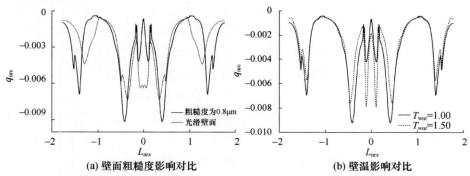

图 6-74 壁面粗糙度、壁温效应对热流密度分布影响对比

图 6-74 显示,粗糙导流面与光滑导流面燃气流沿导流型线热流变化特性总体相似,如均分布着 3 个高热流区;与粗糙导流面相比,光滑导流面在锥顶附近热流密度较高,并且变化相对平缓,导流面腹部靠近锥顶及下边沿附近的高热流区热流密度峰值略低,热流密度峰值位置略靠上。锥顶附近,由于光滑壁面摩擦阻力较小,流动比较顺畅,流动波动较小,流速相对较高,由此整个锥顶附近热流密度较高,变化也比较平稳;而粗糙壁导流面摩擦作用较强,边界层黏附力较强,使得燃气流速衰减区相对后延,造成导流面腹部高压力区、高热流区的压力、热流密度峰值相对提升,压力、热流密度峰值位置相对下移。冷壁温与热壁温两种定壁温条件下,沿导流型线热流密度随距离变化特性高度一致,主要差别在于热流密度的具体数值上,以导流面腹部、紧邻导流锥顶的高热流区热流密度最大值为例,冷壁温条件的热流密度最大值要比热壁温条件的热流密度最大值高 19.9%。正是由于冷壁温条件的热流密度最大值能够包络热壁温条件的热流密度最大值,而工程问题往往要求理论预示覆盖热流密度最大值,由此发射系统热防护设计可依据冷壁温条件预示热流密度分布情况,在充分考虑极限发射条件、加工条件及成本条件后,可适当对壁温变化引起的热流密度变化进行适当修正。

如本节开篇所述,边界层模型校验涉及方方面面因素,很多因素当前开展并没有深入,随着校验工作的深入,这些因素影响将会逐渐明晰。

6.8.4 双面导流实验验证

双面导流实验是一种特殊的单喷管火箭专项喷流实验,开展这项实验的主要目的是利用实验手段研究并验证双面导流方式的燃气流导流特性,同时也基于实验获取燃气流场特征点监测数据,验证数值模拟方法及结果的可信度。双面导流实验系统资料照片如图 4-12 所示。双面导流正式实验前,开展了必要的数值模拟预示工作。基于数值模拟、实验模拟结果对比火箭发动机点火瞬间燃气流导流与推进特性如图 6-75 和图 6-76 所示。

图 6-75 和图 6-76 标注说明了数值模拟与实验模拟燃气流推进、导流共同特性:火箭发动机点火 0.002s 时刻,燃气流前锋经导流装置导流后,球冠状前锋形状仍具有一定保持特性,但受导流面阻挡挤压,燃气流前锋被抬并发生折转,喷管下方部分燃气流受自身引射及环境气流挤压作用发生反卷;火箭发动机点火 0.003s 时刻,燃气流前锋离开导流装置一定距离,由于不受阻挡,燃气流球冠状前锋形状得以恢复,燃气流前锋呈卷吸形式推进,但卷吸造成前锋上部局部隆起,而后续跟进燃气流继续受导流面阻挡挤压,也会造成局部燃气流隆

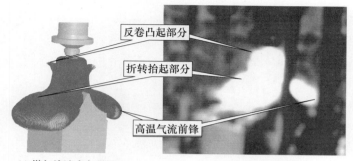

(a) 燃气流速度矢量图　　　　　(b) 实验高速摄像图片

图 6-75　火箭发动机点火 0.002s 时刻燃气流导流与推进特性对比

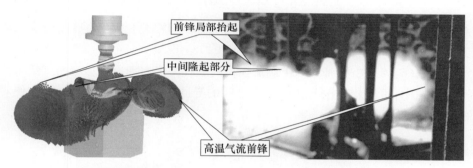

(a) 燃气流速度矢量图　　　　　(b) 实验高速摄像图片

图 6-76　火箭发动机点火 0.003s 时刻燃气流导流与推进特性对比

起。图 6-75 和图 6-76 也反映了数值模拟与实验之间的一些细节差异:实验显示 0.002s 时刻喷管下方存在卷吸但不是十分明显的尖锐状卷流形式,而数值模拟显示有比较明显的尖锐状卷流形式;实验显示 0.003s 时刻燃气流推进前锋虽然总体形状呈球冠形,但局部凸起现象突出,显示燃气流存在局部脉动现象,立足连续、均匀燃气流输入边界条件的数值模拟难以反映这一细节现象,但可以较好地反映宏观推进特性。

数值模拟得到的双面导流装置结构表面燃气流静压分布与实验结束后拍摄的双面导流装置烧蚀痕迹对比如图 6-77 所示。

如本章前述内容所述,高压力与高热流区存在一一对应关系,图 6-77(a) 所示高压力区域也是高热流区域,而高热流区域对应燃气流烧蚀恶劣区域,图 6-77(b) 所示导流锥顶烧蚀凸出区域以及导流面腹部烧蚀凸出区域正好验证了数值模拟结果;图 6-77(a) 显示导流面的高压力区域、高热流区各轮廓呈

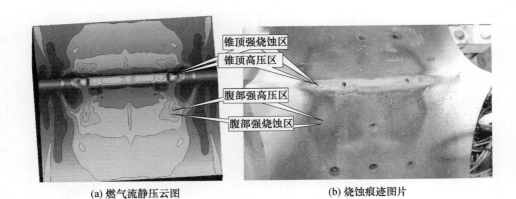

(a) 燃气流静压云图　　　　　(b) 烧蚀痕迹图片

图 6-77　导流装置结构表面燃气流静压分布与烧蚀痕迹对照图

总体蝶形分布特性,图 6-77(b)所示导流面集中烧蚀区留下的痕迹轮廓总体上也呈蝶形分布特性,进一步验证了数值模拟结果。

依据(6-8)式,将基于 SST 湍流模型的燃气冲击力理论预示与测试结果置于同幅图中,可比较理论与实验结果之间的异同,如图 6-78 所示。为方便对比,也将发动机压力测试结果一并列出。

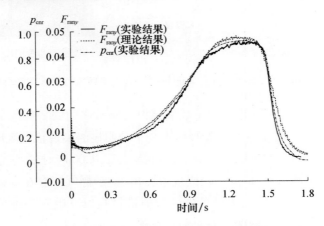

图 6-78　理论结果与实验结果综合对比

图 6-78 显示,理论预示的燃气流冲击力曲线、火箭发动机工作压力曲线、实验测试的燃气流冲击力曲线三者之间在变化特性方面总体一致,本章前面所述的火箭发动机工作压力与导流装置承受的燃气流冲击力线性相关结论成立。理论预示的燃气流冲击力曲线与火箭发动机工作压力曲线变化特性更加一致,在整个上升段接近重合。三者之间的差异集中于两个方面:①在 0~0.11s 时间

范围内,火箭发动机工作压力曲线变化比较明显,燃气流冲击力测试曲线变化比较平缓,燃气流冲击力理论曲线在整体下降过程中局部存在剧烈波动现象,并且破膜过程中理论预示的燃气流冲击力峰值较测试值高很多,相对差别最大达到 20.7%;②0.30~1.41s 时间范围内,不考虑具体数值意义时,任意时刻火箭发动机工作压力曲线的曲率与燃气流冲击力理论曲线的曲率充分接近,燃气流冲击力理论预示略大于实验值,较大差别体现在快速上升阶段,相对差别峰值为 12.3%,在缓慢上升并接近最大值阶段,相对差别峰值为 11.6%。总体上讲,燃气流冲击力理论与实验对比显示实验结果相对偏小,变化相对平缓,分析其原因主要在于实验过程采用的测力方式所致,如图 4-12 所示,梁式测力仪在测力过程中为保证承力球头与导流装置充分接触以及导流装置在振动过程中的回弹,在导流装置上增设止动梁,利用螺栓将止动梁紧固于底座上,压紧梁式测力仪,造成梁式测力仪承受预紧力,较大预紧力作用将造成燃气破膜瞬间的冲击力波动分辨率下降,也在后续燃气流导流过程中起到部分缓冲、滤波作用。

如图 4-12 所示,双面导流实验过程布置了燃气流压力监测点,考虑高温、高速燃气流能很快烧坏压力传感器,实验时采用管腔式测压方法,利用压力传感器及导流装置测孔构成的组合管腔延缓感应膜片破坏时间。选取图 6-77 中锥顶压力监测点和导流面腹部压力监测点为例,说明测试结果与理论预示结果之间的异同。锥顶压力监测点坐标:$L_{nrx}=0$,$L_{nry}=3.71$,$L_{nrz}=0.74$;导流面腹部压力监测点坐标:$L_{nrx}=2.04$,$L_{nry}=5.94$,$L_{nrz}=0$。对比结果如图 6-79 所示。

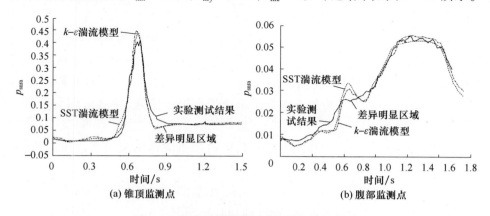

图 6-79 导流面压力测试与理论对比曲线

图 6-79(a)显示,0~0.13s 时间段,理论与实验结果均反映出导流锥顶测试孔位附近燃气流压力迅速上升到峰值后呈相对缓慢下降趋势,理论预示燃气

流压力峰值高于测试结果,理论结果中又以 $k-\varepsilon$ 湍流模型得到的峰值较高,该峰值较测试结果高 31.7%;0.16~0.44s 时间段,理论与试验结果均反映出导流锥顶测试孔附近燃气流压力再次上升现象,理论预示再次反映了燃气流压力上升过程存在局部波动现象,该波动区域 $k-\varepsilon$ 湍流模型结果高于 SST 湍流模型结果;0.44~0.91s 时间段,理论与实验结果均反映该时间段燃气流压力快速上升、快速下降的近似脉冲现象,反映了该时间段内测压孔位附近激波生成后又再次向外移位的现象。0.44~0.91s 时间段理论与实验结果总体吻合度也较好,细节差异体现在 3 个子时间区段:0.49~0.57s 时间段理论值总体高于测试值,SST 湍流模型结果高于 $k-\varepsilon$ 湍流模型结果;0.64~0.69s 时间段理论值也高于测试值,$k-\varepsilon$ 湍流模型结果高于 SST 湍流模型结果;0.73~0.91s 时间段实验值高于理论值,$k-\varepsilon$ 湍流模型结果略高于 SST 湍流模型结果。此后剩余时间(0.91~1.49s)内,实验值略高于理论值,理论值方面,SST 湍流模型结果又高于 $k-\varepsilon$ 湍流模型结果,$k-\varepsilon$ 湍流模型理论预示相对实验误差峰值为 -12.4%。图 6-79(b)显示,整个火箭发动机工作时间段内,理论与实验结果均反映出导流面腹部测点燃气流压力存在着类似图 6-78 所示渐增型火箭发动机工作压力的总体特性,与图 6-78 所示的火箭发动机工作压力曲线变化不同点主要体现为:监测点压力在上升过程中存在明显波动现象,其中理论曲线的波动现象格外明显,最明显的波动出现在 0.58~0.83s 时间段压力快速上升过程。图 6-79(b)所示监测点压力曲线变化差异表现为:0~0.13s 时间段理论预示结果高于测试结果,理论结果中 SST 湍流模型结果略高,SST 湍流模型理论预示相对实验误差峰值为 7.2%;0.13~0.18s 时间段理论预示结果与测试结果比较接近,数值上互有高低,理论相对实验误差范围为 -6.4%~8.0%;0.18~0.58s 时间段测试结果高于理论预示结果,理论结果中 SST 湍流模型结果略高,理论相对实验误差峰值为 -31.5%;0.58~0.83s 时间段内,理论预示明显高于测试结果,理论预示方面 SST 湍流模型结果略高,理论相对实验误差峰值为 32.9%;0.83~0.56s 时间段,实验结果介于两种湍流模型得到的结果之间,理论相对实验结果误差峰值不超过 5.0%,两种湍流模型相比,彼此之间相对误差范围为 -7.2%~4.8%。

综上所述,可以认为理论预示压力、实验测试压力随时间变化特性总体一致,在火箭发动机工作压力接近并达到峰值时间段,理论预示与实验结果相比,误差不超过 15%,主要差别在于理论压力能够反映局部细节波动现象。理论压力能够比较灵敏地反映局部细节波动现象的主要原因在于:数值模拟分析依据的网格分辨率依据第 4 章研究结果确定,分辨率总体较高,单元尺寸较小,压力测点附近网格单元的外接圆直径与喷口直径的比例范围为 0.02~0.05。21 世纪初在开展该项实验时,为确保在高温、高速、高凝相燃气流冲击破坏环境取得完整且有效数据,选择的压力传感器感应膜片直径与喷口直径的比例达到 0.19~0.35,测试压力传感器尺寸远大于网格单元尺寸,感应膜片感受的是测点附近较大面积燃气流场压力的平均信息,并且膜片较大情况下,响应燃气流作用时间也相应迟滞。另外,采用管腔式测压方法,虽然有效保护了压力传感器,能够确保取得比较完整的压力数据,但管腔内的预存气体本身也是一种阻尼器,也会对压力波动存在缓释效应。目前管腔直径、深度的合理匹配及其对高温、高速燃气流场压力测试的影响研究并不深入。进一步的数值模拟研究显示,在适当减少网格单元尺度情况下,相应网格分辨率提高,将进一步细致反映导流面附近更多的燃气流场空间、时间局部波动信息,一些情况下发现分辨率进一步提高,压力波动峰值也会显著提高,这里不再说明。如第 5 章所述,网格分辨率存在合理范围问题,这个问题仍需进一步研究。

6.8.5 单面导流实验验证

单面导流实验也是一种特殊的单喷管火箭专项喷流实验。单面导流实验主要目的:实验研究并验证单面导流方式燃气流导流特性;探索并验证高温、高速燃气流扰动环境高热流测试方法;基于实验获取燃气流场特征点监测数据,进一步验证数值模拟方法及结果的可信度。6.1.1 节说明单面导流方式有多种变化形式,其中平板型单面导流方式结构相对简单,测试传感器的安装及引孔的开设比较方便,热流传感器及压力传感器可较好地实现与平板的齐平安装,传感器对燃气流动的影响相对较小。平板型单面导流实验系统照片如图 6-80(c)所示,图中平板型单面导流装置的导流面与喷管轴线的夹角(即燃气流的冲击角度)$\beta_3 = 45°$。单面导流正式实验前,也开展了必要的数值模拟预示工作。燃气流冲击高度 $L_{nry} = 8.31$。火箭发动机稳定工作时间段燃气流导流与分布特性理论和实验对比一并示例于图 6-80 中。

人眼分辨的可见光范围内,气体温度越高,气体发光强度越高,人眼感觉越亮。图 6-80 说明了数值模拟与实验反映的燃气流导流、分布的共同特性:燃气流经火箭发动机喷管流出后,在导流板上方形成系列收缩、膨胀区域;在收缩区域与膨胀区域的节间子区域分布着高温燃气流;同时在收缩区域或膨胀区域的高速燃气流边界层内也分布着高温燃气流;在靠近平板附近的收缩区域边界层厚度有所增加,燃气流温度抬升,高温区域有所扩大,高温区和平板表面附近的高温区连续起来;受平板阻挡作用,在平板上方的燃气流存在明显的反流现象;燃气流正冲

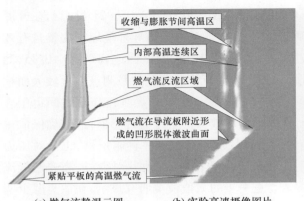

图 6-80 燃气流导流、分布特性理论与实验结果对比

区域附近,燃气流受平板阻挡作用形成脱体激波,空间三维结构条件下,实际形成的是凹形脱体激波曲面。图 6-80 为高速摄像仪拍摄的立体曝光照片,平板上方亮度较高区域为三维轴对称燃气流高温区域叠加成像所致,类似地,平板附近亮度较高区域为三维空间高温燃气流动区域叠加成像所致,由此高速摄像截图显示的高温区域在水平方向看起来厚实些。另外需要指出的是,高速摄像图片中喷口下方的燃气流存在的不连续高亮线段并不是真实燃气流动情况,实验在密封防爆暗室中进行,高速摄像时隔暗室防爆玻璃拍摄,暗室中放置测试仪器的镀铝箱体表面棱纹间衬在实验中恰好经玻璃窗折射进高速摄像仪镜头中,与燃气流成像叠加后形成高速摄像图片中不连续的网格状高亮线段。

燃气流冲击高度 $L_{nry}=8.31$ 情况下,平板型导流面热流密度分布云图理论预示结果如图 6-81 所示。

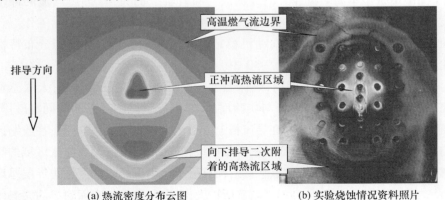

图 6-81 燃气流高强度烧蚀区域理论与实验结果对比

图 6-81 显示的共同特性包括：燃气流正冲区域为高热流密度区域，高热流密度区域外轮廓呈盾牌形状；紧邻该凸出的高热流密度区域为次高热流区域，该热流区域依然是燃气流直接冲击影响区域，区域外轮廓也呈盾牌或钝锥形状；在导流面上方，向上反溅的燃气流离开导流后瞬间也留下其弧状烧蚀痕迹，该弧状烧蚀痕迹组成燃气流导流的外边界；燃气流冲击平板形导流面后，离开正冲区域后略向上抬起，然后受上方跟进燃气流以及环境气流的共同作用，会再次附着并烧蚀导流面，再次留下比较明显的弓状烧蚀痕迹。图 6-81 还显示了理论结果与实验结果之间存在两处比较明显的不同现象：①实验结果显示在二次附着的高热流区域与正冲的高热流区域之间，靠近附着高热流区域还存在着比较明显的烧蚀痕迹，造成该现象的原因是真实火箭发动机燃气流存在明显脉动，脉动造成局部区域燃气流再次附着，但受燃气流主流区总体稳定流动控制影响，这种再次附着燃气流烧蚀强度相对较小；②燃气流正冲区域实验烧蚀痕迹显示此高热流区域轮廓的钝锥锥顶形状较钝，显示实验受到了测试孔影响。

数值模拟总结了火箭发动机稳定工作条件下沿导流面对称中线燃气流压力分布、变化特性。以燃气流冲击高度 $L_{nry}=2.39$ 为例，导流面对称中线燃气流压力、热流密度分布及变化特性如图 6-82 所示。热流密度可以采用数值模拟方法进行预示，也可以采用类似 (6-23) 式工程预示方法进行预示，这两类方法预示结果如图 6-82 所示。

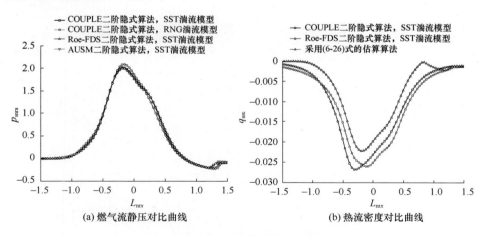

图 6-82 对称中线上燃气流参数分布对比曲线

图 6-82(a) 显示，同样是采用 SST 湍流模型，COUPLE 算法、Roe-FDS 算法、AUSM 算法得到的燃气流压力分布曲线基本重合，仅在导流方向上距离 L_{nrx}

为 0.87~1.01 范围内,COUPLE 算法结果偏大的现象略有体现;同样是采用 COUPLE 算法,SST 湍流模型和 RNG 湍流模型得到的压力曲线也基本重合,仅在距离 L_{nrx} 为 -0.22~0.11 范围内,RNG 湍流模型得到的压力数值偏大的情况有所体现,该距离范围内,RNG 湍流模型相对 SST 湍流模型压力偏差幅度没有超过 4.0%。图 6-82(a) 同时显示,不同算法及湍流模型预示的压力峰值均在正冲点位置略偏上位置,空间坐标为 $L_{nrx}=-0.11$、$L_{nry}=2.28$、$L_{nrz}=0$,该位置处于燃气流折转上返(即反流)区域。图 6-82(b) 显示,不同算法条件下,燃气流正冲区域附近均存在高热流密度区域,高热流密度区域内的热流密度峰值位置均偏离燃气流冲击点,同样位于燃气流反流区域。图 6-82(b) 显示了 3 种算法之间的具体差异:导流方向上,Roe-FDS 算法得到的热流密度数值略大于 COUPLE 算法得到的热流密度数值;返流方向上,COUPLE 算法得到的热流密度数值略大于 Roe-FDS 算法得到的热流密度数值;两种数值模拟算法得到的热流密度峰值方面,Roe-FDS 算法相对 COUPLE 算法热流密度峰值误差为 -2.6%;和估算相比,正冲区域内数值模拟得到的热流密度数值总体上大于采用(6-23)式估算的热流密度数值,热流密度估算峰值相对数值模拟峰值误差为 -15.4%。

理论与实验对比结果如图 6-83 所示。图 6-83 中压力、热流密度数值模拟预示结果由 COUPLE 2 阶隐式算法、SST 湍流模型得到。

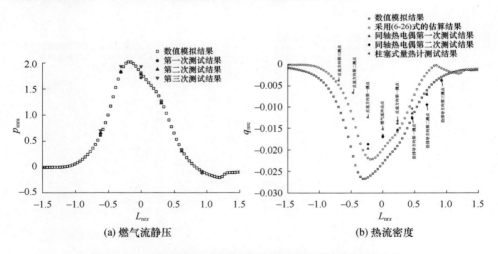

图 6-83 对称中线上燃气流参数理论预示值与测试值对比

图 6-83(a) 显示,燃气流静压测试值基本落在理论预示值附近,表明理论与实验均比较准确地反映了导流中线上的燃气流静压数值及其变化特性。理

论值与实验值数值具体差异方面：燃气流冲击点（$L_{nrx}=0$、$L_{nry}=2.39$、$L_{nrz}=0$）静压理论值相对实验值的误差范围为 $-6.5\%\sim5.4\%$，沿导流方向第一侧点（$L_{nrx}=0.22$、$L_{nry}=2.61$、$L_{nrz}=0$）静压理论值相对实验值的误差范围为 $1.4\%\sim3.5\%$，沿导流方向第二侧点（$L_{nrx}=0.44$、$L_{nry}=2.83$、$L_{nrz}=0$）静压理论值相对实验值的误差范围为 $2.8\%\sim10.3\%$，沿导流方向第三侧点（$L_{nrx}=0.65$、$L_{nry}=3.05$、$L_{nrz}=0$）静压理论值相对实验值的误差范围为 $24.6\%\sim26.9\%$，燃气反流方向第一侧点（$L_{nrx}=-0.11$、$L_{nry}=2.17$、$L_{nrz}=0$）静压理论值相对实验值的误差范围为 $-5.7\%\sim0.0\%$，燃气反流方向第二侧点（$L_{nrx}=-0.44$、$L_{nry}=1.96$、$L_{nrz}=0$）静压理论值相对实验值的误差范围为 $-12.5\%\sim-2.3\%$。燃气流静压理论值与实验值具体对比可以发现两个方面特殊现象：随着燃气流离冲击点距离增加，燃气流静压理论值相对实验值偏差增加；沿导流方向，燃气流静压理论值略大于实验值，而返流方向，燃气流静压理论值略小于实验值。图 6-83(b) 中比较直观地显示，不论是理论预示结果还是实验测试结果，均反映热流密度峰值位置偏离了冲击点所在位置，热流密度峰值位置位于燃气流返流区域内；导流中线上，离燃气流冲击点的距离 $L_{nrx}=-0.71\sim0.28$ 范围内，热流密度理论值高于实验值，采用(6-23)式估算得到的热流密度值（以下简称理论估算值）更加接近实验值；离燃气流冲击点的距离 $L_{nrx}=0.28\sim0.71$ 范围内，热流密度理论值低于实验值，数值模拟方法得到的热流密度值（以下简称数值模拟值）更加接近实验值；实验测试方面，同轴热电偶传感器测试的热流密度值（以下简称同轴热电偶测试值）大于柱塞式量热计测试的热流密度值（以下简称柱塞量热计测试值），并且反映的热流密度变化特性与理论预示特性彼此更为接近。基于图 6-83(b) 还得到了热流密度理论与实验值之间的误差统计分析结果：整个导流中线上，热流密度数值模拟值相对同轴热电偶测试值误差范围大致为 $-40.00\%\sim40.00\%$；导流中线沿导流方向上，热流密度数值模拟值相对柱塞量热计测试值的误差范围为 $-20.00\%\sim52.00\%$，而返流方向误差超过 100%；与数值模拟值相比，在燃气流冲击点附近（$L_{nrx}=0\sim0.33$）的热流密度理论估算值相对同轴热电偶测试值、柱塞量热计测试值的误差有所减小，误差范围为 $-30.00\%\sim20.00\%$，而在导流方向远场区，理论估算值低于实验测试的现象凸显，误差绝对值超过 50.00%；导流中线上，离燃气流冲击点的距离 $L_{nrx}=-0.49\sim0.65$ 范围内，理论估算值均低于数值模拟值，理论估算值相对数值模拟值的误差范围为 $-14.25\%\sim-70.81\%$；在测试方法方面，轴塞式热计测试值总体低于对同轴热电偶测试值，轴塞式热计测试值相对同轴热电偶测试值的误差范围为 $-37.09\%\sim3.32\%$；同轴热电偶两次测试之间，第二次测试结果总体上低于第一次测试结果,第二次测试结果相对第一次测试结果的误差范围为 -2.19% ~24.28%。

基于平板型单面导流实验还研究了高温燃气流辐射热流密度与对流热流密度的关系,实验过程在导流中线两侧布置对称测点,分别布置辐射热流密度传感器以及对流热流密度传感器,典型测试结果如图 6-84 所示。图 6-84 中对流热流密度传感器布位中心坐标为 $L_{nrx}=0.44$、$L_{nry}=2.83$、$L_{nrz}=-0.31$,辐射热流密度传感器布位中心坐标为 $L_{nrx}=0.44$、$L_{nry}=2.83$、$L_{nrz}=0.31$。

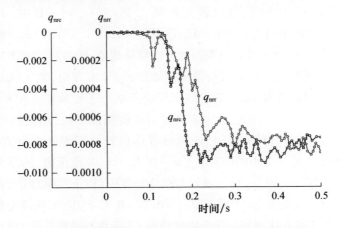

图 6-84 辐射热流密度与对流热流密度测试结果对比

图 6-84 显示,火箭发动机稳定工作时间段(0.23 ~0.45s),燃气流冲击影响区域内高温燃气流辐射热流密度变化范围为 -0.00088 ~ -0.00061,而对流传热热流密度变化范围为 -0.0093 ~ -0.0074,燃气流辐射传热的热流密度值要比对流传热的热流密度值低一个数量级。目前,平板型单面导流实验、其他专项实验及发射实验多次测试实践表明,燃气流辐射传热的热流密度值总体上不超过对流传热的热流密度值的 10%,燃气流的总热流密度可基于对流传热的热流密度折算,即

$$q_{nrt} = q_{nrr} + q_{nrc} = (1 + \zeta_{nr})q_{nrc}, \quad \zeta_{nr} \leq 0.10 \qquad (6-31)$$

最后需要指出的是,图 6-82(b)显示 3 种算法之间的热流密度峰值所在位置存在差异,图 6-84 显示两种测试方法之间得到的热流密度数值也存在差异,目前测试精度及理论研究水平尚难以区分这些差异性,造成图 6-84 所示差异现象的原因还有待深入研究。

第7章 大型火箭发射复杂燃气流场及气动特性

第5章和第6章针对的是两种简易发射技术条件的燃气流场,分别介绍了自由喷流状态燃气流场以及仅有导流装置扰动的燃气流场,本章将说明大型火箭复杂发射技术条件的燃气流场。大型火箭发射复杂燃气流场环境结构气动特性也是工程技术人员特别关注的问题,研究燃气流场时,往往同时研究结构气动特性,第6章已经融入这一思想,本章在说明大型火箭发射复杂燃气流场分布、变化特性过程中,根据需要将适时说明典型结构气动特性。

大型火箭发射技术条件的复杂性不仅体现在火箭发射系统、箭体结构复杂,也体现在影响或制约火箭发射技术条件限制因素的复杂性,以及新型发射技术涌现导致新问题机理的复杂性,如近10年发展的喷水降噪问题带来的理论方法、实验方法的复杂性等。这些复杂性带来的燃气流场及气动特性研究虽然很多是不可回避的,但做到遍历方方面面的研究既不现实,也没有必要,况且一些复杂燃气流场及气动特性目前还难以展开研究。本章仅总结说明当前发射技术领域遇到的典型问题,阐述作者研究相关复杂问题的思路、方法及研究历程。

7.1 单喷管火箭冷发射燃气流场及气动特性

火箭发射过程利用非自身动力实现起飞的技术称为冷发射技术。冷发射技术依据的动力源类型很多,目前最广泛的动力源仍是固体火箭发动机(专称弹射动力装置)喷出的带压燃气,利用这种带压燃气弹射火箭必须依托专用弹射系统,在火箭发射技术机动性需求日渐突出的情况下,弹射系统的长度、容腔紧凑化已成基本需求,这种情况下,研究这种带压燃气流动态分布特性、气动特性成为支撑紧凑型弹射系统研制以及火箭发射安全性论证很重要的一项研究工作。火箭实现进一步便捷增速需要火箭弹射至一定高度时尽快点火,火箭发动机点火后一级发动机燃气流也将快速影响弹射系统,采用机动冷发射技术的大型火箭,这种燃气流对整个机动发射平台的影响往往十分严重,这也是火箭发射燃气动力学领域很重要的一项研究工作。

7.1.1 弹射燃气流场及气动特性

图1-7示意了一种典型的公路机动冷发射技术形式,图4-8示例了一种典型弹射系统内部结构示意图,图6-78示例了弹射动力装置典型工作压力变化曲线。本节依据图4-8所示弹射系统结构以及图6-78所示工作压力曲线,说明弹射燃气流场动态分布特性以及结构的气动特性。除有特殊说明外,燃气流场及气动特性相关参数无量纲形式沿用前述章节定义,但参考值依据图6-78所示弹射动力装置工作压力达到峰值时的喷口截面燃气流参数。

火箭弹射出筒前,燃气流动区域、扰动区域集中于火箭尾罩下方的发射筒内,弹射燃气流场动态分布可集中于发射筒内气流动态分布情况介绍。弹射动力装置工作初期(0~0.050s),发射筒内燃气流静压典型分布及变化特性如图7-1所示。

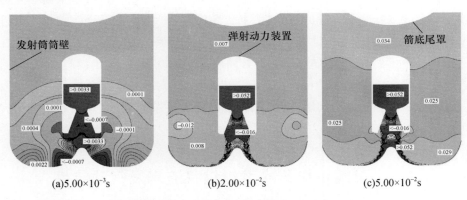

图7-1 燃气流前锋经过导流装置向尾罩附近推进时静压分布云图

围绕图7-1所示弹射燃气流场开展的具体研究表明,弹射动力装置工作0~0.005s时间段,燃气流前锋即经弹射动力装置到达并覆盖导流装置,此后,燃气流前锋扰动了筒底、导流装置以及弹射动力装置底部,开始向上推进并扰动初容室内侧壁、弹射动力装置外侧壁,燃气流前锋较好地保持了球冠形状;弹射动力装置工作在0.004~0.007s时间段,燃气流前锋在推进过程中很快受筒底快速上返的燃气流挤压作用,迅速整体水平状抬起,直到接近尾罩底部;弹射动力装置后续工作时间0.007~0.050s段,燃气流在箭体底部尾罩的阻挡、反射作用以及经筒底持续上返燃气流挤压共同作用下，燃气流在初容室内部压力经相对剧烈波动后逐渐趋于平稳，其中初容室上腔波动较早趋于平稳。

弹射系统的结构实现有很多形式，这些形式的结构反过来又会影响发射筒内燃气流场的细节分布特性，图7-2示意说明了结构变化带来的燃气流场变化情况。

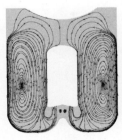 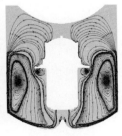

(a)无外凸法兰　　　　　　(b)带外凸法兰

图7-2　5.00×10^{-2}s时刻发射筒内燃气流线分布对比

图7-2显示，弹射动力装置装配外凸法兰后，原先在初容室容腔中形成的流动大涡受到挤压，外形发生了比较明显的变化，整个涡区面积也发生较大幅度缩小；发射筒筒底增设导流折转倾角后，外凸法兰下的涡流区形状也发生挤压变形，使得回流区向弹射动力装置的喷管附近靠近，进一步挤压经喷管流出的高速燃气流，改变了经喷管流出的高速燃气流动轨迹。弹射系统结构改变情况下，初容室上部燃气流回流特性依然维持。

火箭弹射一定高度后发射筒内燃气流动态分布如图7-3所示。

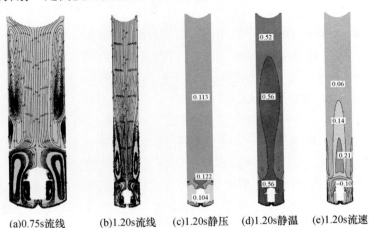

(a)0.75s流线　　(b)1.20s流线　　(c)1.20s静压　　(d)1.20s静温　　(e)1.20s流速

图7-3　火箭弹射一定高度后发射筒内燃气流场分布对比

图7-3的流线分布对照显示,火箭弹射过程中弹射动力装置流出的燃气流主要分成4股,在初容室内底部先分成两股,一小股受环境压力逐渐增加的气流挤压、扰动,在弹射动力装置两侧、底部形成回流;其余大部分燃气流继续贴壁向上流动,在初容室中上部受法兰阻挡向内折转,折转过程中又分成两股气流,一股进一步折转并回流进初容室腔内,在初容室内形成截面,几乎占据整个初容室的反向回流区,另一股燃气流则绕开发射筒壁法兰跟随箭体尾罩向上运动,这股气流向上运动至一定高度后,大部分会继续跟随尾罩持续加速运动,一小部分则受发射筒壁法兰台阶效应影响,形成上部回流区面积较大、下部回流区面积较小的两股反向回流,所有回流最终受挟带、跟随尾罩向上流动。

图7-3所示流场参数云图显示,火箭弹射至一定高度后,发射筒内燃气流静压分布已经相当均匀,尾罩底部、发射筒筒壁法兰间隙区域显示存在局部压力较高区域,其实这些区域压力峰值相对周围均匀压力值超出百分比不到8.0%,发射筒内高压区实际集中于发射筒筒底附近,峰值超过0.16。图7-3所示流场参数云图同时显示,火箭弹射至一定高度时,火箭尾罩底部的燃气流速也比较均匀,不均匀气流集中于初容室内以及发射筒筒壁法兰的上、下空间附近,发射筒上部燃气流速总体较低,约0.06,高速燃气流仍集中于发射筒筒底及初容室侧壁附近,峰值超过0.37。流场参数云图还显示,发射筒上部空间燃气流静温总体低于下部及初容室内燃气流静温,发射筒内靠近轴线区域燃气流静温又略高于发射筒壁附近燃气流静温,发射筒内高温燃气流静温峰值仍集中于导流装置及发射筒筒底附近,峰值超过0.31。

火箭弹射过程中,燃气流场局部参数、整体参数之间的异同可以初容室监测点压力、结构整体承受的燃气流冲击力进行说明,如图7-4所示。考虑发射筒筒底与导流装置融合成一体,图7-4中结构整体承受的燃气流冲击力参考截面为发射筒筒底轴向投影面积,后面不再说明。另外,图中整个箭体包含火箭结构本身以及附属尾罩、头罩结构。

如图7-4(a)所示,初容室监测点虽然处于的高度位置不同,但压力变化特性几乎完全一致,在0~0.48s弹射时间范围内线性快速上升,在0.48~0.68s弹射时间范围内压力增速逐渐放缓直至达到峰值,在0.88s至火箭弹射出筒前时间范围内静压保持相对平稳状态。图7-4所示静压曲线同时显示,0.88s至火箭弹射出筒前,初容室内位置略偏上的监测点燃气流静压略高,但两者数值十分接近,印证了图7-3所示现象。造成位置略偏上的监测点燃气流静压略高的原因是该监测点靠近初容室上部法兰,燃气流动受阻后流速下降,

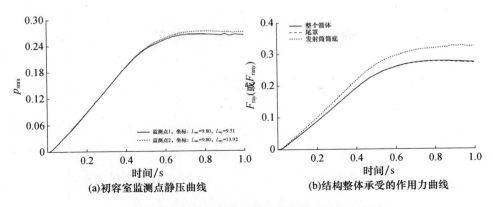

图7-4 局部气动参数、整体气动参数差异对比曲线

动压转换成静压所致。

图7-4(b)所示显示了3个方面气动力信息：①火箭弹射过程中发射筒筒底、尾罩以及整个箭体承受的燃气流冲击力随时间变化特性一致，也与监测点压力变化特性一致，从而可以利用监测点压力变化特性预测发射筒筒底、尾罩以及整个箭体承受的燃气流冲击力变化特性；②整个箭体承受的燃气流冲击力曲线与尾罩承受的燃气流冲击力曲线接近重合，表明弹射过程整个箭体承受的燃气流冲击力绝大部分由尾罩承受，理论预测时可省去尾罩上部复杂箭体结构影响，简单采用附加气动系数方法折算结构影响；③发射筒筒底承受的冲击力数值大于整个箭体承受的燃气流冲击力，在弹射系统整体刚度、强度设计合理的情况下，火箭弹射过程不用担心箭体弹射提拉弹射系统的影响。需要指出的是，目前研究确认发射筒承受的燃气流冲击力往往巨大，远大于弹射动力装置自身的推力，虽然不用担心箭体弹射提拉弹射系统的影响，但需要充分计及该作用力对整个发射车、场坪的后坐力破坏影响。

实践中，冷发射技术具体实现形式很多，实现形式变化往往会带来弹射燃气流场及结构气动特性的细节变化，第4章(4-41)式~(4-54)式扼要说明了发射筒初容室空间、弹射动力装置工作压力、推进剂燃温等参数匹配关系，当其中某些因素变化时将造成相关匹配关系变化，发射筒内燃气流场分布及气动特性也将随之发生变化，安装在初容室、发射筒筒口附近、尾罩以及箭体上的监测传感器能够反映这些变化。以缩小弹射系统初容室空间为例，此时燃气流场局部参数、整体参数之间变化可依据发射筒筒壁监测压力传感器以及箭上安装的加速度传感器获取的测试数据分析，如图7-5所示。图7-5中无量纲加速度依据标准重力加速度折算。

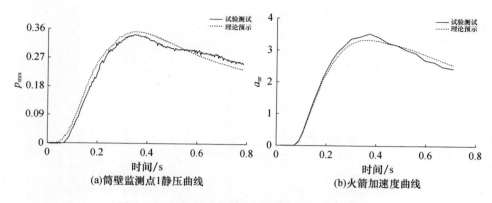

图 7-5 局部气动参数与整体气动参数变化曲线

图 7-5(a)所示,缩小弹射系统初容室空间情况下,实验监测结果与理论预示结果均反映发射筒内燃气流压力变化特性与图 7-4 所示变化特性有所不同,呈现了快速增长后又缓慢下降的现象。图 7-5 所示静压曲线同时显示,0.03~0.55s 时间段燃气流静压理论值略大于测试结果,而在 0.55~0.80s 时间段,燃气流静压理论值略小于测试结果,其中,在 0.03~0.55s 时间段,燃气流压力理论预示峰值较实验测试峰值高 3.2%,在 0.55~0.80s 时间段,燃气流压力理论预示值相对试验测试值的最大偏差为 -8.2%。图 7-5(b)显示,箭体加速度理论预示与实测结果均反映燃气流冲击力变化特性与发射筒内燃气流静压存在相似性,加速度曲线还显示,0.07~0.48s 时间段火箭弹射加速度理论值略小于测试结果,而在 0.48~0.80s 火箭弹射加速度理论值略大于测试结果,其中,在 0.07~0.48s 时间段,火箭弹射加速度理论预示峰值较试验测试峰值低 5.4%,在 0.48~0.80s 时间段,火箭弹射加速度理论预示值相对试验测试值的最大偏差为 6.7%。

以弹射动力装置工作压力、推进剂燃温两因素为例,两者变化对图 7-4 中的发射筒内燃气流压力的典型影响如图 7-6 所示。图 7-6 所示弹射动力装置工作压力变化通过改变燃压增速实现,图中工作压力增速度明显高于图 6-78 的工作压力增速;图 7-6 推进剂燃温变化实际由排放至发射筒内燃气的续燃效应产生。当弹射动力装置推进剂类型为富燃推进剂时,经弹射动力装置喷出的燃气普遍会因发射筒内封存空气发生续燃现象。

图 7-6(a)显示,在保持火箭箭体重量、弹射系统结构尺寸、初容室空间等条件不变情况下,提高弹射动力装置工作压力增速,初容室监测点燃气流压力能保快速增加,燃气流压力快速增加到预期峰值后还能维持峰值压力,后续甚

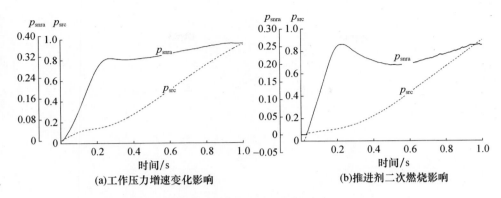

图7-6 弹射动力装置工作条件变化对监测点1燃气流压力影响说明

至可以实现略微增加目标。图7-6(b)显示,保持弹射动力装置工作压力增速特性接近情况下,弹射动力装置工作在0~0.25s时间段,燃气流受发射筒内原先存在的空气影响,未燃尽推进剂成分续燃,带动发射筒内混合燃气压力一定程度快速增升,0.25~0.40s时间段续燃效应逐渐减弱或消除,燃气流压力开始回落,0.40s后发射筒内燃气流压力恢复逐渐增压趋势。需要指出的是,图7-6(b)所示燃气流压力在弹射动力装置工作初期快速增加、中期有所回落、后期再次回升的总体变化特性,即"马鞍型"压力曲线变化特性,也可以通过设计初容室容积、发射筒筒径、火箭起飞重量以及弹射阻力匹配方式实现。

续燃效应不仅影响发射筒内燃气流压力、箭体加速度变化特性,还会影响燃气流温度、热流密度变化特性,如图7-7所示。

图7-7显示,发射筒燃气续燃现象存在情况下,0~0.60s时间段监测点测试的温度与热流密度数值的确要高于后续相对平稳段温度与热流数值,说明续燃效应在造成一定时间段筒内增压的同时,还会引起相应的温度与热流密度增加。进一步的研究表明,相对后续平稳段,温度峰值增加相对幅度可达25%,热流密度峰值增加相对幅度可达60%。

本节弹射燃气流场、气动特性理论说明时并没有介绍依据的数值模拟算法,实际研究围绕数值模拟算法也开展了系列对比研究,其中COUPLE二隐式算法与Roe-FDS二隐式算法得到的监测点燃气流静压随时间变化特性总体一致,仅在数值上略有差异,主要差异集中于燃气流快速增加到峰值附近时间段,最大差异也出现在峰值上,COUPLE二隐式算法得到的峰值要比Roe-FDS二隐式算法得到的峰值高5.1%,可以认为两种算法得到的燃气流静压数值充分接近。数值模拟还针对第2章介绍的$k-\varepsilon$湍流模型以及SST湍流模型开展了

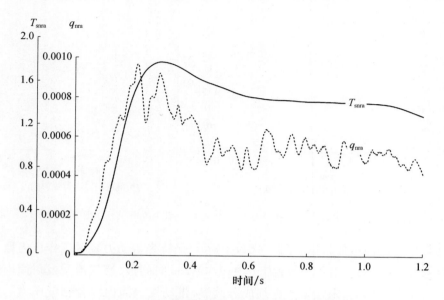

图 7-7 发射筒壁监测点 1 温度、热流测试曲线

对比研究,研究结果显示,湍流模型造成的燃气流场参数之间相对差别总体上要小于数值模拟算法及网络分辨率造成的差别,这里不再示例说明。

7.1.2 筒口效应

7.1.1 节介绍的弹射燃气流场集中于发射筒内空间,对应火箭弹射启动至出筒前时间范围内的燃气流分布情况。火箭弹射出筒瞬间,发射筒内的燃气流相对筒外环境大气而言一般仍会有较高压力,这部分高压燃气流会随火箭出筒而快速膨胀,继续并带动环境气流对火箭、弹射系统存在一定影响,而且影响往往会持续一段时间。这种燃气流伴随火箭出筒膨胀并继续对火箭、弹射系统施加的影响作用一般称为筒口效应。

筒口效应阶段,受筒内燃气流快速向外排放、扩散影响,发射筒内外燃气流场呈现了高度的瞬态特性,如图 7-8 所示。本节为方便说明,时间零点取自火箭弹射出筒时刻,真实发射时间应计及火箭前述弹射时间。

围绕图 7-8 所示筒口效应阶段燃气流线瞬态分布研究表明,火箭弹射出筒瞬间(0～0.02s 时间段),燃气流在膨胀过程中,前锋为球冠状冲击波,前锋后面跟进区域存在着系列接触间断面;后续,随着火箭弹射高度逐渐增加,膨胀燃气流球冠状前锋以环境声速继续推进,强度逐渐衰减,并且很快越过并包覆整个箭体,靠近尾罩的跟进燃气流受尾罩阻挡侧向上方导流,再受周围已经存在

第7章 大型火箭发射复杂燃气流场及气动特性

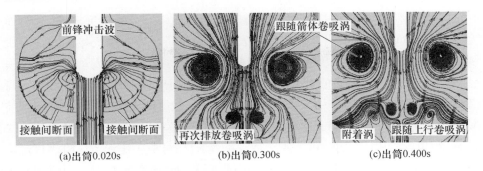

图7-8 火箭弹射出筒一定高度燃气流线图

的燃气流黏滞后形成卷吸涡；箭体后续上行过程中，会带动该卷吸涡上行，并且在上行过程，卷吸涡将影响周围更多的气流，使得截面逐渐扩大；卷吸涡也受环境气流波动影响会适时改变截面形状，同时受环境气流及自身黏性作用，卷吸涡中心将向箭体外侧移动并远移箭体，高度方向上卷吸涡由原先位于尾罩侧上方空间位置处逐渐变为侧下方空间位置，当然该卷吸涡总体高度依然呈逐渐增加趋势；在发射筒内燃气流总质量有限情况下，发射筒内燃气流在快速膨胀一段时间后就后继乏力，很快由膨胀状态转为倒灌状态；倒灌的燃气流很快又被挤出发射筒，转为继续排放，在筒口附近形成新的卷吸涡；然后新的卷吸受箭底尾罩附近已经存在的较强卷吸涡带动跟随上行，发射筒轴线同侧跟随上行的卷吸涡与箭底尾罩附近的较强卷吸涡同向，在跟随上行的卷吸涡附近形成逆向附着涡；附着涡最终将在这两个同向卷吸涡的挤压、黏滞作用下逐渐消散；较早存在两个同向卷吸涡虽然形状、大小在持续动态变化，但持续了较长时间才在环境气流及自身黏性作用下逐渐耗散殆尽。

筒口效应阶段，燃气流及其扰动气流对箭体、发射设备的气动载荷影响主要由燃气流静压作用体现。图7-8中相关卷吸涡、跟随涡、附着涡及其附近区域燃气流静压瞬态分布如图7-9所示。

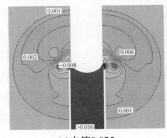 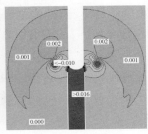 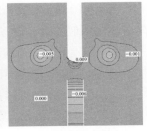

图7-9 火箭弹射出筒瞬间流场静压云图

围绕图 7-9 所示筒口效应阶段燃气流场静压瞬态分布研究表明,火箭弹射出筒瞬间(0~0.100s),原先封闭于发射筒的较高压力的燃气接触大气后快速推进、膨胀,快速推进、膨胀的燃气流前锋也形成了类似火箭发动机点火破膜过程形成的冲击波;从数值上可以分析火箭弹射出筒瞬间的燃气流冲击波与火箭发动机点火冲击波均属于中等强度的冲击波;筒口效应形成的冲击波其球冠状前锋在前进过程中同样得到一定程度保持,强度也会逐渐减弱;燃气流冲击波前锋后面,很快形成从外向内的正负压交替对称涡流区;外侧正压涡流区随燃气流前锋快速推进很快逐渐消散,而负压涡流区则进一步向外发展,位置也会跟随箭体弹射而向上移动。研究同时表明,跟随箭体向上运动的负压涡流区中心位置进一步向外、向上移动的同时,截面逐渐扩大,负压数值逐渐向零值靠近,即逐渐与环境大气压力保持一致;当火箭弹射到一定高度后,发射筒筒口附近、箭底尾罩附近与发射筒筒内的燃气流压力不再保持一致,而是迅速下降,其中,箭底尾罩底部的压力受跟随燃气流托举作用影响,在一定时间段内保持略高于环境大气压力状态,但最终也逐渐接近环境大气压状态,发射筒筒口附近空间压力在火箭出筒后不久即转入低压甚至负压状态,后续则保持一定程度的振荡状态。

燃气流静温、质量组分云图直观显示了燃气流向筒外动态扩散过程,如图 7-10 所示。

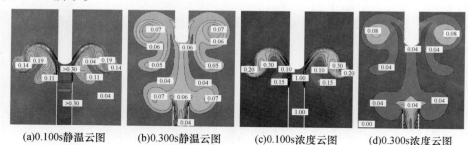

(a)0.100s静温云图　　(b)0.300s静温云图　　(c)0.100s浓度云图　　(d)0.300s浓度云图

图 7-10　火箭弹射出筒后燃气流静温、浓度动态分布云图

图 7-10 显示,筒口效应条件下,发射筒内外燃气流静温云图与浓度云图存在比较相似的分布及动态变化特性,火箭出筒 0.100s,高温、高浓度燃气流冲击尾罩底部受尾罩底部阻挡后侧向上方推进,受上方空气阻挡以及环境气流黏滞作用,发生卷吸,卷吸气流跟随箭体运动,持续跟进的燃气流带动原有卷吸燃气流继续卷吸、多次折转;火箭出筒 0.300s,跟随箭体运动的卷吸涡已经运动至一定高度,发射筒内经过倒灌历程的混合燃气流再次向外排放,在筒口形成新的卷吸气流,该部分燃气温度依然较高,但浓度已经被环境空气充分稀释。进一步研究表明,后续发射筒口附近仍然在向环境排放燃气流,跟随箭体运动的

卷吸涡已经运动至更高的高度,受环境气流混合影响,箭底附近的卷吸涡区域高温燃气占据空间已经很小。

筒口效应阶段不同时刻发射筒内燃气流静压、静温瞬态分布如图7-11和图7-12所示。

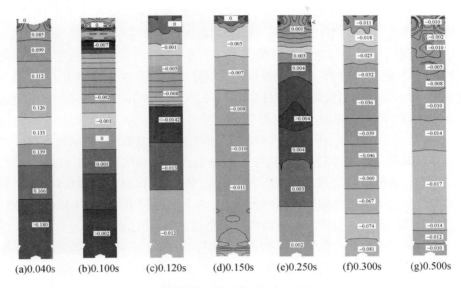

图7-11 火箭弹射出筒后发射筒内瞬态静压分布对比云图

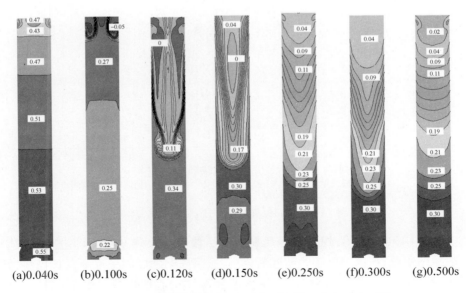

图7-12 火箭弹射出筒后发射筒内瞬态静温分布对比云图

图 7-11 显示,火箭弹射出筒不久,发射筒内即受燃气流快速向外膨胀影响,自筒口压力向内逐渐下降;由于筒口直径较大,燃气流向外排放的速度很快,不久出现过膨胀现象,筒口附近很快出现负压区。随后,负压区也快速向内推进,一定时间后,筒口混合燃气流开始倒灌,倒灌燃气流与筒底反射回的负压区在发射筒中间发生交汇现象,交汇后燃气流继续倒灌。倒灌一定程度后,筒内燃气流压力又明显高于筒外燃气流压力,再次向外膨胀、扩散……如此,发射筒内燃气流出现振荡气流现象。图 7-12 显示,火箭弹射出筒后,筒内高温燃气流在向外快速扩散时伴随降温过程。这种降温过程存在 3 个特点:①降温速度快慢不均匀,表现时快时慢,如弹射出筒 0.150~0.200s 时间段降温速度要快于 0.200~0.300s 时间段降温速度;②发射筒外空气自筒口边缘附近进入筒内后,首先集中于发射筒轴线附近,并与筒内燃气混合实现降温,筒壁附近燃气流受边界黏附作用影响,降温速度低于发射筒轴线附近燃气流降温速度;③单位时间内燃气流降温幅度要低于静压下降幅度,例如,火箭弹射出筒 0.040s,发射筒上半段压力下降平均幅度已经超过 40%,而火箭弹射出筒到 0.048s 时间段,发射筒上半段燃气流温度下降平均幅度不超过 10%。

发射筒筒壁监测点燃气流参数能够反映筒口效应条件下燃气流时间历程完整动态特性。图 7-4 中初容室监测点 1、发射筒筒口附近监测点(L_{nrx} = 9.80、L_{nry} = 127.60)燃气流静压变化如图 7-13 所示。

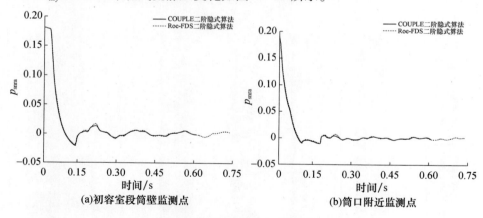

图 7-13　监测点静压随时间变化对比曲线

图 7-13(a)显示,燃气流经历初始卸压段(0~0.142s)后,即进入比较明显的振荡阶段,振荡幅度随时间逐渐减小,振荡周期随时间呈逐渐延长趋势,并且在每个振荡周期内还存在比较明显的局部波动起伏现象。图 7-13(b)显示,筒口附近监测点燃气流静压初始降速要比初容室监测点燃气流静压降速要

第7章 大型火箭发射复杂燃气流场及气动特性

快,初始卸压仅耗时 0.108s,筒口附近监测点燃气流静压虽然总体呈衰减特性,但并没有经历类似初容室监测点那样比较明显的振荡特性,衰减过程气流波动现象也比较复杂。图 7-13 所示筒口压力曲线基于 SST 湍流模型,采用 COUPLE 算法、Roe-FDS 算法两种典型算法得到,两种算法得到曲线均高度重合,充分显示算法结果的一致性,两种算法结果的差异性与前述章节差异性也存在一致性。首先 Roe-FDS 算法结果显示的波动相位略滞后,如发射筒底部监测点显示燃气流快速排放过程中,压力由初始状态达到波谷值的时间为 0.144s,较 COUPLE 算法结果滞后 -2.1%,其次,Roe-FDS 算法结果得到的波动幅度总体大于 COUPLE 算法结果,最大差别出现在第一振荡周期的波峰上,Roe-FDS 算法结果显示为 0.0167,较 COUPLE 算法结果大 20.1%。

实际试验过程中,依据图 7-13(a)初容室监测点 1,布置了压力传感器测试了试验压力,基于试验测试结果分析了理论与试验之间的异同,在此基础上改进了试验测试方法,并再次分析理论与试验之间的异同,整个对比结果如图 7-14 所示。

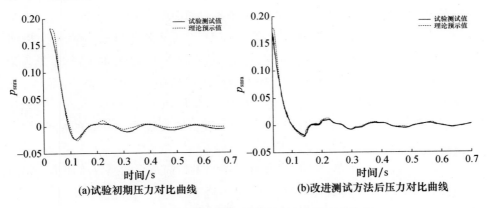

(a)试验初期压力对比曲线　　(b)改进测试方法后压力对比曲线

图 7-14　试验测试结果与理论预示结果对比曲线

图 7-14(a)显示,试验与理论预示曲线均正确地反映了火箭出筒后筒内压力振荡情况,并且两曲线变化特性相似,说明理论预示结果与试验测试结果基本吻合。图 7-14(a)显示试验与理论之间主要存在 3 个方面的细节差异:①振荡、波动周期及相位之间存在差异,例如,理论预示燃气流出现第一至第四个负压峰值对应时刻分别为 0.1308s、0.3088s、0.4808s、0.6608s,相对试验测试确定的时刻误差分别为 10.1%、-6.4%、-2.6%、-0.7%,负压峰值出现的时间差即振荡周期,由此确定第一至第三振荡周期理论预示值相对试验测试值误差分别为 -7.3%、8.9%、-6.3%;②燃气流振荡过程波动幅度之间存在差异,例如,理

论预示燃气流首次呈现负压状态时,其峰值相对测试值误差为-14.4%,而随后第一振荡周期范围内正压峰值相对测试值误差达98.0%;③理论预示值显示燃气流每个振荡周期内,压力曲线存在局部起伏现象,试验测试曲线则比较平滑。图7-13已经充分说明,在保证必要的网格质量以及控制2阶精度以上算法,两种完全不同算法得到的压力变化特性极为一致,结合前述基础研究经验,初步评估理论预示结果具有一定可信度。反过来梳理试验过程中具体测试方法,发现试验测试方法存在两方面局限性:①压力传减器感应膜片直径达到25mm,存在膜片直径过大问题,膜片直径过大会导致区域燃气流压力平均化、时域平滑化以及频响较低等导致局部数据失真的可能性;②压力传感器采样频率过低,仅500Hz,会导致数据曲线时域平滑化。为此,后续改进了测试方法,采用膜片直径为10mm的传感器,频响2kHz,采样频率5kHz,图7-14(b)显示测试方法改进后,测试曲线的确捕捉到了压力振荡周期内局部存在明显的波动起伏现象,并且试验压力波动曲线与理论压力曲线重合度大幅度提升,上述负压峰值出现时刻理论预示与试验结果之间误差不超过10.0%,振荡周期内正压或负压峰值理论与试验结果之间误差不超过20.0%,充分说明测试方法改进有效,应该说这是一次典型的理论预示与试验互动、理论指导试验的成功案例。图7-14(b)所示压力对比曲线起始压力差异原因在于:理论预示时,依据发射筒大部分空间压力分布相对均匀的特点设置了筒内压力一致性条件,而实际发射试验发射筒内部燃气流压力分布并不均匀,而且处于动态变化状态。起始压力差异不影响后续压力变化特性,从另一角度说明理论预示开展的相关简化、假设条件是合理、可行的。

筒口效应阶段,尾罩、整个火箭(含尾罩)、发射筒承受的燃气流冲击力随时间变化特性以及火箭弹射弹道特性如图7-15所示。

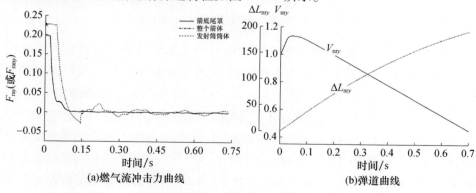

(a)燃气流冲击力曲线　　(b)弹道曲线

图7-15　燃气流冲击载荷及其对弹射弹道的影响

图 7 – 15(a)显示,筒口效应阶段,整个箭体受力曲线与尾罩受力曲线高度重合,说明整个箭体承受的燃气流冲击力主要由尾罩承担;相比于箭体或尾罩承受的气流作用力变化特性,发射筒筒体受燃气流冲击力变化特性有很大不同,火箭出筒 0~0.045s 时间段发射筒筒体受燃气流冲击力仍然保持平稳状态,此后才快速下降,并且这种下降态势比较剧烈,直接由承受向下的燃气流冲击力状态转为向上抽吸作用力状态,此后进入比较明显的周期性冲击振动状态,并且这种振动性作用力持续了较长时间。图 7 – 15(a)所示冲击力曲线同时显示,至火箭出筒 0.100s,尾罩、整个火箭承受的气流作用力下降幅度超过 99.0%,此后尾罩、整个火箭仅承受很小的气流作用力,气流作用力受周围不稳定气流(如尾罩附着的卷吸涡)影响呈现出小幅波动现象,整个箭体与尾罩承受的气流作用力差异也表现出来。图 7 – 15(b)显示,火箭出筒 0~0.040s 时间范围内,受膨胀燃气流的继续推动作用力,火箭弹射速度仍然得到一定程度的提高,图例中提升幅度为 13.1%,此后,燃气流难以为继,火箭靠惯性呈抛体运动,速度很快呈线性下降趋势,受速度下降影响,火箭离筒高度后续呈缓慢增加趋势。

筒口效应阶段影响燃气流对火箭的作用力因素很多,如火箭自身重量、出筒速度、火箭出筒瞬间发射筒内燃气流质量、燃气流压力(即发射筒余压)等,这些因素对燃气流作用力影响如图 7 – 16 和图 7 – 17 所示。图 7 – 16 和图 7 – 17 相关因素变化参照图 7 – 8 ~ 图 7 – 15 依据的初始条件,例如,图 7 – 16 和图 7 – 17 依据的发射筒余压为 0.18,则余压增加 10% 后变为 0.198。图 7 – 17 中燃气质量指火箭弹射出筒瞬间尚未与环境空气混合的发射筒内燃气总质量。

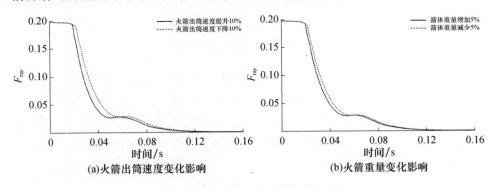

图 7 – 16　火箭出筒速度及火箭重量变化影响

图 7 – 16 和图 7 – 17 显示,其他初始条件总体一致情况下,火箭出筒速度变化在 ±10% 范围内,出筒速度变化造成燃气流对箭体作用力较明显差异的时间段主要集中于出筒 0~0.120s 时间段,差异百分比范围为 – 15.3% ~ 15.3%,

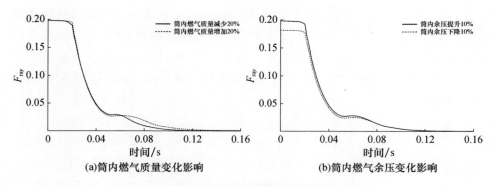

图 7-17 发射筒内燃气质量、余压变化影响

其他时间段差异并不明显;火箭重量变化在±5%范围内,火箭重量变化造成燃气流对箭体作用力较明显差异的时间段主要集中于出筒 0～0.100s 时间段,差异百分比范围为 -9.5%～9.5%,此后差异并不明显;燃气质量变化在±20%范围内,燃气质量变化造成燃气流对箭体作用力较明显差异的时间段主要集中于出筒 0.020～0.130s 时间段,差异百分比范围为 -29.8%～29.8%,其他时间段差异则并不明显;发射筒内余压变化在±10%范围内,余压变化造成燃气流对箭体作用力存在较明显差异的时间段主要集中于出筒 0～0.060s 时间段,差异百分比范围为 -10.0%～10.0%,此后差异并不明显。

筒口效应阶段,筒内余压、燃气质量、火箭重量、出筒速度等因素的影响并不仅限于对箭体的作用力,也会影响燃气流在筒口附近卷吸涡强度以及筒内振荡周期。

7.1.3 火箭发动机点火燃气流场及气动特性

筒口效应末期,火箭发动机开始点火并继续推动火箭向目标前进。火箭发动机点火后,燃气流将快速向下推进,很快覆盖发射系统乃至发射场坪周围空间。虽然火箭点火时发动机离发射系统有一定高度,但燃气流的冲击、烧蚀影响依然具有一定强度,也将持续一段时间。当这种高度根据任务需求大幅降低时,燃气流的冲击、烧蚀作用将大大增强。本节主要结合图 1-7 所示机动发射技术,介绍火箭发动机点火燃气流场及气动特性。

依据图 5-2 所示火箭发动机工作条件,火箭发动机点火后不久燃气流场静压动态分布如图 7-18 所示。受视窗辨析度限制,考虑燃气流影响范围集中于发射筒筒口至发动机喷管段空间,图 7-18 没有完整显示箭体以及发射车结构。图 7-18 仍难以清晰显示发射筒筒口、火箭发动机喷管结构,为此进行了特别标识。图 7-18 及后续无量纲燃气流参数、结构参数参照第 5 章界定的方法,主要依据火箭发动机喷口截面参数确定,时间自发动机点火时刻计时。

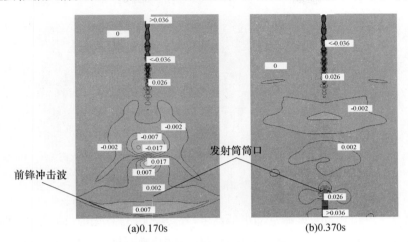

图 7-18　发动机点火后燃气流静压动态分布云图

图 7-18 显示,发动机点火后,燃气流在向下方逐渐推进过程中,由于很长距离不受障碍物扰动的影响,呈现自由喷流瞬时分布特性,燃气流前锋在很长高度范围内保持球冠形状,甚至这种球冠状前锋在抵达发射筒筒口后仍会在发射筒内外均保持一定时间,并且球冠状前锋在抵达发射场坪、向场坪四周漫延推进过程仍有一定程度保持特性;如同自由喷流一样,紧随球冠状燃气流前锋的燃气流受前锋阻挡作用呈正压状态,这种正压在前进过程中与前锋一样,受体积增加、自身黏性及环境气体的黏滞作用,将由起始瞬间的较高压力状态逐渐衰减至接近环境气压状态,其正压峰值区域离前锋的距离也逐渐拉大;紧挨这股正压气流上方的跟随气流则是范围相对较大的负压气流,负压气流在前进过程范围进一步扩大,达到筒口上方时负压区域分裂形成了对称负压卷吸涡区域,此后逐渐沿发射筒体外壁面下移,直到逐渐消失。

火箭发动机点火工作后,由于发射筒筒口相对发动机喷口距离较远,发射筒筒口附近、发射平台其他设备附近燃气流在较长时间范围内呈现一定的波动特性,当发射筒筒口相对发动机喷口距离不是太远的情况下,这种脉动特性甚至会影响上方自由喷流波动特性;发射筒筒口附近燃气流波动特性也会影响发射筒内很深处燃气流动状态,并在一段时间后,使得筒内燃气流波动强度出现较大幅度提升,有时会出现共振现象,这种共振现象最终也会趋向平稳。

燃气流场分布相对平稳条件下,火箭发动机不同点火高度还会造成其对发射系统的冲击强度、扰动特性存在明显差异,筒口附近局部时间段流动迹线直观显示了扰动变化特性,如图 7-19 所示。

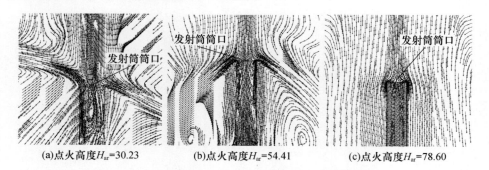

(a) 点火高度 $H_{ar}=30.23$　　(b) 点火高度 $H_{ar}=54.41$　　(c) 点火高度 $H_{ar}=78.60$

图 7-19　起飞不同高度筒口附近 $L_{nrx}=0$ 剖面燃气流迹线分布云图

图 7-19(a) 显示,火箭发动机低高度($H_{ar}=30.23$)点火时,筒口附近燃气流呈现非常强的反冲态势,使燃气流在筒口附近即快速逆转、反冲,反冲气流依然强势,带动部分燃气流朝左上方流动,斜向上方的燃气流继续挤压燃气流,使燃气流在筒口附近侧偏,侧偏燃气流又挤压并带动筒口附近局部反流向右下方流动。图 7-19(b) 显示,火箭发动机中高度($H_{ar}=54.41$)点火时,燃气来流方向总体平行发射筒轴线,环境空气受引射向燃气流动区域附近靠拢;燃气流抵达筒口后,一部分直冲进发射筒内,受筒内气体阻滞逐渐减速、反向、分层折转,折转气流最终贴壁上升、向筒外流动;流出筒外的气流残余强度较低,受燃气流来流挤压后折转斜向筒体下方流动;外筒壁附近气流则受斜向燃气流抽吸带动向上回流,最终与斜向下流动的燃气流汇合,抽吸气流及斜向下流动的汇合作用使得筒口下方并离发射筒一定距离处形成比较明显的卷吸涡。图 7-19(c) 显示,发动机远离发射筒($H_{ar}=78.60$)点火时,燃气流动强度下降很多,导致冲进发射筒后向上反冲的燃气流强度更弱,反冲燃气流在筒顶附近即被压制、贴壁流动,从而筒口附近整个燃气流动仅呈现略微膨胀状态,然后恢复成平行发射筒筒壁流动状态。

图 7-19 中火箭发动机燃气流经发射筒口、沿发射筒外侧向下流动过程中,受发射系统结构以及地面扰动影响,将被迫改变流动轨迹。由于发射系统结构复杂,结构尺度大小不一,扰动的燃气流动轨迹将十分复杂,以公路发射车为例,燃气流沿发射筒外壁向下流动过程中,受起竖油缸、车架后梁扰动,一些燃气流将直接下泄进发射车底盘;另一些燃气流发生分流,一部分流进发射车底盘向车前流窜,一部分受扰动反冲筒体;向前流窜的燃气流还将受到悬架、车轮、大梁等结构扰动,进一步折转、飞溅,这些折转、飞溅的燃气流残余烧蚀、冲

第7章 大型火箭发射复杂燃气流场及气动特性

击强度往往不低,为此需要加强强度分析或热防护设计,确保发射系统安全。这部分燃气流经发射车抵达发射场坪时,也依然保持部分残余能量,这部分残余能量有时足以引燃发射场场坪附近的草木。

受火箭发动机安装偏差、推力偏差、箭体质心偏差、箭体结构气动偏差等因素影响,火箭起飞高度持续增加过程伴随火箭箭体姿态持续变化。实际发射试验过程中,火箭弹射出筒时发射筒与适配器之间的摩擦作用、筒口效应阶段燃气流的跟随作用、尾罩分离过程作动机构反作用、野外环境风载等因素也会使箭体姿态发生变化,最终将体现在火箭发动机喷管相对发射系统的姿态变化,具体反映在两个方面:①箭体横向偏移,造成发动机喷口截面中心相对发射筒轴线(或发射筒筒口中心)存在横向偏移量,横向偏移量往往随时间动态变化;②箭体侧倾,造成发动机喷管轴线相对发射筒轴线夹角(简称喷管侧倾角)动态变化,有时这种侧倾角是火箭发动机喷管自身主动侧摆造成的。这两方面动态变化都使得影响发射系统的燃气流分布不同于火箭垂直发射时燃气流分布。

上述火箭结构、发动机工作条件、环境风载等因素偏差存在随机性,穷举、抽样研究偏差因素不合理,但偏差因素存在比较明确的极限条件,由此造成火箭特定点火高度条件喷管姿态存在围绕发射筒轴线的包络锥。针对公路机动发射技术特点,可沿发射车对称面、垂直发射车对称面的两个特征剖面简化分析发动机喷管姿态变化造成的燃气流场变化,火箭发动机喷管空间其他姿态燃气流场分布特性可视作这两种特征剖面燃气流场合成作用形成。以垂直发射车对称面($L_{nrx}=0$ 剖面)这一特征剖面燃气流场分布为例,火箭发动机低高度($H_{ar}=30.23$)点火时侧偏燃气流迹线分布如图7-20所示。

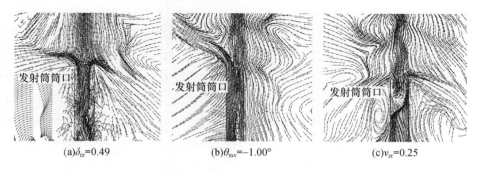

(a) $\delta_{rz}=0.49$ (b) $\theta_{mx}=-1.00°$ (c) $v_{zr}=0.25$

图7-20 $L_{nrx}=0$ 剖面发动机侧偏燃气流瞬时迹线分布云图

图7-20(a)显示,箭体存在横向偏移时,燃气流动中心区域与发射筒中心区域发生相对错位,燃气流偏向发射筒右侧流动,部分正冲发射筒右侧筒顶的燃气流受筒顶干扰、挤压后斜向右下方流动,这部分气流反过来又挤压流进发

射筒内的气流,使得流进发射筒内燃气流也发生一定程度偏斜,偏向左下方流动,然后再受到筒壁干扰发生折转,燃气流在筒内流动过程出现扭转现象,发射筒筒口左、右两侧以及距离筒口一定深度处出现多个流动旋涡。由于部分燃气流出了发射筒,造成燃气流冲进、流出发射筒的流量减小,在来流强度保持不变的情况下,对比图7-19,可以看出向左上方反冲的燃气流受来流挤压后反冲折转角度增大。图7-20(b)显示,喷管向右侧倾时,燃气流也向右倾斜,倾斜的燃气流在发射筒附近向右下方侧偏流动;喷管侧倾造成一部分燃气流没有落在发射筒筒口范围,而是超过发射筒筒口范围、在筒外继续向下流动;喷管侧倾时,仍有部分燃气流进发射筒筒口,倾斜向右下方流动一定距离后,受筒内气流挤压作用开始折转。对比图7-19和图7-20(b),可以看出喷管侧倾时,流进筒内的燃气流较好地切分了筒内气流,使得燃气流在筒内影响深度增加,折转回流涡相对更靠近发射筒中部;同时,筒内向外反冲的燃气流动相对通畅,燃气流反冲折转角度有所减小,反冲高度也更高。图7-20(c)显示,环境水平向风作用于燃气流后,筒口附近燃气流发生了3个方面的显著变化:①发射筒筒口上方燃气流来流核心区发生扭曲、波动,并且使燃气流来流整体略向右侧偏移;②部分燃气流进发射筒内后,继续受风作用影响,偏右侧挤压筒内上升燃气流,在筒口附近靠右上角一侧形成图示逆时针方向的卷吸涡流,该卷吸涡流最后在筒顶反卷、与部分燃气流汇合斜向右下方继续推进,并再次抽吸环境气流,形成图示发射筒筒体右侧贴壁顺时针方向卷吸涡流;③图示发射筒筒体左侧直接下泄的燃气流抽吸环境气流形成左侧贴壁逆时针方向卷吸涡流,该卷吸涡流受水平风挤压作用影响,沿高度方向呈扁平化现象。

  耦合因素作用下,侧偏燃气流在发射车附近的扰动、分布更加复杂。仍以垂直发射车对称面($L_{nrx}=0$剖面)这一特征剖面燃气流场分布为例,火箭发动机低高度($H_{ar}=30.23$)点火时侧偏燃气流瞬时迹线分布如图7-21所示。

  图7-21(a)显示,火箭箭体横向偏移、发动机喷管同时侧倾时,燃气流更加明显地朝图右侧偏,燃气流不再占据发射筒内上方全部空间,经发射筒筒口流进发射筒的燃气流沿右侧内筒壁流动及折转上返过程中,受燃气流来流挤压作用减小,当折转上返的燃气流残余强度较高时,折转上返的燃气流可以沿发射筒左侧近乎平行内筒壁反冲上去。图7-21(b)显示,当火箭箭体横向偏移、发动机喷管侧倾、同时存在环境风影响时,图示燃气流进一步向右侧偏,给发射筒内上返的燃气流腾出更多的导流空间,原先强烈反冲的燃气流的强度则有所下降;燃气流在筒口上方快速反冲时,膨胀范围得以充分扩张;由于风作用使燃气流发生扭曲、波动,冲进发射筒内的燃气流以向左下方倾斜姿态流动,此后折

转向上流动过程再逐渐舒缓、扩展开来,由此,筒内的扁平涡流也存在倾斜、偏转现象。

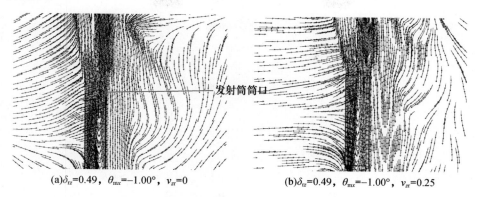

(a) $\delta_{rz}=0.49$, $\theta_{mx}=-1.00°$, $v_{zr}=0$ 　　(b) $\delta_{rz}=0.49$, $\theta_{mx}=-1.00°$, $v_{zr}=0.25$

图 7-21　耦合因素作用下筒口附近 $L_{nrx}=0$ 剖面燃气流迹线分布云图

类似地,依据箭体横向偏移量、发动机喷管侧倾角,也可利用发射车对称面、垂直发射车对称面这两个特征剖面简化分析燃气流对发射系统冲击作用力的影响,然后根据这两个特征剖面分析结果矢量合成其他喷管姿态条件下的燃气流冲击作用力。公路机动发射技术条件下,两个特征剖面上侧倾燃气流、发动机喷管姿态及受力分析示意如图 7-22 所示。

引入典型设备气动力、环境风速、设备尺寸等参数无量纲界定形式为

$$F_{rbci} = \frac{F_{ci}}{F_{t,ref}}, F_{rbti} = \frac{F_{ti}}{F_{t,ref}}, F_{rbgi} = \frac{F_{gi}}{F_{t,ref}}, F_{rbcni} = -\frac{F_{ci}}{F_{t,ref}}, F_{rbtni} = -\frac{F_{ti}}{F_{t,ref}}, \quad i = x,y,z \tag{7-1}$$

$$H_{ar} = \frac{H_a}{d_{e,ref}}, H_{cr} = \frac{H_c}{d_{e,ref}}, \delta_{ri} = \frac{\delta_{mi}}{d_{e,ref}} \tag{7-2}$$

$$v_{xr} = \frac{v_x}{v_{h,pref}}, v_{zr} = \frac{v_z}{v_{h,pref}} \tag{7-3}$$

式中:F_{rbci}、F_{rbti}、F_{rbgi} 分别为发射车整车、发射筒、发射车厢盖无量纲形式的燃气流冲击作用力 i 向分量;F_{rbcni}、F_{rbtni} 分别为发射车整车、发射筒无量纲形式的反向燃气流冲击作用力 i 向分量;$F_{t,ref}$ 为火箭发动机推力参考值;F_{ci}、F_{ti}、F_{gi} 分别为发射车整车、发射筒、发射车厢盖承受的燃气流冲击作用力 i 向分量;H_{ar} 为发动机点火高度无量纲值;H_{cr} 为发射筒长度无量纲值;δ_{ri} 为喷口中心相对发射筒轴线横向偏移量 i 向分量无量纲值;v_{xr}、v_{zr} 分别为环境风速 x、z 向分量无量纲值;$v_{h,pref}$ 为环境风速参考值。

依据(7-1)式~(7-3)式以及图 5-2 所示火箭发动机工作条件,研究给

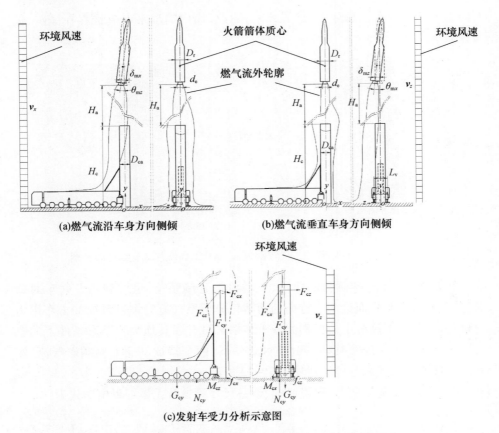

H_a—发动机点火高度;H_c—发射筒长度;D_{ca}—发射筒外径;D_r—火箭箭体外径;
L_v—发射车调平支腿球头销中心跨距;d_e—火箭一级发动机直径;
δ_{mi}—喷口中心相对发射筒轴线横向偏移量 i 向分量;
δ_{mx}、δ_{mz}—喷口中心相对发射筒轴线横向偏移量 x、z 向分量;v_x、v_z—环境风速 x、z 向分量;
F_{cx}、F_{cy}、F_{cz}—发射车承受的燃气流冲击作用力的 x、y、z 向分量;G_{cy}—发射车重力 y 向分量;
N_{cy}—发射场坪支力 y 向分量;f_{cx}、f_{cz}—发射车承受的场坪摩擦力的 x、z 向分量;
M_{cx}、M_{cz}—燃气流对发射车冲击作用力矩的 x、z 向分量。

图 7-22　燃气流沿特征剖面侧偏、喷管姿态及发射车受力分析示意图

出了火箭发动机燃气流对发射筒、整个发射车冲击力随点火高度变化特性,如图 7-23 所示。

图 7-23(a)显示,燃气流对发射筒、整个发射车的冲击力在 20 倍喷口直径高度范围内变化幅度较小,数值大小接近火箭发动机推力的 3 倍,这种强冲击作用对发射车的破坏作用是巨大的;20~50 倍喷口直径高度范围内,燃气流对

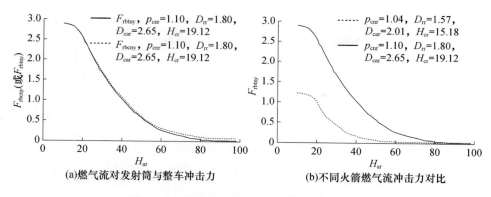

图 7-23 燃气流冲击力随高度变化对比曲线

发射筒、发射车的冲击力呈现随高度增加非线性快速下降的趋势；此后，燃气流对发射筒、发射车的冲击力下降趋势趋于缓和，超过 80 倍喷口直径高度时，燃气流对发射筒、发射车的冲击力已经很小。图 7-23(a)同时显示，火箭发动机垂直点火情况下，发射筒、发射车承受的燃气流冲击力随高度变化特性高度一致，两者之间出现明显的数值上的差异出现在 55 倍喷口直径高度以上范围，至 80 倍喷口直径高度时，受燃气流膨胀范围扩大的影响，整车承受的燃气流冲击力几乎达到了发射筒承受的燃气流冲击力的两倍。图 7-23(b)显示，当火箭发动机工作压力接近而火箭规模不同时，对应图中箭体直径为 $D_{rr}=1.57$、起飞吨位较小的火箭发动机燃气流对发射筒的冲击力较小，其中，60 倍喷口直径高度范围内，起飞吨位较小的火箭发动机燃气流冲击力不足较大起飞吨位火箭发动机燃气流冲击力的 1/2。

火箭发动机点火高度 $H_{ar}=30.23$、火箭箭体沿车身纵向存在横向偏移或发动机喷管存在侧倾角时，燃气流对发射筒、发射车的纵向冲击力随横向偏移量或侧倾角变化如图 7-24 所示。

图 7-24(a)显示，箭体存在横向偏移时，燃气流对发射筒的纵向冲击力将有所减小；燃气流纵向冲击力减小量与横向偏移关系密切，图中横向偏移量 δ_{mzr} 在 $0\sim0.250$ 范围内，燃气流纵向冲击力减小量极有限，δ_{mzr} 在 $0.250\sim1.000$ 范围内，燃气流纵向冲击力减小量明显显现，$\delta_{mzr}=1.000$ 时燃气流纵向冲击力相对垂直点火状态燃气流纵向冲击力减小幅度约 15.0%，δ_{mzr} 在 $1.000\sim1.850$ 范围内，燃气流纵向冲击力随喷管横向偏移量增加而加速下降，此后，由于侧偏燃气流主流区域跃过发射筒，燃气流纵向冲击力随喷管横向偏移量增加的下降速度明显趋于缓和。图 7-24(b)显示，火箭发动机喷管侧倾角在 $-0.5°\sim0.5°$ 范围内，燃气流对发射筒、发射车的纵向冲击力随倾角变化降幅不大；当发动机喷管

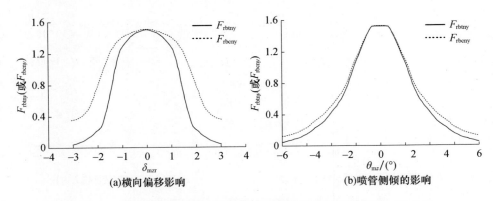

图 7-24 箭体横向偏移或喷管侧倾对燃气流纵向冲击力影响对比曲线

侧倾角在 −2.0°~ −0.5°或0.5°~2.0°范围内时,随着喷管侧倾角增加,燃气流侧偏角度也增加,发射筒承受燃气流冲击的迎风截面快速减小,燃气流对发射筒、发射车的纵向冲击力也快速下降,当喷管侧倾角达±2.0°时,此时燃气流纵向冲击力仅为垂直点火状态时的 53.94%。此后,随着喷管侧倾角进一步增加,影响发射筒的侧偏燃气流由流速、压力、密度等变化比较剧烈的主流区域变化为趋于缓和的边缘燃气流区域,经发射筒下泄至仪器舱、后梁、支腿等近场坪结构的燃气流参数变化进一步趋于缓和,从而对发射筒、发射车的纵向冲击力随倾角增加下降速度也趋于缓和情况。另外,也由于燃气流主流区绕过发射筒直接下泄至发射车其他设备,发射筒承受的纵向冲击力占整个发射车承受的纵向冲击力的比例下降,发射筒、发射车整车承受的纵向冲击力数值及变化趋势区分明显。

如图 7-22 所示,箭体存在垂直发射车对称面横向偏移情况,火箭发动机喷管也存在垂直发射车对称面侧倾情况。研究表明,火箭发动机喷管垂直发射车对称面、向发射车一侧侧倾时,倾角的微小变化将引起燃气流对发射筒、发射车的横向冲击力的快速增加,当侧倾角达到一定角度时,该燃气流横向冲击力达到极大值,此后,发动机喷管侧倾角进一步增大时,燃气流横向冲击力转向快速下降,当侧倾角超过一定范围时,燃气流横向冲击力已经变得很小。研究还表明,当发射车结构呈左右对称分布结构时,火箭发动机喷管朝发射车左侧或右侧等角度侧倾时,燃气流纵向冲击力或横向冲击力数值大小呈现总体接近情况,相关冲击力曲线呈现对称特征;当发射车存在特殊结构造成其外形呈现明显的不对称现象时,燃气流纵向冲击力或横向冲击力曲线不再维持对称特征。以铁路发射车为例,当车厢箱盖采用单侧开盖方式时,侧偏燃气流将在发射筒周围形成不对称燃气流场分布,此时会造成发射车承受的燃气流横向冲击力特殊变化,研究给出了点火高度 H_{ar} = 30.23、喷

管侧倾角 $\theta_{mx}=2.50°$、横向偏移量 $\delta_{mzr}=0$ 时案例研究结果,如图 7-25 所示。

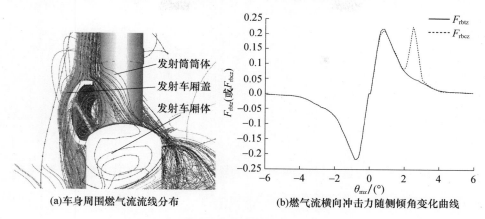

(a) 车身周围燃气流流线分布　　(b) 燃气流横向冲击力随侧倾角变化曲线

图 7-25　铁路发射车周围燃气流线分布示意图

图 7-25 显示,发射车整车承受的燃气流横向冲击力曲线为左右不对称曲线,$\theta_{mx}=2.50°$ 时发射车承受的燃气流横向冲击力达到最大值状态,主要原因是车厢盖迎风截面积很大,$\theta_{mx}=2.50°$ 时车厢盖承担了大部分燃气流冲击作用力,这部分燃气流冲击作用力数值又很大,使得整车承受的燃气流冲击作用力达到图示极值状态。图 7-25 同时显示,$\theta_{mx}=1.95°\sim3.02°$ 范围内燃气流对发射筒的扰动作用较小,从而发射筒承受的燃气流横向冲击力曲线没有出现发射车整车横向冲击力曲线所示的局部波动情况。

图 7-23 至图 7-25 所示的气动特性没有考虑发射环境风影响,火箭实际发射试验经常会遇到环境风影响情况,研究给出了这方面研究结果,限于篇幅,这里示例给出环境风影响下燃气流纵向冲击力的一些变化特性,如图 7-26 所示。

图 7-26(a) 显示,环境风加剧燃气流侧偏,使得相同喷管侧倾角情况下的燃气流纵向作用力进一步减小,这种减小将随环境风作用的加强而进一步减小。图 7-26(b) 显示,受喷管侧倾角影响,燃气流对发射筒的纵向冲击力随横向偏移量变化不对称特性比较明显,主要表现是喷管向发射车右侧横向偏移一定距离时,燃气流纵向冲击力达到峰值,在曲线图中该峰值横坐标位于零点左侧,即峰值不再位于横坐标零点;当环境存在风速时,燃气流纵向冲击力峰值的横坐标向零点左侧偏移量加大,这与环境风加剧燃气流向发射车左侧侧偏现象一致。发动机喷管朝发射车左侧侧倾、箭体同时朝发射车左侧横向偏移时,燃气流向发射车左侧侧偏趋势加大,与同样倾角、喷管向右侧横向偏移相同距离

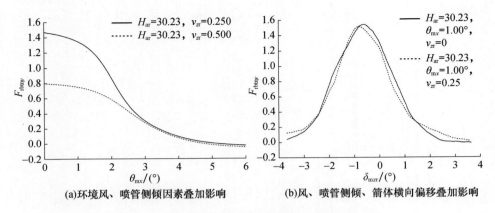

(a) 环境风、喷管侧倾因素叠加影响 (b) 风、喷管侧倾、箭体横向偏移叠加影响

图 7-26　环境风对燃气流纵向冲击力影响对比曲线

工况相比,燃气流纵向冲击力要偏小,造成燃气流纵向冲击力峰值左右两侧曲线斜率变化方面存在局部差异,这种差异将随环境风叠加作用而进一步扩大。

　　火箭发射燃气动力学研究不仅关注的是发射系统气动力特性,也关注气动力矩情况。例如,发射车整车的气动力矩将决定其发射过程的气动稳定性,这种气动稳定性在火箭低高度点火($H_{ar}<35.000$)时将变得格外突出。大型火箭待发射过程以及实际发射过程中,发射车主要采用调平支腿支撑发射系统。对于图 7-22,侧偏燃气流造成发射车可能倾翻的临界条件为:以右侧图中最外侧调平支腿支撑外边缘线为参考轴线,发射车系统承受的作用力矩达到临界力平衡条件。很多情况下,调平支腿采用球头销支撑,最外侧调平支腿支撑外边缘线即调平支腿球头销连线。临界条件下,图 7-22 中侧翻力矩存在以下关系,即

$$\sum M_{csx} = M_{cx} + M_{Gx} + M_{Nx} + M_{fx} = 0 \qquad (7-4)$$

$$M_{cx} = L_{cy}F_{cz} - L_{cz}F_{cy}, M_{Gx} = 0.5L_v G_{cy}, M_{Nx} \approx M_{fx} \approx 0 \qquad (7-5)$$

式中:M_{csx} 为发射车承受的外力合作用力矩 x 向分力矩;M_{Gx}、M_{Nx}、M_{fx} 分别为发射车承受的燃气流作用力,包括重力、地面支撑力、摩擦力造成的作用力矩 x 向分力矩;L_{cy}、L_{cz} 分别为发射车承受的燃气流冲击作用力相对参考点力臂长度的 y 向、z 向分量。

　　(7-5)式地面对发射车支撑力以及摩擦力作用力视为零的原因是这两种作用力的力臂很短,地面对发射车支撑力以及摩擦力作用力可视经过球头销连线。参照图 7-22(c) 并结合 (7-4) 式,发射车的自重一直起支持发射车稳定的作用(方向与图示 x 轴负向一致)。燃气流冲击力矩由两个分力各自形成的力矩合成贡献,当合成力矩方向也与图示 x 轴负向一致时,发射车绝对稳定,因此仅当燃气流冲击力矩与图示 x 轴正向一致时,发射车存在稳定性问题。火箭

发射技术领域,在技术方案论证及具体方案设计阶段,一般应确保不会出现(7-4)式那样的临界条件,设计时基于火箭发射燃气动力学预测结果会设计一定的稳定性安全系数,一般简称稳定系数。考虑稳定系数 α_{cs} 条件下,(7-4)式变为

$$\sum M_{csx} = \alpha_{cs} M_{cx} + M_{Gx} = 0 \Rightarrow \alpha_{cs} = -M_{Gx} | M_{cx} = -M_{rGx} | M_{rcx} \quad (7-6)$$

式中: M_{rcx}、M_{rGx} 分别为发射车承受的燃气流作用力、重力造成的作用力矩无量纲形式的 x 向分量。

火箭发射工程实践中,临界稳定系数 $\alpha_{cs,ref}$ 一般可取为

$$\alpha_{cs} \geqslant \alpha_{cs,ref} = 1.400 \quad (7-7)$$

基于(7-4)式~(7-7)式,研究了图7-23~图7-26所示案例发射车稳定性系数,同样受篇幅限制,这里仅列出典型研究结果,如图7-27所示。

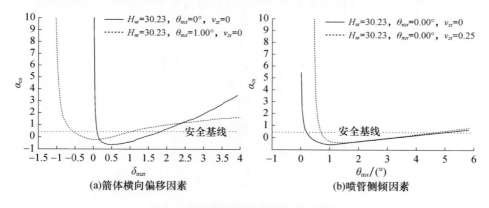

(a) 箭体横向偏移因素　　(b) 喷管侧倾因素

图7-27　公路发射车稳定系数变化对比曲线

图7-27(a)显示,无风条件下,发动机喷管由理想垂直状态横向偏移很小量就会导致发射稳定性系数急剧减小;发动机喷管横向偏移在0.10~1.80倍喷口直径范围内稳定性系数均低于(7-7)式所示稳定性系数临界值,表明该横向偏移范围内低高度点火发射车存在失稳风险;同样参照(7-7)式,发动机喷管同时存在侧倾角时,喷管横向偏移在-0.60~1.10倍喷口直径范围内会导致发射车存在失稳风险。图7-27(b)显示,无风条件下,发动机喷管由理想垂直状态侧倾很小角度就会导致发射稳定性系数急剧减小;发动机喷管侧倾角在0.20°~4.50°范围内稳定性系数均低于(7-7)式所示稳定性系数临界值,表明该倾角范围内低高度点火发射车存在失稳风险;同样参照(7-7)式,当环境风速附加影响时,发动机喷管侧倾角在0.70°~5.00°范围内会导致发射车存在失稳风险。图7-27中喷管侧倾角附加影响使得稳定性系数随横向偏移量变化

存在左向平移趋势,风速附加影响使得稳定性系数随倾角变化存在右向平移趋势,这些趋势可结合图 7-20 和图 7-21 解释,这里不再冗述。

7.1.4 注水冷却燃气流场

7.1.1 节介绍了火箭弹射过程封闭在发射筒内的燃气流场动态分布情况,在这种弹射燃气流场里,经弹射动力装置喷出的超过 1000m/s 高速燃气流很快减速至低于 100m/s 状态,而发射筒内的燃气流温度则很快恢复至接近总温(即燃温)状态,高温燃气流对发射筒、尾罩结构的烧蚀破坏作用很强,为控制燃气流的烧蚀破坏作用,发射技术研究人员研发了注水冷却技术。一种典型的注水冷却技术是采用弹射动力装置喷出的高速燃气流的抽吸作用,在火箭发动机喷口附近将连续液态水引射、注入燃气流,与燃气发生掺混,利用潜热极高的水吸收燃气流能量,从而降低燃气烧蚀温度,防护箭体及发射系统。该技术方案示意说明如图 7-28 所示。

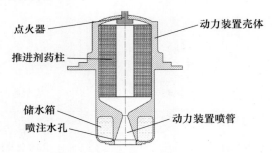

图 7-28 注水冷却技术方案示意图

如前述章节所述,燃气流场本身是多组分、多相燃气流场,注水后液态水、气态水(即水蒸气)与它进一步掺混,形成了更为复杂的多相燃气流场,这种复杂多相燃气流场的机理目前仍然没有研究清楚。研究时经常将弹射动力装置喷出的燃气流简化为单相、等效单组分或多组分燃气流形式,从而将注水冷却后的复杂燃气流简化为"燃气/空气/蒸汽+雾化水滴"形式的多组分、两相燃气流(后面仍简称为"混合燃气流"),适当降低了注水冷却燃气流场的研究难度。当然,这种分析方法的可行性、合理性主要也考虑到当前复杂多相燃气流场更多关注的是其表现的宏观形式[58],定量评估仍依托压力、温度等常规测试结果。

"燃气/空气/蒸汽+雾化水滴"这种特殊多相燃气流场研究仍依据第 2 章相关输运方程展开,仅在约束边界以及输运方程具体展开形式方面进行局部处理。约束边界局部处理方面法,与前述章节说明的边界条件处理差别仅在注水方面增设了特殊边界。高温、高速燃气流带动下,连续注水孔是一种特殊的雾化喷嘴,研究时需明确注水流量、雾化角、初始雾化粒径等边界参数。

图 7-28 中注水孔采用均布设计方案,注水总流量 Q_{wt} 计算形式简化为

$$Q_{wt} = N_w Q_{wa}, \quad Q_{wa} = \zeta_{wa} S_{wa} \frac{\sqrt{2\Delta p_{wa}}}{\rho_{wa}} \quad (7-8)$$

式中:N_w 为注水孔数量;Q_{wa} 为单个注水孔注水流量;ζ_{wa} 为注水孔流量系数;ρ_{wa} 为液态水密度;Δp_{wa} 为均布注水条件下单个注水孔注水压差。

两相流或多相流研究过程中,很多关键步骤或关键参数需要依托试验确定。在开展注水冷却燃气流场数值模拟及试验前,围绕(7-8)式注水压差以及流量系数确定开展了系列试验研究,研究发现注水压差与弹射动力装置工作压力近似存在线性比例关系,即

$$\Delta p_{wa} = \xi_{wa} p_c \quad (7-9)$$

式中:ξ_{wa} 为注水压力与工作压力之间的比例系数。

注水孔流量系数依赖注水孔内水流的流态形式。高温、高速燃气流带动下,微喷连续注水孔是一种特殊的雾化喷嘴,评判雾化喷嘴内水流流态的关键指标为空化系数,为注水压力、汽化压力的压差与注水压差的比值,即

$$K_w = \frac{p_{wa} - p_{wv}}{\Delta p_{wa}}, \quad \Delta p_{wa} = p_{wa} - p_{wb} \quad (7-10)$$

式中:K_w 为空化系数;p_{wa}、p_{wb}、p_{wv} 分别为注水孔进口压力、注水孔出口压力汽化压力。

(7-10)式中水的汽化压力与温度之间存在关联关系,研究时经常引用安托英(Antoine)拟合经验关系式,即

$$\ln(p'_{wv}) = A_{wa} + \frac{B_{wa}}{T_{wa} + C_{wa}}, \quad p'_{wv} = \frac{p_{wv}}{1000} \quad (7-11)$$

式中:A_{wa}、B_{wa}、C_{wa} 为汽化压力与温度相关方程依据的系数;T_{wa} 为注水汽化温度。

目前,基于雾化喷嘴空化系数的试验总结分析,将雾化喷嘴水流的流态大致分为 3 类,即单相满流、局部空化流及剧烈掺混流,这 3 类流态的空化系数依次满足

$$K_w > K_{wa}, \quad K_w > K_{wb} \quad (7-12)$$

$$K_{wa} \leq K_w \leq K_{wb} \quad (7-13)$$

$$K_w < K_{wa} \quad (7-14)$$

式中:K_{wa}、K_{wb} 为空化系数下限、上限临界值。

(7-12)式~(7-14)式中空化系数临界值确定主要依据注水孔结构尺寸及出口雷诺数,即

$$K_{wa} = 1 + \left(1 + 0.25\frac{L_{wa}}{d_{wa}}\right)^{-1}\left(1 + \frac{2000}{Re_{wa}}\right)e^{\frac{70r_{wa}}{d_{wa}}}, K_{wb} = 1.9\left(1 - \frac{r_{wa}}{d_{wa}}\right)^2 - \frac{1000}{Re_{wa}}$$
(7-15)

$$Re_{wa} = \frac{d_{wa}\sqrt{2\rho_{wa}\Delta p_{wa}}}{\mu_{wa}} \quad (7-16)$$

式中:L_{wa}为均布注水条件下注水孔长度;d_{wa}为均布注水条件下注水孔直径;r_{wa}为均布注水条件下注水孔倒角半径;Re_{wa}为均布注水时水流雷诺数;μ_{wa}为水流黏性系数。

3类流态条件下雾化喷嘴流量系数计算形式分别为

$$\zeta_{wa} = \left[\left(0.827 - 0.0085\frac{L_{wa}}{d_{wa}}\right)^{-1} + \frac{\left(20 + 45\frac{L_{wa}}{d_{wa}}\right)}{Re_{wa}}\right]^{-1} \quad (7-17)$$

$$\zeta_{wa} = \sqrt{\frac{K_w}{2.6787 - \frac{11.4r_{wa}}{d_{wa}}}} \quad (7-18)$$

$$\zeta_{wa} = 0.611 \quad (7-19)$$

依据(7-8)式~(7-19)式确定注水流量后,经注水孔的注水平均速度也就确定。一些文献也给出了考虑空化、剧烈掺混条件下的修正结果,这里不再冗述。

注水孔内的水流注入环境气体时,会发生膨胀、扩散,其膨胀、扩散外轮廓切线夹角称为喷雾角,主要也是利用试验研究总结。单相满流、局部空化流的喷雾角估算形式如(7-20)式,剧烈掺混流喷雾角估算形式如(7-21)式,有

$$\theta_{wa} = 2\arctan\left[\frac{\left(4.1569L_{wa}\sqrt{\frac{\rho_g}{\rho_{wa}}}\right)}{(10.8d_{wp} + L_{wa})}\right] \quad (7-20)$$

$$\theta_{wa} = 0.02 \quad (7-21)$$

式中:θ_{wa}为均布注水时喷雾角;ρ_g为燃气流密度;d_{wp}为雾化水滴直径。

单相满流、局部空化流以及剧烈掺混流雾化水滴最可机概率直径确定形式分别为

$$d_{wp} = 153.735\lambda_{wpa}(We_{wpa})^{-0.74} \quad (7-22)$$

$$d_{wp} = 153.735\lambda_{wpb}(We_{wpb})^{-0.74} \quad (7-23)$$

$$d_{wp} = 0.9947 d_{wa} \tag{7-24}$$

式中:λ_{wpa}、λ_{wpb} 分别为对应均布注水雾化时径向积分长度下限值、上限值;We_{wpa}、We_{wpb} 分别为对应均布注水雾化时韦伯数下限值、上限值。

(7-22)式、(7-23)式中的径向积分长度以及韦伯(Weber)数由下式确定,即

$$\lambda_{wpa} = \frac{d_{wa}}{8}, \lambda_{wpb} = \sqrt{\frac{Q_{wa}}{8\rho_{wa}u_{wa}\Delta\varphi_{wa}}}, We_{wpa} = \frac{\rho_{wa}u_{wa}^2\lambda_{wpa}}{\sigma_{wa}}, We_{wpb} = \frac{\rho_{wa}u_{wa}^2\lambda_{wpb}}{\sigma_{wa}} \tag{7-25}$$

式中:u_{wa} 为均布注水时水流流速;σ_{wa} 为水滴表面张力;$\Delta\varphi$ 为积分长度计算关联系数。

"燃气/空气/蒸汽+雾化水滴"这种特殊多相燃气流输运需要在参照第 2 章所述多组分流体输运特性基础上,充分考虑雾化水滴附加影响。在动量输运方程方面,主要计及网格单元内雾化水滴输运造成的动量改变,其大小计算形式为

$$\Delta P_{wpi} = \left(\sum F_{wpi}\right)\Delta t, \quad i = x, y, z \tag{7-26}$$

式中:ΔP_{wpi} 为标序为 i 的水滴动量变化值;F_{wpi} 为标序为 i 的水滴承受的作用力合力。

实际研究过程中,(7-27)式中雾化水滴所受作用力主要计及流动阻力、重力、浮力、加速运动引起的表观质量力、压差阻力以及高温热泳力等 6 种作用分力,确定形式分别为

$$F_{wpdi} = 0.5 c_{wpdi} S_{wpi}\rho_g (u_{gi} - u_{wpi})^2, \quad F_{wpGi} = m_{wpi} g_i, \quad F_{wpfi} = -m_{wpi} g_i \rho_g \mid \rho_{wp} \tag{7-27}$$

$$F_{wpgi} = \frac{m_{wpi}\rho_g}{2\rho_{wp}} \frac{d(u_{gi} - u_{wpi})}{dt}, \quad F_{wppi} = -\frac{m_{wpi}}{\rho_{wp}} \frac{\partial p}{\partial x_i}, \quad F_{wpTi} = -\frac{D_{Tp}}{T} \frac{\partial T}{\partial x_i} \tag{7-28}$$

式中:c_{wpdi} 为标序为 i 的水滴阻力系数;S_{wpi} 为标序为 i 的水滴沿流动方向的投影面积;u_{gi} 为标序为 i 的水滴附近燃气流速;u_{wpi} 为标序为 i 的水滴流速;F_{wpGi} 为标序为 i 的水滴承受的重力;m_{wpi} 为标序为 i 的水滴质量;F_{wpgi} 为标序为 i 的水滴加速运动引起的表观质量力;F_{wppi} 为标序为 i 的水滴承受的压差阻力;F_{wpTi} 为标序为 i 的水滴承受的高温热泳力;D_{Tp} 为水滴热扩散系数。

(7-27)式中的阻力系数以及(7-28)式热扩散系数分别依据(7-29)式和(7-30)式确定,即

$$c_{wpd} = a_{wp1} + \frac{a_{wp2}}{Re_{wp}} + \frac{a_{wp3}}{(Re_{wp})^2}, Re_{wp} = \frac{\rho_g d_{wp}(u_g - u_{wp})}{\mu_g} \tag{7-29}$$

$$D_{T_p} = \frac{7.02\pi d_{wp}\mu_g^2}{\rho_g} \frac{\alpha_{wg} + 2.18Kn}{(1 + 3.52Kn)(1 + 2\alpha_{wg} + 4.36Kn)}, \alpha_{wg} = \frac{\lambda_g}{\lambda_{wp}}, Kn = \frac{2L_{\lambda g}}{d_{wp}}$$

(7-30)

式中：a_{wp1}、a_{wp2}、a_{wp3} 为水滴阻力系数拟合函数对应的常量系数；Re_{wp} 为水滴雷诺数；u_g 为燃气流速；u_{wp} 为水滴流速；d_{wp} 为水滴直径；Kn 为克努森数；λ_g、λ_{wp} 分别为燃气流热导率、水滴热导率；α_{wg} 为热导率比；$L_{\lambda g}$ 为水滴分子自由程。

注水多相燃气流能量输运需要计及网格单元内水滴汽化以及从高温燃气的吸热过程，即

$$\Delta H_{wp} = \Delta m_{wp} q_{wpl0} + m'_{wp} \int_{T_{wpa}}^{T_{wp0}} c_{wpp} dT + m''_{wp} \int_{T_{wp0}}^{T_{wpb}} c_{wpp} dT \quad (7-31)$$

式中：ΔH_{wp} 为水滴汽化过程总焓变化量；Δm_{wp} 为水滴质量变化量；q_{wpl0} 为水滴汽化潜热；c_{wpp} 为水滴的比热比；m'_{wp}、m''_{wp} 分别为水滴进、出单元前后的质量；T_{wpa}、T_{wp0}、T_{wpb} 分别为水滴汽化前的温度、水滴汽化温度、汽化后残余水滴温度。

网格单元内水滴质量变化指流进网格单元内的初始水滴质量与流出网格单元内的水滴质量之间的差值，这部分水滴汽化成了水蒸气，即

$$\Delta m_{wp} = m'_{wp} - m''_{wp} \quad (7-32)$$

网格单元内水的汽化潜热由沸腾温度潜热折算，即

$$q_{wpl0} = q_{wplp} + \int_{T_{wp0}}^{T_{wpp}} c_{wpp} dT - \int_{T_{wp0}}^{T_{wpp}} c_{wgp} dT \quad (7-33)$$

式中：q_{wplp} 为水滴在沸腾点的汽化潜热；c_{wgp} 为水蒸气的比热比。

图7-28所示注水冷却系统除注水孔附近极小部分区域外，燃气、空气、蒸汽混合后形成的多组分气体占据绝对主要空间，后面冷却燃气流场数值模拟结果证明了这种现象。混合多组分气体成分又以燃气、蒸汽为主，经常将这种混后气体简称为"燃气-蒸汽"混后气体，采用"燃气-蒸汽"混后气体弹射火箭的发射技术称为"燃气-蒸汽"弹射技术。"燃气-蒸汽"混后气体各成分形成的分压依然遵循道尔顿(J. Dalton)原理，各分压叠加形成总压，工程及试验研究时往往并不细分具体组分的分压贡献，主要针对"燃气-蒸汽"混后气体开展宏观研究。例如，目前系列试验研究了这种混合气体总压与温度、混合密度之间的宏观关联关系，即状态方程关系，研究总结形成了很多经典关系式，如马丁-侯状态方程，形式为

$$p = \frac{RT}{v-b} + \frac{A_2 + B_2 T + C_2 e^{-\frac{5.475T}{T_k}}}{(v-b)^2} + \frac{A_3 + B_3 T + C_3 e^{-\frac{5.475T}{T_k}}}{(v-b)^3} +$$

$$\frac{A_4}{(v-b)^4} + \frac{B_5 T}{(v-b)^5}, \quad v = \frac{1}{\rho_g} \quad (7-34)$$

式中:A_2、A_3、A_4、B_2、B_3、B_5、C_2、C_3 为状态方程依据的试验常数;b 为状态方程依据的参考比容;u 为燃气比容;T_k 为状态方程参考温度。

(7-34)式所示马丁-侯状态方程相关常数由过热水蒸气的临界点压力、温度、比容试验测试以及单点蒸汽压数据确定,《化学工程手册》及《火箭内弹道学》相关文献有很多示例说明及参考数据,这里也不再多述。实践中,应用(7-34)式有时忽略方程式右边3项,仅保留第一、二两项。

雾化水滴在随混合燃气流运动过程中,部分水滴会发生碰撞,部分水滴受混合燃气挤压、摩擦及过度碰撞作用会破碎。当两个水滴相向运动或同向、不同速运动时,如果质心间距离小于两个水滴各自半径之和的距离时,两个水滴将发生碰撞。两个水滴碰撞后将有3种可能结果,依次为合并成一水滴、碰撞后分离、碰撞后粉碎化,依据主要判据为碰撞韦伯数,即

$$We_{wpc} = \frac{\rho_{wa}(u_{wp1} - u_{wp2})^2(d_{wp1} + d_{wp2})}{4\sigma_{wa}} \quad (7-35)$$

式中:u_{wp1}、u_{wp2} 为发生碰撞的两雾化水滴流速;d_{wp1}、d_{wp2} 为发生碰撞的两雾化水滴直径。

当碰撞韦伯数超过100时,发生碰撞的两个水滴将粉碎、汽化;而碰撞韦伯数不超过100且实际碰撞参数小于临界碰撞参数时,两个水滴将合并成一个更大水滴;否则两个水滴碰撞后将分离开来。临界碰撞参数定义形式为

$$\varepsilon_{wp} = 0.5(d_{wp1} + d_{wp2})\sqrt{\min\left(1.0, \frac{2.4\chi_{wp}}{We_{wpc}}\right)} \quad (7-36)$$

$$\chi_{wp} = \kappa_{wp}^3 - 2.4\kappa_{wp}^2 + 2.7\kappa_{wp}, \kappa_{wp} = \frac{d_{wp1}}{d_{wp2}} \quad (7-37)$$

式中:χ_{wp} 为水滴碰撞形状参数函数;κ_{wp} 为两碰撞水滴的直径比。

考虑黏性耗散造成能量及动量损失,两个水滴碰撞后分离速度 u'_{wp} 按动量、能量守恒原理确定,即

$$u'_{wp1} = \frac{m_{wp1}u_{wp1} + m_{wp2}u_{wp2}}{m_{wp1} + m_{wp2}} + \frac{m_{wp2}u_{wp1} - m_{wp2}u_{wp2}}{m_{wp1} + m_{wp2}} \frac{\varepsilon_{wp} - \varepsilon_{wpc}}{0.5d_{wp1} + 0.5d_{wp2} - \varepsilon_{wpc}}$$

$$(7-38)$$

式中:ε_{wp}、ε_{wpc} 分别为两碰撞水滴名义直径及临界名义直径。

水滴运动过程中变形量大小决定了水滴破碎与否。考虑相间速度差、黏性因素以及表面张力因素后,水滴变形量依据泰勒(Taylor)类比方法确定,其无量纲形式的变形量由下述高阶微分方程求出,即

$$\frac{d^2 s_{wpr}}{dt^2} + \frac{4c_{dwp}\mu_{wp}}{\rho_{wp}d_{wp}^2}\frac{ds_{wpr}}{dt} + \frac{8c_{kwp}\sigma_{wp}}{\rho_{wp}d_{wp}^3}s_{wpr} - \frac{4c_{Fwp}\rho_g\Delta u_{wp}^2}{c_{bwp}\rho_{wp}d_{wp}^2} = 0 \quad (7-39)$$

$$s_{\mathrm{wpr}} = \frac{4s_{\mathrm{wp}}}{d_{\mathrm{wp}}}, \quad \Delta u_{\mathrm{wp}} = u_{\mathrm{g}} - u_{\mathrm{wp}} \qquad (7-40)$$

$$c_{\mathrm{dwp}} = 5.00, \quad c_{\mathrm{kwp}} = 8.00, \quad c_{F\mathrm{wp}} = \frac{1}{3}, \quad c_{\mathrm{bwp}} = \frac{1}{2} \qquad (7-41)$$

式中：s_{wpr} 为水滴的无量纲变形量；s_{wp} 为水滴的变形量；c_{dwp}、c_{kwp}、$c_{F\mathrm{wp}}$、c_{bwp} 为形状函数方程中相关常量系数。

根据(7-39)式，如确定水滴无量纲变形量满足 $s_{\mathrm{wpr}} > 1$，则水滴发生破碎。进一步根据能量平衡原理，可以确定水滴发生破碎后，更小尺度水滴的最可机平均直径为

$$d_{\mathrm{wps}} = \frac{d_{\mathrm{wp}}}{1 + \dfrac{2\eta_{\mathrm{wp}} s_{\mathrm{wpr}}^2}{5} + \left(\dfrac{\eta_{\mathrm{wp}}}{20} - \dfrac{1}{24}\right)\dfrac{\rho_{\mathrm{wp}} d_{\mathrm{wp}}^3}{8\sigma_{\mathrm{wp}}}\dfrac{\mathrm{d}^2 s_{\mathrm{wpr}}}{\mathrm{d}t^2}} \qquad (7-42)$$

式中：η_{wp} 为水滴总能量中扭曲、振动能量所占比例。

水滴发生破碎后，生成的更小尺度水滴将获得垂直原运动速度方向的法向速度，大小为

$$v_{\mathrm{wps}} = \frac{c_{\mathrm{vwp}} c_{\mathrm{bwp}} d_{\mathrm{wp}}}{2} \frac{\mathrm{d}s_{\mathrm{wpr}}}{\mathrm{d}t} \qquad (7-43)$$

基于上述(7-8)式~(7-43)式，在确定了"燃气/空气/蒸汽+雾化水滴"这种特殊注水冷却多相燃气流场中的关键成分——液相雾化水滴输运过程能量、动量、质量、结构形态等动态变化理论预估方法，结合前述章节多组分燃气流理论预示方法后，注水冷却燃气流场的数值模拟研究得以开展。以图4-8、图7-28 所示注水冷却发射技术方案为例，数值模拟研究得到弹射动力装置点火后0.075s 时刻雾化水滴分布特性如图 7-29 所示。实际雾化水滴直径很小，尺度一般在 $10^{-7} \sim 10^{-3}$ m 范围内，图 7-29 中为直观说明雾化水滴分布情况，对其进行了放大显示处理。

(a) 0.075s 全貌　　(b) 0.075s 局部剖视　　(c) 0.306s 全貌

图 7-29　导流装置附近雾化水滴分布情况

图 7-29 显示：①液态连续水注进高温、高速燃气流后即迅速雾化成液滴；雾化液滴后续沿高温、高速燃气流边缘跟随流动，受燃气流扰动、卷吸作用逐渐携带进发射筒内其他空间；雾化液滴在弹射动力装置喷口及导流锥附近，受相互流动阻滞以及结构阻挡作用影响，存在一定程度积聚。液态连续水注进后迅速雾化的主要原因在于：高温、高速燃气流自身的动量、能量极大，强冲击造成连续水迅速破碎、雾化。②随着时间的推移，弹射动力装置工作压力持续提升，弹射动力装置喷管附近、初容室以及整个发射筒内雾化水滴分布变得更加稀疏。弹射动力装置工作压力提高情况下，燃气流的流动速度、动量相应提高，燃气流打散、破碎、雾化连续冷却水的能力、效率相应提高。③整个初容室、发射筒内，仅弹射动力装置的喷口下方位置附近雾化液滴浓度较高，侧面反映随着燃气流在初容室、发射筒内推进、混合过程中，雾化液滴存在持续雾化、汽化过程。④雾化液滴在导流面、发射筒筒底上方存在悬浮现象，以及雾化液滴冲不进喷管下方燃气流主流区现象，主要原因在于：除冷却水注入位置附近静压、动压较低外，导流面及筒底上方贴壁附近气流基本处于高静压、高动压状态，数值远大于注水静压、动压，雾化水滴获得增升的静压、动压难以支撑挤进贴壁附近高速燃气流区域，只能与高速燃气流剪切边界层持续动量交换，一定距离后才能有限介入。

注水冷却和没有注水冷却的发射筒内燃气流场对比情况如图 7-30 和图 7-31 所示。

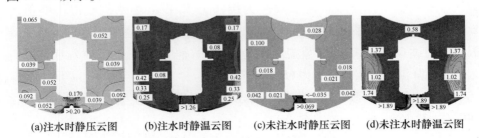

(a) 注水时静压云图　(b) 注水时静温云图　(c) 未注水时静压云图　(d) 未注水时静温云图

图 7-30　0.075s 发射筒内 $L_{nrz}=0$ 剖面燃气流场分布对比云图

图 7-30、图 7-31 显示，与没有注水的筒内燃气流场相比，注水冷却筒内燃气流静压分布主要呈现两个方面的变化：①发射筒内燃气流静压分布呈现更加均匀状态，并且随着火箭向上运动，发射筒上部空间静压分布均匀状态越发明显，显示雾化水滴及水蒸气存在条件下，有助于抑制流场内局部空间的压力脉动；②发射筒内空间燃气流静压数值总体呈现增加情况，这在发射筒上部空间气流静压数值方面表现得比较明显。例如，0.756s 发射筒上部空间气流静压

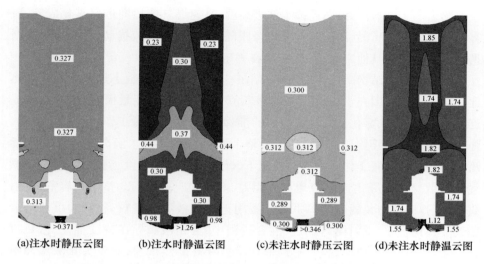

图 7-31　0.756s 发射筒内 $L_{nrz}=0$ 剖面燃气流场分布对比云图

数值增为 0.327,相对增幅为 9.0%,造成该现象的原因是保持弹射动力装置工作压力不变情况下,相同时间范围内发射筒内在增加燃气流质量的同时将附加水蒸气流量,在体积保持接近情况下气流密度、压力将相应增加。图 7-30 和图 7-31 同时显示,整个发射筒内,除弹射动力装置下方的轴对称导流装置附近受高压燃气笼罩降温效果略有欠缺外,注水冷却燃气流作用效果十分明显,以初容室侧壁附近燃气流降温幅度为例,0.075s 没有注水侧壁静温峰值为 1.37,注水后侧壁静温峰值不超过 0.42,由此 0.075s 初容室侧壁附近燃气流降温幅度超过 69.3%,0.756s 降温幅度为 65.9%,而 0.075s、0.756s 箭底尾罩附近燃气流降温最低幅度分别为 65.6%、76.9%。

冷却水汽化后,发射筒内燃气流成分、热物性随之发生变化,典型参数变化如图 7-32 所示。

图 7-32 显示,冷却水汽化后,汽化的水蒸气的确在燃气流的带动作用下遍历发射筒内各个角落,并且质量组分方面占据了主要地位。例如,0.756s 箭底尾罩底部附近水蒸气的质量组分峰值达到 0.48,原先占据主要地位的燃气浓度峰值降为 0.35,而初始发射筒内全部为空气条件,该时刻空气质量组分下降为不足 0.17。较低比热比、较高黏性的燃气受筒内较高比热比、较低黏性空气与水蒸气掺混作用影响后,混合燃气的比热比升高,黏性下降,从而形成发射筒上部混合气体比热比较高、黏性系数较小状态。

围绕注水冷却燃气流场,也开展了系列试验研究,以通过试验研究注水冷

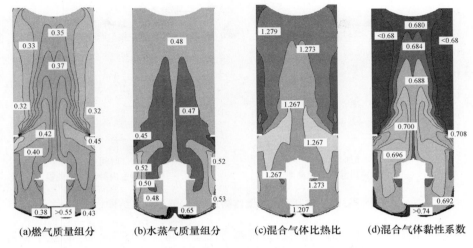

(a) 燃气质量组分　　(b) 水蒸气质量组分　　(c) 混合气体比热比　　(d) 混合气体黏性系数

图 7-32　0.756s 发射筒内组分浓度及典型热物性参数分布云图

却效果,验证数值模拟方法,同时综合检验注水冷却防护技术可行性。试验资料照片及弹射动力装置工作压力曲线如图 7-33 所示,多相燃气流场监测点静压、静温数值模拟与测试结果对比如图 7-34 所示。图 7-34 中初容室段筒壁静压监测点、静温监测点位于同一水平面,彼此围绕发射筒轴线夹角 90°,其中静压监测点坐标:$L_{nrx} = 9.79$、$L_{nry} = 15.31$、$L_{nrz} = 0$,静温监测点 $L_{nrx} = 0$、$L_{nry} = 15.31$、$L_{nrz} = 9.79$。

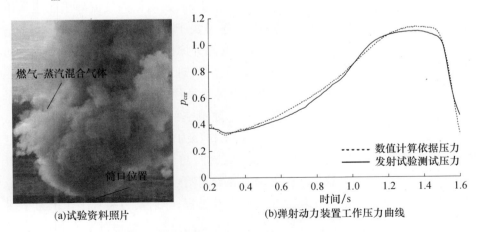

(a) 试验资料照片　　(b) 弹射动力装置工作压力曲线

图 7-33　试验资料照片及弹射动力装置工作压力曲线

图 7-34(a) 显示,数值模拟得到的监测点压力起始上升段、相对平稳段变化趋势与试验监测点测试的压力在起始上升段(0~0.50s)、相对平稳段(0.50~

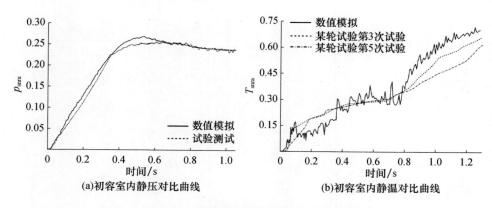

(a) 初容室内静压对比曲线　　(b) 初容室内静温对比曲线

图 7-34　初容室段筒壁监测点静压、静温对比结果

1.30s)变化趋势总体一致,说明数值模拟方法总体可行。图 7-34(a)显中初容室内静压数值模拟与试验测试结果均显示注水冷却条件下发射筒内监测点压力局部存在比较明显动现象,造成这种现象的机理有待进一步研究,但客观反映了"燃气+蒸汽"这种混合多相燃气流动过程存在比较复杂的局部波动现象。图 7-34(a)所示初容室内静压对比曲线还显示数值模拟与试验测试结果之间存在两个方面明显差异:一方面是数值模拟得到的燃气流静压峰值大于试验测试结果,这在其他试验中也得到证实,极限偏差甚至达到 27.5%,由于试验中一般增设过量冷却水,分析认为过量液态水可能影响雾化、汽化效果,导致水蒸气分压下降,从而混合气体压力有所下降;另一方面,发射筒内气流静压在达到相对平稳段前,数值模拟结果得到的静压升速略快于试验测试结果。

如图 7-33(b)所示,造成这种现象的部分原因是理论预示依据的弹射动力装置工作压力与试验工作压力存在细节差异:理论依据的工作压力在快速上升段总体略大于试验测试值,造成燃气流排量及注水流量均高于试验值,从而在发射筒内形成更多的混合气流,相对封闭空间内的增压效应由此显现。图 7-33(b)中理论依据的弹射动力装置工作压力曲线其实也是真实试验测定曲线,也正是将测定的压力曲线作为依据条件,初步保证了上述瞬态数值模拟与试验测试结果趋势一致性。弹射动力装置起始点火时间段(0~0.10s),试验与理论结果给出监测点温度均存在快速上升过程;弹射动力装置工作压力平缓上升时间段(0.10~0.80s),试验与理论预示监测点温度也相对平缓上升,此后在弹射动力装置工作压力快速上升时间段及接近平稳时间段(0.80~1.30s),试验与理论预示监测点温度呈现快速上升特性,说明理论预示趋势与试验趋势吻合。在弹射动力装置工作 0.10~0.35s、0.80~1.30s 时间段,数值模拟与试验结果之间存在比较明显的差异,造成这种差异确有弹射动力装置试验工作压力与理论依据压力之间的差异因素,也有数值模拟自身理论基础本身因素,目前(7-8)式~(7-43)式相关经验系数均依据低速流确定,经弹射动力装置喷出口的燃气流速超过1000m/s,高速燃气流携带雾化及汽化作用条件下经验系数是否适用及如何修正,目前还没有系统研究结果,需要后续继续推进研究。数值模拟得到的温度曲线存在明显起伏、脉动现象,研究指出,这种现象不是数值模拟温度曲线特有的,压力曲线局部也存在小幅波动、脉动现象,实测压力曲线与温度曲线也有该现象,以实测温度曲线为例,有时这种局部起伏现象十分明显,甚至出现局部跳跃性的锐刺或尖劈现象,分析认为"燃气 + 蒸汽"这种混合气体成分要比预想的复杂,其中的酸碱组分及液膜对温度传感器导电特性造成了影响,这种分析也有待进一步研究。

下面简要说明利用缩比试验结果检验作者提出的相似参数及控制方法的可行性。围绕注水冷却燃气流场,基于4.2.3节,可综合表4-2和表4-3相似参数及其控制方法开展注水冷却缩比试验,概括起来,主要是合理控制弹射动力装置工作条件、喷水条件及结构缩比条件。

注水冷却缩比试验以及1:1模拟试验均已取得大量试验资料及数据,试验过程中依据(5-11)式使测试传感器位置保证一一对应关系,从而可方便对比分析缩比试验与1:1模拟试验测试数据的关系。以尾罩底部附近压力、温度为例,注水冷却缩比试验以及1:1模拟试验对比曲线如图7-35所示。图7-35中注水冷却缩比试验以及1:1模拟试验压力传感器初始位置坐标为 $L_{nrx}=2.32$、$L_{nry}=18.28$、$L_{nrz}=0$;温度传感器初始位置坐标为 $L_{nrx}=0$、$L_{nry}=18.28$、$L_{nrz}=2.32$。

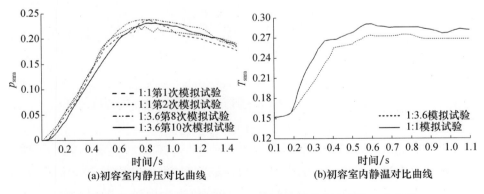

图7-35 注水冷却缩比试验与1:1试验多相燃气流参数对比曲线

图7-35(a)显示,0.10~0.60s时间段,注水冷却缩比试验以及1∶1模拟试验的尾罩底部压力均经历近似线性的快速上升过程;0.60~0.80s时间段,注水冷却缩比试验以及1∶1模拟试验的尾罩底部压力上升速度变缓,但大致都在0.80s左右达到峰值;此后0.80~1.40s,尾罩底部压力均呈现平缓下降趋势。从压力变化趋势、达到峰值时刻同步性均可以确认:缩比试验与1∶1模拟试验压力变化是高度相似的。再从数值对比上看,缩比试验与1∶1模拟试验压力峰值彼此相对差别在±8.0%范围内;弹射动力装置工作其他时刻,缩比试验与1∶1模拟试验压力数值彼此相对差别能够控制在±17.5%范围内,对于火箭发射复杂多相燃气流场问题来说,可以接受±17.5%的数值差别,据此可认为缩比试验与1∶1模拟试验压力彼此接近,足以支撑4.2.3节相似参数及其控制方法可行的结论。图7-35(b)显示,0.10~0.20s时间段,注水冷却缩比试验以及1∶1模拟试验的尾罩底部温度均经历近似抛物线性上升过程;0.20~0.40s时间段,注水冷却缩比试验以及1∶1模拟试验的尾罩底部温度均经历近似线性上升过程;0.40~0.60s时间段,注水冷却缩比试验以及1∶1模拟试验的尾罩底部温度仍处于上升过程,但上升速度变缓,曲线上两者均呈现折转现象;此后,两者在0.60s左右均达到温度峰值,在0.60~1.10s,尾罩底部温度均保持相对平稳状态,并且在保持相对平稳状态过程中,两次试验的起伏波动也保持一定趋同性。图7-35(b)同时显示,1∶1模拟试验温度峰值略高于缩比试验,相对差别也在8.0%范围内;弹射动力装置工作其他时刻,1∶1模拟试验较缩比试验温度数值高出幅度不超过15.0%,综合这些分析,可认为缩比试验与1∶1模拟试验温度也彼此接近,同样支撑4.2.3小节相似参数及其控制方法可行的结论。图7-35所示压力与温度对比曲线再次暴露测试曲线局部起伏、脉动现象明显,两次试验数值存在一定离散性,试验中部分时间段测试数据或曲线存在异常现象,仍需要深入开展基础研究,解释相关现象,改进试验方案及测试方法。

7.2 单喷管火箭热发射燃气流场及气动特性

与冷发射技术相对应,1.3节介绍了几种典型的单喷管火箭机动热发射技术形式。与火箭冷发射过程中高速燃气流集中烧蚀发射筒附近空间不同,火箭热发射过程中,燃气流从火箭一级发动机喷管流出后即迅速影响发射台、发射车底盘、调平支腿等发射车很多重要设备,并且,一级发动机点火高度很低,燃气流的烧蚀极其强烈,这种强烧蚀影响还会持续较长时间,直至火箭远离发射系统。采用公路机动热发射技术的发射系统集成度很高,众多结构件扰动条件下燃气流动与分布十分复杂。为需适应公路机动发射要求,整个发射系统结构均设计得极为紧凑,进一步加剧了燃气流扰动的复杂性。另外,火箭起飞过程经常略有偏移,燃气流扰动特性、对发射系统烧蚀分布特性甚至对火箭影响也将发生变化。本节还将阐述,随着发射技术的发展,发射系统方案也在适应新形势变化,这些也会对燃气流动机理产生影响,从而对发射系统、箭体产生新的影响。

7.2.1 传统双面导流发射燃气流场及气动特性

图1-8所示机动发射技术条件下,发射车并没有配备专门储存、保温、防护火箭的专用设备,火箭在发射地点利用发射车的起竖臂将火箭起竖起来,立在发射台上,火箭发动机点火后,燃气流利用发射台上的双面导流装置向发射车两侧双面导流,确保火箭安全垂直起飞。图1-8所示发射技术习惯上称为传统双面导流热发射技术,其核心技术是利用"发射台+起竖臂+底盘"组合方式实现火箭机动发射,整个发射车设计得极为紧凑,双面导流装置融入发射台内成为发射台有机组成部分,发射台、火箭起竖臂通过底盘车架有机衔接在一起,成为发射车整车的一部分,发射过程仅需操作起竖臂与发射台,发射流程操作相对简洁、可靠,使得这种发射技术几十年仍保持活力。

尽管传统双面导流热发射技术发展已经几十年,早期受这种发射系统结构复杂性限制,火箭发射燃气动力学研究手段不多,主要依托模拟试验和发射试验,受当时研究条件限制很大程度上只能是定性研究。21世纪初,作者首次采用数值模拟手段研究了这种复杂发射技术的燃气流场及气动特性。当然,在开展具体数值模拟研究前,第5章、第6章涉及自由喷流状态燃气流场、简易双面导流燃气流场与设备气动特性的数值模拟及验证工作已经奠定基础。

依据图5-2(b)和图6-28,研究给出火箭一级发动机点火瞬间($0\sim0.011\mathrm{s}$)$L_{nrz}=0$剖面燃气流推进特性如图7-36所示。图7-36及后续图无量纲参数依据(5-6)式~(5-22)式及图5-2(b)中稳定状态发动机喷口参数确定。图7-36及后续图坐标系定义xOy坐标面(即$L_{nrz}=0$剖面)沿发射车对称剖面,y轴与箭体轴线、喷管轴线重合,正向指向起飞方向,坐标原点O位于喷口初始位置截面中心。

对比图7-36和第6章图6-8可以看出,两种发射技术条件下燃气流推进特性存在共同点:一级发动机点火后燃气流出喷管瞬间,燃气流前锋呈球冠状;

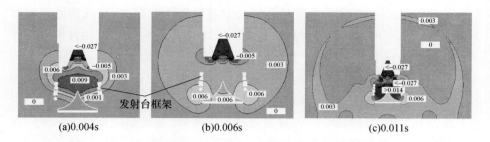

图 7-36 沿 $L_{nrx}=0$ 剖面显示燃气流经发射台推进初期静压分布云图

随着燃气流的推进,即使有导流装置、发射台框架这些异形结构干扰,一定时间范围内这种球冠状前锋会像声波衍射那样越过异形结构,并在越过后再次恢复球冠状,即球冠状前锋具有一定的保持特性;并且这种球冠状前锋强度随着推进距离的增加逐渐衰减;紧随前锋过后,跟随燃气流也会出现类似自由喷流初期推进过程中出现的正压、负压交替现象,并且交替强度也呈现逐渐衰减趋势;随着火箭发动机压力逐渐增强,一定时间后自喷管流出的燃气流推进能力提升,后续跟随燃气流强度逐渐加强,但导流装置附近依然会出现正压、负压交替现象。由图 7-36 和图 6-8 可知燃气流推进特性主要差异表现为:图 7-36 显示燃气流前锋很快越过导流装置,并且燃气流推进前锋的强度较强,后续跟进燃气流很快呈现负压现象……造成两种发射技术条件燃气流推进特性差异的原因可结合结构差异以及火箭发动机工作差异进行说明。图 7-36 中双面导流装置、一级发动机喷管实际尺寸较图 6-8 中双面导流装置、一级发动机喷管尺寸大两倍以上,第 4 章已经说明,燃气流前锋推进速度为环境大气声速,由此图 6-8 显示燃气流前锋很快越过双面导流装置;图 7-36 所示燃气流推进特性依据的火箭发动机工作压力由环境大气压逐渐升高,图 6-8 所示燃气流推进特性依据的火箭发动机工作压力由破膜压力逐渐升高,造成图 6-8 中燃气流初始推进较为强劲,后续跟进气流可以较顺畅地跟随燃气流前锋推进并得以发展,与此不同,图 7-36 中由于燃气前锋强度较弱,前锋过后,跟随燃气流补充及推进动力不足,在双面导流装置附近需要积聚一定力量才能继续推进发展,由此造成后续正、负压交替现象推迟,燃气流场局部区域结构与图 6-8 所示局部区域结构也存在差异。

随着时间的推移,燃气流前锋及跟随气流在发射车附近空间推进情况如图 7-37 所示。

图 7-37 显示:①至火箭起飞前,燃气流推进前锋基本保持了球冠形状,即使在发射车众多异形结构及箭体扰动时,立体空间内仍然在较长时间内保持这

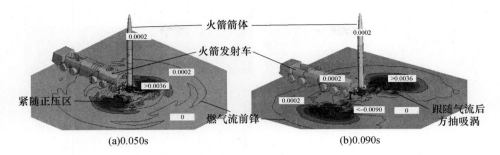

图7-37 火箭箭体、发射车及场坪表面静压动态分布云图

种形状,直到前锋强度衰弱得不足以维持为止。②受双面导流作用影响,燃气流沿双面导流装置向发射车两侧导流阻力较弱,在导流方向上燃气流球冠状前锋会保持更长时间,由此持续带动后续跟随气流更加充分地发展、扩张。③受环境气流黏滞影响,燃气流前锋及其紧随气流过后,后面跟随负压区在发展过程中逐渐向发射车车身前后横向扩张卷吸,形成对称分布抽吸涡系。对称抽吸涡系是双面导流装置内在特性,当车载双面导流装置进一步增设横向挡流板时,受挡流板挤压的燃气流导流出去后,迅速释放并增强抽吸涡,抽吸涡现象将更加明显。④随着时间的发展,对称抽吸涡系、紧随卷吸涡会远离发射车,向场坪两侧推进。造成这种现象的原因是跟随燃气流带动作用以及火箭发动机工作压力增加提升燃气流持续推进动力造成。

第6章已经说明,火箭发动机工作压力增加后燃气流推进动量增加,反冲作用增强,燃气流经双面导流装置导流方向会变得抬起。研究发现,这种上抬起现象在燃气流静温或浓度云图中会体现得比较明显,发射试验热红外成像照片也直接证实了燃气流导流方向逐渐抬起情况,为方便对比,将数值模拟云图和热红外成像照片以对照形式列出,如图7-38和图7-39所示。

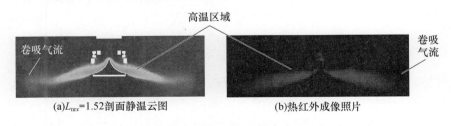

(a) $L_{mx}=1.52$ 剖面静温云图　　(b) 热红外成像照片

图7-38　0.090s时刻数值模拟静温云图和热红外照片对照

图7-38和图7-39所示高温燃气流推进前缘卷吸涡旋方向存在动态变化现象。以导流装置右侧燃气流推进为例,燃气附着场坪之前,高温燃气流前

(a) $L_{nrx}=1.52$ 剖面静温云图　　(b) 热红外成像照片

图 7-39　0.210s 时刻数值模拟静温云图和热红外成像照片对照

缘卷吸涡旋方向为顺时针方向,贴壁后变为逆时针方向,造成卷吸涡旋方向改变的主要原因是壁面的较强黏附作用。需要指出的是,这里用了燃气流前缘这一词,指热红外或可见光范围可以区别的燃气流与环境气流的边界,真正的燃气流前锋以扰动波形式已推进了较远距离。

火箭起飞过程发射车结构表面燃气流静温动态分布如图 7-40 所示。

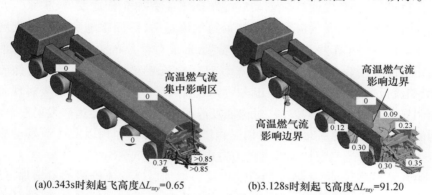

(a) 0.343s 时刻起飞高度 $\Delta L_{nry}=0.65$　　(b) 3.128s 时刻起飞高度 $\Delta L_{nry}=91.20$

图 7-40　发射车结构表面燃气流静温动态分布云图

图 7-40 显示,火箭起飞高度不太高的情况下($\Delta L_{nry} \leq 0.65$),高温燃气流对发射车的烧蚀影响集中于发射车后部,总体位置偏下,受影响设备主要包括导流装置、支承导流装置的发射台下部框架、车架尾梁下部、调平后支腿下部等结构;低高度时间段高温燃气流烧蚀影响极其恶劣,受影响的发射台框架表面燃气流静温均接近甚至超过火箭发动机喷口的燃气流静温,导流装置的导流面燃气流静温更是充分接近火箭发动机推进剂燃温;如第 5 章所述,经喷管流出的燃气流沿推进距离径向流动范围会逐渐扩大,即燃气流径向膨胀截面增加,由此随着燃气流起飞高度增加,膨胀燃气流对发射车结构影响范围也逐渐扩大,至 $\Delta L_{nry}=91.20$ 时,高温燃气流已经笼罩整个发射台、整个车架尾梁、整个调平后支腿等结构,甚至影响了发射车顶盖后部很大范围,膨胀燃气流经这些结构间隙进一步向发射车前部、底盘流动,车头附近的底盘、前调平支腿也承受了

高温燃气流的烧蚀影响;火箭快速升起后,燃气流膨胀范围虽然扩大很多,但燃气流的烧蚀温度呈现了持续下降现象,至ΔL_{nry}=91.20 起飞高度,燃气流烧蚀温度已经降至喷口燃气流静温均值的一半以下,峰值仅 0.35。

传统双面导流热发射技术条件下,整个发射系统烧蚀最恶劣区域集中于发射台。高温燃气流的实际烧蚀强度可结合结构壁面的热流数值衡量,数值模拟研究给出了典型时刻发射台结构壁面热流密度分布特性,如图 7－41 所示。图 7－41 为方便观察,对发射台框架结构进行了对称剖分处理,图中框架及导流装置上具体位置无量纲热流数值依据(6－19)式计算确定。

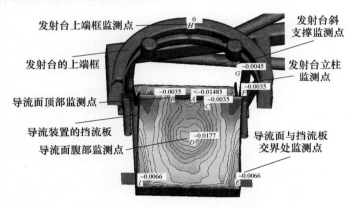

图 7－41　0.556s 时刻导流装置及支撑框架壁面热流云图

图 7－41 显示,发射台框架并不影响导流面附近燃气流的基本分布特性,包括导流锥在内的整个导流面燃气流热流云图仍然呈现蝶形分布特性;分布变化主要体现为导流装置自身增设挡流板后,在燃气流即将排出导流装置时,在挡流板与导流面下沿交界处燃气流局部挤压,挤压的燃气流强迫导流过程相应提升了交界处对流传热的热流密度,形成新的次高热流区域;挡流板与导流面交界处挤压的燃气流导流出导流装置后,也会在横向、纵向膨胀过程中影响紧邻挡流板附近的发射台框架局部结构,主要是发射台框架斜支撑以及支承导流装置的立柱结构。

图 7－41 标示具体热流数值的区域为发射台结构局部高热流区域,对应着火箭动态起飞过程中发射台的烧蚀恶劣区域,研究监测了这些区域燃气流参数动态变化特性,如图 7－42 所示。

图 7－42(a)显示,火箭发动机工作压力提升到一定位置高度时(约 0.435s),导流锥顶中心监测点 A(即燃气流冲击点)压力快速升至峰值,此后开始呈现比较剧烈的波动现象,直到火箭开始远离发射台时(约 1.565s),压力变

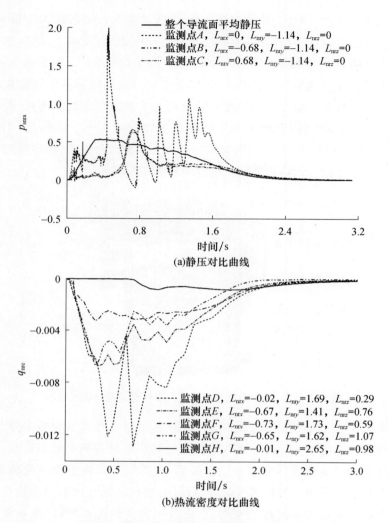

图 7-42 监测点燃气流参数对比曲线

化才趋于平缓,并逐渐下降到接近环境大气压状态;导流锥两侧的监测点 B、监测点 C 压力在火箭发动机点火初期(0~0.100s)变化略剧烈,在后续时间段(0.100~0.500s)变化相对平缓,再后来一段时间(0.500~0.850s)呈现局部比较明显的起伏现象,然后也逐渐平缓下降到接近环境大气压状态;整个导流面平均静压随时间全历程变化则呈现十分平稳的状态,监测点 A、监测点 B、监测点 C 等局部位置处的压力波动并不影响整个导流面的压力变化趋势。造成导流锥顶监测点压力变化可结合燃气流场动态分布解释:火箭发射 0.386s 时刻,导流锥顶中心监测点 A 处于马赫盘及其紧邻两斜激波之间,两斜激波正下方形

第 7 章　大型火箭发射复杂燃气流场及气动特性

成驻点压力,位于驻点之间的导流锥顶中心监测点 A 处区域压力总体较低;火箭发射 0.436s 时刻,火箭已经起飞一定高度,一级发动机喷管下方的燃气流膨胀充分,悬挂激波发展完整,导流锥顶中心监测点 A 正处于悬挂激波交点区域附近,正是激波后驻点区域,监测点 A 处区域压力高于锥顶其他区域压力。总之,图 7-42 中监测点 A 区域压力剧烈变化是锥顶附近燃气流压缩与膨胀交替发展、变化的结果,类似地,也可以解释锥顶监测点 B、监测点 C 压力变化情况。

图 7-42(b)显示,0~0.300s 时间段,导流面腹部的监测点 D、导流面下沿邻近挡流板的监测点 E、导流装置支撑立柱表面邻近挡流板的监测点 F 以及发射台框架斜支撑上邻近挡流板的监测点 G 处燃气流的热流密度处于快速增升状态,并在 0.300s 时刻接近峰值。火箭发动机建压时间为 0.300s,说明火箭发射过程中主要监测点热流密度增升与火箭发动机建压时间存在同步现象,仅导流面腹部的监测点 D 处热流密度达到峰值时间相对滞后,达到峰值时间为 0.436s。监测点 D 处热流密度达到峰值时间相对滞后原因为:由于火箭在一级发动机达到稳定工作压力时已经开始起飞,伴随火箭起飞过程,发射台附近燃气流的空间分布存在向导流面下沿动态推进、发展过程,导致导流面腹部监测点 D 燃气流参数达到峰值时刻相对滞后。图 7-42 中位于发射台上端框上的监测点 H 处燃气流参数达到峰值时刻特别滞后的现象则印证了这一分析,该监测点直到火箭起飞一定高度后才受到径向充分膨胀的燃气流的影响。图 7-42 还显示,主要监测点燃气流参数在 0.100~1.500s 时间段存在一定幅度的波动现象,同样也是随着火箭起飞高度的持续增加,燃气流交替压缩、膨胀过程会波及相关监测点,而发射台的挡流板、斜支撑以及端框等异形结构的持续扰动、挤压使得燃气流向相对紊乱、复杂,造成同样是挡流板附近的监测点燃气流参数在局部时间段变化并不完全同步。

导流装置、发射台、发射车承受的燃气流冲击力随时间变化特性如图 7-43 所示。

图 7-43 显示,火箭发动机点火起始时间段(0~0.015s),导流装置、发射台及发射车感受了燃气流前锋推进的弱冲击波作用,但整体受力很小($\leqslant 0.008$);此后,至火箭发动机达到稳定工作压力时间段(0.015~0.300s),导流装置、发射台及发射车承受的燃气流冲击力虽然在前半程(0.015~0.150s)显现一定程度的波动现象,但总体呈现近似线性增长特性,保持与火箭发动机工作压力同步线性增长趋势,也即导流装置、发射台及发射车承受的燃气流冲击力与火箭发动机工作压力之间存在近似线性关系;火箭发动机达到稳定工作压力后一段时间(0.300~0.450s),随着火箭起飞高度增加($\Delta L_{\text{nry}} < 1.20$),燃气

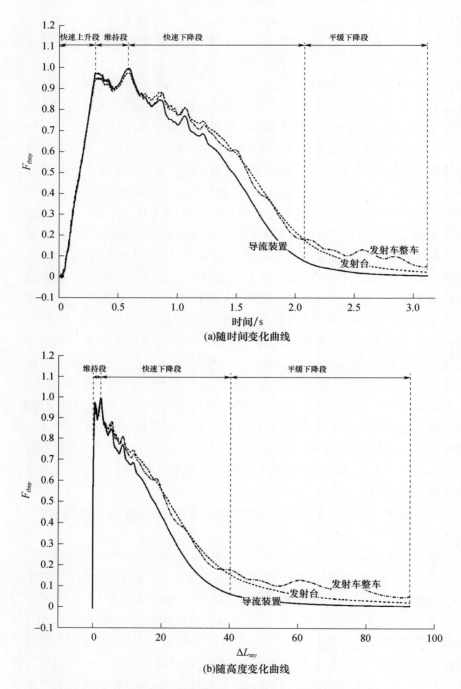

图 7-43 燃气流冲击力随发射时间、起飞高度动态变化曲线

流对导流装置、发射台及发射车的冲击力呈现平缓下降趋势;当火箭起飞到一定高度($1.20 \leqslant \Delta L_{nry} \leqslant 13.50$)后,燃气流对导流装置、发射台及发射车的冲击力总体呈下降趋势,但局部呈现明显波动现象;随着火箭起飞高度快速增加($13.50 < \Delta L_{nry} \leqslant 40.00$),燃气流对导流装置、发射台的冲击力再次近似线性快速下降;当火箭远离发射台($\Delta L_{nry} > 40.00$)后,燃气流对导流装置、发射台、发射车的冲击力变化再次趋于平缓。图 7-43 同时显示,火箭起飞离发射台高度不大范围内($\Delta L_{nry} \leqslant 3.50$),燃气流对导流装置、发射台(含导流装置)、发射车(含发射台)冲击力十分接近,说明发射台、发射车承受的燃气流冲击力基本由导流装置承担;火箭起飞离开发射台一定高度后($3.50 < \Delta L_{nry} \leqslant 38.00$),导流面承受燃气流的冲击力快速下降至不足发射台、发射车承受的冲击力 50%,说明到一定阶段后导流装置承担的导流作用逐渐减弱;该高度范围内发射台、发射车整车承受燃气流冲击力充分接近,说明发射台承受的燃气流的冲击力在发射车整车中占主要地位,也说明燃气流膨胀至发射台框架上,发射台框架分担了剩余 50% 以上的冲击力;火箭起飞离开发射台更高高度($\Delta L_{nry} \geqslant 38.00$)后,发射台承受燃气流冲击力所占比例也快速下降,到一定高度($\Delta L_{nry} \geqslant 60.00$)后也下降至不足 50%,说明此后发射车上其他结构件开始有效分担燃气流冲击力,实际上该高度以后整车承受的燃气流冲击力已经不足初期的 15%,燃气流冲击作用已经很弱。

综合图 7-42 和图 7-43,可以确定火箭远离发射台($\Delta L_{nry} > 40.00$)后,燃气流对发射车不仅是冲击作用大大减弱,烧蚀作用也是大大减弱,该结论不仅适用于新型双面导流热发射技术,后续章节火箭发射燃气动力学研究将继续支持该结论,正是基于这些研究结果,作者提出将无量纲高度及其对应发射时间作为发射车、活动发射平台冲击强度校核及烧蚀防护的最小包络影响高度或影响时间。

7.2.2　新型双面导流热发射燃气流场及气动特性

7.2.1 节已经说明,采用传统双面导流热发射技术的火箭,火箭运输阶段及待发射阶段均充分利用起竖臂支撑、起竖火箭,发射阶段将火箭矗立于发射台上,火箭点火后飞离发射台。21 世纪初,作者的同事吕永志研究员带领团队借鉴冷发射技术发射筒储存火箭方式,在国际上首创了起竖与保温功能一体化的新型双面导流热发射技术,火箭日常待机、机动运输时采用保温筒(也称保温舱)储存方式,发射过程利用保温筒将火箭起竖、立于发射台上,然后保温筒自动回落于发射车上,火箭点火后飞离发射车。图 7-44 所示为新型双面导流热发射技术方案示意图。

对比图 1-8 和图 7-44,新型双面导流热发射技术的核心是保温筒设备集

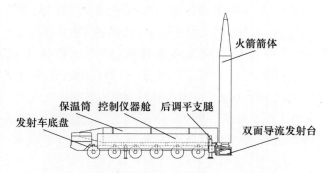

图 7-44　新型双面导流热发射技术方案示意图

成了起竖、储存火箭功能,目前该技术在具体实现方面已经形式多样。例如,保温筒开盖方案变化,发射台与保温筒进一步集成、融合,下一节还将说明由导流方式变化发展的新型热发射技术。从总体上讲,其核心思想目前已经推广开来。伴随着新型双面导流热发射技术思想的提出,火箭发射燃气动力学从理论和试验角度予以先行论证、支持,应该说这是 21 世纪以来火箭发射燃气动力学跟进研究的重要成果。

新型双面导流热发射技术条件下,火箭点火瞬间(0~0.010s)燃气流推进特性如图 7-45 所示。为直观说明,相关图分别沿导流对称剖面、发射车对称剖面截图局部放大说明,从而未显示箭体、发射车整体结构,同时,相关图还进行了数值范围选取处理。

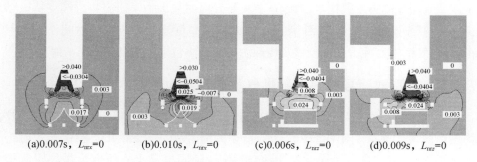

(a) 0.007s, $L_{nrx}=0$　　(b) 0.010s, $L_{nrx}=0$　　(c) 0.006s, $L_{nrz}=0$　　(d) 0.009s, $L_{nrz}=0$

图 7-45　火箭点火瞬间燃气流静压动态分布云图

图 7-45 显示了与传统双面导流热发射技术条件类似燃气流推进特性:燃气流出喷管瞬间其前锋呈球冠状,在燃气流推进过程中前锋经过导流装置、发射台框架、火箭箭体等结构扰动后会越过这些结构,并在越过后恢复球冠状,随后在自由空间、相关结构附近以及发射场坪表面维持一定时间。在喷口唇缘附近形成了比较明显的扰动涡,这种唇缘涡随着后续跟进燃气流带动,会逐渐发

第 7 章　大型火箭发射复杂燃气流场及气动特性

展并随之向下游推进。唇缘涡其实是流体流动的台阶效应在喷管附近的具体表现,几乎所有火箭喷管结构均会形成这种唇缘涡,因此,它不是新型双面导流热发射技术特有的现象。沿发射车对称剖面流场显示,受一侧保温筒结构障碍物影响,燃气流前锋在保温筒结构与箭体结构间隙推进时将受到两侧结构挤压作用,使得超压燃气流前锋形状及强度在狭窄间隙得以维持了一定时间,而箭体另一侧为开放空间,燃气流前锋强度衰减较快,从而在火箭箭体下部空间形成不对称气流。

随着时间的推移,燃气流前锋及跟随气流推进情况如图 7 - 46 所示。

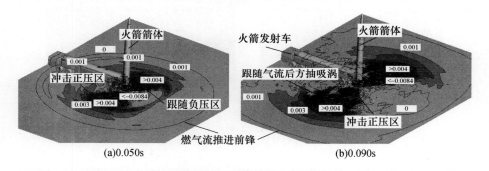

(a)0.050s　　　　　　　　(b)0.090s

图 7 - 46　火箭箭体、发射车及场坪表面静压动态分布云图

图 7 - 46 再次显示了类似传统双面导流热发射技术燃气流场分布、变化共性特性,主要包括:火箭起飞前,燃气流推进前锋较好地保持了球冠形状,这种特性在受发射车及箭体扰动时仅略有改变,后续仍会在一定时间内保持这种特性,直到燃气流推进强度衰弱得不足以维持为止;同样受到双面导流作用控制,燃气流向发射车两侧导流阻力较弱,燃气流球冠状前锋球冠状形状保持了更长时间,后续跟随气流也可以更加充分地发展、扩张;燃气流前锋及其跟随气流过后,受燃气流沿车身方向扩张影响会形成抽吸负压区。图 7 - 46 与图 7 - 37 的差异性主要体现为:燃气流推进强度以及燃气流影响范围方面,图 7 - 46 所示燃气流推进强度略强,燃气流推进前锋球冠形状及完整性方面保持了较长时间;燃气流前锋后面的跟随燃气流强度更强,影响范围也更大;抽吸涡系与发射台之间的场坪附近还存在一些比较明显的冲击正压区。造成这些差异的表观原因为:图 7 - 46 中燃气流经双面导流装置导流后很快附着在发射场坪上,而图 7 - 37 中燃气流经双面导流装置导流后并没有直接附着在发射场坪上,而是在空间经历一定程度充分发展、黏性耗散后再推进至发射场坪,在能量、动量上有所损失,从而使得燃气流推进强度有所减弱、扩散范围显得略小。造成图 7 - 46 所示燃气流推进强度及影响范围的深层原因是火箭规模变大,一级发动机尺寸相

应变大,机动发射技术要求使得发射台、导流装置尺寸不能按相应比例放大,导致发射台、导流装置结构设计得十分紧凑,从而燃气流在导流装置上尚未充分发展即已导流出去,导流过程中残余能量、动量较大导致推进能力相对充裕所致。

燃气流卷吸推进宏观特性也可用其他参数加以说明。数值模拟和发射试验热红外成像仪给出的静温对照云图可直观说明这种推进特性,也检验了特性的可信度,如图7-47和图7-48所示。

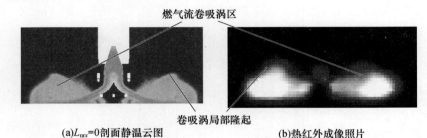

(a) $L_{nrx}=0$ 剖面静温云图　　　　(b) 热红外成像照片

图7-47　0.040s时刻数值模拟静温云图和热红外照片对照

(a) $L_{nrx}=0$ 剖面静温云图　　　　(b) 热红外成像照片

图7-48　0.200s时刻数值模拟静温云图和热红外照片对照

图7-47显示,燃气流在沿发射场坪导流推进过程中,高速燃气流受环境气流黏滞后贴地反卷,反卷过程中进一步受高度方向环境气流挤压,导致卷吸涡轮廓呈现略扁平现象。图7-47中卷吸涡上方轮廓呈现一定程度局部隆起现象,初步分析是该时刻前后卷吸涡受到横向气流干扰所致。图7-48显示,随着时间的发展,原燃气流卷吸涡沿发射场坪向前推进了较远距离,受黏滞、扩散、摩擦作用影响,卷吸涡截面面积扩大的同时,温度逐渐下降,而后续跟进燃气流受自身脉动、环境气流黏滞因素影响,在推进燃气流上方局部区域形成新的附着卷吸涡。火箭实际发射试验过程中,热红外成像仪拍摄照片印证了上述现象,这些热红外照片拍摄于21世纪初,限于红外热像仪分辨率较低,导致照片并不清晰,同时现场红外热像仪安放位置也受限,导致图7-48所示热红外照片右侧并不能完整给出燃气流导流效果影像。另外,红外拍摄温度缺乏标定

手段,拍摄时间主要基于照片帧序推算,没有时间系统信号情况下相关时刻并不准确,因此主要依据红外热像仪定性分析相关现象,红外照片并没有标识具体温度。

火箭起飞一定高度后,发射空间燃气流场静压分布典型特性如图7-49所示。

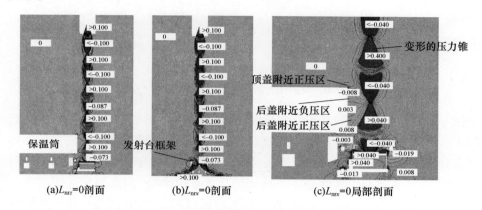

图7-49 火箭起飞一定高度后发射空间剖面燃气流场静压分布云图

图7-49显示,火箭起飞一定高度后,一级发动机喷管下方的燃气流膨胀、压缩过程得以充分发展,发射台上方空间的燃气流静压等值线轮廓以及正、负压交替形式与自由喷流情况总体类似;仅在保温筒附近受结构扰动出现了一定程度的畸变现象,燃气流总体上向保温筒后侧略偏转,保温筒顶盖靠车后侧区域以及保温筒后盖下半部出现了比较明显的正压区域,表明保温筒后盖受到了膨胀燃气流的冲击作用,保温筒顶盖与保温筒后盖交界处的局部负压区则是燃气流冲击顶盖时出现的类似台阶回流效应所致;此时径向膨胀的燃气流已经完全覆盖整个发射台,导致发射台框架结构迎风面特别是发射台上端框结构表面全部呈现正压现象。图7-49同时显示,发射台左右两侧、发射车后部发射场坪上以及保温筒顶盖后部区域燃气流静压呈现正压分布现象,表明燃气流径向膨胀范围不仅覆盖了发射台,还膨胀至保温筒顶盖后部区域以及发射台附近场坪区域;发射台左右两侧附近发射场坪上局部高压区域则是膨胀范围扩大、直接下泄的燃气流与经导流面下泄的燃气流叠加作用的结果。

火箭起飞一定高度后,发射车结构表面及发射场坪上燃气流静温动态分布如图7-50所示。

研究表明,火箭起飞超过一定高度后($L_{nry} \geq 7.50$),高温燃气流覆盖了整个

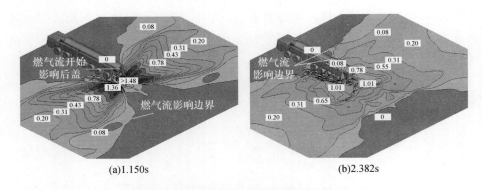

(a) 1.150s (b) 2.382s

图 7-50　发射车及场坪上燃气流静温分布云图

双面导流发射台结构,同时开始波及保温筒后盖、发射车架后梁(也称尾梁)、后调平支腿等结构;高温燃气流虽然膨胀开来,但发射场坪高温燃气流分布保持蝶形分布特性,说明大部分燃气流还是经双面导流装置导流至发射场坪上。研究同时表明,火箭起飞高度进一步增加后($L_{nry} \geqslant 14.00$),高温燃气流覆盖了整个双面导流发射台、保温筒后盖、发射车架后梁、后调平支腿;同时,高温燃气流已经覆盖保温筒顶盖近 1/5 区域;不仅如此,燃气流开始波及影响保温筒两侧的仪器舱;燃气流经保温筒后盖与双面导流发射台之间间隙,受发射车架后梁、后调平支腿扰动后,开始向发射车底盘流窜,随后受发射车轮胎、悬架干扰,在发射车底部形成十分复杂的扰动流场;发射场坪高温燃气流分布仍然呈现比较明显的蝶形分布特性,说明燃气流导流作用仍占据上风;发射车附近的燃气流径向膨胀范围扩大,发射场坪上沿发射车车身方向的燃气流影响范围增加,同时,经双面导流的燃气流动强度下降,导致发射场坪上沿导流方向高温燃气流影响范围有所缩减。研究也表明,火箭起飞高度很高后($L_{nry} \geqslant 33.40$),沿车身方向,高温燃气流影响保温筒、仪器舱以及发射车底盘的范围均超过一半区域,保温筒后盖及顶盖后部、发射车后梁局部位置燃气流的烧蚀温度甚至还出现局部增加现象;整个发射场坪上的燃气流静温峰值以及沿导流方向高温区范围均呈现下降趋势;发射场坪燃气流静温云图不再呈现上述明显的蝶形分布现象,说明双面导流装置的导流作用已经大大减弱。研究还表明,高温、高速燃气流对发射车后部结构件的烧蚀、冲击影响持续了较长时间($t \geqslant 2.000s$)。保温筒、仪器舱为减重经常采用"桁架+蒙皮"组合结构形式,这些设备的抗冲击、烧蚀作用能力较弱,易成为发射车综合热防护设计风险点,已经开展的发射试验出现了保温筒严重烧损现象,充分印证了理论预示风险,这种理论与试验的双重检验,也使得我国火箭发射系统热防护理念开始由专注于导流装置、发射台防护拓展至整个发射系统防护,火箭发射燃气动力学由辅助气动机理分析、热防护设计逐渐转变为牵引发射系统总体方案设计、热防护设计和发射安全性分析。

类似图 7-41 和图 7-42,研究也给出发射台监测点燃气流静压、热流密度变化特性,如图 7-51 所示。

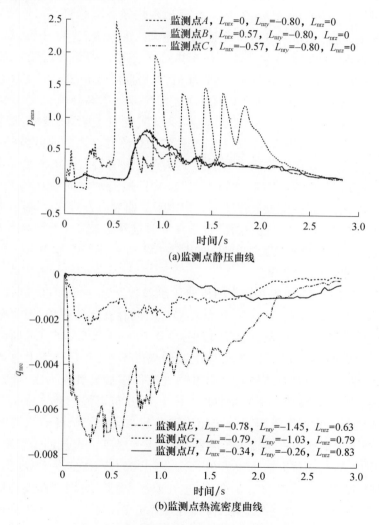

图 7-51　发射台监测点燃气流参数变化特性

对比图 7-51 与图 7-42 可以看出,两类发射技术的发射台结构表面燃气流分布、变化特性方面存在很多共同特点,首先,监测点 A 的燃气流压力均是在接近时间（$t \geqslant 0.400s$，$\Delta L_{nry} \geqslant 1.00$）后呈现阶跃性提升，此后呈现明显的周期性剧烈波动状态，直到火箭起飞较高高度后（$\Delta L_{nry} \geqslant 23.00$，发射时间$\geqslant 2.000s$），燃气流冲击压力才呈现比较明显的快速下降趋势；不同于监测点 A 燃气流压力变化特性，导流锥顶两侧监测点燃气流压力总体变化比较平缓，这种平缓变化特性也呈现了共同特点，均在接近的时间（约 $0.600s$）后呈现明显提升，也在接近的时间（约 $0.800s$）达到峰值状态，此后出现快速下降趋势，再过一段时间后又开始平缓下降。图 7-51 中 3 个监测点热流曲线与图 7-42 中标识相同字母的监测点热流曲线相关变化特性也存在共同特点：位于导流面的监测点 E 热流密度均在接近的时间（约 $0.300s$）达到峰值，此后监测点 E 热流密度数值存在明显波动，但一定时间段（$0.300 \sim 0.600s$）监测点 E 处于高热流密度燃气流影响范围；位于发射台斜支撑上的监测点 G 受反溅燃气流影响，燃气流较早（约 $0.150s$）进入较高热流影响阶段，并且这种较高热流密度影响时间较长，持续近 $1.000s$ 时间；位于发射台横梁上的监测点 H 直到火箭起飞较高高度后才受膨胀燃气流影响，达到热流峰值的时间也更晚，并且热流密度曲线总体变化平缓。总体上讲，这些共同特点很大程度上要归因于双面导流方式这一共同因素。

图 7-49 显示保温筒这一特殊设备在发射过程中受到了燃气流影响现象，监测点记录了燃气流动态影响特性，如图 7-52 所示，图 7-52 中 $O \sim R$ 监测点位于后盖，S 监测点位于顶盖。

图 7-52（a）显示，在火箭发动机建压阶段以及起飞瞬间（$0 \sim 0.200s$），保温筒上的监测点附近燃气流静压虽然在局部时间存在起伏现象，但逐渐趋于稳定，并且总体呈现负压现象；后续一段时间（$0.200 \sim 1.250s$）燃气流监测点静压呈现了一定周期性波动特征，但总体上波动幅度不大，并且数值上总体维持负压现象，说明此时保温筒结构表面附近的气流仍以抽吸气流为主，而抽吸气流波动原因主要是火箭高度不断增加时，正、负压分布交替的燃气流主流区依次经过造成监测点附近气流压力分布相应波动起来；再后来，随着火箭起飞高度的增加，燃气流膨胀范围覆盖了监测点，监测点受燃气流直接冲击影响，气流压力逐渐升高，后续随着火箭远离发射车，监测点压力升高到一定程度后难以为继，开始逐渐下降。图 7-52（b）显示，上述监测点燃气流周期性波动现象出现在火箭起飞 9 倍喷口直径高度范围内；当火箭起飞高度处于 9～42 倍喷口直径高度范围时，监测点燃气流静压处于持续上升状态；火箭起飞 42 倍喷口直径高度以上时，监测点燃气流静压呈现逐渐下降特性。图 7-52 还显示，即使燃气流静压总体处于上升状态，局部时间段或起飞高度范围内监测点压力波动也很明显，说明保温筒结构表面的燃气流动过程伴随着瞬变特性。

第 7 章 大型火箭发射复杂燃气流场及气动特性

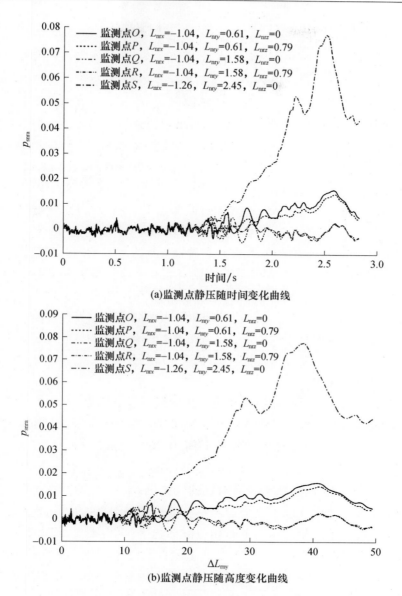

图 7-52 监测点压力随发射时间、高度变化特性

导流装置、发射台、发射车承受的燃气流冲击力随时间、高度变化特性如图 7-53 所示。

对比图 7-53 与图 7-43 可以看出,两类热发射技术燃气流冲击力变化特性存在很多共同特点:发射系统关键设备承受的燃气流冲击作用均存在类似的

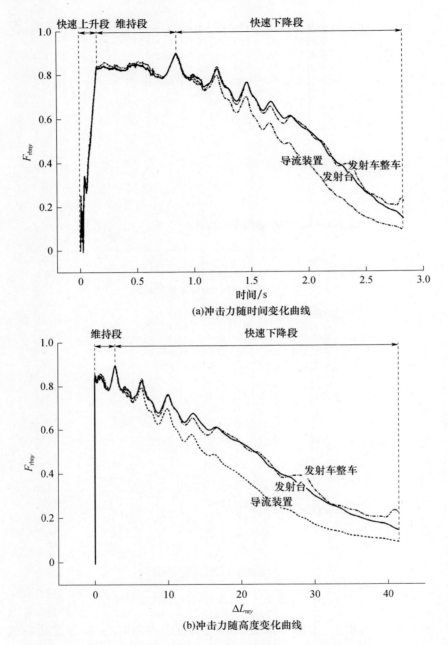

图 7-53 燃气流冲击力随发射时间、起飞高度变化曲线

快速上升段、维持段、快速下降段、平缓下降段等 4 个基本历程。在快速上升段,燃气流冲击力与火箭发动机工作压力保持近似线性关系;在维持段与快速

第 7 章 大型火箭发射复杂燃气流场及气动特性

下降段,燃气流冲击力存在明显的局部周期性波动现象,局部周期性波动幅度甚至超过了平稳段燃气流冲击力均值很多。从总体上讲,两类热发射技术在火箭发动机工作压力达到稳定状态、燃气流冲击高度 2~5 倍喷口直径高度范围内,也即图 7-53 所示维持段时间(0.150~0.860s)范围内,燃气流冲击力变化不大;特别是 0.150~0.600s 时间范围内,燃气流冲击力比较平稳,燃气流冲击力与火箭发动机推力的比值在 0.835~0.853 范围内,变化幅度不超过 3.00%;在维持段末期,燃气流冲击力与火箭发动机推力的比值升到峰值状态,为 0.889,实际变化幅度也仅 6.07%,这也是划分维持段名称的由来。维持段燃气流冲击力与火箭发动机推力比例关系应该说也是一个很重要的结论,目前已经推广应用于指导发射台、发射车的强度校核以及相关加载模拟试验。

燃气流瞬态冲击力是结构强度复核以及结构动力学研究的依据,基于图 7-53 与图 7-43 所示燃气流瞬态冲击力随时间变化曲线,总结提出燃气流瞬态冲击力数学拟合形式为

$$\begin{cases} F_{\text{rbny}} = \kappa_{Fa} p_{\text{nrc}}(t), & 0 \leqslant t < t_{Fa} \\ F_{\text{rbny}} = \sum_{n=1}^{N} \kappa_{Fmn} t^n, & t_{Fa} \leqslant t < t_{Fb}, \quad m = 1, 2, \cdots, M \\ F_{\text{rbny}} = \kappa_{Fd} e^{-\kappa_{Fe} t}, & t_{Fb} \leqslant t < \infty \end{cases} \quad (7-44)$$

(7-44)式为一分段函数,对于图 7-53,在 0~0.600s 时间范围内可采用与火箭发动机工作压力线性关系拟合,对于剧烈波动段时间范围内可采用分段多项式拟合,后续快速下降及平缓下降段则可采用指数函数拟合。

上述研究主要基于火箭垂直起飞状态,如 7.1.3 节说明,实际火箭发动机喷管结构及安装偏差是不可避免的,类似地,发射场坪不平度以及发射台支撑火箭的端面不平度也是客观存在的,从而火箭发动机喷管存在一定程度侧倾也是必然的。火箭发动机喷管结构、安装偏差以及场坪表面不平度等存在一定随机性,从而使得火箭发动机喷管侧倾存在某种程度的随机性。喷管这种随机侧倾角实际又是存在包络性的,在空间上构成了包络锥,火箭发射燃气动力学研究依据包络锥可寻求燃气流烧蚀、冲击的极限条件,一般情况下,沿车身方向以及垂直车身方向的包络侧倾角即对应着两种常见的极限条件,喷管沿其他方向极限侧倾后燃气流对发射车的烧蚀影响状态介于两种极限条件之间。喷管垂直车身方向侧倾燃气流对发射车的烧蚀影响相对集中双面导流装置、发射台框架及发射车后部结构,以双面导流装置为例,一级发动机喷管侧倾与否导流面热流密度分布对比如图 7-54 所示。

图 7-54 对比显示,火箭发动机喷管垂直车身方向侧倾时,导流锥紧邻锥

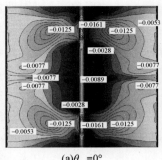 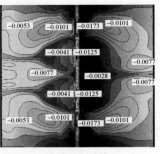

(a) $\theta_{mx}=0°$　　　　　　(b) $\theta_{mx}=-1.00°$

图 7-54　0.200s 导流面燃气流热流密度云图

顶左侧热流等值线高度扭曲,导流锥顶在原有两个对称高热流区基础上再增加两个对称的次高热流区;左侧导流面腹部高热流区域位置上移靠近导流锥,相应挤压原紧邻导流锥顶的低热流区域,导流对称面附近则产生新的明显的次高热流区域;右侧导流面腹部高热流区域、次高热流区域位置相应下移,次高热流区域部分偏出了导流装置。总之,结构对称的导流面腹部、导流锥顶热流密度呈现不对称分布趋势。不对称分布的燃气流甚至还引起了局部区域热流密度数值的改变,导流锥顶附近热流密度峰值增加,而导流面腹部热流密度峰值相应减少。

大型火箭起飞阶段有时采用火箭发动机喷管姿态主动控制方案,以达到控制不对称气流对箭体附加力矩、减小火箭侧碰保温筒的风险。例如,基于图 7-49 所示筒箭小间隙情况,点火瞬间将一级发动机喷管设置朝车头方向侧倾 $\theta_{mz}=0.50°$,利用该初始侧倾角产生的水平向侧推力抵消部分负压附加作用力,同时使箭体产生向发射车车身后向位移(即远离保温筒方向的位移)的作动力,在后续起飞阶段根据火箭姿态反馈信息对火箭起飞姿态适时调控,达到动态控制起飞侧碰的风险。需要注意的是,火箭起飞阶段通过调控发动机喷管侧倾方案控制火箭起飞姿态的方法会带来发射车上关键设备冲击、烧蚀变化,有时这种冲击、烧蚀变化还会是破坏性的。以火箭起飞过程发动机喷管维持朝车头方向侧倾 $\theta_{mz}=-1.00°$ 的起飞姿态为例,火箭起飞阶段,发动机喷管侧倾导致燃气流对保温筒后盖烧蚀变化主要表现在两个方面:①保温筒后盖相应区域烧蚀温度增加,保温筒烧蚀区域燃气流静温峰值提升幅度达 66.7%;②保温筒后盖高温燃气流影响区域扩大,整个保温筒后盖几乎均已承受高温燃气流烧蚀作用。

大型火箭新型双面导流热发射技术不能利用成本高昂、风险巨大的发射试

第7章 大型火箭发射复杂燃气流场及气动特性

验进行检验,场地、尺度条件限制也难以利用风洞试验及火箭发动机试车条件,为此作者提出并研制了图4-2所示立式喷流缩比试验系统。主要开展了3个方面研究:①依托试验系统检验数值模拟模型、方法及具体特性;②检验相似理论的正确性;③研究试验特性,指导发射试验实践。实际上,该套试验系统还有一项特殊使命:检验整个发射系统及模拟箭体的热防护技术,这已经超出本书论述范畴。立式喷流缩比试验模拟火箭相对发射系统的高度及喷管姿态角可保持不动,试验结果主要基于燃气流场及气动特性参数的测试稳定值进行分析,数值模拟也基于试验测试稳定值进行评估,这种瞬态逼近研究思路称为准稳态模拟思路,其优点是研究工况能够充分考虑场坪、发射系统复杂结构扰动效应,易于重复,实物试验安全性较高,可以进行较大尺度模拟,试验可测及测试结果可信度较高。正是基于立式喷流缩比试验,作者开展了相似理论研究,提出表4-1基本相似参数,后续一系列试验正是依据表4-1基本相似参数及其控制方法展开。

瞬态研究耗用资源极大,理论证明原型试验和喷流缩比试验燃气流场、气动特性相似性时,将图5-2所示发动机建压时间均缩短一半,研究给出了典型监测点静压对比曲线,如图7-55所示。

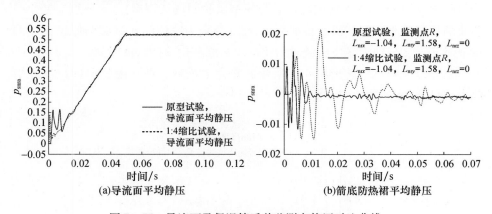

图7-55 导流面及保温筒后盖监测点静压对比曲线

图7-55以瞬态研究方式进一步证明缩比试验与原型试验燃气流场瞬态历程存在相似性。例如,导流面上燃气流静压在点火后不久大致经历两个周期的波动性适应调整后进入线性上升阶段,此后保持与火箭发动机建压线性变化关系,火箭发动机工作压力与导流面压力几乎同步达到稳定状态。图7-55还证明在满足表4-1基本相似参数情况下,复杂发射系统扰动燃气流场达到稳定时,燃气流场参数维持1:1关系,缩比试验与原型试验导流面燃气流静压均

值为 0.527,保温筒后盖监测点燃气流静压均值为 -6.253×10^{-4}。图 7-55 同时细节显示缩比试验与原型试验燃气流场瞬态历程变化方面的相似性,保温筒后盖监测点显示结构表面燃气流场在达到稳定前大致经历了 5 个波动周期。

图 7-55 显示喷流缩比试验与原型试验在点火后燃气流的适应性调整波动周期方面存在一定差异。进一步分析发现,如果基于表 4-1 所列基本相似参数控制的燃气流场自动满足斯特努哈尔(Strouhal)数准则,则图 7-55 显示的喷流缩比试验与原型试验适应性调整波动周期差异可以很好地解释,即

$$S_{tr,s} = \frac{f_s L_s}{u_s}, S_{tr,y} = \frac{f_y L_y}{u_y} \Rightarrow S_{tr,s} = S_{tr,y}, u_s = u_y \Leftrightarrow f_s = f_y \frac{L_y}{L_s} \Leftrightarrow f_s = \frac{f_y}{\delta_1} \quad (7-45)$$

$$f_s = \frac{1}{t_s}, f_y = \frac{1}{t_y} \Rightarrow f_s = \frac{f_y}{\delta_1} \Leftrightarrow t_s = \delta_1 t_y \quad (7-46)$$

基于(7-46)式,将喷流缩比试验时间尺度按缩比比例反比放大处理,可得到试验波动频率或波动周期接近的结果,即

$$f'_s = f'_y \Leftrightarrow t'_y = \delta_1 t'_s \quad (7-47)$$

(7-45)式~(7-47)式中:$S_{tr,s}$、$S_{tr,y}$ 分别为喷流缩比试验与原型试验的斯特努哈数;f_s、f_y 分别为喷流缩比试验与原型试验的特征频率;f'_s、f'_y 分别为变换后喷流缩比试验与原型试验的特征频率;t_s、t_y 分别为喷流缩比试验与原型试验的特征时间;t'_s、t'_y 分别为变换后喷流缩比试验与原型试验的特征时间。

依照(7-47)式,将图 7-55 所示防热裙平均静压曲线缩比时间尺度相应放大,对比曲线如图 7-56 所示。

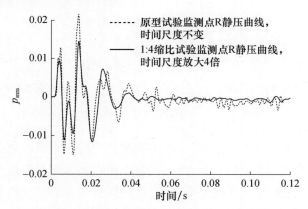

图 7-56 试验时间尺度对燃气流波动特性的影响

图 7-56 比较清楚地说明,当缩比试验时间尺度按缩比比例反比放大处理

后,喷流缩比试验燃气流适应性调整波动周期与喷流原型试验燃气流适应性调整波动周期很好地吻合起来,从而反过来又说明在满足表4-1所列基本相似参数条件下,喷流缩比试验与喷流原型试验之间自动满足斯特努哈尔数准则,这也是一个很重要的结论,可以很好地指导喷流缩比试验、喷流原型试验或发射试验燃气流场参数波动特性特别是频谱特性分析。例如,由(7-46)式的波动周期关系可知,在实物试验采样时间间隔或数值模拟时间步长一致情况下,缩比试验记录结果会存在自然滤波现象,这也说明图7-55所示防热裙静压曲线波动时间段缩比试验燃气流参数波动幅度较小的现象是一表观现象。

利用第4章图4-2所示喷流试验系统,试验研究了燃气流场分布特性及气动特性,典型结果如图7-57所示。图7-57中监测点9的压力测试位置与图7-52监测点R位置一一对应。

图7-57显示,火箭发动机建压期间初期(0~0.070s),发动机工作压力、推力与燃气流冲击力曲线接近重合,彼此变化趋势一致;火箭发动机工作压力接近稳定时(0.070~0.180s),发动机工作压力、推力与燃气流冲击力曲线变化趋势一致,曲线彼此做平移处理后高度重合;火箭发动机工作压力稳定阶段时(0.180~1.100s),火箭发动机工作压力、推力与燃气流冲击力曲线变化趋势仍然一致,发动机工作压力、推力与燃气流冲击力曲线彼此做平移处理后也存在高度重合情况,从而充分证明在发射台承受的燃气流冲击力与火箭发动机工作压力、推力之间存在线性关系。图7-57中火箭发动机稳定工作时间段(0.180~1.100s),发动机推力与燃气流冲击力均方根值分别为0.925、0.799,两者的比值为0.863,理论预测为0.835~0.853,试验高出百分比为1.17%~3.35%。图7-57中火箭发动机工作压力、推力测试由火箭发动机试验单位承担,发射台承受的燃气流冲击力由作者所在单位承担,不同单位测试数据处理过程采用的平滑措施不同,造成了燃气流冲击力曲线局部存在多毛刺现象。另外,试验过程采用了组合星孔药柱,组合星孔药柱星孔表面燃烧至一定时间形成图7-57所示的双峰波动现象。图7-57通过试验证明保温筒后盖存在的负压的确是客观现象,同时试验结果也显示,箭体位置、姿态保持情况下,随着火箭发动机工作压力达到稳定状态,各测点负压也相对稳定下来,各测点无量纲负压数值均方根包络范围为$-8.099 \times 10^{-4} \sim -2.830 \times 10^{-4}$,其中监测点9测试无量纲均值为$-5.759 \times 10^{-4}$。如上所述,监测点9与图7-52所示监测点$R$对应,对比显示试验测试结果较理论预示结果低8.58%。

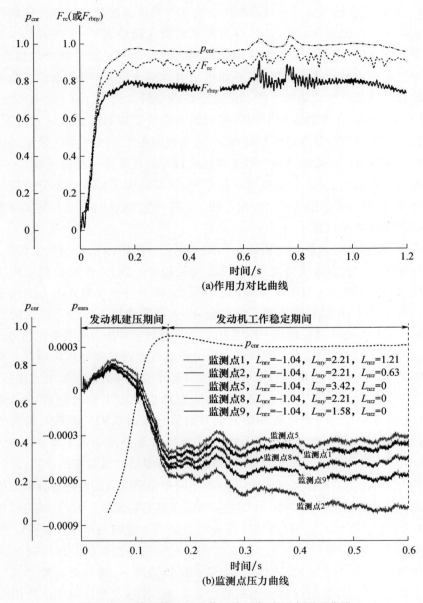

图 7-57 喷流缩比试验作用力及气流压力测试曲线

7.2.3 单面导流热发射燃气流场及气动特性

图 7-40 和图 7-49 所示双面导流热发射技术,火箭发射过程燃气流向车身两侧导流,向两侧导流的高温、高速燃气流残余冲击与烧蚀作用仍然很强,往

往需要发射车两侧存在导流通畅的开阔发射场坪空间以消化燃气流冲击与烧蚀作用。实践中很多发射场坪能够存放大型火箭及其配套发射车,但难以找到符合要求的开阔发射场坪,为此,采用单面导流方式替代双面导流方式,火箭发射过程控制燃气流主要沿车身纵向或单一方向导流,可以实现空间紧凑发射场坪安全发射,无疑极大提高了大型火箭发射技术的适应性。基于图 7-44 所示新型双面导流热发射总体技术基础,研发的单面导流热发射技术如图 7-58 所示。

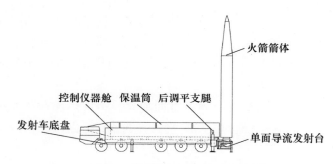

图 7-58 单面导流热发射技术方案示意图

与图 7-44 对比不难发现,图 7-58 所示单面导流热发射技术继承、吸收了保温筒起竖、储存、保温火箭等集成功能,在此基础上创新提出了"保温筒+单面导流发射台"组合形式的机动发射方式。围绕该机动发射方式,火箭发射燃气动力学研究从理论与试验的方方面面揭示了具体特性,从而在该单面导流热发射技术应用之前提出控制发射燃气流冲击、烧蚀风险的导流方案、结构强度改进方案、发射车热防护方案,同时与火箭总体人员、火箭姿控人员一起提出安全起飞弹道方案。

单面导流方式条件下,导流装置的导流型面有多种,第 6 章以组合圆弧形导流型面为例说明其应用效果。图 7-58 所示机动发射技术吸收了 7.2.1 节、7.2.2 节双面导流装置挡流板设计思想,将挡流板设置在圆弧导流型面周围,压缩经圆弧导流型面的燃气流导流范围,形成了箕形导流型面思想,在此基础上,再融合双面导流装置的导流锥分流思想,将该箕形导流型面设计成中部带鼻锥的箕形导流型面,进一步抑制反溅燃气流烧蚀强度,较好地适应了窄空间机动发射需求。两种导流装置及其导流效果如图 7-59 所示。

图 7-59 显示,带圆弧形导流型面的单面导流装置使部分燃气向发射车后向场坪导流,同时使部分燃气流受挡流板阻拦后经两侧斜上方导流至大气中;当圆弧形导流型面中部增设鼻锥结构时,强化了两侧斜向上方导流燃气的能

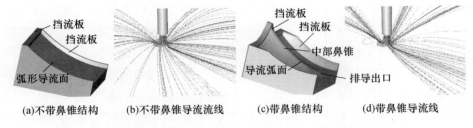

图7-59 具有箕形导流型面的两种单面导流装置及其导流效果示意图

力,燃气流经挡流板后斜向上方更加翘起,同时也使得燃气流向发射车后部场坪的聚拢效果得到加强。总之,图7-59所示两种常用单面导流装置使得燃气流导流呈现"大雁展翅"形空间推进效果,其中带鼻锥结构的导流装置能够局部强化燃气流定向导流效果。

两种单面导流装置在燃气流导流方面的差异不仅体现在对发射场坪影响情况上,也体现在高温燃气流对发射车烧蚀影响差异方面,如图7-60所示。

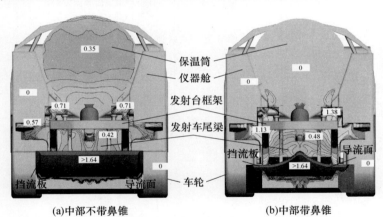

图7-60 发射车后部设备结构表面燃气静温对比云图

图7-60显示,经两种导流装置导流后向车前流窜的燃气流都对发射车后设备结构造成一定影响,其中发射车尾梁、发射台框架是集中烧蚀影响区域,带圆弧导流型面的单面导流装置使得整个发射车尾梁均承受了高温燃气流烧蚀影响,而带鼻锥的单面导流装置使得高温燃气流集中烧蚀发射车尾梁左右两侧局部区域;两种导流装置造成燃气流分布的另一明显差异是对保温筒的影响,带圆弧形导流型面的单面导流装置使得整个保温筒后盖均承受了燃气流的烧蚀影响,而带鼻锥的单面导流装置使燃气流充分向两侧导流开来,除底部两侧极小部分受低强度反溅气流影响外,保温筒后盖表面燃气流静温与环境燃气流

静温充分接近,即几乎不受燃气流烧蚀影响,说明鼻锥分流效应明显。

在理论分析导流型面影响的同时,研制了类似图4-2所示的立式喷流试验系统,试验研究了单面导流效果,试验热红外对比照片如图7-61所示,试验时采用自车头向车尾、略俯视角度拍摄。

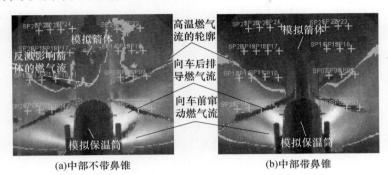

图7-61 喷流缩比试验红外拍摄的高温燃气流分布对比

图7-61显示,喷流缩比试验过程中,红外成像仪均拍摄到这两种导流装置在将高温燃气流向发射车后向导流同时会导致一部分燃气流向车前方、向发射车两侧窜动,其中带鼻锥的导流装置使得发射车两侧窜动燃气流直接抬起,这些现象与图7-59所示理论预示的现象一致。图7-61同时显示,经圆弧形单面导流装置导流、反溅的燃气流明显烧蚀影响了靠近保温筒后盖一侧的箭体结构,而鼻锥形单面导流装置则不存在燃气流大面积烧蚀影响箭体结构的情况,从而以实物试验形式印证了鼻锥分流有效。正是鼻锥分流效果总体显著,后面主要依托鼻锥形单面导流装置阐述火箭单面导流发射燃气流场、气动特性。需要指出的是,选用什么样导流型面的单面导流装置主要还是需求牵引,圆弧形单面导流装置加工工艺简单,有它的潜在应用前景。

采用鼻锥形单面导流发射装置条件下,火箭点火至起飞前沿发射车对称面(即坐标$L_{nrz}=0$剖面)燃气流瞬态导流与推进特性如图7-62所示。

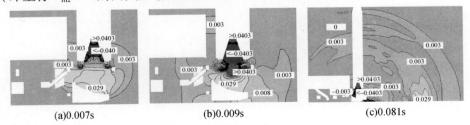

图7-62 $L_{nrz}=0$剖面燃气流经导流装置导流初期静压动态分布云图

图7-62显示,与前述章节阐述情况一样,点火瞬间、燃气流尚未抵达单面导流装置以前,燃气流在越过发射台框架时前锋基本维持了球冠形状;燃气流抵达单面导流装置后,前锋受导流装置扰动后会衍射越过这些结构,将以这些结构为扰动中心,分别以局部球冠状向外辐射;伴随燃气流前锋推进、扰动过程,跟随气流也会相应推进,在推进过程中受扰动变形。例如,燃气流出喷管瞬间产生的唇缘涡随着燃气流前锋推进会脱落下移至导流装置,后续将受不断推进气流挤压变形;燃气流前锋在后续推进过程,前锋球冠状实际会维持一段时间,球冠状前锋还会带动后续气流静压等值线轮廓也保持了一定的球冠形状,研究显示,这种保持特性甚至持续至火箭开始起飞时刻;火箭发动机点火一段时间后,单面导流装置的导流作用开始充分体现,将燃气流连续向车后方挤压,向车后方聚拢的燃气流从导流装置分离后形成系列脱落涡,后续随着火箭发动机压力上升接近稳定状态,导流面下沿附近会形成相对稳定的正、负压交替状态,而沿场坪、向发射车后向空间推进的燃气流卷吸涡仍会持续发展、变化。

火箭起飞一定高度后燃气流场静压分布情况如图7-63所示。

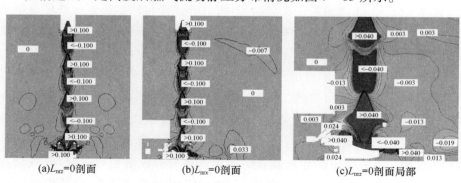

(a)$L_{nrz}=0$剖面 (b)$L_{nrx}=0$剖面 (c)$L_{nrz}=0$剖面局部

图7-63 1.701s时刻特征剖面燃气流静压分布云图

图7-63显示:①火箭起飞一定高度后,整个发射台框架均处于膨胀燃气流直接冲击影响范围内,同时保温筒后盖甚至顶盖也已经处于膨胀燃气流直接冲击影响范围内;该起飞高度条件下,不对称燃气流分布现象已经位于箭体下面,说明单面导流引起的不对称燃气流分布对箭体的影响已经很弱。②该起飞高度条件下,保温筒不仅是后盖、顶盖受膨胀燃气流影响,保温筒底部以及整个底盘均受到下泄燃气流的冲击影响,并且保温筒后盖附近正处于燃气流负压、正压交替区域,保温筒后盖上部呈现负压分布现象,而下部呈现正压分布现象;与此同时,发射台附近下泄导流的燃气流受导流面挤压以及框架结构挤压影响,原先正压锥无法正常发展,畸变呈特殊的棱镖体结构;而导流面附近燃气流

受上方冲击燃气流影响向横向发展,在导流面上方形成复杂的三维脱体激波系结构。③燃气流导流至发射车后方场坪时会继续形成负压、正压交替的压力锥,说明燃气流的膨胀、压缩过程仍在持续进行,图7-63还显示,经侧挡流板斜向上返的燃气流存在不断分离、脱落的涡系,并且这些涡系离导流装置一定距离后沿导流方向或高度方向两两一组,相邻压力涡正负交替,显示燃气流局部导流区域存在特殊的偶极子现象;当然,这些偶极子随火箭起飞过程动态变化,火箭起飞高度进一步增加后,这些偶极子或正、负交替压力涡现象逐渐减弱直至消散。

发射车表面燃气流静温动态分布进一步揭示了燃气流场的复杂信息,如图7-64所示。

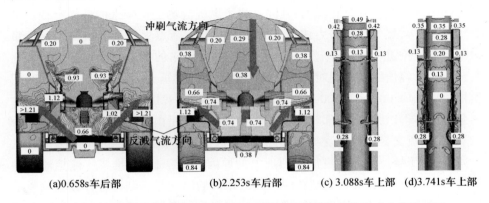

图7-64 火箭起飞过程发射车后部、上部结构表面燃气流静温动态分布云图

图7-64显示,在火箭起飞高度较低时($t \leq 0.658s, L_{nry} \leq 1.55$),燃气流膨胀范围较小,影响发射车后梁、仪器舱后部结构以及保温筒后盖的高温燃气流主要是经单面导流装置两侧上返、前窜的燃气流;火箭起飞一定高度($t \geq 2.253s, L_{nry} \geq 24.36$)后,燃气流膨胀范围扩大,影响保温筒后盖、仪器舱后部结构的高温燃气流主要是直接下泄的冲刷燃气流,并且下泄燃气流经场坪漫延开始烧蚀影响轮胎、底盘结构,该高度范围内单面导流装置仍起一定作用,部分燃气流仍会经单面导流装置上返、前窜影响发射车后梁部分结构。图7-64同时显示,火箭起飞高度逐渐增加时,径向膨胀的燃气流对发射车顶部设备的烧蚀影响范围逐渐扩大,伴随着这部分燃气流逐渐推进,从发射车底部窜起的燃气流如影随形地影响着保温筒顶盖、仪器舱上部,其位置总是更加靠近车头,说明窜起的燃气流速度更快,先行一步经保温筒顶盖、仪器舱之间的间隙窜起、烧蚀相关结构,并且所到位置结构表面的燃气流烧蚀温度超过沿保温筒顶漫延的燃

气流前锋温度,反过来印证保温筒顶盖与仪器舱间隙以及发射车底盘间隙窜动的燃气流烧蚀强度不低,这些是明显区别于双面导流热发射技术燃气流烧蚀特性的,需要采取针对性热防护措施。

不同于双面导流热发射技术,单面导流热发射技术条件下发射车承受的燃气流垂向冲击分力与沿车身方向的横向冲击作用分力处于相同数量级,两者综合作用下对发射安全性形成重要影响。燃气流沿车身方向的横向冲击作用分力与垂向冲击分力随时间变化特性如图 7-65 所示。

图 7-65 显示,单面导流热发射技术条件下,导流装置、发射台乃至发射车整车承受的燃气流冲击力仍存在快速上升段、峰值维持段、快速下降段以及缓慢下降段 4 个历程,这与双面导流热发射技术发射车相关设备承受的燃气流作用力随时间变化特性是相似的,共同反映了燃气流场变化带来的结构承载的必然结果;其中,燃气流冲击力快速上升段对应着火箭点火后发动机逐渐建压带来的燃气流推进、分布逐渐发展过程,以及由此带来的冲击强度增加过程。燃气流冲击力峰值维持段则对应火箭发动机建压结束至火箭起飞一定高度、时间范围($L_{nry} \leq 10.00, t \leq 1.600s$),燃气流沿程衰减较小,接近等熵流动,燃气流冲击强度总体得以维持,局部时间段的剧烈变化主要是由于燃气流来流原应充分发展的正、负交替压力锥受导流面阻截,形成的脱体激波三维分布发生动态变化所致,至于维持段波动更加剧烈现象的原因,则要归于鼻锥与三侧挡流板共同挤压燃气流,导流面附近包括脱体激波在内的燃气流场结构存在剧烈调整适应过程,即随火箭起飞高度连续增加而动态变化的燃气流受更加复杂的三维结构扰动发生剧烈波动,使得相关结构承载也发生剧烈变化。实际上,整个发射阶段,受燃气流收缩、膨胀效应持续影响,燃气流冲击力曲线一直存在局部波动现象,上升段及下降段波动相对不明显主要原因是:火箭发动机建压较快,后续火箭起飞速度又越来越快导致燃气流冲击力上升、下降幅度较大掩盖了局部波动现象。当然,平缓下降段燃气流冲击力变化缓和现象也与燃气流尾流压力分布相对均匀有关。图 7-65 中燃气流横向冲击作用分力(即 x 向分力)曲线与垂向冲击分力(即 y 向分力)曲线相比,在维持段波动更加剧烈则与反溅燃气流受更多复杂结构叠加扰动效应有关,感兴趣的读者可以自行深入研究其中的流动机理。

图 7-65 显示火箭发射试验受燃气流后向导流作用影响,发射车存在明显的横向反冲作用力(即图中 x 向分力),这种反冲作用力有推动发射车向前窜动、造成火箭翻倒的风险。控制这种风险的有效方法是确保发射车保持平衡状态,即确保发射车在发射场坪不发生移动。在此情况下,发射车受燃气流冲击

第7章 大型火箭发射复杂燃气流场及气动特性

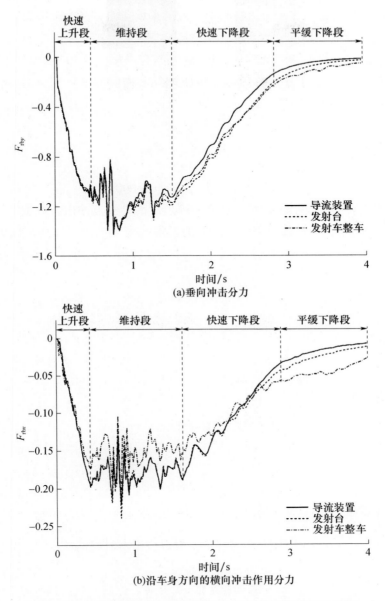

图7-65 燃气流冲击力垂向、横向冲击作用分力时间变化曲线

力x向分力应与静摩擦力保持平衡,即

$$\sum F_{cx} = F_{cx} + f_{cx} = 0 \qquad (7-48)$$

当发射车受燃气流横向冲击作用分力足以推动发射车移动的工况为临界工况,相应地,燃气流横向冲击作用分力达到极限值,此条件下,发射车整车承

受的燃气流横向冲击作用分力极限值与发射车承受的摩擦力关系为

$$F_{cx} = -f_{cx} = -\mu_c | F_{cy} + G_{cy} | \quad (7-49)$$

从火箭安全发射角度考虑，一般应确保不会出现(7-49)式那样的临界条件，即燃气流横向冲击作用分力低于极限燃气流横向冲击作用分力，由此引入另一发射车稳定系数定义，即

$$\beta_{cs} = \frac{f_{cx}}{F_{cx}} = -\frac{\mu_c | F_{cy} + G_{cy} |}{F_{cx}} \quad (7-50)$$

则发射车保持稳定应满足

$$\beta_{cs} > \beta_{cs,ref}, \quad \beta_{cs,ref} = 1.000 \quad (7-51)$$

利用(7-50)式的定义，结合图7-65所示的燃气流冲击力数据、发射车重量数据及地面摩擦系数，绘制任意时刻发射车稳定性系数曲线如图7-66所示。

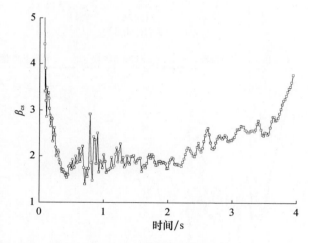

图7-66 发射车稳定系数曲线

从图7-66中可以看出，任意时刻发射车稳定系数满足(7-51)式条件，发射车能够持续保持稳定。

(7-51)式提示，控制发射车稳定性，主要通过控制燃气流横向冲击作用分力与燃气流垂向冲击分力匹配关系实现，降低发射车承受的燃气流横向冲击作用分力或增加发射车承受的燃气流垂向冲击作用分力，能够提升发射车稳定性。火箭发射燃气动力学研究指出，适当提高燃气流冲击高度，能够达到降低发射车承受的燃气流横向冲击作用分力、提升发射车稳定性的效果，但这一隐含前提是燃气流冲击高度、导流型面结构、导流装置相对发射车位置关系等存

在合理匹配甚至重新设计问题。研究表明,单纯提高燃气流冲击高度,不改变导流型面结构及其相对发射车安装位置关系,有时会难以达到预期。在导流装置相对发射台、发射车位置关系受限或者燃气流冲击高度范围受限情况下,设计合理的导流型面成为主要选择,其中一种有效方法是控制燃气流冲击角。研究表明,增加燃气流冲击角后提升发射车稳定系数效果明显。例如,将燃气流冲击角由60°增加70°时,发射车稳定系数会进一步提高50%。

单面导流热发射技术条件下,火箭也受燃气流反溅作用影响,当然,引射气流此时仍将共同施加影响,由此箭体将承受反溅气流、引射气流产生的附加气动力。火箭箭体承受的附加气动力会影响火箭起飞姿态及弹道,甚至影响火箭起飞安全。类似发射车稳定性评估方法,根据火箭姿控设计能力,按照作用力、力矩平衡分析也可以评估附加气动力条件下的火箭姿控稳定裕度,据此可指导后续调控措施。火箭姿控力矩平衡分析一般依据箭体质心展开,火箭姿控设计能力控制的俯仰或偏航方向侧倾力矩最大值与上述附加气动力矩比值即火箭姿控稳定系数,有

$$\gamma_{mr} = \frac{|M_{rzk}|_{max}}{|M_{rbz}|} \quad (7-52)$$

采用柔性喷管的火箭,姿控稳定系数依据的俯仰或偏航方向侧倾力矩最大值转化为喷管最大侧倾角形成的主动控制力矩产生,则(7-52)式转化为

$$\gamma_{mr} = \frac{F_{rmax}}{F_{rbx}} \frac{L_{rn}}{L_{rby}} \sin\theta_{tmax} \quad (7-53)$$

单面导流热发射技术条件下,保温筒安置在底盘上,紧邻箭体安放,保温筒后盖与箭体间隙较小时,火箭起飞过程中容易造成箭体或箭体尾翼侧碰,这时箭、筒初始间隙也成为评估火箭起飞安全的关键参数。火箭在整个起飞阶段喷管侧偏角度相对较小,当箭体尾翼下缘高度没有超过保温筒顶盖高度时,喷管侧偏角度往往更小,这种情况下箭、筒初始间隙为

$$s_{nrx0} \approx s_{nrx} + \Delta L_{nrx} \quad (7-54)$$

由(7-54)式,控制火箭与保温筒侧碰风险需要控制火箭侧向偏移,控制箭、筒初始间隙,最终是围绕控制火箭姿控稳定性开展。依据(7-53)式和(7-54)式,箭、筒初始间隙对火箭姿控稳定系数的影响示例研究结果如图7-67所示。

图7-67显示,箭、筒初始间隙为0.25~0.70倍喷口直径范围内,火箭起飞姿控稳定系数总体上随箭、筒初始间隙增加而逐渐减小,表明箭、筒初始间隙由最初紧邻状态扩大后气流返流流动逐渐通畅,间隙内返流增多,处于返流影响空间内的箭体承受的反冲作用力逐渐加强;箭、筒初始间隙为0.70~3.00倍喷

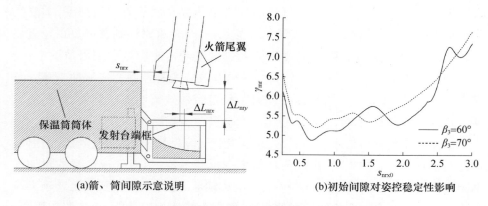

图 7-67 箭、筒间隙及其对火箭姿控稳定性影响示意说明

口直径范围内,火箭起飞姿控稳定系数总体上随箭、筒初始间隙增加而逐渐增加,表明箭、筒初始间隙进一步增加后,箭体逐渐脱离反冲燃气流影响,箭体承受的反冲作用逐渐减弱。图 7-67 还显示,两种燃气流冲击角的导流装置对火箭起飞姿控稳定系数影响特性存在一定程度相似,0.25~0.70 倍喷口直径范围内稳定系数总体随间隙增加而减小,后续随间隙增加而增加。总体上讲,燃气流冲击角度减小,燃气流返流对箭体冲击作用增强,火箭起飞姿控稳定系数减小。其中,在 1.34~1.73 倍以及 2.54~2.77 倍喷口直径范围内,冲击角度较小的导流装置引起的姿控稳定系数特殊波动机理仍需进一步分析。

单面导流热发射喷流缩比试验与发射试验燃气流场分布及气动特性相似性研究过程中,首次围绕火箭动态起飞过程开展具体研究。4.2.3 节和 7.2.2 节指出,为控制火箭起飞任意时刻或高度燃气流场分布相似、燃气流参数接近,应控制喷流缩比试验与原型试验火箭起飞加速度比例与结构线性缩比比例一致。实际上,一些喷流缩比试验与发射试验关注的重点是燃气流场、气动特性的整体相似性,以及关键位置燃气流参数峰值之间的关系,从而降低了时间尺度要求。另外,受试验成本限制,喷流缩比试验中模拟火箭发动机以及模拟发射系统有时会大幅度简化热防护工艺,相应会要求喷流缩比试验持续时间缩短,模拟火箭快速起飞。单面导流热发射燃气流场及气动特性相似性研究充分计及了这一时间尺度控制需求,数值模拟过程中,保持火箭发动机建压时间一致,后续起飞时间段喷流缩比试验模拟火箭起飞相对较快,喷流缩比试验与发射试验火箭起飞高度对比如图 7-68 所示。

图 7-68 所示案例中,发射试验及喷流缩比试验火箭建压时间均为 0.500s,该时间段火箭都保持待发射状态,此后火箭分别按各自加速度起飞。

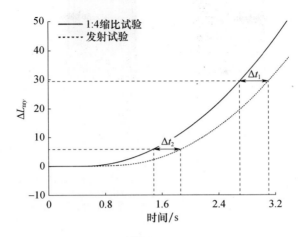

图 7-68　火箭起飞高度对比曲线

对于不同尺度喷流试验,基于喷口直径定义无量纲起飞高度后,相同时间段无量纲起飞高度数值较大表示火箭起飞较快。图 7-68 中同一时刻 1∶4 喷流缩比试验无量纲高度大于发射试验无量纲高度,表示 1∶4 喷流缩比试验中模拟火箭起飞较快。需要指出的是,这种表示快慢的方法是应相似性研究提出的,与统一尺度空间的实际速度快慢评估并不一致。例如,图 7-68 中对应标识 Δt_1 时间段,发射试验与喷流缩比试验起飞高度均为 $L_{nry}=29.47$,对应火箭发动机工作时间分别为 3.115s、2.706s,假设发射试验火箭发动机直径为 1.00m,两试验中火箭匀加速起飞,发射试验与喷流缩比试验中火箭起飞速度分别为 58.94m/s、14.72m/s;对应标识 Δt_2 时间段,喷流缩比试验与发射试验起飞高度均为 $L_{nry}=5.72$,发射试验与喷流缩比试验火箭发动机工作时间分别为 1.867s、1.487s,火箭起飞速度分别为 30.72m/s、6.54m/s。

依据图 7-68 所示火箭起飞高度曲线,数值模拟给出发射试验及喷流缩比试验中空间监测点燃气流参数随试验进程变化情况,以火箭支撑在发射台上时其箭底防热裙与发射台上端框间隙处的监测点 P_1 静压变化以及发射台上端框监测点 H 热流密度变化为例,说明非定常燃气流场相似情况,如图 7-69 所示。

图 7-69(a)显示,尽管喷流缩比试验与发射试验时间尺度不一致,但监测点燃气流压力变化的总体特性是相似的。其中,喷流缩比试验时间 0~1.511s 范围内,发射试验时间 0~1.811s 范围内,监测点 P_1 气流静压维持负压状态,并且气流负压虽略有波动,总体相对稳定,稳定数值约 -4.977×10^{-3};喷流缩比试验时间 1.511~2.706s 范围内,发射试验时间 1.811~3.115s 范围内,监测点 P_1 气流静压均在波动中不断上升状态,这种波动是燃气流膨胀、收缩的必然结

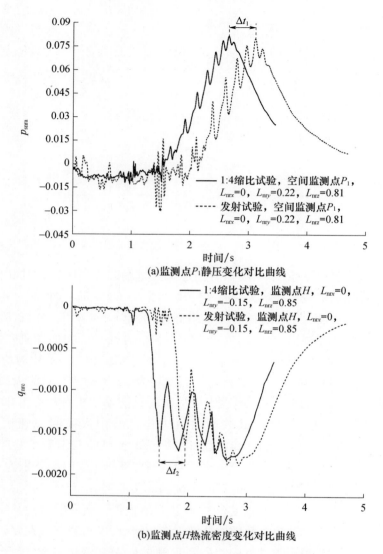

图 7-69 空间监测点静压、热流密度变化对比曲线

果,至于两个试验均出现波动周期逐渐缩短的现象,则由火箭加速上升造成;喷流缩比试验时间 2.706s 以后,发射试验时间 3.115s 以后,监测点 P_1 气流静压在波动中开始下降,并且两者波动仅持续一个波动周期,后续静压均呈现相对平缓下降趋势,平缓下降趋势也是由燃气流自身流动状态决定的,主要是燃气流远离喷口后,燃气流膨胀、收缩动力难以为继,燃气流混合比较均匀,沿推进方向衰减逐渐缓和下来。图 7-69(a)中喷流缩比试验与发射试验监测点 P_1 静

压峰值分别在 2.706s、3.115s 达到峰值状态,两试验燃气流静压达到峰值的时间差正好是图 7-69(a) 所示的 $\Delta t_1 = 0.409s$,该时刻两试验火箭起飞的高度都是 $L_{nry} = 29.47$,该起飞高度喷流缩比试验燃气流静压峰值为 0.0817,发射试验燃气流静压峰值为 0.0803,喷流缩比试验监测点 P_1 静压峰值比发射试验监测点 P_1 静压峰值高 1.73%,可以说两者充分接近。

图 7-69(b) 显示,尽管喷流缩比试验与发射试验时间尺度不一致,但监测点热流密度变化的总体特性也是相似的。其中,喷流缩比试验时间 0~1.000s 范围内,发射试验时间 0~1.340s 范围内,监测点 H 处热流密度仅在点火瞬间存在一定波动,数值总体维持为零状态,表明燃气流没有扰动该监测点附近结构,点火瞬间的波动现象则由冲击波造成;喷流缩比试验时间 1.000~1.260s 范围内,发射试验时间 1.340~1.660s 范围内,监测点 H 处热流密度开始有所变化,但数值较小,波动现象明显,表明燃气流开始扰动该监测点附近结构,但还未处于燃气流直接冲击、扫掠范围,很大程度是其边缘脉动气流沿横梁结构表面漫延所致;喷流缩比试验时间 1.260~1.487s 范围内,发射试验时间 1.660~1.867s 范围内,监测点 H 处热流密度开始快速上升,分别于在 1.487s、1.867s 达到极值状态,两试验热流密度达到极值的时间差正好是图 7-68 所示的 $\Delta t_2 = 0.380s$,该时刻两试验火箭起飞的高度都是 $L_{nry} = 5.72$;此后,喷流缩比试验时间 1.487~2.650s 范围内,发射试验时间 1.867~2.860s 范围内,监测点 H 处热流密度处于动态维持段,在维持中剧烈波动,这种波动与火箭起飞过程燃气流膨胀、收缩动态分布影响以及监测点本身处于燃气流冲击边缘位置两方面因素有关;如果计及第一次达到极值时的波动现象在内,喷流缩比试验与发射试验监测点 H 热流密度在维持段均经历 5 个明显波动周期,监测点 H 热流密度在维持段相应地存在 5 个波峰(即极值),图 7-69 中喷流缩比试验监测点 H 的 5 个热流密度波峰值分别为 -0.00165、-0.00172、-0.00165、-0.00174、-0.00182,发射试验监测点 H 的 5 个无量纲热流密度波峰值分别为 -0.00164、-0.00189、-0.00176、-0.00188、-0.00189,喷流缩比试验热流密度波峰相对发射试验热流密度波峰相对误差分别为 0.61%、-8.99%、-6.25%、-7.45%、-3.70%,仍然可以认为喷流缩比试验热流密度波峰与发射试验热流密度对应波峰是接近的。

总之,图 7-69 所示静压、热流密度曲线变化特性总体一致,对应无量纲静压、热流密度波峰充分接近,达到无量纲静压、热流密度波峰时无量纲起飞高度一致,充分说明喷流缩比试验时间尺度一定程度地缩小并不改变燃气流流场及结构气动热分布基本相似的特点。

上述非定常燃气流场、气动热的相似性研究过程时间尺度并不统一,由此引出一个时间尺度无关性的推论:控制时间尺度适中条件下,采用不同时间尺度的数值模拟得到的燃气流场动态宏观特性是一致的,无量纲起飞高度一致条件下对应空间位置燃气流参数总体是接近的。该推论与第 5 章网格无关性推论一样,成为火箭发射燃气动力学成功预测火箭发射实践的两个重要支撑,其重要意义在于大幅度缩减了数值模拟周期,大大提高了理论指导研发的效率。同样需要指出的是,与网格无关性一样,时间尺度无关性目前也缺乏严格意义上的数学证明基础,根据作者的探索实践,参照(7-55)式控制数值模拟最小时间尺度总体可行,有

$$t_{\text{sim\_max}} \geqslant 0.010 t_{\text{test\_max}} \qquad (7-55)$$

基于时间尺度无关性缩短火箭发射燃气动力学数值模拟周期时,数值模拟空间和发射试验空间具体位置存在彼此对应关系,火箭起飞相同高度对应位置燃气流参数总体一致:

$$\frac{L_{\text{ysim}}(t_{\text{sim}})}{L_{\text{ytest}}(t_{\text{test}})} = 1, \quad \frac{\phi_{\text{sim}}(x_{\text{sim}}, y_{\text{sim}}, z_{\text{sim}}, t_{\text{sim}})}{\phi_{\text{test}}(x_{\text{test}}, y_{\text{test}}, z_{\text{test}}, t_{\text{test}})} = 1, \quad \frac{x_{\text{sim}}}{x_{\text{test}}} = 1, \frac{y_{\text{sim}}}{y_{\text{test}}} = 1, \quad \frac{z_{\text{sim}}}{z_{\text{test}}} = 1$$
$$(7-56)$$

类似地,也可采用不同时间尺度的喷流缩比试验结果或基于喷流缩比模型的数值模拟结果预示发射试验,此时火箭起飞相同高度与无量纲起飞高度相同。

(7-56)式隐含了数值模拟和发射试验的时间对应关系,由此可以将数值模拟时间放大转化为发射试验时间。具体转化方法:基于发射试验实测起飞弹道及时间对应关系,反求对应高度条件下的数值模拟时间,即得到两者转换映射关系或拟合关系。大型火箭发射时初期接近匀加速度起飞状态,则依据(7-56)式可简化转化关系,即

$$t_{\text{test}} = t_{\text{test0}} + \sqrt{\frac{a_{\text{ysim}}}{a_{\text{ytest}}}} (t_{\text{sim}} - t_{\text{sim0}}) \qquad (7-57)$$

火箭起飞前,火箭发动机处于起飞建压阶段。忽略点火瞬间冲击波影响效应,基于前述章节研究结果,火箭建压历程一致情况下,空间位置燃气流参数变化历程相似,数值总体接近,由此,火箭起飞前数值模拟时间转化为发射试验时间,由火箭发动机工作压力对应关系确定,有

$$\frac{p_{\text{csim}}(t_{\text{sim}})}{p_{\text{ctest}}(t_{\text{test}})} = 1 \Leftrightarrow \frac{t_{\text{sim}}}{t_{\text{sim0}}} = \frac{t_{\text{test}}}{t_{\text{test0}}} \qquad (7-58)$$

由(7-55)式~(7-58)式,能够将不同时间尺度条件的数值模拟结果与实际试验测试结果置于同时间尺度环境中比对分析,该分析反过来可检验上述方法的可行性以及数值预示结果的可信度。以某次1∶1模拟试验为例,该次试验典型资料照片如图7-70所示。

(a)试验影像截图

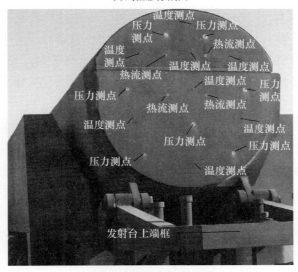

(b)发射车结构及监测点照片

图 7-70 单面导流热发射模拟试验资料照片

围绕图7-70所示模拟试验,数值模拟进程有意取极小模拟时间尺度,设置火箭起飞数值模拟加速度与模拟试验实际加速度比例为 10∶1 关系,分析时依据(7-56)式再将数值模拟时间折算成模拟试验时间,保温筒后盖监测点压力、温度数值模拟结果与试验测试结果对比如图 7-71 所示。

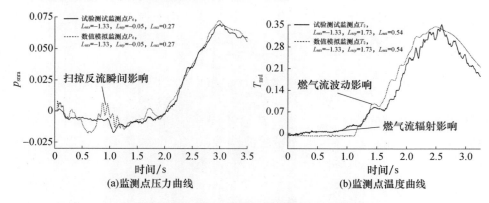

图 7-71　保温筒后盖监测点燃气流参数预示与测试对比曲线

图 7-71(a)显示:①0~2.030s 时间段,理论预示结果及测试结果均给出保温筒后盖监测点压力总体处于负压状态,说明此时燃气流以抽吸气流为主;2.030~3.010s 时间段,理论预示结果及测试结果均给出保温筒后盖监测点压力总体处于快速上升阶段,说明此时间段保温筒后盖燃气流由边缘扫掠状态逐渐变为直接冲击影响状态;3.010~3.500s 时间段,理论预示结果及测试结果均给出保温筒后盖监测点压力由处于峰值状态开始逐渐下降,说明燃气流逐渐远离并减弱对保温筒的影响。②火箭发动机点火 3.010s 时刻,理论预示给出的燃气流静压峰值为 0.0720,测试给出的燃气流静压峰值为 0.0694,理论预测静压峰值较试验测试静压峰值高 3.71%。③静压预示特性与测试特性的差异主要表现在 3 个方面:一是在火箭发动机点火后燃气流起始冲击波效应方面,理论显示在冲击波强度及波后二次波动现象明显,主要原因在于测试压力传感器选用较大口径带来的平滑效应,当然,测试后的进一步平滑处理再次削弱了压力波动;二是理论显示此后燃气流的静压波动仍比较明显,在 0.800~1.200s 时间段静压波动格外突出,而测试结果没有给出该现象,对照图 7-71 所示压力曲线,可以判断理论预示的特性是客观的,产生该现象的原因在于燃气流起飞一定高度后,经导流面向车前返流的燃气流强度局部时间段得到加强,但该股气流并不稳定,一直处于波动状态,并随火箭起飞高度的进一步增加而逐渐衰减;三是在压力快速上升段及后续平缓下降段,理论预示的压力波动现象较少,该现象的原因则是数值模拟本身造成,数值模拟过程采用恒定时间步长,后续火

箭加速起飞阶段数值保存子样较少,缩减数值模拟时间尺度后,相同时间段保存子样更少,无形中形成数值滤波效果。

需要说明的是,当前温度传感器感应端采用绞丝搭接或点焊搭接方式,其测试的温度接近恢复温度,相应地,数值模拟静温应转换为恢复温度。恢复温度与静温之间的关系为

$$T_{nrd} \approx \left[1 + \frac{1}{2}\sqrt[3]{Pr}(\gamma - 1)(Ma)^2\right]T_{snra} \qquad (7-59)$$

图 7-72(b)显示,对应时间段 0~1.320s、1.320~2.605s、2.605s 以后,理论预示结果及测试结果均给出燃气流温度存在平缓段、快速上升段、下降段,反映保温筒后盖监测点先后承受抽吸气流作用,以及燃气流开始边缘扫掠至核心区直接冲击、再远离衰减的具体历程。图 7-72(b)标识的燃气流剧烈波动影响区域,理论预测燃气流温度极值为 0.097,试验测试燃气流温度极值为 0.086,理论预测温度极值较试验测试温度极值高 12.80%;图 7-72(b)理论预测燃气流温度峰值为 0.346,测试燃气流温度峰值为 0.352,理论预测温度峰值较试验测试温度峰值低 -1.30%。图 7-72(b)也显示了温度预示与试验测试主要差异:①温度曲线平缓段,理论预示没有计及热辐射影响,温度曲线保持平稳状态,试验测试不能规避热辐射影响,温度曲线在平缓变化中保持持续上升趋势;②燃气流温度曲线上升段及下降段,理论预示的温度总体上高于试验测试值,这种情况不仅是在单面导流热发射试验中发现,其他发射技术条件的试验测试也再现了这种现象,主要原因由温度传感器测试敏感端自身热响应所致,敏感端自身吸热以及响应速度不足共同因素造成温度数值较低;③与压力预示曲线类似,温度预示曲线总体变化也比较平缓,试验测试温度曲线局部存在细节波动现象,如上所述,主要原因由数值模拟缩短模拟时间后数据较少所致。

模拟试验(含喷流缩比试验、搭载试验)、发射试验包含的约束条件、影响因素、燃气流场信息经常比数值模拟容纳的条件、因素及信息丰富或复杂。与数值模拟可以发现、总结火箭发射燃气动力学具体特性一样,充分利用模拟试验、发射试验模拟也能发现、总结火箭发射燃气动力学具体特性。仍以图 7-71 所示模拟试验为例,对比分析紧邻布位热流测试与温度测试数据,发现在燃气流影响的远场区域,热流密度与温度存在很强的相关性,如图 7-72 所示。

由图 7-72 可以看出,在忽略局部细节波动的情况下,热流密度与温度呈线性相关,即

$$q_{nra} = -q_{nrc} = \zeta_{qtr} T_{nrd} \qquad (7-60)$$

图 7-72 所示实例热流密度与温度之间的线性拟合系数为 2.939×10^{-4}。

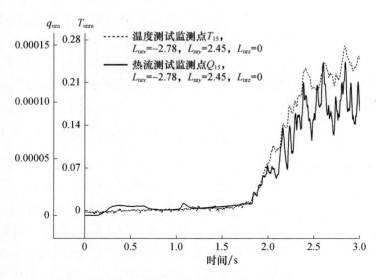

图 7-72　保温筒顶盖燃气流温度测试与热流测试对比

(7-60)式所示热流密度与温度相关性直接由试验测试结果得到,这对于众多远场区域结构扰动热流难以精细模拟的理论研究工作来说,无疑提升了燃气流远场区域热流密度预示精度;对于复杂扰动条件的喷流模拟试验或发射试验来说,相关性关系则能够明确压力、温度、热流等测试数据的有效性与否。例如,当前压力传感器普遍抗高温能力较差,喷流试验或发射试验持续时间较长时,压力传感器会发生温漂或损坏,此时温度与热流测试即能起到应有的旁证分析作用。

(6-19)式和(6-21)式已经指出热流密度多数情况下与燃气流压力存在线性相关关系,燃气流压力与温度、密度之间本身由状态方程紧密联系在一起,现在又得出热流密度与温度线性相关,这当中其实隐含了远场区域低速燃气流不可压缩性特性,即隐含了下述马赫数条件,即

$$Ma \leqslant 0.30 \qquad (7-61)$$

(7-61)式所示气流低速、不可压缩性马赫数条件在很多基础气体动力学专著中有说明,这里不再冗述,感兴趣的读者可自行参阅。

7.3　运载火箭发射燃气流场及气动特性

本节介绍采用多喷管工作方式的运载火箭发射燃气流场及设备气动特性。很多运载火箭在芯级火箭基础上捆绑助推火箭,通称为捆绑式运载火箭,其携

第 7 章 大型火箭发射复杂燃气流场及气动特性

带的喷管更多。不言而喻,多喷管运载火箭带来了超大规模的燃气流场及气动特性研究问题。例如,确保一定的网格分辨率是确保数值模拟精度的必要条件,同样的网格分辨率条件导致运载火箭燃气流场数值模拟网格量成倍增长,甚至提升 1~2 个数量级,这样的预示工作量导致目前运载火箭发射燃气流场、气动特性方面的很多精细化研究开展比较困难,类似地,还有很多试验方面的问题受模拟规模、难度及资金限制也难以开展,本节仅立足扼要总结运载火箭发射燃气流场、气动基本特性,深入研究仍然需要持续努力。

7.3.1 中型运载火箭发射燃气流场及气动特性

运载火箭按发射吨位简单分为四类:发射吨位在 200t 以下的小型运载火箭;发射吨位在 200~500t 范围的中型运载火箭;发射吨位在 500~1000t 范围的大型运载火箭;发射吨位在 1000t 以上的重型运载火箭。我国在役的运载火箭主要为中型运载火箭和大型运载火箭,本节主要介绍采用类似图 6-2(a)所示单面导流方式的中型运载火箭发射燃气流场及其气动特性。

一种不带助推火箭的中型运载火箭发射过程燃气流线动态分布特性如图 7-73 所示。

(a)2.516s　　(b)5.492s　　(c)5.492s局部

图 7-73　中型运载火箭起飞过程燃气流动态分布

图 7-73(a)显示,燃气流在导流槽内的卷吸气流主要由导流面两侧、紧邻槽壁气流经壁面反弹后产生,产生的主要原因由反弹气流向空间推进过程受导流槽内环境气流黏滞后再经槽底附近高速气流抽吸作用所致。图 7-73(b)显示,绕开发射台的燃气流下泄至发射场坪后,会紧贴发射场坪推进,其中部分燃气流会与导流槽中燃气流汇合,受导流槽中燃气流影响也发生明显的卷吸推进现象。图 7-73(c)显示,膨胀的燃气流流线在发射台台体表面扰动情况下发生剧烈变化,走向十分紊乱;台体边沿台阶涡大小不一,形状也十分复杂。

研究运载火箭发射燃气流场及其气动特性过程中,考虑运载火箭发射过程多喷管工作,喷管轴线并不平行甚至喷口错位安装的特点,将研究依据的右手直角参考坐标系 $Oxyz$ 的原点 O 设在发射台导流孔进口截面中心,对于捆绑式运载火箭,将参考坐标系 $Oxyz$ 原点 O 设于芯级导流孔进口截面中心,y 轴与芯级箭体重合,正向指向垂直起飞方向,xOy 坐标面与导流槽导流对称面重合,x 轴正向与导流槽出口。图 7-73 所示案例中平行 xOy 坐标面的 $L_{nrz}=0.81$ 剖面燃气流静压分布显示了中型运载火箭发动机点火建压阶段、起飞瞬间燃气流推进及导流特性,如图 7-74 所示。

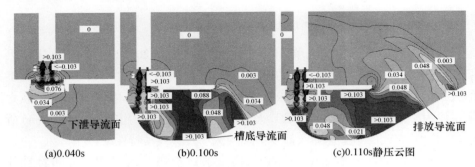

图 7-74 燃气流经场坪、导流槽推进情况

图 7-74 显示,一级发动机点火后不久,经喷管流出的燃气流前锋即融合在一起,形成新的球冠状前锋,并在后续导流槽内推进过程中一定程度保持该形状;前锋后的跟随气流也融合在一起,此后在导流槽内受燃气流前锋、导流面以及后续燃气流挤压作用下,这股跟随燃气流压力会进一步得到提升;进入导流槽后,跟随燃气流冲击导流面后会迅速向槽口反冲,一定程度上阻碍了后续燃气流向导流槽内顺畅导流,使得导流槽口附近燃气流压力存在短暂快速提升,图中运载火箭箭底附近燃气流呈现比较明显的不对称分布现象;压力提升的跟随燃气流在导流槽推进过程中,还会继续阻止后续燃气流的快速推进,从而在后续一段时间内,导流槽内燃气流呈现了积聚现象;导流槽内的燃气流积聚现象并不能维持下去,随着一级发动机持续建压,燃气流后续推进强度进一步增强,推动导流槽内初始积聚的燃气流向外流动;向外流动的这股积聚燃气流到达导流槽出口即迅速向环境大气膨胀、扩散,一小部分向运载火箭箭体、发射台靠近的膨胀燃气流还会与运载火箭箭底附近的不对称燃气流相互交汇、融合,大部分受自身惯性以及导流槽向外持续导流的燃气流推动作用下,逐渐远离发射中心。

随着中型运载火箭开始起飞,图 7-74 所示导流槽内燃气流积聚现象消失,后续膨胀燃气流受发射台框架阻碍后,部分越过发射台框架直接下泄到发

第7章 大型火箭发射复杂燃气流场及气动特性

射场坪上,流进导流槽的燃气流相对减少,导流槽内的燃气流动变得顺畅,导流槽内大部分空间燃气流压力更加接近环境大气压;中型运载火箭起飞一定高度后,紧邻一级发动机喷管下方的燃气流沿推进方向得以发展,激波系形状、大小逐渐接近自由喷流状态;导流槽内进口端导流面上方的燃气流则持续处于受挤压状态,导致起飞一定高度范围内压力锥系结构发展仍不充分,已经发展的压力锥系结构高度方向距离也受到限制;中型运载火箭起飞高度逐渐增加后,导流槽出口处燃气流压力波动幅度也逐渐减小,其对发射台、箭体底部的不对称影响也逐渐减弱。

中型运载火箭起飞一定高度后,发射台结构表面燃气流压力、热流密度分布情况如图7-75所示。

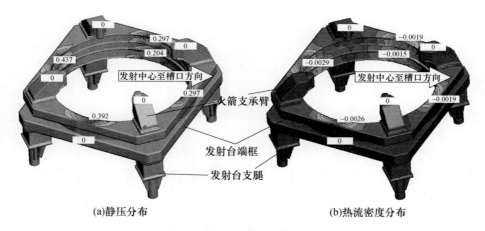

(a)静压分布　　　　　　　　(b)热流密度分布

图7-75　3.462s时刻发射台表面燃气流分布云图

图7-75显示,3.462s时刻,发射台承受燃气流冲击的区域集中于发射台上端框上表面、内侧表面、发射台下端框内侧表面相关区域,其中位于支承臂之间的发射台上端框上表面中间位置处于压力较高的燃气流冲击区域,发射台上、下端框内侧表面受燃气流冲击区域为次高压力燃气流作用区域;在燃气流冲击影响区域,热流分布特性再次呈现了与压力的紧密相关性,高压区域对应高热流区域,并且相关等值线轮廓形状总体相似。图7-75由数值模拟结果直接给出,依顺时针方向顺序,高热流区域热流密度峰值分别为 -0.0026、-0.0029、-0.0019、-0.0019,次高热流区域热流密度峰值标识为 -0.0015;基于图7-75所示压力峰值,采用(6-23)式估算高热流区域、次高热流区域的热流密度峰值,结果依次为 -0.0031、-0.0035、-0.0024、-0.0024 和 0.0016,绝对值较图7-75中数值模拟结果分别高 21.1%、21.3%、25.8%、25.8% 和

9.5%,说明采用(6-23)式压力相关性关系式估算燃气流冲击区域热流密度峰值具有一定包络性。

多喷管运载火箭发射技术条件下,发射系统设备、设施结构承载经常是多喷管燃气流共同作用的结果,为此将(6-4)式无量纲气动力界定形式修正为

$$F_{rbi} = \frac{F_i}{\sum F_{ti,ref}} \approx \frac{F_i}{\sum (c_{F,ref} p_{c,ref} A_{t,ref})} \quad (7-62)$$

利用(7-62)式计算导流槽下泄导流面以及发射台承受的燃气流冲击力对比曲线如图7-76所示。

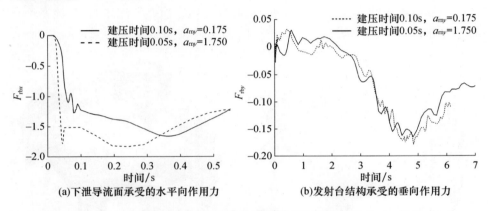

(a)下泄导流面承受的水平向作用力　　(b)发射台结构承受的垂向作用力

图7-76　导流槽的导流面以及发射台承受的燃气流冲击力对比曲线

图7-76显示:①一级发动机建压时间较快时,导流槽下泄导流面承受的燃气流水平向冲击力很快达到峰值,而建压时间较慢时,导流槽下泄导流面承受的燃气流水平向冲击力在达到峰值前会经历局部适应性波动现象,与第6章介绍的导流装置承受的燃气流冲击变化现象一致,从而可以认为两者的机理是一样的,火箭发动机建压时间较缓时,燃气流场的发展时间相对充分,局部波动、调整过程得以实现。②建压时间较快时,导流槽下泄导流面承受的燃气流水平向冲击力峰值较高,图中显示峰值为1.82,相比建压时间较缓的发射工况冲击力峰值高9.6%。火箭发动机建压较快时燃气流前锋刚抵达导流槽底部,下泄导流面尚处于大范围高压燃气流笼罩范围,而火箭发动机建压较慢时燃气流前锋已经移出槽口,跟随高压燃气流已经移到导流槽口附近,两者差异形成了峰值大小在时间历程方面的差异。③火箭发动机建压时间相差1倍、起飞加速度比例为1∶10时,两种时间尺度按(7-57)式、(7-58)式关系转换情况下,发射台承受的燃气流冲击力在0~1.770s时间段总体受抽吸气流作用,起始扰动的波动幅度差异相对较大;燃气流开始冲

第 7 章　大型火箭发射复杂燃气流场及气动特性

击影响发射台后,两种时间尺度条件的发射台承受的燃气流冲击力变化同步性很好,分别在 1.770~4.425s 时间段快速上升、4.425~4.850s 时间段相对维持、4.850~6.030s 时间段快速下降、6.030s 以后下降趋于平缓,并且这些时间段波动也很同步,如图中标识在 3.050s、5.650s 时刻前后两条曲线均出现明显的波动现象,充分说明整个发射时间段燃气流冲击力曲线变化特性相似,从而也隐含了燃气流场在较长时间尺度、较大空间尺度范围存在缓变特性。④两种时间尺度条件下燃气流冲击力数值差异主要是在抽吸段存,图 7-76 中后续快速上升时间段、维持时间段、快速下降段冲击力数值总体是接近的。以图 7-76 中标识的波动时间段峰值以及冲击力最大值为例,建压时间较长、起飞较慢的发射工况燃气流作用力分别为 0.054、0.141、0.179,建压时间较短、起飞较快的发射工况燃气流作用力分别为 0.065、0.125、0.162,前一发射工况相对后一发射工况差值分别为 −16.9%、12.8%、10.5%,复杂的发射技术条件下这一差别是可以接受的,从而再次说明在高温、高速燃气流场数值模拟时间迭代步长难以大幅度提升的情况下,采用提升火箭起飞加速度、将模拟发射时间尺度大幅度缩短的方法仍然可行。

中型运载火箭发射技术实现形式很多,导致燃气流场及气动特性分布各具特色。一种带 4 个助推火箭,每个助推火箭发动机带一个喷管,芯级火箭一级发动机带 4 个喷管的捆绑式中型运载火箭发射燃气流场特征剖面静压分布如图 7-77 所示。

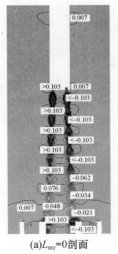
(a) $L_{nrz}=0$ 剖面

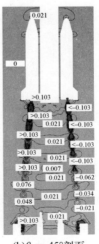
(b) $\theta_{yx}=-45°$ 剖面

图 7-77　起飞高度 $\Delta L_{nry}=20.00$ 时燃气流静压分布云图

图7-77显示:①虽然中型运载火箭起飞高度已经很高,但芯级火箭一级发动机以及助推火箭发动机的每个喷管喷出燃气流在较长空间范围内保持了收缩、膨胀趋势,燃气流几乎仍沿喷管轴线推进,显示燃气流的推进强度仍然很强;受芯级喷管相对位置较近影响,芯级两喷管燃气流之间的部分静压等值线呈现融合现象。②由于多喷管燃气流处于齐射状态,芯级火箭发动机各喷管燃气流受到相邻喷管燃气流强烈影响,助推火箭发动机喷管燃气流受到芯级喷管燃气流强烈影响,相关喷管燃气流的等值线均存在向运载火箭芯级箭体轴线弯曲的现象;芯级火箭发动机四股燃气流融合还波级到助推火箭发动机燃气流,使得彼此相对的助推喷管燃气流正压等值线也呈现与芯级火箭发动机燃气流正压等值线融合现象。③虽然火箭发动机喷管结构一致,芯级火箭发动机与助推火箭发动机工作条件一致,发射台井字梁及外端框的上表面高度一致,但受芯级火箭发动机喷管安装角度较小、助推火箭发动机喷管安装角度较大影响,图7-77所示中型运载火箭起飞高度条件下,芯级火箭发动机燃气流作用中心还没有完全偏移到发射台井字梁上表面,而助推火箭发动机燃气流作用于中心已经完全偏移到发射台外端框的上表面。

图7-77所示火箭起飞高度情况下,燃气流已经直接作用于发射台台体结构表面,台体结构表面的燃气流静压及热流密度分布如图7-78所示。

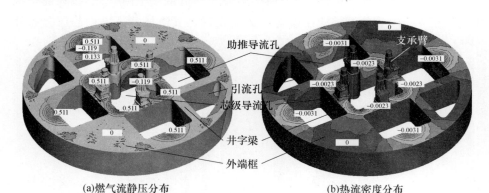

(a)燃气流静压分布　　　　　　　(b)热流密度分布

图7-78　起飞高度$\Delta L_{nry}=20.00$时台体表面燃气流分布对照云图

图7-78显示,燃气流冲击发射台台面时,高压、高热流区域相互独立,高压、高热流区域等值线呈现类似图7-75所示的同心圆系分布特性,整个台面的同心圆系则组成"十"字花瓣形状;受燃气流倾斜冲击影响,紧邻上述同心圆所在台面的芯级导流孔或助推导流孔侧壁呈现负压、正压交替或低热流、高热流交替分布的现象,其他侧壁则仍处于抽吸气流影响范围,继续保持负压或低

热流分布现象。对照压力分布情况以及热流分布情况,不难直观判断燃气流冲击作用区域热流密度分布与压力分布相关性依然成立。图 7 – 78 显示助推火箭燃气流冲击高压区域以及其高热流区域中心均位于外端框上,彼此接近重合,静压峰值为 0.511,热流密度峰值为 0.00307,利用(6 – 23)式估算的热流密度峰值为 0.00411,估算结果依然能够包络数值模拟结果。

中型运载火箭发射试验时,利用发射台结构条件,搭载布置了系列燃气流场测试传感器,传感器布位及安装实景资料照片如图 7 – 79 所示。

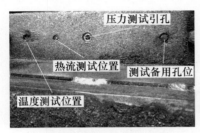 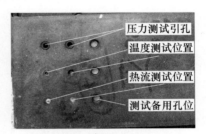

(a)支承臂上的测试布位及工装　　　　(b)外端框上的测试布位及工装

图 7 – 79　发射台支承臂及外端框燃气流场传感器布位及安装实景资料照片

利用图 7 – 79 所示测试传感器获取的燃气流压力、热流密度参数随时间变化曲线如图 7 – 80 所示,为方便对比,图 7 – 80 中同时绘制了数值模拟对比曲线。

图 7 – 80(a)显示,对于捆绑式中型运载火箭发射台,测试与数值模拟均给出在 0 ~ 3.000s 时间段,支承臂上监测点主要受抽吸气流作用,静压数值总体在接近大气压附近波动;3.000 ~ 5.200s 时间段,燃气流开始扫掠发射台支承臂,并且强度由弱到强,监测点静压快速上升;5.200 ~ 6.200s 时间段,燃气流扫掠发射台支承臂的强度达到峰值并处于短时维持阶段;6.200s 以后,扫掠发射台支承臂的燃气流强度开始快速下降,监测点静压相应快速下降;从而测试及数值模拟均反映出运载火箭发射过程中燃气流对支承臂的影响存在渐进变化过程。支承臂监测点位置高于芯级火箭发动机喷管喷口截面中心位置,运载火箭建压后一定时间后芯级火箭发动机燃气流才开始影响支承臂上监测点;数值模拟与测试结果均反映燃气流静压总体较低,说明运载火箭整个起飞阶段,支承臂监测点总体上处于在芯级火箭发动机燃气流边缘影响区域。图 7 – 80(a)同时显示,数值模拟给出监测点静压峰值为 0.064,测试结果给出静压峰值为 0.063,数值模拟峰值相对测试峰值的误差为 1.6%,应该说这也是一个非常成功的预示案例,说明当前采用提升加速度这一快速数值模拟方法依然能够适用

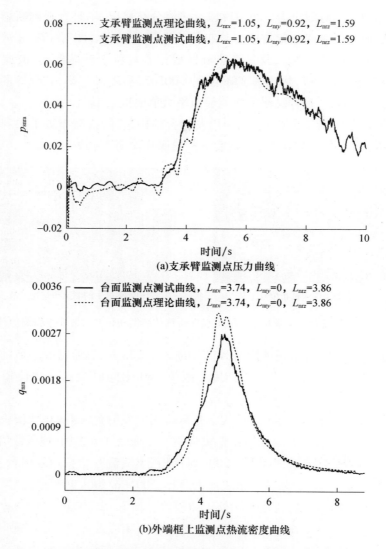

图 7-80 发射台结构表面监测点燃气流压力、热流密度对比曲线

于运载火箭复杂燃气流场、气动特性预示。图 7-80(a)中有两处明显扰动区域,其中数值模拟结果给出点火瞬间存在较强起始扰动,主要原因如前所述,数值模拟采用缩短建压时间(0.050s)的方法,燃气流动经短期快速积聚、再快速释放,初期扰动较强,实际运载火箭发动机建压时间为 0.100~0.500s,从而燃气流积聚效应较弱,初始扰动不强;图 7-80(a)中数值模拟与试验测试均反映上升段扰动现象与支承臂的结构有关,参考图 7-78,主要原因是支承臂为 3 段

组合体结构,采用法兰对接组装,监测点工装位于中部法兰,当燃气流冲击影响顶部法兰时,其扰流将影响中部法兰监测点附近气流静压。

图 7-80 所示热流密度监测点位于发射台外端框上,发射过程处于助推火箭发动机燃气流冲击影响区域,数值模拟与测试都反映了发射过程热流密度变化基本特性:0~3.000s 时间段,监测点并不受燃气流冲击,热流密度数值相对平稳并接近零值;3.000~4.400s 时间段,监测点受燃气流冲击影响,热流密度数值随时间发展呈快速上升趋势,最后达到峰值状态;4.400~4.800s 时间段,监测点承受最强燃气流冲击,热流密度数值处于峰值相对维持阶段;4.800~6.000s 时间段,运载火箭快速远离发射台,燃气流对监测点的冲击强度快速下降,热流密度数值随发射时间呈快速下降趋势;6.000s 以后,发射台外端框监测点处于燃气流尾流影响范围,燃气流冲击强度已经很弱,热流密度数值随发射时间缓慢下降并最终趋于零值。图 7-80 所示数值模拟给出热流密度峰值为 0.0033,对应燃气流冲击压力为 0.52,利用(6-23)式估算的热流密度峰值为 0.0041,热流密度实际测试峰值为 0.0028,两种理论峰值相对测试峰值差别分别为 17.9%、46.4%,理论峰值能够包络测试峰值。图 7-80 所示热流密度曲线同样显示了数值模拟与测试的一些差异,主要表现在上述热流密度曲线快速上升段与快速下降段,测试结果显示上升段及后续下降段热流密度总体持续时间略长,造成这种现象的主要原因是数值模拟工作开展于发射试验前,依据的运载火箭预示加速度较实际飞行弹道记录的加速度略高,从而造成运载火箭发射试验过程燃气流实际持续烧蚀时间略长。

7.3.2 大型运载火箭发射燃气流场及气动特性

大型运载火箭发射燃气流场、气动特性与其发射技术形式也紧密相关。图 6-2 所示的双面导流方式是大型运载火箭发射经常采用的导流方式,以适应更大排量的燃气流顺畅导流以及不对称燃气流扰动控制的需求。大型运载火箭发射燃气流在流入图 6-2 所示双面导流槽前,首先要经受复杂的发射平台结构扰动,如图 7-81 所示。

图 7-81 所示大型运载火箭的发射平台集成了脐带塔、行走装置、场坪定位及支撑的液压支腿等多功能设备,脐带塔本身又安装了功能略有差异、结构复杂的大、小摆杆,同时发射平台台体上还开设了多个供燃气流下泄的导流孔以及供引射气流下泄的引流孔,发射平台上布置系列推进剂加注塔,这些加注塔的空间安放位置不一,结构又会随推进剂加注的具体要求而变化,如液氧加注塔与煤油加注塔的结构略有差异,发射平台结构是相当复杂的。图 7-81 也

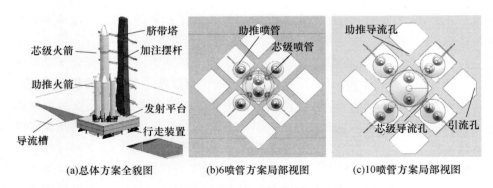

(a)总体方案全貌图　　(b)6喷管方案局部视图　　(c)10喷管方案局部视图

图7-81　6喷管大型运载火箭发射技术方案示意说明

显示,大型运载火箭发动机喷管向外围侧倾,芯级喷管侧倾角度与助推喷管侧倾角度往往并不相同;芯级喷管安装对称面与芯级导流孔沿对角对称剖面、脐带塔对称面、发射平台对称面、导流槽经导流锥脊线对称面重合;助推喷管安装对称面与助推火箭的大尾翼对称面、助推导流孔对称面重合,与双面导流槽对称面夹角呈45.00°;并且一些更大起飞吨位的大型运载火箭芯级发动机与助推级发动机类型往往并不一致,如芯级火箭发动机采用液氢液氧发动机,液氢液氧火箭发动机稳定工作压力较图5-2所示火箭发动机稳定工作压力提高25.0%;助推火箭发动机采用液氧煤油发动机,稳定工作压力较图5-2所示火箭发动机稳定工作压力提高120.0%以上,这些将进一步带来燃气流场分布、扰动的复杂性。

芯级、助推级火箭均采用液氧煤油发动机同步工作时,燃气流推进初期静压动态分布如图7-82所示。图7-82及后续图沿用7.3.1节参考坐标系及前述章节无量纲燃气流参数界定方法。

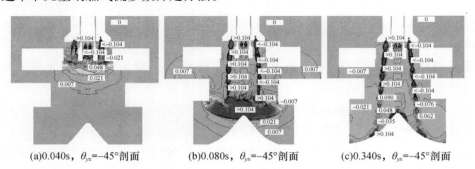

(a)0.040s,$\theta_{yx}=-45°$剖面　　(b)0.080s,$\theta_{yx}=-45°$剖面　　(c)0.340s,$\theta_{yx}=-45°$剖面

图7-82　燃气流推进初期静压动态分布云图

由图7-82并结合燃气流场具体数值模拟结果,归纳大型运载火箭发动机

点火后燃气流推进过程静压存在3个方面的动态分布特性：① 6喷管大型运载火箭发动机点火后，喷出燃气流前锋及跟随燃气流很快融合成一体，融合后前锋仍以球冠状形式向前推进；球冠状前锋及其跟随燃气流进入芯级导流孔后受到进一步挤压，流动强度得到一定程度加强；经过发射平台导流孔向导流槽口下泄过程中，燃气流前锋及其跟随气流的流动强度得到进一步增强，沿助推喷管安装对称面显示的静压云图能够解释造成这种增强现象的原因，那就是芯级火箭发动机燃气流与助推级火箭发动机燃气流进一步融合所致；这种融合增强现象还将持续一定时间，使得燃气流前锋及其跟随气流进入导流槽后流动强度得以一定程度保持，直到燃气流前锋及跟随燃气流导流出导流槽出口后快速膨胀才释放了这部分残余压力。导流槽内融合燃气流推进强度持续保持较强现象的原因，除与多股燃气流汇合加强现象有关外，也与导流槽相关导流面挤压燃气流因素有关，还与火箭发动机建压速度有关，如前所述，当火箭发动机工作建压速度较慢时，这种融合增强现象相应会减弱；伴随着燃气流前锋及其跟随气流在发射平台下方以及导流槽内快速推进，后续燃气流膨胀及收缩过程相对比较充分，进口端导流面附近高、低压交替现象得到依次出现，但这种现象相对比较短暂，在燃气流前锋及其跟随气流越过导流槽底部、抵达出口端导流面后，出口端导流面挤压燃气流前锋及其跟随气流，反过来影响进口端导流面气流，使得进口端导流面附近气流融合形成瞬时较强卷吸气流，燃气流前锋及其跟随气流导流出导流槽后，进口导流面附近卷吸气流强度也逐渐下降，燃气流分布逐渐趋于稳定；燃气流前锋及其跟随燃气流导流出导流槽后，继续膨胀，使得一定时间段燃气流前锋球冠状仍继续得以维持，由于槽口上方空间无障碍物干扰，球冠状燃气流前锋能够向发射中心区域推进，甚至能够抵达箭体中上部空间，此时燃气流前锋及跟随气流的流动压力已经衰弱至接近环境大气压力。②芯级火箭发动机点火后燃气流在向芯级导流孔流动过程中，由于芯级导流孔截面有限，燃气流前锋受到芯级导流孔的局部、瞬时阻挡作用，其中一小部分沿发射平台台面向发射中心外围推进，大部分沿芯级导流孔下泄；燃气流前锋及其跟随燃气流沿芯级导流孔下泄过程中，伴随着深度融合过程，使得燃气流前锋及其跟随燃气流出芯级导流孔后，可看成是单喷管燃气流在持续推进；燃气流前锋及其跟随燃气流动过后，后方逐渐发展多股相互交汇的不稳定融合扰动源，它将随着跟随气流下移而不断分离、脱落再不断生成；多股燃气流外侧受芯级或助推导流孔孔壁扰动影响，也会持续生成不稳定的扰动源；当燃气流前锋及其跟随燃气流远离芯级导流孔、抵达导流槽后，受火箭发动机压力快速上升驱动，喷管下方的燃气流膨胀、压缩过程得到相对充分发展，多股燃气流变得相对独立,每股燃气流压力高低交替现象开始有序呈现;后续持续推进的燃气流受结构挤压及相互抽吸作用,使得这些压力锥系向中心区域弯曲,压力锥的轮廓形状发生局部变形,同时紧邻跟随燃气流后方的压力锥系周围产生了很多形状各异、大小不一的不稳定诱导涡系。③芯级火箭发动机燃气流前锋与助推火箭发动机燃气流融合前锋及其跟随燃气流进入导流槽后受到进一步挤压,压力明显升高,如上所述,这部分燃气流并不在槽口附近驻留,受后方气流推动以及自身惯性作用,很快将其推进至导流锥顶,再受导流锥顶劈分作用,沿进口端导流面推进至导流槽底部;由于导流槽空间尺度较大,燃气流前锋及其跟随燃气流已经推进很久的情况下,导流锥上方的燃气流分布才达到基本稳定状态,此时,高燃压作用充分显现,原先相互融合造成的压力锥系弯曲分布现象消失,每个压力锥轮廓形状、大小相对固定下来。

图 7-82 中燃气流经过的导流槽是图 6-2 所示的常见双面导流槽,第 6 章说明双面导流槽有多种变化形式,如双面导流锥变化为轴对称导流锥。两种导流槽导流效果对比如图 7-83 所示。

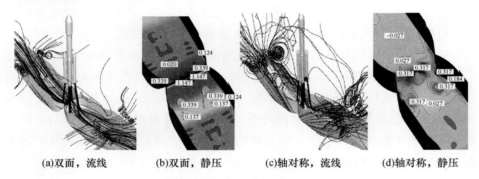

(a)双面,流线　　(b)双面,静压　　(c)轴对称,流线　　(d)轴对称,静压

图 7-83　0.500s 时刻导流槽内燃气流线、壁面静压分布对照

图 7-83 显示,采用双面导流锥的导流槽,芯级火箭发动机燃气流冲击导流锥后,大部分经双面导流面分流,少量燃气流会沿锥顶横向冲击两侧槽壁;助推火箭发动机燃气流汇聚部分芯级火箭发动机燃气流后,一部分沿导流面直接导流进导流槽里,后续将继续推进,再经排放导流面导流出导流槽,另一部分燃气流经导流面倾斜冲击导流槽壁,再经槽壁折转、直接流出导流槽,并在槽口边沿附近倾斜向上方剧烈翻卷,其中还会有一些燃气流卷吸、流向发射平台上方空间。另外,导流槽内燃气流场相对稳定情况下,芯级火箭发动机冲击导流锥顶部区域为高压力分布区域,助推火箭发动机冲击的下泄导流面腹部区域为次高压力分布区域,虽然芯级、助推火箭发动机工作条件一致,但助推火箭发动机

冲击进口端导流面距离较远,燃气流动强度存在一定衰减,同时下泄导流面倾角较小,燃气流导流较为通畅,使得助推火箭发动机燃气流冲击导流面形成的压力峰值较芯级火箭发动机燃气流冲击锥顶形成的压力峰值低70.4%。

图7-83中轴对称导流面的导流型线与双面导流面的导流型线一致,在保持锥顶高度一致的情况下,导流槽底深度自然一样,进一步保持导流槽壁、槽底结构一致,则导流槽仅进口端导流面发生变化。采用轴对称导流锥的导流槽,燃气流推进方面的具体变化表现为:芯级火箭发动机燃气流及助推火箭发动机燃气流下泄至导流面后,更多地偏向一侧导流槽壁方向流动,受导流槽壁阻挡作用以及自身的相互挤压作用,燃气流在导流槽底部靠近槽壁附近空间发生更加剧烈的折转、卷吸作用,这种折转、卷吸将持续到燃气流导流出导流槽,并在槽口上方很大空间范围继续卷吸、扰动,在导流槽左右两侧形成十分明显的对称扰动涡系,其中一部分卷吸气流受还将影响更大空间范围,包括箭体中上部附近空间。采用轴对称导流锥条件下,原导流锥顶受芯级火箭发动机燃气流冲击形成的高压区移至导流锥两侧,压力峰值大幅度下降,下降幅度超过50.0%;芯级火箭发动机燃气流冲击区域依然维持较高压力区域,压力峰值略有下降,但下降幅度不超过15.0%。采用轴对称导流面时,由于芯级火箭发动机燃气流可以沿导流锥两侧比较顺畅地下泄导流,下泄至导流槽两段弧壁夹角处形成局部驻点区域,形成了新的高压区域;芯级火箭发动机燃气流此后沿槽壁与导流面夹角处向槽底推进时,再汇聚助推火箭发动机燃气流,使得槽壁与导流面夹角处持续处于较高压力影响区域,应是导流槽烧蚀防护关注区域。燃气流理论冲击中心为喷管延长线与导流面交点,也称理论冲击中点,图7-83中受相互抽吸或相互挤压影响,燃气流会不同程度地偏离理论冲击中心。例如,采用轴对称导流锥的导流槽,助推火箭发动机燃气流受导流作用以及上方芯级燃气流挤压作用,峰值压力所在位置向外围有所偏离,图中偏离理论冲击中心距离为0.40倍喷口直径距离。这种偏离现象为多喷管燃气流相互干扰产生的特殊共性现象。

采用轴对称导流锥的导流槽,燃气流场相对稳定时,燃气流静压分布如图7-84所示。

图7-84显示了采用轴对称导流面时燃气流分布的变化:芯级火箭发动机燃气流冲击部位由导流锥顶部移至锥顶两侧,受该冲击部位燃气流阻挡作用,位于锥顶的燃气流压力也相对抬升;芯级火箭发动机燃气流冲击导流锥后,沿导流锥两侧流动相对通畅,这部分燃气流下泄至底部后受槽壁阻挡,形成了新的较高压力区域;芯级火箭发动机燃气流冲击距离增加后,导流锥上方的燃气

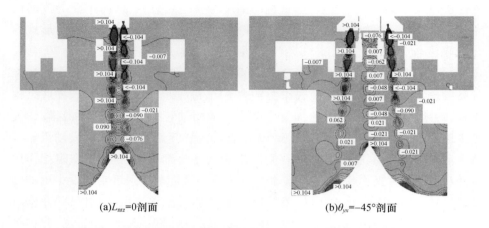

(a) $L_{nrz}=0$ 剖面　　　　　　　　(b) $\theta_{yx}=-45°$ 剖面

图 7-84　0.500s 时刻 $L_{nrx}=0$ 剖面和 $\theta_{yx}=-45°$ 剖面燃气流静压云图

流发展相对充分,压力锥沿推进方向相对伸长,从而原导流槽口附近的正压锥延伸至槽口以下。图 7-84 同时显示,采用轴对称导流面后,$\theta_{yx}=-45°$ 剖面上助推火箭发动机燃气流冲击区域,脱体激波轮廓形状由凹进形状变成凸起形状,轮廓截面积有所扩大,造成该现象的原因是助推火箭发动机燃气流冲击轴对称导流面区域相对周围区域而言为凸起区域,燃气流后续流动相对顺畅所致。另外,轴对称导流面条件下,$\theta_{yx}=-45°$ 剖面上整个锥顶燃气流压力总体较高,原双面导流面锥顶中心附近受脱体激波下方燃气流膨胀或回流扰动,存在明显的负压区域。

对于起飞吨位更大的 10 喷管运载火箭,导流槽内通过增设承重墙支撑其巨大重量,导流槽内燃气流导流效果及壁面气流分布如图 7-85 所示。

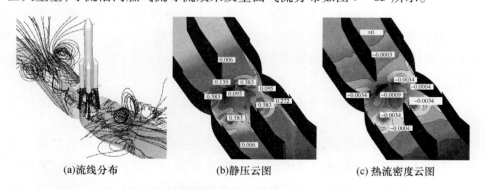

(a) 流线分布　　　　(b) 静压云图　　　　(c) 热流密度云图

图 7-85　0.500s 时刻导流槽表面燃气流线、静压、热流密度分布对照

图 7-85 所示带承重墙的导流槽横向跨度相对扩大,充分考虑了更大排量

燃气流导流需求；另外，带承重墙的导流槽轴对称导流面投影面积较大，也是适应更多数量火箭发动机燃气流导流面积相应扩大的实际需求。对比图7-85和图7-83燃气流线分布情况，可以看出10喷管运载火箭发射初期燃气流流线分布、走向的具体变化：燃气流冲击轴对称导流面、反冲槽壁后，再次和经导流面导流的燃气流相互作用，发生剧烈折转，此后整个导流槽底部燃气流一直处于特别剧烈折转、翻卷过程；燃气流出导流槽后，在每个槽口的左右两侧受膨胀影响加剧折转、翻卷，形成了尺度很大的卷吸涡，这种卷吸涡受横向跨度较大的导流槽壁、导流槽中部承重墙壁干扰影响，向左右两侧发展相对充分，导致导流槽中部燃气流受干扰程度减轻，原先经槽口向发射中心反卷的现象明显减弱。图7-85同时显示，10喷管运载火箭发射时，高压力、高热流密度区域集中于助推火箭发动机燃气流冲击区域，助推火箭发动机燃气流冲击压力、热流密度峰值较过去单喷管条件燃气流冲击压力、热流密度峰值提高幅度超过70.0%，同时，燃气流冲击高压力、高热流区域面积也有较大幅度增加；芯级火箭发动机燃气流冲击区域的压力、热流密度为次高压力、次高热流区域，同时受芯级火箭发动机燃气流来流速度、压力大幅度下降因素影响，导流槽左右两侧弧形槽壁夹角位置处压力、热流密度也下降很多，不再是高压力、高热流影响区域，但靠近助推火箭发动机燃气流冲击区域附近的导流槽夹角处燃气流压力、热流密度依然很高，其峰值较图7-83所示单喷管条件的燃气流冲击压力、热流密度峰值增加幅度均超过45.0%。

对应增设承重墙的导流槽，燃气流场相对稳定时，导流锥附近燃气流静压分布如图7-86所示。

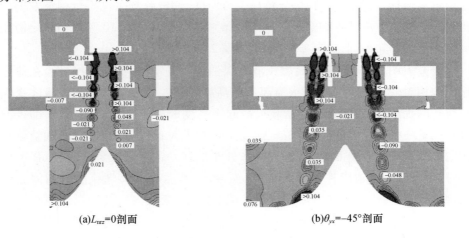

(a) $L_{nrz}=0$ 剖面　　　　　　　　(b) $\theta_{yx}=-45°$ 剖面

图7-86　0.500s时刻 $L_{nrx}=0$ 剖面和 $\theta_{yx}=-45°$ 剖面燃气流静压云图

对比图 7-86 和图 7-84,可以看出 10 喷管运载火箭发射初期 $L_{nrx}=0$ 剖面上燃气流静压分布的主要变化:芯级火箭发动机燃气流沿推进方向的压力锥数量明显减小,对应压力锥沿推进方向长度及轮廓截面积均减小,导流锥受燃气流冲击部位压力明显降低,主要原因在于案例中更大起飞吨位的大型运载火箭芯级火箭采用了液氢液氧发动机,图 7-84 所示大型运载火箭芯级火箭发动机采用了液氧煤油发动机,虽然两者喷口直径接近,但液氢液氧火箭发动机较液氧煤油火箭发动机稳定工作压力低很多,造成燃气流流动强度、燃气流推进距离以及推进过程的膨胀与收缩动力均大幅度下降。图 7-86 还显示,芯级火箭发动机双喷管燃气流融合现象大幅度减轻,主要原因在于双喷管之间距离增加,当然,也有液氢液氧火箭发动机压力较低造成抽吸作用减弱的贡献因素。对比图 7-86 和图 7-84,还可以看出更大起飞吨位大型运载火箭发射初期 $\theta_{yx}=-45°$ 剖面燃气流静压分布的变化:助推火箭发动机双喷管平行、近距离安装条件下,经喷管流出的燃气流很快就受抽吸作用影响彼此靠近,导致压力锥截面轮廓产生相向弯曲变形,至喷管下方第二组负压锥时,压力锥已经局部融合,至第二组正压锥时,压力锥已经深度融合,再至第三组负压锥时,压力锥完全融合为一体,后续压力锥均融合成为单喷管类型的压力锥,单个压力锥的长度、截面积均大幅度增加;受双喷管火箭发动机燃气流融合影响,燃气流冲击轴对称导流锥的高压区范围也相应扩大。另外,更多火箭发动机燃气流同时流动情况下,抽吸作用明显加强,自发射平台导流孔、引射孔开始,发射平台下方、导流锥上部空间均呈现了大范围负压分布现象,负压数值也明显增加。

大型运载火箭起飞一定高度后,导流槽内燃气流动强度逐渐减弱,燃气流主要影响包括发射平台在内的导流槽上方空间,燃气流场关注点也移至发射平台附近及其上方流动影响空间。这当中,6 喷管运载火箭和 10 喷管运载火箭发射燃气流场分布不同,甚至差异很大,如图 7-87 所示。

研究表明,同样是采用高燃压液氧煤油火箭发动机,由于助推导流孔流通截面积相对较大,6 喷管运载火箭起飞较高高度($\Delta L_{nry} \geqslant 7.53$)时燃气流才受到导流孔的扰动影响;随着大型运载火箭起飞高度的提升($\Delta L_{nry} \geqslant 9.45$),助推导流孔孔壁终将挤压燃气流,当挤压强度不是太大时,燃气流通过略微调整流动方向形式实现适应壁面扰动,压力锥系分布呈现一定弯曲现象;当挤压强度很大时,燃气流无法适应性调整,只能正面冲击,此后部分燃气流沿台面漫延流动,部分燃气流仍向助推导流孔内折转流动;向导流孔内折转的燃气流将进一步受后方来流挤压作用,挤压强度很高时将在助推导流孔孔壁附近形成脱体激波结构;随着大型运载火箭起飞高度进一步提升($\Delta L_{nry} \geqslant 18.74$),助推火箭发动

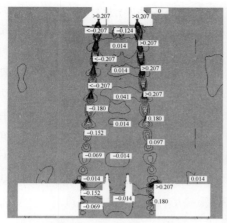
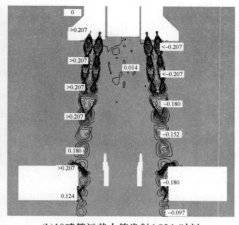

(a) 6喷管运载火箭发射5.161s时刻　　(b) 10喷管运载火箭发射4.934s时刻

图 7-87　$\theta_{yx} = -45°$剖面燃气流静压云图

机燃气流向导流孔内流动有所减少,燃气流冲击中心移到了发射平台的台面上,但此时燃气流冲击强度仍然较强,台面燃气流冲击中心附近还会形成脱体激波。研究同时表明,虽然助推导流孔流通截面积接近,10喷管运载火箭助推发动机采用双喷管条件,并且双喷管安装角扩大1倍,这种情况下运载火箭起飞不久($\Delta L_{nry} \geqslant 1.89$),助推火箭发动机燃气流即受助推导流孔侧壁挤压影响,燃气流静压等值线轮廓发生剧烈扭曲变形;随着10喷管运载火箭起飞高度增加($\Delta L_{nry} \geqslant 6.84$),助推火箭发动机燃气流开始冲击影响与导流孔紧邻的发射平台台面,由于燃气流速、压力很大,在导流孔上边沿附近形成脱体激波,激波的存在反过来又影响了导流孔内燃气流的流动状态,导流孔内燃气流压力锥系结构已经发生破坏;10喷管运载火箭起飞高度进一步增加($\Delta L_{nry} \geqslant 7.87$),自孔口截面以下的燃气流压力锥系结构均受到破坏,但燃气流沿受自身倾斜流动惯性影响,继续冲击导流孔侧壁,导流孔侧壁反过来挤压沿壁面下泄的燃气流,最后在导流孔下边沿附近形成新的反射激波;随着燃气流冲击中心向台面进一步偏移,导流孔上边沿附近脱体激波强度有所增强,激波尺寸有所增加,经该脱体激波的燃气流还会发生膨胀,膨胀后的燃气流再受壁面挤压将在导流孔中部形成了压缩激波,燃气流过该压缩激波依然有能力继续膨胀,还将形成新的激波,导流孔内燃气流流动波系结构复杂起来;10喷管运载火箭起飞达到一定高度($\Delta L_{nry} \geqslant 19.14$)后,助推火箭发动机燃气流冲击中心大部分甚至全部移到了发射平台台面上,流进助推导流孔的燃气流越来越少,导流孔内燃气流流动强度也随之减小很多,燃气流流动波系结构复杂度也随之下降。

类似地,大型运载火箭起飞过程芯级火箭发动机燃气流动态分布对比分析表明,随着芯级火箭发动机高度逐渐上升,喷管下方的压力锥系结构也逐渐上升,其中径向膨胀范围扩大的压力锥系将受芯级导流孔挤压扰动影响,位于导流孔内的压力锥系轮廓形状发生局部变形,紧邻导流孔下方的压力锥系轮廓甚至发生扭曲变形,说明芯级导流孔的扰动也十分剧烈。图7-84中6喷管运载火箭芯级发动机采用高燃压液氧煤油发动机,而图7-86中10喷管运载火箭芯级发动机采用中燃压液氢液氧发动机,对比显示,高燃压液氧煤油火箭发动机燃气流存在更多组压力锥系,并且这些压力锥系沿燃气流推进方向占据了很长距离,导致大型火箭起飞很高时燃气流对发射平台的冲击作用仍然很强,而液氢液氧火箭发动机喷口直径虽然相差不大,但压力锥系明显减小,压力锥纵向长度缩短,从而高强度燃气流对发射平台的影响距离也将明显缩短,后续液氢液氧发动机燃气流冲击芯级导流孔孔壁及台面的强度、持续时间均大幅度下降。

针对图7-87所示10喷管运载火箭助推发动机燃气流的强冲击作用,发射平台方案设计采取了提升结构刚强度、优化台面设备布局、改进设备扰动外形等措施,以脐带塔结构为例,为控制经脐带塔向箭体反溅的燃气流,提出了增设导流孔的思路,其控制反溅气流情况如图7-88所示。

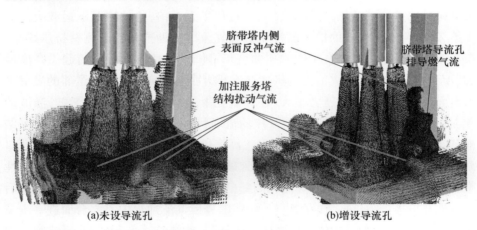

图7-88 脐带塔增设导流孔与否燃气流速度矢量分布对比云图

图7-88显示,脐带塔未增设导流孔情况下,10喷管大型运载火箭燃气流冲击发射平台后,靠近脐带塔一侧的燃气流后续流动过程中受脐带塔剧烈扰动,部分燃气流将沿其内侧表面向上反冲,反冲将直达箭体,由于此时10喷管大型运载火箭起飞高度已经很高,可以预期10喷管大型运载火箭起飞至该高度以前持续受反冲燃气流冲击与烧蚀影响。图7-88同时显示,脐带塔增设导

第7章 大型火箭发射复杂燃气流场及气动特性

流孔情况下,10喷管大型运载火箭燃气流冲击发射平台后,靠近脐带塔一侧的燃气流受导流孔导流作用,主要经导流孔向脐带塔两侧流动,仅剩少量燃气流沿脐带塔内侧表面反冲,但反冲高度有限,不再对箭体造成影响。总之,作者提出的增设导流孔方案主要是消除反冲燃气流对箭体的冲击与烧蚀影响,兼顾减少脐带塔表面燃气流冲击与烧蚀影响范围,降低脐带塔防护难度。

采取避让燃气流直接冲击扰动措施条件下,高速燃气流在后续推进过程中主要影响的是发射平台台面和井字梁区域,如图7-89所示。

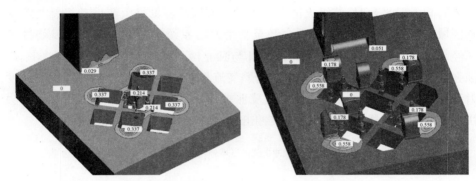

(a)6喷管运载火箭发射5.161s时刻　　(b)10喷管运载火箭发射4.661s时刻

图7-89　台面燃气流冲击中心进一步外移时静压分布对比云图

发射平台台面燃气流静压分布特性表明:①燃气流影响发射平台台面及井字梁上表面后,受芯级火箭发动机导流孔流通截面相对较小影响,芯级火箭发动机燃气流很快覆盖并越过芯级导流孔附近井字梁上表面,部分向助推导流孔及引射孔内流动,部分沿井字梁上表面漫延流动,影响远处的台面,甚至影响了脐带塔表面;②随着大型运载火箭起飞高度的增加,影响发射平台台面的燃气流主要由助推火箭发动机燃气流冲击引起,助推火箭发动机燃气流的影响范围会越来越大,但燃气流静压在一定起飞高度达到峰值后又呈现逐渐下降趋势,进一步研究发现大型运载火箭起飞达到更高高度后,助推火箭发动机燃气流冲击高压区范围也将逐渐减小;③受助推火箭发动机喷管空间侧倾安装姿态控制,冲击发射平台台面的燃气流高压区域很少出现彼此叠加扰动现象,更多呈现的是彼此独立现象,即每个火箭发动机燃气流相对独立影响发射平台相应区域。

台面燃气流静压分布特性还表明,受助推导流孔较小流通截面限制,10喷管大型运载火箭起飞不久,助推火箭发动机燃气流即已冲击发射平台,并且冲击强度业已很高;受双喷管燃气流融合加强效应影响,冲击发射平台燃气流压力很早即达到峰值,并且冲击压力峰值高于单喷管燃气流压力峰值,压力峰值相对提高1.8倍之多;同样受双喷管燃气流融合加强效应影响,10喷管运载火箭即使在起飞很高($\Delta L_{nry} \geq 26.08$)情况下,燃气流冲击中心的压力仍然很高,图7-89(b)中燃气流冲击中心已经完全偏离助推导流孔一定距离,压力峰值仍高达0.558。总之,10喷管运载火箭发射燃气流存在冲击发射平台台面启动时间早、持续时间长且冲击压力高的特点,这些特点造成发射平台的结构强度设计、热防护设计甚至燃气流场测试相当艰巨。

图7-89再次显示了类似图7-78所示的特征现象,大型运载火箭发射燃气流影响发射平台时,芯级火箭发动机燃气流以及各助推火箭发动机燃气流影响区域相对独立。由于发射平台乃至整个发射系统结构强度破坏以及烧蚀破坏经常由局部破坏引起,这种局部破坏与独立区域承受的燃气流直接冲击、烧蚀强度、影响范围密切相关,可以依据燃气流相对独立影响结论对发射平台、发射系统分区单独研究,依据自由喷流膨胀范围($\theta_{extr} = 3.0° \sim 4.0°$),用扫掠方法快速预估大型运载火箭燃气流直接冲击、烧蚀中心及范围,如图7-90所示。

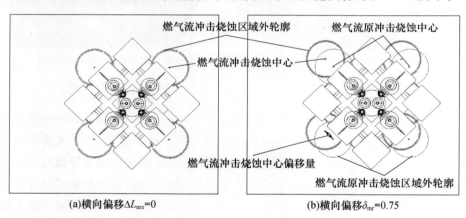

(a)横向偏移$\Delta L_{nrx}=0$ (b)横向偏移$\delta_{mr}=0.75$

图7-90 $\Delta L_{nry}=22.42$ 时燃气流冲击、烧蚀中心以及范围快速预估示意图

根据图7-90所示火箭发动机喷管布局造成的燃气流独立分布、影响特点,燃气流冲击、烧蚀影响范围内燃气流参数分布特性可采用单喷管或双喷管燃气流冲击模型快速预示。单喷管或双喷管燃气流冲击模型不仅能用于图7-90所示发射平台平整台面结构燃气流分布快速预示,经常还用于复杂燃气流场理论预示结果或试验测试结果的快速校验。复杂发射技术特别是结构异常复杂的发射系统,燃气流场数值模拟过程中往往缺乏参照理论或试验结果,模型网格尺度以及分辨率经常难以把控,这种校检方法将起到不可替代的支撑作用。以图7-90所示复杂发射平台4个外围燃料加注塔顶盖为例,10喷管运载火箭起

飞高度$\Delta L_{\mathrm{nry}}=14.95$时数值模拟结果及其快速校验方法如图7-91所示。

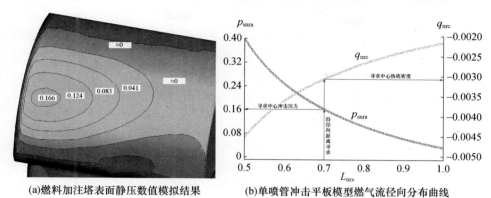

(a)燃料加注塔表面静压数值模拟结果 (b)单喷管冲击平板模型燃气流径向分布曲线

图7-91 利用单喷管冲击平板模型结构校验燃料加注塔顶盖表面数值模拟结果

图7-91(a)所示外围燃料加注塔顶盖表面积较大,外围燃料加注塔顶盖表面与燃气流来流方向夹角较大,接近垂直状态,校验时采用单喷管燃气流垂直冲击平板模型,研究给出了平板上燃气流冲击压力随径向变化结果,据此对比外围燃料加注塔顶盖表面燃气流冲击压力数值模拟结果,当数值模拟结果与平板模型结果差别较大时,修正上述复杂条件的数值模拟模型网格分辨率、网格尺度及控制算法,从而达到快速校验目的。外围燃料加注塔顶盖表面燃气流冲击中心离燃气流来流中心距离为0.70m,依据该距离值从图7-91(b)所示分布曲线查询该距离附近压力数据,插值估算外围燃料加注塔顶盖表面燃气流冲击中心压力为0.164,燃料加注塔顶盖表面燃气流冲击中心压力数值模拟值为0.166,说明三维数值模拟结果可信,也说明上述复杂发射技术条件的三维数值模拟网格分辨率、网格尺度、算法调控总体是合理的。图7-91(b)同时给出了该距离处平板模型热流密度数值为-0.0031,依据上述说明的快速预示方法,快速预估大型运载火箭起飞高度$\Delta L_{\mathrm{nry}}=14.95$时,外围燃料加注塔顶盖表面燃气流冲击中心热流密度峰值为-0.0031。需要注意的是,利用燃气流冲击、烧蚀影响区域独立性简化快速预估燃气流分布特性时,应充分考虑这些独立影响区域结构特点选用适当的校验模型,如针对性选用楔形体校验模型或大曲率凹弧校验模型。

大型运载火箭发射燃气动力学试验研究经常只能依靠喷流缩比试验研究。按照4.2.2节喷流缩比试验基本相似参数控制方法,喷流缩比试验应控制火箭发动机内弹道一致、推进剂一致、结构线性缩比,实际的喷流缩比试验依据关注重点有时不得不放弃一些基本要求。例如,大型运载火箭一般采用液体推进剂,喷流缩比试验系统采用液体推进剂往往需要配套复杂的专用供输与控制系统,试验研制周期很长,研制成本也很高,结构尺寸难以缩比的控制阀门及控制管路甚至影响了结构相似性控制要求。又例如,采用类似液氧-煤油推进剂时,高燃压是保证推进剂燃烧效率及稳定燃烧的必要条件,但其带来的喷流缩比试验火箭发动机点火系统研制难度也是前所未有的,主要表现为推进室结构缩比不可能保证,同时高燃压条件下火箭发动机喷喉附近烧蚀防护特别困难。

权衡试验研制技术难度及研制周期,一些喷流缩比试验中会采用固体推进剂方案。采用固体推进剂时,可以控制火箭发动机工作压力曲线与原液体火箭发动机工作压力曲线充分接近,还可以控制凝相百分比充分接近,则燃气介质差异主要体现在比热比、定压比热容、燃气分子量等物性方面,为此需要研究采用固体推进剂与采用液体推进剂带来的试验结果的差异性。以图7-81所示大型运载火箭喷流缩比试验研究为例,采用与原型一致的液氧煤油类液体推进剂以及固体复合推进剂生成燃气介质物性主要差异对比如表7-1所列。

表7-1 燃气物性差异对比一览表

燃气物性名称	某类型液氧煤油推进剂燃气物性参数	某类型固体复合推进剂燃气物性参数	燃气物性参数相对变化量
定压比热容	2039.9J/(kg·K)	1570.8J/(kg·K)	-23.0%
比热比	1.1878	1.2272	3.3%
燃气常数	321.4J/(kg·K)	290.8J/(kg·K)	-9.5%
燃气分子量	25.87kg/mol	28.59kg/mol	10.5%
动力黏性系数	2.64×10^{-5} Pa·s	3.70×10^{-5} Pa·s	40.2%
燃烧温度	3800K	3078K	-19.0%

火箭发动机结构、火箭发动机工作压力曲线一致情况下,依据第5章单喷管自由喷流状态燃气流场研究结果可以推断:①自由喷流条件下,两种火箭发动机燃气流的压力锥系等值线结构形状、正负压力锥交替特性存在相似性;②尽管火箭发动机工作压力一致,受推进剂总焓偏小因素限制,固体复合推进剂条件的燃气流沿推进方向压力锥系分布长度略短于液体推进剂条件的压力锥系分布长度;③采用同种液体推进剂时,喷流缩比试验燃气流沿推进对称轴线无量纲静压波动曲线能够接近重合,可以充分确保喷流缩比试验与原型试验燃气流静压分布、变化幅度的一致性;采用复合推进剂时,虽然静压分布与波动变化与原型试验的一定相似性,但彼此之间沿对称轴线周期性变化并不完全同步,对应周期具体波动幅度也有一定差异,复合推进剂条件的喷流缩比试验燃气流动对称轴线上静压波动周期略短,对应波动周期振幅略高;④不同推进剂条件下燃气流沿流动对称轴线上静温波动特性存在一定相似性,同样受推进剂总焓偏小因素

影响,复合推剂条件下沿对称轴线上静温数值偏小现象格外明显。

依据表 7-1 所列不同推进剂,运载火箭起飞一定高度(ΔL_{nry} = 16.79)时,液氧-煤油推进剂条件的发射试验与固体复合推进剂条件的模拟试验在燃气流场分布方面的对比情况如图 7-92 所示。

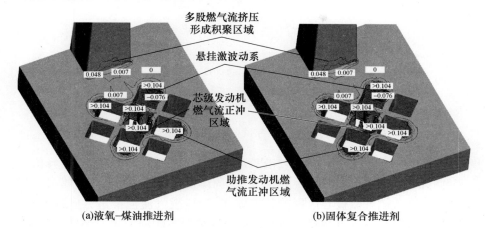

图 7-92 发射平台表面静压分布对比云图

图 7-92 显示,无论是采用液氧煤油推进剂条件的发射试验,还是采用固体复合推进剂条件的模拟试验,均显示芯级与助推火箭发动机燃气流冲击的台面区域为高压区域,高压区域燃气流静压等值线总体呈现同心圆状分布;该起飞高度(ΔL_{nry} = 16.79)条件下,助推火箭发动机燃气流部分沿助推导流孔侧壁下泄,在侧壁附近形成了交叉的悬挂激波系结构;台面上靠近脐带塔一侧,向脐带塔流动的两股助推火箭发动机燃气流与来自芯级火箭发动机燃气流交汇,相互挤压,形成了特殊尖角形正压分布区域,这些共同现象说明发射台表面燃气流静压分布相似。

不同推进剂条件下,发射平台结构表面监测点燃气流参数对比如图 7-93 所示。图 7-93 中台面监测点主要受助推火箭发动机燃气流冲击影响,坐标为 L_{nrx} = 3.18、L_{nry} = 0、L_{nrz} = -3.18;井字梁上监测点主要受芯级火箭发动机燃气流冲击影响,坐标为 L_{nrx} = 0、L_{nry} = 0、L_{nrz} = 2.24。

图 7-93 显示,两种推进剂条件下,台面及井字梁上表面监测点燃气流静压、热流密度曲线起伏波动、上升及下降趋势变化总体一致,监测点燃气流参数随时间变化特性也存在相似性。两种推进剂造成的燃气流参数变化差异主要体现在两个方面:①燃气流参数峰值以及对应时刻燃气流具体参数存在差异,其中固体推进剂生成的燃气燃温较低,造成燃气流携带能量、动量略低,以燃气流静压峰值与热流密度峰值为例,固体推进剂条件下燃气流静压峰值、热流密

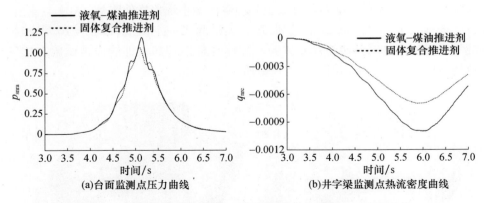

图 7-93 发射平台台面及井字梁监测点燃气流参数变化对比曲线

度峰值分别为 1.066、-0.0007，较液氧煤油推进剂条件的燃气流静压峰值、热流密度峰值(绝对值)低 10.1%、29.9%；②固体推进剂条件下燃气流携带能量、动量略低，造成燃气流核心区影响长度略小，对应燃气流沿推进方向的波动起伏距离相应缩短，造成火箭起飞高度变化一致情况下相同位置监测点燃气流参数感受的波动、起伏变化时间提前，两图中燃气流静压、热流密度达到峰值的时间依次为 5.095s、5.929s，较液氧煤油推进剂条件下的燃气流静压、热流密度达到峰值时间分别提前 0.020s、0.099s。

最后需要指出的是，近 20 年来固体复合推进剂研制进展很大，可以适当控制推进剂配方，保持比热比、燃温接近液体推进剂，能够进一步提高试验结果的相似性。

7.3.3 发射燃气流噪声特性及喷水降噪特性

火箭发动机工作时，伴随着高速燃气流推进过程，是极为刺耳的燃气流噪声传播过程。燃气流噪声波及的设备、结构、元器件均会受到不同程度的影响。这种影响会随着火箭吨位的增加而增加，对于大型火箭，燃气流噪声强度已经足以对箭体薄弱结构、测发控仪器造成耦合破坏影响，结构声疲劳损伤、仪器失效问题时有发生，火箭发射系统、发射场监测系统效能发挥也受到极大影响。火箭发动机试验及火箭发射试验期间，燃气流噪声还会对试验人员造成严重的身体及心理影响。火箭技术人员一直在追求控制燃气流噪声方法，以确保火箭发射安全。

受超声速燃气流噪声高度非线性特性影响，燃气流噪声特性理论研究进展相对缓慢，复杂发射技术条件的燃气流噪声特性主要还是依托试验研究[59-60]，并且研究集中于单喷管自由喷流状态燃气流噪声特性研究[60]，图 4-10 所示声学模型、噪声特性即是大量试验数据分析、提炼的结果。自由喷流状态燃气流噪声工程预示方法已取得一定进展,其中,堪德拉(Kandula)[27]提炼的工程预示方法综合了多方面试验结果,可用于噪声声压快速预示、校验,其预示方程形式为

$$\frac{\overline{p^2(\theta,f)}}{(\rho_e u_e^2)^2} = K_{na}\left(\frac{\rho_\infty}{\rho_e}\right)\left(\frac{u_e}{c_e}\right)^{3.5}\left(\frac{c_e}{c_\infty}\right)^{3.5}\left(\frac{d_e}{L_{r\theta}}\right)^2 G_1(Ma_c,\theta)G_2\left(\frac{f}{f_p},Ma_c,\theta\right)$$

(7-63)

式中:$G_1(Ma_c,\theta)$为燃气流噪声指向系数子函数;f_p为燃气流峰值噪声频率;K_{na}为声学比例常数,无量纲,一般取3×10^{-5};Ma_c为燃气流有效马赫数;c_∞为环境气流声速。

(7-63)式中指向系数子函数、有效马赫数及频率系数子函数综合了艾弗克斯(Efowcs Williams)、瑞伯勒(Ribner)、散夫曼(Saffman)等研究成果,计算形式分别为

$$G_1(Ma_c,\theta) = [(1 - Ma_c\cos\theta)^2 + (\alpha_a Ma_c)^2]^{-2.5} \quad (7-64)$$

$$Ma_c = \frac{Ma_e}{1 + \frac{c_\infty}{c_e}} = \frac{Ma_e}{1 + \sqrt{\frac{\gamma_\infty R_\infty T_\infty}{\gamma_e R_e T_e}}} \quad (7-65)$$

$$G_2\left(\frac{f}{f_p},Ma_c,\theta\right) = \frac{\left(\frac{f}{f_p}\right)^{5/4\alpha_b}}{\left[1 + \left(\frac{f}{f_p}\right)^2\right]^{9/6\alpha_b}}, \quad f_p \approx 0.1\frac{u_e}{d_e}, \quad \alpha_b = [0.2 + e^{\frac{-2Ma_c}{\sin(\theta/2)}}]^{0.35}$$

(7-66)

式中:$G_2\left(\frac{f}{f_p},Ma_c,\theta\right)$为燃气流噪声频率贡献系数子函数;$\alpha_a$为燃气流噪声指向系数子函数中计算系数;$c_e$为火箭发动机喷口燃气流声速;$\alpha_b$为燃气流噪声频率贡献系数子函数中计算因子。

作者开发的火箭发射燃气流噪声模拟试验系统如图4-12(b)所示,试验控制的主要参数如表7-2所列。

表7-2 主要燃气参数一览表

参数名称	参数符号	参数单位	参数数值
推力室压力	p_c	MPa	1.0
推进剂燃温	T_c	K	1000
燃气分子量	M_w	kg/kmol	27.8
燃气比热比	γ	—	1.37
喷口马赫数	Ma	—	1.6~2.0

图 4-12(b) 所示单喷管火箭发射燃气流噪声模拟试验系统考虑了实际发射技术条件特别是结构扰动因素,基于图 7-81 所示运载火箭发射平台导流孔结构方案及燃气流独立冲击影响实际情况,将整个试验系统设计成"单喷管 + 矩形导流孔 + 场坪"组合形式,同时还考虑了喷水降噪技术机理研究需求,进一步将矩形导流孔与模拟喷水装置组合在一起。喷口马赫数 $Ma_e = 2.0$ 条件燃气流噪声特性如图 7-94 和图 7-95 所示。

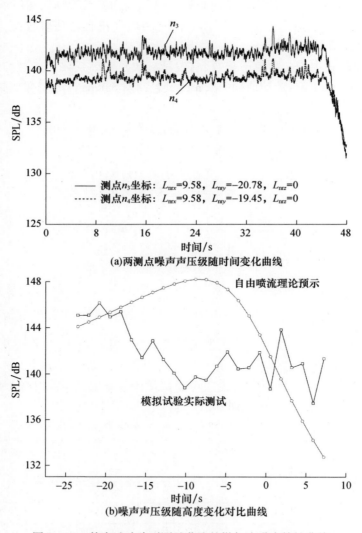

图 7-94 某次试验阵列测试获取的燃气流噪声特性曲线

第7章 大型火箭发射复杂燃气流场及气动特性

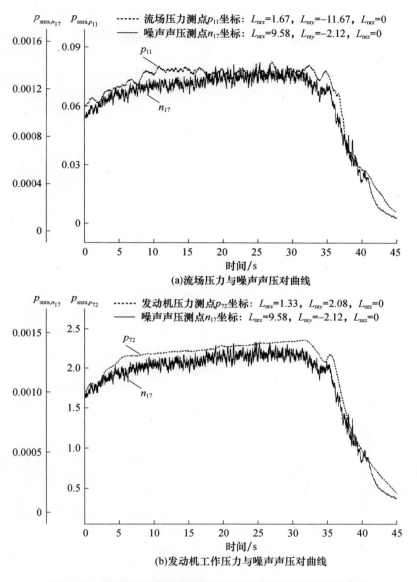

图7-95 某次试验获取的燃气流动压力与噪声声压对比曲线

图7-94(a)显示,不同位置噪声测点声压级曲线起伏特性总体一致,即噪声声压级随时间变化特性总体一致,不同位置噪声声压级曲线存在相似特性,表明在空间没有其他因素剧烈扰动情况下,燃气流来流控制占据主要因素。不同位置测点噪声声压级曲线在局部时间段存在细节差别,形成该细节差别的原因在于燃气流噪声传播过程叠加扰动后发生了细节变化。图7-94(b)显示,

模拟发射技术条件下燃气流噪声声压级与自由喷流状态燃气流噪声声压级随高度变化特性差异明显,图4-12(b)所示噪声测试杆上离喷口下方一定距离处($L_{nry} \approx -8.33$)测点燃气流噪声声压级较低,而自由喷流状态燃气流噪声声压级在此处噪声原该出现峰值。另外,喷口上方(即沿箭体方向)燃气流噪声声压级下降幅度较缓且明显高于预测值,两个方面的明显差异充分说明模拟发射平台及挡流板扰动条件下,原先向下传播并增强相应位置的噪声改为向上反射,增强了喷口上方噪声测点声压级。图7-95(a)显示,尽管燃气流噪声声压存在局部细节波动,喷流流场压力也存在局部波动,但测试杆上测点噪声声压随时间变化特性与火箭发动机工作压力随时间变化特性、燃气流场压力随时间变化特性总体一致,因此,在模拟试验规模适度、试验研究相对系统条件下,可以基于火箭发动机工作压力、燃气流场压力预示或测定值估算发射燃气流噪声压力,一定程度上印证(7-63)式~(7-66)式理论估算方法可行,说明在高声强噪声传感器测试能力不足、数值模拟能力不足情况下,利用小尺度试验研究燃气流噪声并推演真实发射试验燃气流噪声非常必要,也很合理。

针对大型火箭燃气流噪声高精度直接数值模拟方法难以应用现状,综合非定常燃气流场数值模拟与高阶伽辽金有限元[61]声传播数值模拟结合的方法,在单喷管火箭自由喷流噪声特性以及简易发射技术条件下的燃气流噪声特性研究方面取得了系列研究进展[18]。其中,单喷管火箭垂直发射燃气流场、噪声场典型分布特性如图7-96所示。

 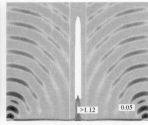 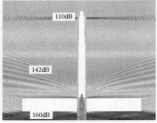

(a)燃气流场静温云图　　(b)冲击场坪的噪声声压云图　　(c)台体附近噪声声压级云图

图7-96　垂直发射燃气流噪声分布特性及流动特性

图7-96(b)显示,单喷管火箭发射燃气流冲击台面时,噪声在场坪附近存在明显的向上反射特征,并且这种反射也存在指向性,即向中心汇聚的趋势。对照图7-96(a)燃气流场静温云图,可以看出燃气流强噪声源中心与燃气流推进过程形成的卷吸气流中心存在一一对应关系,正是一级发动机燃气流沿发射场坪表面卷吸中心形成了燃气流噪声的反射中心,即燃气流推进、卷吸前进过程中,卷吸燃气流脉动极强,形成了场坪附近较强的燃气流噪声源。图7-96(c)显示,火箭、发射平台、场坪之间存在图示间隙时,高声强噪声主要经发射平台与

发射场坪间隙以及发射平台与火箭箭体间隙向周围环境传播,其中,发射平台与发射场坪间隙噪声最强,也是噪声最集中透射、传播的途径。试验过程中声源成像仪获取的最强燃气流强噪声的确位于发射平台与发射场坪间隙,说明数值模拟客观反映了燃气流强噪声主要经该间隙向外传播的现象。需要指出的是,图7-96(c)所示发射平台与发射场坪间隙是环绕发射平台周边的,但试验过程中声源成像仪仅捕捉了单侧燃气流强噪声现象,另外,声源成像分辨率也不足,后续试验仍需探索声源成像测试改进方法。

如上所述,火箭发射技术领域一直在持续研究高声强燃气流抑制技术,喷水降噪技术已经确认是行之有效的主动抑制发射燃气流噪声的手段,也是主动防护发射系统及设施的有效手段,包括欧空局在内很多国家航天部门均已在推广并研发适合各自发射技术特点的喷水降噪技术,并在研发过程中开展了大量且艰辛的探索研究,以确认喷水技术方案与喷水降噪效果关系。作者在开发国内首个喷水降噪系统过程中,先期主要还是利用图4-12(b)所示单喷管火箭发射燃气流噪声试验系统,开展了比较充分的喷水降噪技术原理性试验研究。原理性试验依据表4-4所列喷水多相燃气流场缩比模拟试验相似参数及其控制方法,在控制火箭发动机工作条件基础上,增设喷水流量、喷水速度两个关键参数控制条件。为方便后叙,引入这两个关键参数无量纲定义为

$$Q_{wnr} = \frac{Q_w}{Q_{ro}}, \quad Q_w = \rho_w u_w A_{wt}, \quad Q_{ro} = \frac{\Gamma}{\sqrt{RT_f}} p_c A_t \quad (7-67)$$

$$u_{wnr} = \frac{u_w}{u_e}, \quad u_e = \sqrt{\frac{2\gamma_e R_e T_f (Ma_{ae})^2}{2 + (\gamma_e - 1)(Ma_{ae})^2}} \quad (7-68)$$

喷水降噪技术原理性试验研究了喷水条件下燃气流噪声基本特性,如图7-97所示。

图7-97(a)显示,同一次喷水降噪原理试验中,位于喷口上、下方的两个测点噪声声压级曲线随时间增加、波动变化特性一致,说明喷水条件下不同位置噪声压声压级变化曲线仍然存在相似性;整个试验时间段,忽略两曲线中尖劈状毛刺,两测点噪声声压级均没有超过135.3dB,没有喷水条件下两测点声压级不小于138.5dB,测试的噪声数据说明喷水降噪技术的确有效。图7-97(a)所示噪声声压级曲线中多个尖劈状毛刺为喷水降噪试验中经常出现的特殊现象,主要由雾化水汽夹杂液化水滴推进过程中覆盖噪声声压传感器膜片所致。图7-97(b)显示,水与燃气流混合形成的多相燃气流动压力曲线和燃气流噪声声压曲线随时间增加、波动趋势也呈现了一致性,说明喷水条件下多相燃气流动压力与气流噪声声压之间存在线性相关性,在喷水降噪原理性试验充分的情况下,可以利用多相燃气流动特性发展燃气流噪声工程预示方法,这对于当前喷水条件燃气流噪声难以采用数值模拟预示的情况下,无疑是一项有启发性

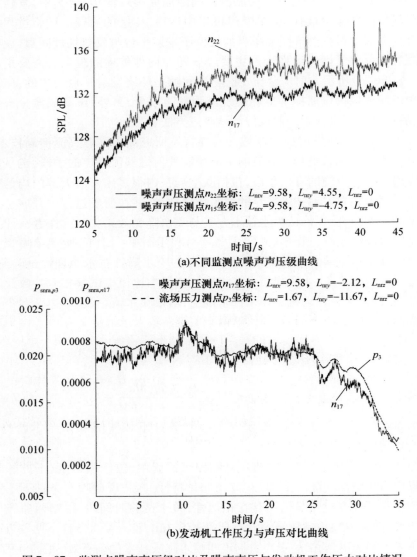

图 7-97 监测点噪声声压级对比及噪声声压与发动机工作压力对比情况

的研究工作。

对比噪声测点在不喷水时噪声声压级与喷水时噪声声压级差值,能够得到噪声测点喷水降噪幅度。图 4-12(b) 中"一"字形测试阵列噪声测点很多,时间历程又很长,没有必要将任意时刻、任意测点降噪幅度一一列出分析。对于整个试验喷水降噪幅度评估而言,可统计火箭发动机工作压力达到相对平稳状态时噪声声压级差值范围,如果火箭发动机压力持续增压或降压,可统计火箭发动机工作压力达到峰值时刻噪声声压级差值范围。一些情况下，设备仅占据一定空间，则宜据此空间附近噪声声压级差值统计。类似地，可以依据火箭发动机工作压力达到相对平稳状态时的噪声频谱特性，分析喷水降噪机理、效果。典型对比结果如图7-98所示。

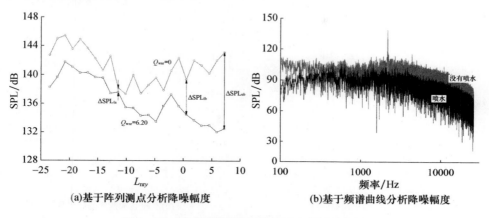

图7-98　喷水降噪效果、机理初步分析示意图

图7-98所示的不同测点降噪幅度对比表明，图4-12(b)中"一"字形测试阵列所有噪声测点在喷水时的噪声声压级均低于不喷水时的噪声声压级，说明试验过程"一"字形测试阵列所在空间高度方向喷水降噪均有效果。不同测点降噪幅度对比同时表明，原先受发射平台扰动向上反射、增强箭体附近噪声声压级现象消失，沿箭体高度方向燃气流噪声声压级再次出现有序下降特性，说明雾化喷流空间雾化水汽有效切断了原燃气流噪声向箭体上方传播途径。不同测点降噪幅度对比还表明，"一"字形噪声测试阵列上，位于喷口截面下方一定高度空间处喷水降噪幅度最小，$\Delta SPL_{la} = 0.5dB$，箭体顶端附近空间喷水降噪幅度最大，$\Delta SPL_{ub} = 10.7dB$，则图中对应的试验喷水降噪幅度范围为0.5~10.7dB；对于模拟箭体而言，仅需关注喷口截面以上高度喷水降噪幅度，喷口截面所在高度位置喷水降噪幅度相对较小，$\Delta SPL_{lb} = 5.0dB$，从而由图确定模拟箭体附近空间喷水降噪幅度范围为5.0~10.7dB。试验统计了喷水降噪原理性试验近40次数据，确定整个模拟箭体高度空间内噪声测点得到的喷水降噪幅度范围为6~12dB。进一步对比图7-98所示喷水试验时燃气流噪声频谱曲线以及没有喷水试验时燃气流噪声频谱曲线，可以看出喷水对燃气流噪声频谱影响主要体现在两个方面：首先，喷水试验时，燃气流噪声整个频域范围内对应频值声压级均显著下降，说明喷水具备宽频范围抑制噪声能力；其次，喷水试验时，原先突出的啸音消失，喷水抑制刺耳的啸音能力突出。

依托图4-12(b)所示单喷管火箭发射燃气流噪声模拟试验系统，围绕喷水降噪技术机理、效果涉及喷水阵列喷嘴空间布局方案、喷嘴数量、喷水角度、喷水流量、喷水速度等方方面面因素影响,开展了比较系统的深入研究,获取了系列指导喷水降噪技术开发的试验结果。例如,保持喷水喷嘴阵列高度(L_{nry} = -0.08)以及喷水介入角度(θ = 45°)不变情况下,典型试验特性对比曲线如图7-99所示。

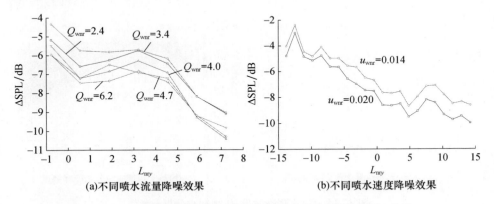

(a)不同喷水流量降噪效果   (b)不同喷水速度降噪效果

图7-99 喷水流量与流速变化对喷水降噪效果的影响对比曲线

图7-99显示,设定喷水流量、喷水速度条件下,沿高度方向喷水降噪幅度虽然存在局部波动起伏,但喷水降噪幅度总体上随高度增加而增加。例如,喷水流量Q_{wnr} = 2.4(即喷水流量为燃气流量的2.4倍)条件下,高度L_{nry} = 7.21的噪声测点喷水降噪幅度较喷口截面噪声测点在原基础(即无喷水条件自喷口截面空间高度降幅)上进一步下降了4.7dB,而喷水速度u_{wnr} = 0.014(即喷水初始速度为喷口燃气流速度的1.4%)条件下,高度L_{nry} = 14.22的噪声测点喷水降噪幅度较喷口截面噪声测点在原有基础上进一步下降了0.9dB。喷水流量单因素变化引起的喷水降噪幅度变化方面,总体上讲,喷水流量提高会带来降噪幅度的进一步增加,图7-99给出喷水流量由2.4增至6.2,喷水降噪幅度在原有基础上进一步下降1.4~1.6dB。喷水速度单因素变化引起的喷水降噪幅度变化方面,总体上讲,喷水速度提高也会带来降噪幅度的进一步增加,图7-99给出喷水速度由0.014提高至0.020,喷水降噪幅度在原有基础上进一步下降0.4~1.4dB。

图4-12(b)所示喷水降噪原理性试验是一种准稳态模拟试验,试验过程中模拟火箭相对发射系统位置保持不变,利用相对稳定的流场、噪声场去研究喷水降噪达到的效果及其形成机理。类似图7-81所示发射技术条件,火箭实际发射试验中,火箭动态起飞,燃气流场将动态变化,噪声声源位置相应会动态变化,喷水降噪系统特别是喷嘴阵列难以适应性地随动变化,为此,工程上更多地采用分段近似稳态处理方案,按火箭起飞过程划分,如分3个阶段:第一阶

第 7 章　大型火箭发射复杂燃气流场及气动特性

段,火箭发动机点火至起飞瞬间;第二阶段,开始起飞至燃气流覆盖图 7-81 所示发射平台台面、加注燃料加注塔;第三阶段,火箭远离发射系统,发射系统对燃气流噪声的反射加强作用大幅度减弱,可视为无反射作用阶段。这 3 个阶段里,前两个阶段噪声较强,喷水降噪技术方案设计重点将围绕这两个阶段开展。作者依据图 7-81 所示发射技术条件开发的喷水降噪系统正是围绕这两个阶段开展的,针对第一阶段燃气流噪声,在芯级火箭以及助推火箭下方的发射平台导流孔附近分布类似图 4-12(b)所示一级喷水喷嘴阵列,一级喷水实现及早抑制运载火箭起飞前后时间段燃气流噪声的目的;针对第二阶段燃气流噪声,将整个发射平台看作类似挡流板,从而可在整个发射平台外围一定高度增设二级喷水喷嘴阵列,二级喷水依照运载火箭起飞一定高度范围内台面燃气流动态扰动变化特性抑制台面扰动噪声。发射试验喷水降噪技术资料照片及降噪效果分析曲线如图 7-100 所示,图中噪声传感器布置一定高度摆杆根部,测点坐标:$L_{nrx}=0$、$L_{nry}=30.65$、$L_{nrz}=7.10$。

图 7-100(b)显示,摆杆根部测点噪声声压级完整时间历程曲线呈现"几"字形变化特性,在运载火箭发动机点火前(0~2.600s),噪声主要来自提前喷水噪声、加泄排气噪声以及火箭和发射系统设备仪器工作噪声;火箭发动机点火后随着火箭发动机快速建压(2.600~3.100s),噪声声压级迅速提升;运载火箭开始起飞后,燃气流噪声声源向噪声测点逐渐靠近,测点噪声声压级逐渐增加,由于火箭起飞段速度较低,测点噪声声压级曲线变化也平缓;当火箭开始加速远离发射系统后(12.200s 以后),噪声声压级曲线总体上也呈现逐渐下降趋势。图 7-100(b)同时显示,受喷水抑制噪声因素影响,噪声声压级曲线存在两段特殊的"凹坑"现象。第一段"凹坑"出现在火箭发动机建压结束至火箭开始起飞一定高度时间段,对应具体时间范围 3.100~5.800s,起飞高度范围为 $\Delta L_{nry} \leq 6.50$;第二段"凹坑"出现在火箭起飞一定高度以后至开始远离脐带塔顶部时间段,对应具体时间范围 7.200~9.800s,起飞高度范围为 $\Delta L_{nry}=11.30~35.45$。这两段"凹坑"出现的特殊时间,正好分别对应一级喷水、二级喷水发挥抑制作用的时间。

采用图 7-100 所示喷水降噪技术以后,运载火箭后续发射试验一般不再考虑无喷水的飞行状态;否则带来的发射安全性风险以及烧蚀风险难以承受。在缺乏无喷水发射试验参照条件、箭上噪声测试数据无效或缺失的情况下,喷水降噪效果的评估尤为迫切。依据上述研究结果特别是相对充分的原理性试验结果,该问题得到了初步解决。首先,参考图 7-94,火箭自由飞行状态,自喷口截面以上空间噪声声压级沿高度方向逐渐下降,而无喷水发射试验条件下,

(a) 发射试验资料照片

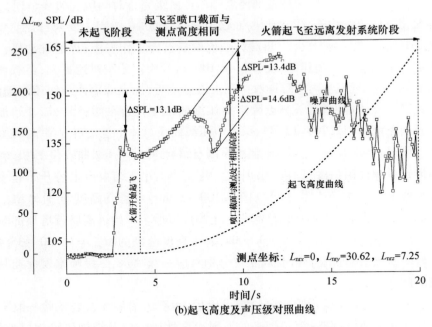

(b) 起飞高度及声压级对照曲线

图 7-100　运载火箭发射试验照片及起飞高度、噪声声压级对照曲线

受发射系统反射影响,自喷口截面以上空间噪声声压级不存在类似自由飞行状态逐渐下降特性,甚至一定高度范围内会出现波动增强现象,从总体上讲,无喷水发射试验自喷口截面以上空间噪声声压级高于自由飞行状态对应空间噪声

声压级。其次,参考图 7-97,发射试验喷水条件下,自喷口截面以上空间沿高度方向噪声声压级再次出现类似自由飞行状态逐渐下降特性,由此喷口截面所在高度位置附近噪声测点记录的 $\Delta SPL_{lb} = 5.0$ dB 即可认为是箭上喷水降噪幅度的极小值。受此研究启发,真实发射试验,喷口截面以上空间找到一个合适位置布置噪声测点,该测点如能兼顾测试自由飞行状态喷口截面噪声声压级,再结合噪声声压级沿程衰减量就可评估发射喷水降噪效果。5.2.2 节图 5-9 指出火箭发动机燃气流推进超过 30 倍喷口直径距离后,燃气流压力接近环境大气压,相应地,图 7-100 中噪声测点所在高度超过 30 倍喷口直径,发射系统对燃气流的反射作用相对较弱,火箭起飞至该高度时燃气流噪声接近自由喷流噪声,基于此,可将火箭起飞至喷口高度与该测点齐平时的噪声声压级作为参考值,该参考值与发动机点火时间段噪声声压级的差值即是降噪幅度,扣除高度方向衰减值,即是喷水起到的最小降噪幅度,由图 7-100 判断一级喷水、二级喷水共同发挥抑制作用条件下,喷水降噪总幅度不低于 13.1dB。至于两级喷水条件下各级喷水效果贡献大小,可以结合声压级趋势曲线评估。首先由二级喷水时刻着手,二级喷水以后,声压级曲线开始偏离原近似直线的变化趋势,说明二级喷水起到了降噪作用,该偏离幅度 14.6dB 即是二级喷水实际降噪效果。对于一级喷水贡献,则依据火箭喷管高度达到与噪声测点齐平高度(9.80s)时刻声压级曲线偏离原趋势线幅度约 13.4dB 折算:13.1dB + 13.4dB - 14.6dB = 11.9dB。总降噪幅度 13.1dB 不等于两者简单叠加的主要原因在于一级、二级喷水共同作用是一种非线性耦合作用。需要指出的是,目前提出的无参照条件喷水降噪效果的评估方法,忽略了噪声在空间传播空气黏性衰减因素,主要考虑噪声在大气环境传播黏性衰减幅度每 100m 约 0.25dB 的实际情况。

如第 4 章所述,火箭发射燃气流噪声模拟试验以及喷水降噪技术模拟试验依据表 4-1、表 4-3 关键相似参数及其控制方法。为验证关键相似参数及其控制方法的可行性、正确性,基于图 7-81 所示的运载火箭发射技术方案,研制一种既能够模拟运载火箭动态起飞,又能够同时开展喷水降噪技术研究的燃气流噪声模拟试验系统,试验资料照片如图 7-101 所示。

图 7-101(a)显示,模拟运载火箭起飞一定高度后,部分燃气流继续经发射平台导流孔下泄进导流槽,此后沿导流槽双向导流;另一部分燃气流则经发射平台反溅,反溅燃气流分布状态比较复杂,主要沿发射平台台面向周围漫延。图 7-101(a)同时显示,模拟运载火箭喷管下方燃气流核心流动区有很多组明显的"葫芦窜",对前述章节说明的很多组压力锥系结构,同时经导流槽导流的燃气流动依然强劲,综合这两方面直观情况,结合前述章节特性总结,不难判断

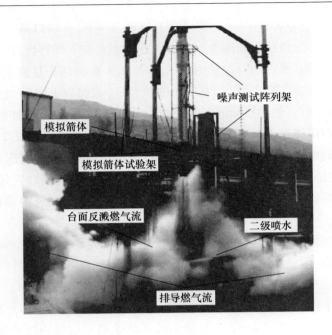

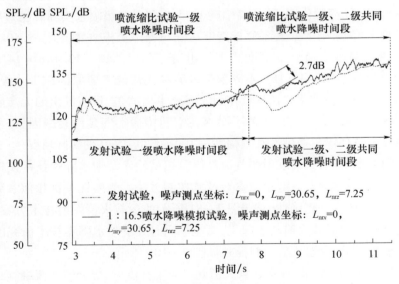

图 7-101 运载火箭发射燃气流噪声及喷水降噪技术模拟试验资料照片

试验采用了较高燃气压模拟火箭发动机条件,并且火箭发动机喷管具有大膨胀比、较高出口马赫数的特点。图 7-101 所示模拟试验系统规模与图 7-81 所示发射试验规模比例为 1∶16.5。图 7-101(b)显示,喷流缩比试验与发射试验火箭发动机建压临近结束时,测点噪声声压级曲线均出现类似图 7-100(b)所示局部凸起现象,两者凸起的趋势以及凸起时间段局部起伏现象也是同步的;火箭起飞初期至二级喷水降噪系统开始工作前一段时间,喷流缩比试验与发射试验中噪声声压级均出现一定程度回落;伴随二级喷水降噪系统开始工作,喷流缩比试验与发射试验中噪声声压级曲线均出现了一定程度的明显凹进现象,说明二级喷水均起到应有的抑制燃气流噪声作用;此后不久,伴随二级喷水降噪系统持续工作,测点噪声声压曲线再次出现了趋势变化一致的特点,这些共同特点说明喷流缩比试验与发射试验噪声声压级曲线总体相似,也反映喷流缩比试验与发射试验在喷水降噪机理、时域变化特性方面是相似的。图 7-101(b)所示噪声声压级对比结果也直观反映了喷流缩比试验与发射试验在噪声声压级曲线方面的明显差异:①二级喷水降噪系统工作前一段时间噪声声压级曲线变化趋势方面的差异,喷流缩比试验条件下噪声声压级曲线变化总体略微平缓,造成该现象的原因主要是喷流缩比试验条件下,模拟箭体运动采用沿导轨滑行方式,启动瞬间克服摩擦力占用了一定时间,导致起飞速度开始比较慢,燃气流核心区强声源上移速度较缓,相对测点位置变化也较小,导致声压级曲线变化也较缓;②声压级曲线反映喷流缩比试验二级喷水降噪启动时间较晚,降噪幅度低于发射试验二级喷水降噪幅度。二级喷水降噪启动较晚由试验阀门响应时间造成,至于喷流缩比试验二级喷水降噪幅度较低的原因仍需要系统研究,目前初步推断是空间尺度缩小、真实的雾化水汽占据空间较小导致噪声实际传播空间黏滞作用较小所致。

从总体上讲,燃气流噪声特性十分复杂,涉及的影响因素及形成机理研究还不充分,喷水降噪技术虽然在工程上已经推广应用,其抑制机理及抑制特性仍需持续推进研究。

第8章 展 望

自20世纪50年代开始,火箭发射燃气动力学研究已60余年,火箭发射燃气动力学学科在理论研究领域和试验研究领域均已取得系列进展。本书重点总结了大型火箭发射燃气动力学理论研究和试验研究成果,这些成果是21世纪以来火箭发射燃气动力学研究进展的缩影,反映了以作者为代表的研究人员在火箭发射燃气动力学学科的研究思路、研究方法,这些成果、思路、方法已经融入火箭相关技术研发工作中,支持并牵引了大型火箭系列新型发射技术研发及发射系统研制。火箭发射燃气动力学学科发展不能止于当下,火箭发射技术领域一些深层次机理、特性问题需要火箭发射燃气动力学进一步研究支撑,并且这种推动需求目前有加速增长趋势。火箭发射燃气动力学学科本身还有很多基础性问题急需解决,一些前沿性领域、交叉领域需要涉足研究,这些实际需求将带动火箭发射燃气动力学学科持续发展。

8.1 理论研究展望

在7.3.1节和7.3.2节,运载火箭非定常燃气流场、气动特性主要由运载火箭垂直起飞条件研究确定,运载火箭实际发射试验过程中,即使环境微风、喷管起始无控,芯级火箭及助推火箭发动机存在喷管安装形位偏差、内型面结构偏差、推力矢量偏差、火箭发动机工作压力偏差等诸多偏差,助推火箭与芯级火箭箭体会存在储箱壳体加工偏差,箭体各组合部段会存在安装偏差,助推火箭与芯级火箭之间也会存在组合安装偏差,同时箭体内部各系统不可能均布安装,助推火箭与芯级火箭箭体质心也会存在偏差等,这些偏差将造成运载火箭起飞过程中偏移垂直起飞弹道的实际情况,类似地,也会造成运载火箭发动机喷管侧倾,这两种情况均会造成燃气流空间侧偏,受多喷管影响,侧偏燃气流影响发射系统的复杂性进一步加剧。例如,图7-81所示大型运载火箭箭体向脐带塔方向横向偏移后,发射平台附近高浓度燃气流分布区域随之向脐带塔方向移动,脐带塔底部以及靠近脐带塔附近的燃料加注塔由此将受到恶劣的燃气流冲击、烧蚀影响,燃气流分布现象显然不同于垂直起飞状态的燃气流分布现象。实际上,运载火箭起飞阶段,芯级火箭发动机喷管、助推火箭发动机喷管根据需要组合作动以主动控制火箭起飞姿态,这种情况加剧了运载火箭起飞弹道及喷管工作姿态的复杂性,进一步导致发射燃气流侧偏流动、扰动分布复杂性,结构气动特性也更趋复杂。运载火箭起飞复杂因素干扰条件下,当前仍然需要大力推进理论研究,分析单因素、综合因素条件下侧偏燃气流流动特性、结构气动特性,识别侧偏燃气流引起的附加风险,解决实际发射试验运载火箭总体与发射系统技术人员关心的燃气流冲击扰动与烧蚀破坏包络性问题。复杂因素影响条件下,燃气流冲击扰动与烧蚀破坏包络性问题也是其他类型火箭发射燃气动力学研究需要持续推进的问题。

  复杂因素条件下,火箭发射燃气动力学理论研究一定程度上受限于火箭技术快速研发制约,更多的是复杂因素耦合条件下理论研究能力不足问题。能力不足问题可结合运载火箭发射平台产品结构及理论研究依据的网格模型加以说明。

  从图 8-1 不难看出发射系统几何结构复杂性:发射系统结构多样,存在管路、支承臂及勤务塔等成千上万个异形结构;发射系统结构尺度千差万别,燃料加注塔及脐带塔体积相对加注管路、紧固件体积要大几个数量级;发射系统结构组合交叉错位等。几何结构复杂性是客观存在的,技术人员的关注也是缺一不可的,但是完全按实际加工状态直接开发网格模型又几乎是不可能的项目,导致火箭发射燃气动力学网格模型开发不得不花费相当大的精力去简化处理这种实体几何模型,窄缝处理、几何尖劈处理、容差处理等至今仍是实体处理难题,发展自动简化处理并转化为网格模型依据的实体模型是今后模型开发的方向之一。当前,很多专业网格模型开发软件导入的简化实体中间格式生成新的缝隙、奇点,或者丢失实体、缺失结构表面及边界信息等仍很常见,提高自动识别、修补缺损能力仍将是网格模型开发软件持续发展的方向,将几何模型开发软件与网格模型开发软件融为一体也是模型综合开发软件的发展方向。图 8-1 所示网格模型正是图 7-81 数值模拟研究依据的网格模型,该模型已经高度简化,但网格量依然巨大。参照第 3 章、第 5 章研究结果,开发图 8-1 所示网格模型,兼顾网格质量、网格分辨率及算法精度等火箭发射燃气动力学数值模拟研究实际需求,计及运载火箭动态起飞历程时,整个网格模型初始网格单元数不低于 3000 万个,模拟运载火箭起飞至高度 ΔL_{nry} = 45.00 时网格量已经突破 6000 万个,尽管目前大规模并行数值模拟平台硬件性能较 21 世纪初提高了几个数量级,但采用 400 核刀片服务器条件下,上述垂直起飞工况的全程数值模拟研究周期仍以季度计,提升数值模拟模型处理速度、进程计算速度、提高服务器稳定性、并行效率仍是今后火箭发射燃气动力学理论研究硬件条件改善的重点发展方向。抛去大规模并行数值模拟服务器自运行时间,图8-1所示网格模型开发人工耗时占整个数值模拟所需全部人工耗时不低于70%,对流传热分析附加边界层开发时,网格模型开发人工耗时所占百分比甚至达到90%。当前,规模较小、实体模型相对简单的网格模型开发部分已能实现人工智能化、自动化处理。例如,基于实体模型参数化开发,网格分辨率与网格质量能够实现随动参数化控制,但是对于图8-1所示网格量超过千万的复杂模型开发技术上仍有很多基础问题需要研究,如计算域自动分区、异形结构自动识别、网格与实体参数化融合、自适应修正等。

(a)芯级导流孔附近结构

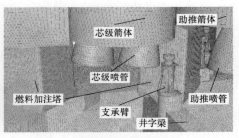
(b)芯级导流孔附近网格

图8-1 发射平台芯级导流孔附近局部结构照片及网格模型

依照3.2.2节网格质量等级评定方法,在当前火箭发射燃气动力学数值模拟硬件、软件条件下,基于复杂结构基础上开发的图8-1所示网格模型的网格质量难以控制在0.75以下,仅达到合格级别,由此限制了很多算法的应用。例如,图7-20和图7-21所示侧偏燃气流场非定常2阶精度数值模拟更多倚重了3.3.1节压力基算法。在应用Roe-FDS系列密度基算法开展数值模拟研究时经常采取降低格式精度方法,仅用1阶精度格式,数值模拟得到的流场分辨率也较低,由此造成燃气流冲击与烧蚀的核心区域压力、温度、流速等参数的峰值仅为2阶精度数值模拟结果的10%~60%。国内熟知的NND系列算法在火箭发射燃气动力学数值模拟领域尝试了推广应用,以迎风型NND算法为例,其离散形式为

$$F_{c,i+\frac{1}{2}} = \frac{1}{2}(F_{cL,i+\frac{1}{2}} + F_{cR,i+\frac{1}{2}}) + \frac{1}{2}\frac{\partial F_{cL,i+\frac{1}{2}}}{\partial Q}\Delta Q_{L,i+\frac{1}{2}} - \frac{1}{2}\frac{\partial F_{cR,i+\frac{1}{2}}}{\partial Q}\Delta Q_{R,i+\frac{1}{2}}$$

(8-1)

式中:$F_{c,i+\frac{1}{2}}$为经过网格单元的燃气流矢通量;$F_{cL,i+\frac{1}{2}}$、$F_{cR,i+\frac{1}{2}}$分别为左向、右向

燃气流矢通量;Q 为待求燃气流参数矢量矩;$\Delta Q_{L,i+\frac{1}{2}}$、$\Delta Q_{R,i+\frac{1}{2}}$ 分别为经过网格单元的左向、右向辐射待求燃气参数矢量。

应用迎风型 NND 算法开展数值模拟,得到了火箭发动机喷管内外流场分布结果。迎风型 NND 算法和 Roe – FDS 算法在喷管内流场马赫数分布方面对比如图 8 – 2 所示。

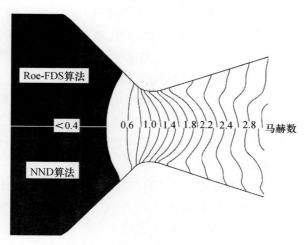

图 8 – 2　喷管内流场马赫数分布对比

图 8 – 2 显示,迎风型 NND 算法和 Roe – FDS 算法得到的马赫数沿喷管轴线方向变化趋势一致,马赫数等值线径向变化趋势也一致,说明两种算法得到的喷管马赫数分布特性总体一致。主要差异在喷管扩张段表现得比较充分:Roe – FDS 算法得到的马赫数等值线较平滑,无明显振荡,而迎风型 NND 算法得到的马赫数等值线在壁面附近产生了波动,且越靠近出口越明显。迎风型 NND 算法对对流、扩散通量的处理分别采用迎风差分格式和中心差分格式,受下游特别是出口边界的影响程度要高于 Roe – FDS 算法。NND 算法不仅对边界条件比较敏感,实践中也发现 NND 算法耗散性较大,数值模拟稳定性要求比较苛刻,后续应用仍需解决这些具体技术问题。

实际上,近 30 年计算流体力学领域数值模拟算法一直在持续发展,但火箭发射燃气动力学领域应用的主要还是第 3 章介绍的系列算法,发展与网格质量、边界条件相容的高精度、高分辨率、健壮性算法依然是火箭发射燃气动力学研究发展的重点方向。

利用大规模数值模拟平台硬件、软件条件,火箭发射燃气动力学数值模拟研究已经不局限于单纯的燃气流场分布及结构气动特性研究,首先拓展的领域即是高温、高速燃气流环境结构传热研究。6.8.5节研究指出,即使是单喷管火箭发动机燃气流冲击平板这样的简单模型,数值模拟结果相对测试结果的误差也达到了40%;在燃气流冲击中心附近的高热流区域,数值模拟结果偏大,而在平板导流的远场区域,数值模拟结果又略偏小。参考第2章边界层方面理论说明,当前高温、高速燃气流环境结构表面传热主要利用威甘斯(Viegas)壁面附加气动热函数,该函数形式基于低速气动热特性研究得到,主要适用于低速气动热问题研究,高温、高速燃气流环境结构表面传热沿用该气动热函数看来有其局限性,但这方面的研究基础很薄弱,该基础性研究显然是很迫切的问题。

当前气动热研究领域共性认识是:在准确模拟边界层流动特性基础上研究气动热问题。一些文献还指出需要控制网格雷诺数及无量纲底壁薄层厚度 y^+ 为同一个数量级,高速气流条件下应严格控制 $y^+ < 1$,但目前这方面的意见并不统一,作者的研究并不支持严格控制 $y^+ < 1$ 这个意见,边界层模型对气动热影响的研究仍然需要砥砺前行。

6.8.5节还列出了热流密度理论估算与数值模拟结果的对比情况,理论估算基于压力-热流密度相关性研究成果得到,也反映了压力分布特点,细心的读者不难发现相关曲线图中估算热流密度峰值坐标与数值模拟确定的热流密度峰值坐标略有差异,说明实际热流密度峰值位置与燃气流压力峰值位置并不严格一致,造成这些偏差的燃气流流动机理、传热机理还需要深入研究。

目前,火箭发射燃气动力学数值模拟研究另一拓展领域是燃气介质与水介质混合多相燃气流场研究。围绕图7-100所示喷水降噪技术,探索了大流量喷水条件多相燃气流场数值模拟方法,给出运载火箭起飞高度 $\Delta L_{nry} = 14.95$、二级喷水条件的燃气流静温分布如图8-3所示。

图8-3显示,发射平台受外围二级喷水持续作用影响,整个平台两侧表面燃气流静温均较发射平台中心区域燃气流静温有大幅度下降,说明喷水降温有效。数值模拟得到图8-3所示喷水多相燃气流场分布结果,很大程度上得益于喷水多相燃气流场多年探索积累,即便如此,10多年前得到的图8-3所示喷水多相燃气流场也耗费了近一年时间,其中1/4时间用于模型开发与校验,3/4时间用于进程不断调控,一方面原因在于运载火箭发射喷水多相燃气流场数值模拟模型尺度、网格数量巨大,数值模拟进程本身耗时较大;另一方面原因在于喷水流量过大($> 10^4 \text{kg/s}$)条件下,低速水射流介入高速水流后,水团快速破碎、雾化、混合输运历程数值模拟不稳定性充分暴露,究其原因,既有多相流领域原先集中于低速流环境的相关算法存在天然缺陷,也有湍流模型适用性限制问题,还有网格分辨率较低因素,当然,燃气可压缩性也存在较大影响。总之,

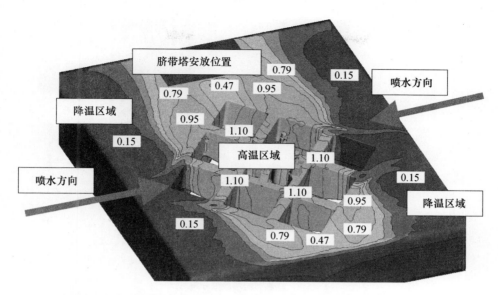

图8-3 运载火箭起飞高度$\Delta L_{nry}=14.95$时发射平台结构表面静温分布云图

喷水条件的高温高速多相燃气流场数值模拟很多基础性、机理性研究工作还有待深入开展,也是今后火箭发射燃气动力学学科新的发展契机。

大多数条件下,火箭发动机采用的是富氧燃烧条件,推进剂在燃烧室燃烧,再经火箭发动机喷管流出时燃烧已经很充分,燃气流成分变得相对稳定。也有一些特定条件,经火箭发动机喷管流出的燃气燃烧并不充分,在后续流动过程中遇环境空气存在续燃过程,火箭发动机研制及发射技术领域常称为续燃或二次燃烧。推进剂燃烧不充分的主要原因在于推进剂成分中氧化剂成分不足,这种推进剂常称为富燃推进剂。续燃不可避免带来了燃气流成分的变化以及燃气流场分布变化。以筒口效应为例,存在续燃与否的燃气流场分布对比如图8-4所示。

图8-4(a)显示,未考虑推进剂燃烧不充分因素时,数值模拟结果给出箭体附近、筒口附近燃气流温度已经降低很多,峰值仅为燃温的24%;采用燃烧数值模拟算法后,筒口附近燃气温度接近燃温,箭体附近燃气温度较左侧高近1倍。图8-4(b)显示,未考虑推进剂燃烧不充分因素时,数值模拟结果给出该时刻箭底尾罩表面燃气流静压沿径向全部呈现为负压状态,箭底尾罩附近燃气流对火箭弹射起到阻力作用;采用燃烧数值模拟算法后,该时刻箭底尾罩表面燃气流静压沿径向全部呈现为正压状态,箭底尾罩附近燃气流对火箭弹射起到推力作用。可以看出,当推进剂燃烧不充分时,出筒燃气遇环境空气续燃,整个

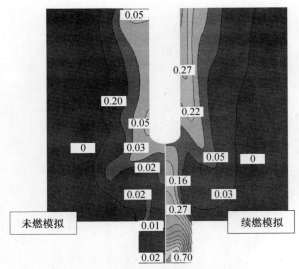

(a) 燃气流场静温分布对比

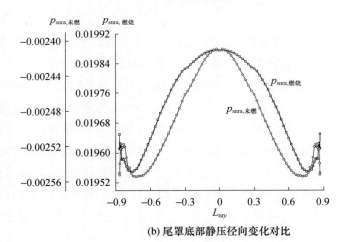

(b) 尾罩底部静压径向变化对比

图 8-4　火箭出筒 0.500s 燃气流场分布对比

燃气流场分布发生很大变化。

　　续燃问题也是工程实践中发现的问题。包括续燃机理在内,燃烧机理是火箭发动机研制领域持续关注的问题,受试验研究条件限制以及理论研究水平限制,燃烧机理研究基础仍然比较薄弱。当前续燃数值模拟主要采用 5 组分、9 组分、11 组分等简化反应模式,可以预示燃气流场动态分布趋势及设备气动特性变化趋势,但准确度方面仍有差距,需要结合火箭发射试验、火箭发动机试车试验、小尺度模拟试验修正续燃数值模拟方法和结果。续燃数值模拟与实物试验结合方式仍将会持续很长时间,理论方面仍需综合多种技术手段特别是实物试验先进测试技术,深入分析续燃反应机理,提炼续燃反应模式,补充续燃组分反应方程,改进续燃反应速率方程、吸放热速率方程,提升续燃数值模拟准确度。与火箭发动机燃烧室内燃烧机理研究结合,开展内外燃气流场一体化数值模拟方法研究也是发展途径之一。

燃气流噪声理论研究特别是数值模拟方法研究是近10年来关注的问题。目前有望指导工程实践的燃气流噪声数值模拟方法是基于有限体积法的瞬态燃气流场数值模拟与基于有限元法的燃气流噪声传播数值模拟结合方法。如7.3节所述,开展瞬态燃气流场数值模拟,用于预示超声速核心区瞬态燃气流动特性,同时可提取高精度声传播所需边界条件;燃气流噪声传播数值模拟用于预示外围幅度极小的声压脉动特性及声传播特性,应该说,这是当前不得已而采取的间接方法,主要原因是超声速高声强噪声直接数值模拟是国际难题,直接数值模拟方法对燃气流场预示精度、预示分辨率要求均很高,即便满足此条件,受超声速噪声机理研究不充分因素制约,超声速声源提取棘手问题仍未根本解决,燃气流噪声直接数值模拟目前更多地集中于$2Ma$以下噪声分布及传播特性研究,预期今后一段时间仍将集中于自由喷流状态燃气流噪声研究,待自由喷流状态燃气流噪声数值模拟方法经充分校验后将转入发射技术条件的噪声数值模拟。7.3节探索的瞬态燃气流场数值模拟方法与燃气流噪声传播数值模拟结合的方法,目前也存在利用有限元法计算声传播特性占有高性能计算资源特别是内存资源突出问题,对于图7-100所示复杂发射技术条件的运载火箭发射喷水降噪机理问题数值模拟研究,仍将有很长时间的艰辛研究历程。

上述燃气流噪声数值模拟研究方法,已经涉及了学科之间的交叉与融合。火箭发射燃气动力学与其他学科还有很多交叉与融合领域。围绕图1-10所示火箭发射技术方案,火箭发射燃气动力学与结构动力学经常需交叉、融合研究。图1-10中火箭倾斜发射至一定高度时,受自身重力、箭体结构偏差、质心偏差、推力偏差、发射管管口侧碰等复杂因素耦合作用,火箭箭体头部较箭体尾部下沉更多,使得燃气流主要部分经发射管组上部空间掠过;火箭出管前后,燃气流反冲作用力、火箭推力阻力、火箭自旋运动以及发射管支撑力等因素耦合作用都很强,忽略某一方面因素往往会造成火箭飞行动力学预示存在较大偏差。并且,火箭发射管甚至整个发射车在火箭出管前后,也承受燃气流冲击作用、箭体自身剧烈扰动带来的耦合动力学响应困扰。受火箭发射燃气动力学瞬态数值预示耗时漫长因素限制,目前火箭发射燃气动力学瞬态数值模拟与结构动力学预示是分步进行的,火箭发射燃气动力学瞬态模拟主要作为结构动力学边界条件的修正因素出现，并且更多情况下是作为极限发射条件下的特征时刻修正因素出现。随着火箭发射燃气动力学以及基于有限元法的结构弹性动力学数值模拟水平的提升，火箭发射燃气动力学与结构动力学将以紧耦合形式联合开展，也可以预期，火箭发射燃气动力学与结构动力学紧耦合形式是今后发展的趋势之一。当然，结构动力学本身受系统约束自由度条件、结构件之间刚强度特性以及材料非线性约束等多因素限制，自身也有很多需要研究的方向，与火箭发射燃气动力学开展耦合研究，还需要解决耦合方法、模型系统校验问题，在此基础上耦合研究结果的综合评估与应用也是需要解决的问题。

火箭发射高温、高速燃气流环境中，箭体、发射系统结构温升是热防护设计依据之一。燃气流场与结构传热一体化数值模拟是预示结构温升的合适方法。火箭同心筒发射方式技术方案论证过程中，已采用一体化数值模拟确定的燃气流场与结构静温分布，用以指导新型轻质化发射筒研制。当前，更多情况下火箭箭体及发射系统结构均十分复杂，数值模拟软件、硬件条件尚不足以直接开展燃气流场与结构内部温升一体化预示研究，即使是同心筒、发射箱，采用复合材料时内部传热特性各向非异性、单向非线性特性突出，一体化数值模拟方法、结果仍需系统修正。随着今后复合材料特性充分研究以及数值模拟硬件、软件条件的持续改善，燃气流场与结构内部温升一体化数值模拟也会持续取得进展。

另外，火箭发射过程，高温燃气流环境结构强度问题是结构强度设计人员关心的基本问题。目前，火箭发射燃气动力学数值模拟可以给出结构强度设计人员参考的结构表面压力、温度及热流密度，但往往不能直接作为结构强度设计依据的边界条件，主要原因在于燃气流场数值模拟网格数量严格受控，导致结构高度简化，分摊到结构强度分析的燃气流场网格数量较少，而结构强度分析时该结构内部及结构表面网格较密，结构件又经常存在搭缝，即火箭发射燃气动力学数值模拟输出的结构边界与结构强度分析依据的结构边界并不存在严格意义的拓扑关系。在大规模数值模拟条件较差的情况下，进行结构强度分析时，依据结构表面燃气流场数值模拟给出的燃气流压力、温度及热流密度数值，在相应边界手工近似拟合处理。近些年来，随着大规模数值模拟硬件性能持续提高，数值模拟软件在边界接口容差、交界搭缝、实体交错网格等方面处理能力得到提升，在数值模拟规模不是太大、结构不是很复杂、边界附近几何及拓扑关系比较接近条件下，火箭发射燃气动力学数值模拟与结构强度数值模拟之间能够直接联合起来开展。例如，对于边界面网格不一致，网格之间交错在一定限度范围内,依据结构强度有限元模型表面网格单元与燃气流场环境结构表面网格单元拓扑的关系进行映射处理。当然,得到具体热应力分布数值模拟结果,燃气流场数值模拟与有限元数值模拟在结构方面还需进一步折中处理,例如,对细小孔洞、窄缝、锐棱做简化或缝合处理,以进一步保持模型彼此接近。目前,数值模拟进程简单地将发射平台表面燃气流静温等效处理成结构表面静温,从物理机理上看仍存在一些问题,从结果来看,与测试结果之间的确也存在不小的误差,但毕竟走向了联合数值模拟的途径,后续在软件自身功能拓展并提升集成化水平后,基于性能大幅度提升的硬件平台,结合具体机理研究成果,展开燃气流环境复杂发射平台热强度数值模拟研究将是可行且合理的研究途径。

8.2 试验研究展望

前述章节介绍了火箭发射燃气动力学试验方案、试验系统或试验结果,归纳起来,当前火箭发射燃气动力学试验研究主要途径、总体方法如图 8-5 所示。

当前火箭发射燃气动力学试验研究主要采用两种途径:①基于火箭发射试验开展相关搭载试验研究,很多情况下是为了获取评估火箭起飞过程燃气流冲击与烧蚀的环境条件,根据许可,在不影响发射系统功能、性能条件下,搭载试验,同时火箭发射系统复杂结构条件,能够利用的搭载位置及空间往往十分有限,大型火箭发射试验子样较少,能够取得的燃气流场及设备气动特性有效数据很是珍贵、稀缺;②研制专项喷流试验系统,针对火箭发射燃气动力学基础问题展开,受试验发动机成本较高,同时受发动机本身火工品性质限制,专项喷流试验也只能针对特殊项目、特征工况,对于大型火箭发射燃气动力学问题需要开展相似性理论研究,以指导小尺度试验方案及试验系统研制,应该说,专项喷流试验系统研制不易,也不能像常规风洞试验可以便捷地重复开展。

尽管火箭发射燃气动力学试验基础研究专题不同,但相关试验开展前需进行必要的理论分析,论证试验方案、测试方法的可行性和合理性,正式试验过程综合当前可靠测试手段,以尽可能比较完备地开展试验并取得综合性有效试验数据资料,这些已经成为火箭发射燃气动力学试验研究的基本规程。实践中,受大型火箭发射燃气动力学研究复杂因素限制,一些火箭发射燃气动力学试验前开展的理论研究尚不充分,具体试验研究欠深入、欠系统。例如,发射燃气流

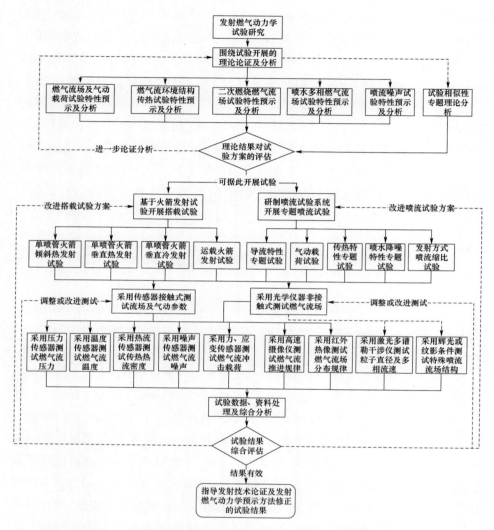

图 8-5 火箭发射燃气动力学试验研究主要途径、总体方法框图

环境结构传热问题,按照瑞利(Rayleigh)对布西内斯克(Boussinesq)传热问题量纲进行分析,对流传热热流密度与气流温度梯度成比例关系,能够定性地解释当前喷流缩比试验条件下结构表面对流传热流密度略高于发射试验结构表面对流传热流密度的原因,但当前火箭发射燃气动力学没有深入分析、总结温度梯度与传热热流密度之间的具体关系,还没有深入研究喷流缩比试验与发射试验传热热流密度之间的比例关系,也没有深入解释燃气流高速冲击条件下结构表面对流传热流密度与冲击压力相关性关系,以及压力相关性与温度梯度关系

之间的内在机理,因此,目前火箭发射燃气动力学试验中取得的热流密度数据很大程度上仅起到验证传热预示精度、验证传热特性作用,尚不能支持深层次高温、高速燃气流传热机理研究,也不足以牵引火箭发射燃气动力学学科传热领域拓展研究。

还有一些火箭发射燃气动力学试验在开展前理论研究难度极大,甚至得不到理论支持,突出表现在运载火箭发射喷水多相燃气流场理论研究以及火箭发射燃气流噪声场理论研究两个方面。当前大型火箭发射喷水多相燃气流场及发射燃气流噪声场研究十分迫切,这两方面试验具体开展过程中,特别承担着机理与效果评估、多目标工程控制参数优化的明确任务,相关试验研究结果直接弥补了理论研究不足的问题,试验作用不可替代性不容置疑。今后,三方面试验研究仍需要不断探索、不断总结:①使试验研究逐渐规范;②使试验研究逐渐深入;③使试验研究逐渐形成体系。火箭发射燃气动力学试验规范化应立足试验系统设计、生产配套、测试及评估均有规可循,减少试验的不确定度以及不必要的重复试验次数;火箭发射燃气动力学试验深入研究要求解决高速燃气流环境喷水雾化水滴气动阻力特性、雾化机理以及较高马赫数($Ma_e \geqslant 3.0$)的超声速噪声声源提取等无依据问题;火箭发射燃气动力学试验体系化则期望喷水多相燃气流试验、发射燃气流噪声试验、传热试验等研究衍生组合或集群试验项目,牵引火箭发射燃气动力学基础研究理论创新,推进火箭发射工程新技术发展。

火箭发射燃气动力学具体试验研究过程中,采用了相对有效的测试手段,包括燃气流压力、温度、热流、噪声、应变等接触式测试手段以及高速摄像、红外热成像、激光多普勒干涉仪等光学测试手段,而风洞试验中常用的热线风速仪、皮托管、总温计、应变天平在火箭发射燃气动力学试验研究中很少应用。实际上,当前辉光或纹影成像测试技术主要局限于室内空气模拟喷流试验或洁净燃气喷流试验,激光多普勒干涉仪目前也仅在小尺度喷流试验中应用,发射试验以及野外试验几乎无用武之地。而红外热像仪与高速摄像仪虽然已经推广应用,目前看来仍是辅助燃气流场定性分析用,主要原因有两个方面:①高速摄像仪与红外热像仪在发射试验中均不能在强噪声及强振动环境近场使用。特别是红外热像仪,从目前应用情况来看只能用于130dB以下的发射试验噪声环境,大型火箭发射试验环境下,红外热像仪甚至只能放置于200m以外场坪,分辨率制约了分析燃气流细节结构。喷流缩比试验条件,红外热像仪经常也拍摄不清楚燃气流场内部结构。②高速摄像仪与红外热像仪的标定工作开展很不充分,以红外热像仪为例,当前拍摄是立体温度场叠加的效果,高温燃气的辐射系数、衰减系数缺乏参考依据,利用温度传感器进行校验,存在样本数不足、依据的理论基础不足以及红外热像仪分辨率低造成数值误差较大等实际问题。近些年红外热像仪及高速摄像仪的分辨率、每秒拍摄帧数增加幅度很大,激光多普勒干涉仪发射功率也大幅度提高,今后火箭发射燃气动力学试验光学测试应用效果将逐渐改善。

需要指出的是,当前风洞试验中虽然常用燃气流压力、温度、热流、噪声、应变等接触式测试手段,大型火箭发射试验甚至小尺度喷流试验中高温燃气流冲击、烧蚀作用区域的测试成功率并不高。针对燃气流压力、温度、热流测试做了专项统计,试验要求应取得完整时间历程且数据有效,但以单次喷流试验或发射试验总测点数计算,数据合格率难以达到80%。造成火箭发射燃气动力学试验测试数据合格率不高的原因可结合试验资料说明。以7.2.3节单喷管火箭单面导流热发射试验为例,发射试验在单面导流装置出口处安装了燃气流场测试传感器及配套工装,燃气流场测试传感器及配套工装在发射试验前后烧蚀情况对比如图8-6所示。

(a) 发射试验前

(b) 发射试验后

图8-6 测试传感器及工装试验前后烧蚀情况对比

图8-6显示,发射试验前,在单面导流装置出口处专门安装了传感器及配套工装,用于搭载测试单面导流装置出口处燃气流压力、温度、对流传热热流密度,并且为了区分燃气流静压与总压,在工装专设了总压凸起结构,凸起结构上配设了总压测试引管腔,试验结束后压力传感器、温度传感器敏感端被烧蚀殆尽,直径达$\phi 30mm$的总压凸起结构全部被烧熔、吹飞。在搭载该试验前,探索高强度燃气流烧蚀环境测试已经持续几十年时间,应该说这种高强度燃气流烧蚀环境接触式测试的普遍困境还没有彻底解决,造成该现象的原因与燃气流强度烧蚀敏感段材料及工艺性能不满足发射试验要求有关,也与发射试验燃气流烧蚀时间很长客观情况有关。图8-6中处于测试板下方的测试电缆防护套层根部也存在烧损现象,反映当前高温燃气流场测试传感器、防护套材料耐烧蚀

性能甚至防护工艺、防护措施仍需完善。

图 8-6 所示发射试验燃气流压力测试采用了"引管腔+压力传感器"组合方案,该方案是自带引管腔的压力传感器技术方案的延伸,主要利用引管腔阻隔或延缓高温燃气流影响压力传感器性能,实践证明确实是比较有效的技术方案,也发现存在一些问题,典型情况如图 8-7 所示。

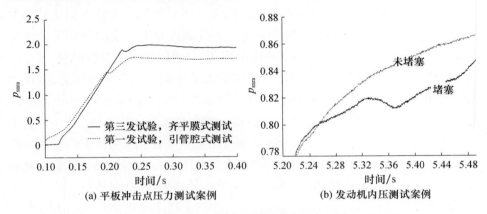

图 8-7 "引管腔+压力传感器"组合测试存在的典型问题

图 8-7 显示,"引管腔+压力传感器"组合测试方案存在两类典型问题:①对于燃气流冲击点及相对齐平膜式压力传感器测试方案,采用引管腔式测试方案时,平稳段燃气流压力总体上要低。案例给出的管腔式测试方案与齐平膜式压力测试方案相对,压力平稳值要低 11.3%,这是一个不容忽视的误差。目前,常规风洞试验建议引管腔直径为 0.5~3.0mm,引管腔直径超过 3mm 必须修正。②火箭发射燃气动力学试验研究过程中,火箭发动机采用固体推进剂是常有的事,对直径 3mm 以下引管腔曾有尝试性研究,发现直径在 3mm 以下引管腔燃气余烬常会堵塞管腔,造成图 8-7 所示发动机内压测试数据失真问题:引管腔内发生燃气余烬堵塞后,测试压力明显偏移正常测试曲线,曲线趋势变化相对混乱,具体压力数据明显偏小。实际上,"引管腔+压力传感器"组合测试压力方案具体应用时还有频响滞后、长时间应用依然存在严重的温漂、烧损现象,总体上讲,采用重复试验,优化引管腔长度、直径,缩短试验时间,可避免堵塞、温漂或传感器烧损,提高测试数据有效性,但引管腔对压力测试影响仍需深入研究。

高速燃气流环境温度与热流测试典型问题如图 8-8 所示。发射试验环境中,高速燃气流环境温度传感器在坚持 1.67s 时间后出现烧坏现象,温度(实际是电压信号)数值在限幅值与断续值(即零电压值)之间无规则跳动。该现象经常出现燃气流强烧蚀测试环境中,说明在强烧蚀环境取得完整、有效的温度数据仍是温度传感器研制技术发展的方向。如第4章所述,温度低于1260°C 的燃气流环境温度测试常用K型温度传感器,对于温度更高的燃气流环境测试常用钨铼型温度传感器,为获取完整、有效的温度数据,除采用类似图8-6所示测试工装遮挡、防护温度传感器本体及其内部敏感电器元器件以及防护套防护线缆外,还要对K型温度传感器、钨铼型温度传感器外露感应端电偶丝适当加粗,如电偶丝直径增至0.15 ~ 0.30mm,对感应端搭焊工艺采取加强工艺确保电偶丝接头焊实,但带来了热响应速度下降、瞬时测试数值下降的现象,这些问题当前还未开展基础性研究,修正方法也就无从谈起。如第4章所述,采用同轴热电偶传感器测试获得原始温度数据后,需要采用 Don Wagner 数值算法计算热流密度数值,该数值计算方法与原始温度信号质量密切相关。同时,由于原始温度测试时采样频率较高,实际计算时热流密度数值采用数值降采样方法又成为常规方法,由此又带来了数值计算误差。图8-8同时显示,数值计算采样率不同造成的对流传热热流密度计算结果差异的确存在,但数值计算采样率不同并不影响热流密度变化的总体趋势。图8-7所示案例中误差范围达到了40%,计算本身造成的误差不容忽略,由此要求数值计算本身的规范化势在必行,目前探索研究的结果是数值采样率在500~2000Hz 范围内比较合理,但燃气流场传热流密度测试数值计算结果校验工作开展并不深入,开发标准喷流试验模型,采用不同测试原理的热流传感器或参考标准热流传感器检验算法合理性将是优先发展的研究方向。

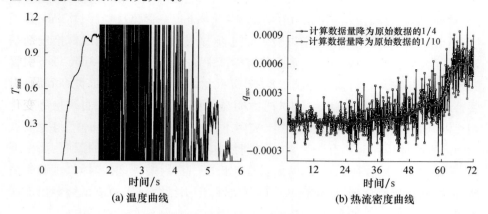

(a) 温度曲线 (b) 热流密度曲线

图 8-8 高速燃气流环境温度与热流测试典型问题

火箭发射燃气流强烧蚀区域,对流传热的热流密度一般超过 10MW/m²。第4章已经说明,当前燃气流环境高热流测试主要利用同轴热电偶测试,基于薄膜瞬态热响应原理研制,测得的原始数据也是温度数据,感应端材料经常与K型温度传感器感应端材料一致,因此,K型温度传感器内在缺点同轴热电偶热流传感器也存在。例如,在250~550℃内感应端镍铬合金不均匀性造成的短程有序结构发展很快,会引起热电势发生偏移,而800℃以上更高温条件下镍铝合金会逐步发生内部氧化,其结果也会引起热电势发生偏移,目前这些基础性研究比较缺乏。另外,热物性参数是同轴热电偶热流传感器材质的比热容、热导率、密度参数的集总热参数,同批次、同样材料、结构方案一致情况下,同轴热电偶热流传感器热物性参数大小、标准偏差及相对标准偏差等参数客观综合反映了同轴热电偶热流传感器成品制造工艺水平。2008年前后,统计燃气流热流测试用某批次近50支镍铬-镍硅同轴热电偶热流传感器,热物性参数相对标准偏差范围为-13%~13%,2012年统计控制的相对标准偏差范围为±6%,目前同轴热电偶传感器热物性参数一致性水平仍在持续改进。当前,燃气流环境高热流测试的另一窘境是标定问题。目前国内发展比较充分的是量程不超过$10MW/m^2$的热流传感器标定技术,通用方法基于采用特殊标定炉设备标定,超过$10MW/m^2$的热流传感器标定技术目前尚不成熟,也没有推广,超过$10MW/m^2$的高热流传感器标定技术也需要开展深入研究。

当前噪声测试也高度受限于传感器性能,已经开展的试验研究表明,燃气流噪声声压级超过165dB时,当前市场上常用的国内外噪声声压传感器测试的噪声声压曲线清一色存在单偏现象,差别仅是偏移的程度。噪声声压曲线典型单偏现象如图8-9所示。噪声声压曲线单偏主要为负压数值单向限幅或偏小。当前噪声声压传感器测试高声强噪声时声压出现单偏现象与噪声声压传感器加工工艺、加工质量均有一定关系,但主要原因还是电容式噪声声压传感器自身结构造成。燃气流噪声试验研究时,为减少声压单向偏移量,一般采取规避方法,将噪声传感器安放位置远置或采用加减噪罩方法,但目前利用该方法外推发射中心区高声强噪声声压级或声强级时,受高声强度噪声高度非线性影响,外推偏差仍然较大,因此,高声强噪声测试既需要提高传感器自身测试能力,也需要系统研究非线性推演的理论基础。

低速气体动力学领域以及水声学领域目前开始推广应用噪声声源成像技术,燃气流噪声研究也尝试应用了该项技术,效果并不理想,主要是当前噪声声源成像分辨率较低,典型情况示例如图8-9所示,这种情况将造成难以区分噪声声源的细节结构,从而难以辅助分析噪声产生的内在机理。当前,噪声声源成像测试响应速度较慢,捕捉火箭起飞过程噪声声源动态变化现象相对滞后,甚至存在错位情况。

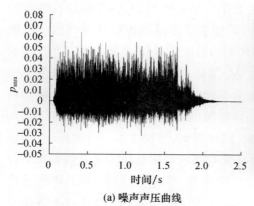 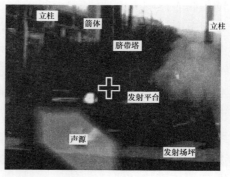

(a) 噪声声压曲线　　　　　　(b) 噪声声源成像结果

图 8-9　燃气流噪声测试存在的典型问题

综上所述，火箭发射燃气动力学试验研究目前在试验方案、试验流程设计方面已经逐渐形成规范，试验过程采用综合测试技术获取燃气流场、气动特性方面的全面信息，对于推进火箭发射燃气动力学机理性研究以及新型发射技术发展起到了系统性支撑作用，但也面临着燃气流高强度烧蚀区域测试困难特别是传感器性能不足等一系列问题，并且这些传感器的标定基础尚不完善，需要在燃气流测试技术方面开展基础性研究。另外，当前火箭发射燃气动力学试验研究尚未形成体系，缺乏类似标准风洞、标准模型、测试数据库等参照试验条件，发射试验气动力学试验研究发展空间仍然很大。

参考文献

[1] Бобышев С В, Добросердов И Л. Принципы лостроения алгоритмов расчета неизо-барических турбулентных струй[M]. Л:ЛМИ,1988.

[2] Афанасьев Е В, Бобышев С В. Теорня стартовой газодинамики[C]. Харбинский технологический институт, Харбин, 2002.

[3] Бобышев С В. Структурно-элементное моделирование гаюструйных систем[D]. Санкт-Петербург:Балтийский государственный технический университет, 2003.

[4] Ланшаков В Л. Аэрогазодинамическиепроцессы, происходяшие при старте крупных ракет[C]. Китайский институт ракетных технологий, Пекин, 2007.

[5] 赵承庆,姜毅. 气体射流动力学[M]. 北京:北京理工大学出版社,1998.

[6] 张福祥. 火箭燃气射流动力学[M]. 哈尔滨:哈尔滨工程大学出版社,2004.

[7] 苗瑞生. 发射气体动力学[M]. 北京:国防工业出版社,2006.

[8] 周载学. 航天发射技术[M]. 北京:宇航出版社,1993.

[9] Eldred K M. Acoustics loads generated by the propulsion system[R]. NASA SP-8072, 1971.

[10] Haynes J, Kenny J R. Modifications to the NASA SP-8072 distributed source method ii for ares i lift-off environment predictions[C]. AIAA 2009-3160, 15th AIAA/CEAS Aeroacoustics Conference, Miami, 2009.

[11] James L, Batson. Rocket exhaust flow in tube launchers[R]. RL-76-12-TR, January, 1976.

[12] Romine G, Edquist C T. Muzzle blast from Canister launched missiles[C]. AIAA-80-1187, AIAA/SAE/ASME 16th Joint Propulsion Conference, Hartford, 1980.

[13] Gary L N. Computer simulation of the thermal effects on a concentric canister missile launcher with a fire in an adjacent compartment[D]. Monterey:Naval Postgraduate School, 1997.

[14] 陈劲松,林禹. 双面导流器导流特性研究[J]. 导弹与航天运载技术,2006(2):11-15.

[15] Majamaki A J, Jin Wook L. CFD simulations of launch environments for Delta IV vehicles at the SLC-6 launch pad[C]. AIAA 2011-1236, 49th AIAA Aerospace Sciences Meeting Including the New Horizons Forum and Aerospace Exposition, Orlando, 2011.

[16] Vu B T, Berg J J, Harris M F. et al. Launch environment water flow simulations using smoothed particle pydrodynamics[R] KSC-E-DAA-TN18736, 2015.

[17] 王明华,陈劲松. 发动机喷管内流场对流换热系数影响因素的数值分析[J]. 火箭推进, 2011, 37(3):32-37.

[18] 陈劲松,何冠杰,吴新跃,等. 单喷管火箭自由喷流噪声数值模拟[J]. 宇航学报, 2020, 41(3):371-378.

[19] 王帅,陈劲松. 燃气流场算法程序实现及对比[J]. 导弹与航天运载技术, 2018(6):90-95.

[20] 沈青. 稀薄气体动力学[M]. 北京:国防工业出版社, 2003.

[21] 任思根,忻贤钧,董兴德. 试验气体动力学[M]. 北京:宇航出版社, 1996.

[22] 王魁汉,等. 温度测量实用技术[M]. 北京:机械工业出版社, 2007.

[23] 刘初平. 气动热与热防护试验热流测量[M]. 北京:国防工业出版社, 2013.

[24] 沈壕. 声学测量[M]. 北京:科学出版社, 1986.

[25] 范洁川,等. 近代流动显示技术[M]. 北京:国防工业出版社, 2002.

[26] Pindzola M. Jet simulation in ground test facilities[R]. AD440903, 1963.

[27] Kandula M, Vu B. On the scaling laws for jet noise in subsonic and supersonic flow[C]. AIAA-2003-3288, 9th AIAA/CEAS Aeroacoustics Conference Hilton Head, South Carolina, 2003.

[28] 袁增凤. 弹道内弹道中的相似方法研究[R]. 北京:北京工业学院, 1985.

[29] 陈劲松,马鸿雅,林禹. 运载火箭发射燃气流缩比试验相似参数[J]. 空气动力学学报, 2005, 23(3):307-311.

[30] 李宜敏,张中钦,张远君. 固体火箭发动机原理[M]. 北京:北京航空航天大学出版社, 1991.

[31] 吴望一. 流体力学:上、下册[M]. 北京:北京大学出版社, 1982.

[32] 苻阴贵. 气动热力学[M]. 合肥:中国科学技术大学出版社, 1997.

[33] 西北工业大学,北京航空学院,南京航空学院. 工程热力学[M]. 北京:国防工业出版社, 1982.

[34] 张兆顺. 湍流[M]. 北京:国防工业出版社, 2002.

[35] 傅德薰,马延文,等. 可压缩湍流直接数值模拟[M]. 北京:科学出版社, 2010.

[36] Launder B E, Spalding D B. Lectures in mathematical models of turbulence[M]. London:Academic Press, 1972.

[37] Menter F R. Two-equation eddy-viscosity turbulence models for engineering applications [J]. AIAA, 1994, 32(8):1598-1605.

[38] Norris L G, Reynolds W C. Turbulent channel flow with moving wavy boundary[R]. Stanford

University, Department of Mechanical Engineering, 1975.

[39] Patankar S V. Numerical heat transfer and fluid flow[M]. Washington:Hemisphere, 1980.

[40] 陶文铨. 数值传热学[M]. 西安:西安交通大学出版社, 2002.

[41] Viegas J R, Rubesin M W, Horstman C C. On the use of wall functions as boundary conditions for two-dimensional separated compressible flows[R]. AIAA-85-0180, AIAA 23rd Aerospace Sciences Meeting, Reno, Nevada, 1985.

[42] Thompson J F, Warsi Z U A, Mastin G W. Numerical grid generation foundations and applications[M]. New York:Elsevier Science Publishing, 1985.

[43] 王成恩. 面向科学计算的网格划分与可视化技术[M]. 北京:科学出版社, 2011.

[44] 苏铭德, 黄素逸. 计算流体力学基础[M]. 北京:清华大学出版社, 1997.

[45] 张涵信, 沈孟育. 计算流体力学——差分基本原理[M]. 北京:国防工业出版社, 2003.

[46] Roe P L. Characteristic based schemes for the Euler equations[J]. Annual Review of Fluid Mechanics, 1986, 18:337-365.

[47] Liou M S, Steffen C J. A new flux splitting scheme[J]. Journal of Computational Physics, 1993, 107(1):23-39.

[48] Rhie C M, Chow W L. Numerical study of the turbulent flow past an air foil with trailing edge separation[J]. AIAA, 1983, 21(11):1525-1532.

[49] Jameson A, Schmidt W, Turkel E. Numerical solution of the Euler equations by finite volume methods using Runge-Kutta time-stepping schemes[C]. AIAA-81-1259, AIAA 14th Fluid and Plasma Dynamics Conference, Palo Alto, 1981.

[50] Pandya S A, Venkateswaran S, Pulliam T H. Implementation of dual-time procedures in overflow[R]. AIAA-2003-0072, 2003.

[51] Thompson K. Time dependent boundary conditions for hyperbolic systems[J]. Journal of Computational Physics, 1987, 68(1):1-24.

[52] 中国人民解放军总装备部军事训练教材编辑工作委员会. 高超声速气动热和热防护[M]. 北京:国防工业出版社, 2003.

[53] Kandula M. Prediction of turbulent jet mixing noise reduction by water injection[J]. AIAA, 2008, 46(11):2714-2722.

[54] White F M. Viscous fluid flow, 2nd ed.[M]. New York:McGraw-Hill, 1991.

[55] Lighthill M J. On sound generated aerodynamically. I. General theory[C]. Proceedings of the Royal Society, London, 1952.

[56] Vanier J, Raguenet W, Gély D. Noiseradiated from free and impinging hot supersonic jets

[C]. AIAA 98-2206, 4th AIAA/CEAS Aeroacoustics Conference, Toulouse, 1998.

[57] 曹玉璋,邱绪光. 试验传热学[M]. 北京:国防工业出版社,1998.

[58] 车得福,李会胜. 多相流及其应用[M]. 西安:西安交通大学出版社,2007.

[59] 戈德斯坦. 气动声学[M]. 闫再友,译. 北京:国防工业出版社,2014.

[60] 陈劲松,曾玲芳,胡小伟,等. 单喷管液体火箭发射燃气流噪声模拟试验研究[J]. 空气动力学学报,2015,33(6):818-822.

[61] Hamiche K. A high-order finite element model for acoustic propagation[D]. Southampton: University of Southampton, 2016.